普通高等教育"十三五"规划教材

高等院校特色专业建设教材

烹饪化学

第2版

PENGREN
HUAXUE

曾 洁 主编

陈福玉 于小磊 许云贺 副主编

U0268579

化学工业出版社

·北京·

本书主要介绍烹饪原料中水分、蛋白质、脂肪、碳水化合物、维生素、矿物质等营养元素的化学结构和功能，以及烹饪中色香味和质构的变化、产生原理和涉及的化学反应，帮助读者了解烹饪中如何利用有益的化学反应和抑制不良的化学反应来改善食品的色香味和质构。

本书可供烹饪相关专业的师生、厨师和烹饪爱好者参考。

图书在版编目（CIP）数据

烹饪化学/曾洁主编．—2版．—北京：化学工业出版社，2018.10（2024.9重印）

ISBN 978-7-122-32819-9

Ⅰ.①烹…　Ⅱ.①曾…　Ⅲ.①烹饪-应用化学　Ⅳ.①TS972.1

中国版本图书馆CIP数据核字（2018）第183229号

责任编辑：彭爱铭　　装帧设计：张　辉

责任校对：王素芹

出版发行：化学工业出版社（北京市东城区青年湖南街13号　邮政编码100011）

印　　装：河北延风印务有限公司

710mm×1000mm　1/16　印张20　字数373千字　2024年9月北京第2版第12次印刷

购书咨询：010-64518888　　售后服务：010-64518899

网　　址：http://www.cip.com.cn

凡购买本书，如有缺损质量问题，本社销售中心负责调换。

定　价：58.00元

第 2 版前言

本书第 1 版于 2013 年 1 月出版,受到广大读者的欢迎,在烹饪行业产生了较大的影响,对烹饪化学的教学起到了积极的作用。 5 年来,烹饪化学的内容发生了一些变化,第 1 版存在一些不足。为此,我们对本书进行了修订。

第 1 版内容太多,特别是第九章和相关课程有点重叠,因此进行删除。个别内容不够精练,跟烹饪联系不紧密,修订后重点介绍跟烹饪有关的化学物质和化学反应。第 1 版没有课件,修订后配备课件,便于教师教学使用,也方便学生自学使用。修订时充分考虑到本科和高职烹饪专业学生的不同特点,设计了小幅度的化学知识过渡和大幅度的能力提高的衔接性内容,可以兼顾本科和高职烹饪专业学生使用。本书每章后面附有二维码。

本书由曾洁主编,陈福玉、于小磊、许云贺副主编。参加编写的人员分工如下:河南科技学院食品学院曾洁主要负责第 1 章~第 3 章和第 6 章、第 7 章的编写工作,并负责全书内容设计及统稿工作;河南科技学院孟可心、宋孟迪、曹蒙负责全书课件制作工作(其中孟可心负责第 1 章~第 4 章的课件制作工作,宋孟迪负责第 5 章、第 6 章课件制作工作,曹蒙负责第 7 章、第 8 章的课件制作工作),并参与第 1 章、第 2 章编写和整理工作;吉林农业科技学院陈福玉主要负责第 5 章的编写工作;锦州医科大学于小磊主要负责第 4 章的编写工作;锦州医科大学许云贺主要负责第 8 章编写工作,并参与第 5 章的编写工作;河南科技学院张瑞瑶、贾甜、姜继凯参与第 3 章编写工作;四川旅游学院王林和重庆旅游职业学院李兴武负责素材收集,并参与第 6 章的编写工作;西北农林科技大学杨保伟、哈尔滨商业大学杨学欣和河南牧业经济学院孙耀军参与第 7 章的编写工作；沈阳师范大学赵秀红、长沙商贸旅游职业技术学院蔡振林参与第 8 章编写工作。

本书不仅适合作为普通高等院校烹饪专业本科教材，也可作为广大烹饪领域技术人员和高职高专的参考用书。

由于时间短促，编者水平所限，书中可能存在不足甚至不当之处，欢迎广大同行批评指正。

编者
2018 年 6 月

第 1 版前言

烹饪化学是烹饪本科专业教学中开设的一门重要的专业必修基础课，主要讲述烹饪工艺过程中所涉及的相关化学知识，从本质上讲是食品化学的另一种表现形式。通过本课程的学习，学生可掌握食物成分在加工过程中的变化规律，从而主动控制和变革各种加工方法，烹制出赏心悦目、营养健康的美味佳肴。作为烹饪专业中一个不可缺少的组成部分，烹饪化学对烹饪与营养教育的发展和烹饪工业的进步起到了重要的作用。

烹饪化学是一门基础课，也是一门新兴化学学科。本教材设计尽量结合当前烹饪技术和科研工作的需要，紧跟学科前沿，侧重了应用性、综合性和前沿性的内容，注重学生动手能力、思维能力和创造能力的培养，符合培养既有扎实基础知识又有创新思维能力的教改方向，有利于增强学生独立工作、解决问题的能力，对提高课程教学质量很有益处。

本教材由河南科技学院食品学院曾洁副教授主编，参加本教材编写的人员都是有多年从事烹饪化学教学和科研工作经验的一线教师。参加编写的人员有：曾洁主要负责第一章、第四章、第六章、第七章和第九章的编写工作，并负责全书内容设计及统稿工作；陈福玉主要负责第五章和第八章的编写工作；李光磊主要负责第二章的编写工作；张令文和范阳平主要参加第三章的编写工作；杨保伟主要参加第四章的编写工作；杨学欣、计红芳主要参加第六章的编写工作；刘晶芝、孙耀军主要参加第七章的编写工作；赵秀红、蔡振林主要参加第九章编写工作。

本书不仅适合作为普通高等院校烹饪专业本科教材，也可作为广大烹饪领域技术人员和高职高专相关专业的参考用书。

在编写过程中，得到了化学工业出版社的大力帮助和支持，在此一并表示衷心的感谢。

由于时间短促，编者水平所限，书中可能有一些不足甚至不当之处，欢迎广大同行及读者批评指正。

编者
2012 年 5 月

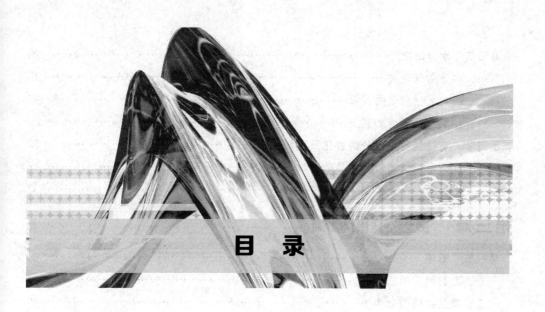

目　录

第一章 绪 论

第一节 烹饪化学的概念

一、烹饪的概念

烹饪是以原料学、营养学、中医学、化学、物理学、美学等多种学科知识来研究饮食的一门科学。烹饪是烹和饪的组合。"烹"是煮的意思，"饪"是指熟的意思。简单地说，烹饪是对食物原料进行热加工，将生的食物原料加工成熟的过程；具体地说，烹饪是指对食物原料进行合理选择、调配、加工治净、加热调味，使之成为色、香、味、形、质、养兼具以及安全无害、利于消化吸收、有益健康、增强体质的饭食、菜品。

随着人类文明的进步，烹饪也从简单发展到复杂，由低级发展到高级。食物原料种类繁多、丰富多彩，除少数可以直接生吃外，大多数都必须经过烹饪后才能食用。

烹饪与烹调必须严格区分开来。烹与调是菜肴制作密不可分的两个环节。"烹"就是加热处理，就是火候；"调"，就是调味。因此，"烹调"是烹饪学中的一个重要组成部分。

二、烹饪化学的概念

对于烹饪化学，它可以有两层含义：一是它可以讨论烹饪过程中所涉及的化学知识；二是它可以用化学科学的方法，去研究烹饪过程中所遇到的各种问题。因此，烹饪化学是研究烹饪原料或制品的化学组成、结构、理化性质、营养和安全性质，以及它们在生产、加工、储存和运销过程中的变化及其对烹饪制品品质和安全性影响的一门应用性、综合性较强的学科。

烹饪化学是以现代化学、生物化学、生物学、物理学等为工具，探究烹饪加工中食物的理化性质和变化规律。特别需要强调的是，烹饪化学绝不是生物化学或有机化学在烹饪中的简单应用。随着分子生物学、细胞生物学、物理化学、胶体及表面化学、超分子化学、食品感官科学和心理学、食品微生物学、化学工程学、食品物性学和流变学等在烹饪研究中的不断开展，真正的烹饪化学已经深入到烹饪问题的核心。

第二节　烹饪化学的研究内容

一、烹饪原料及其化学组成

烹饪原料虽然种类繁多，但它们都不同程度地含有一些化学成分，如水分、蛋白质、脂肪、糖类、无机盐及维生素等。

从来源来看，食物成分分为天然成分和非天然成分。天然成分是指食物自身固有的而且食物未发生明显变化时所含的化学成分。新鲜动植物食物原料中的化学成分大多可认为是天然成分。非天然成分主要包括食物加工储藏中不可避免的污染物、其自身原有成分变化的衍生物和为了某种目的人为添加的成分，如调配辅料、食品添加剂等。

从对食物质量的影响来看，有些成分对食物的性质和功能有益处，称它们为需宜成分。这包括具有营养价值的营养素（水、碳水化合物、脂类、蛋白质、无机盐和维生素）、决定食品感官属性的色素和风味成分、在加工中发挥工艺特性的功能成分等；与之对应的是对食物的功能有害或潜在有害的成分，称为嫌忌成分，例如毒素、致敏因子、腐败气味成分、某些色素等。烹饪原料的化学组成见图1-1。

从化学分类看，食物成分包括无机成分和有机成分。无机成分有水、无机盐。食物中有机成分种类很多，是食品中的主要成分。它分为低分子有机物和高分子有机物。高分子有机物来源于各种生物高分子，大多是由低分子有机物单体构成的；另外食物加工中还会产生出一些高分子缩聚物，如类黑色素。食品中的低分子有机物种类繁多，主要有构成生物高分子的基本单体成分以及由生物组织代谢或加工中的化学变化衍生出的某些低分子有机成分，如加热产生的吡嗪。

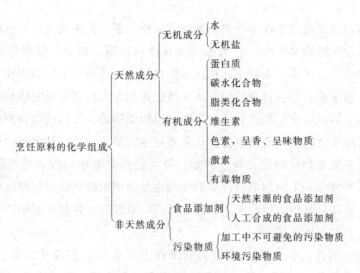

图 1-1　烹饪原料的化学组成

　　了解烹饪原料及制品中化学成分的结构、物理性质、化学性质，将为烹饪过程提供有效的理论依据，在确保最大程度保护营养价值的前提下，提高食品的感官特性。例如，蛋白质含量高的原料，如豆类、禽畜肉、禽蛋、鱼虾、乳等，生吃难以被人体消化、吸收，还会引起过敏、中毒等不良情况，因此利用蛋白质在加热、酸碱及有机溶剂等的作用下变性的性质，可以提高高蛋白原料的食用性，使其营养价值更高、更安全卫生。又如，凉的馒头、米饭放置一段时间后会变得坚硬和干缩，这是因为淀粉的老化现象，老化的淀粉口感变差，消化吸收率也降低，所以需储存的馒头、糕点、米饭等，不宜存放在冰箱保鲜室，最好把它们放入冷冻室速冻起来。因此，清楚认识了原料的性质才能正确地利用原料和储藏原料。

二、烹饪加工中物质成分的变化规律

　　烹饪化学的另一个基本问题是指研究食物成分在加工处理与储藏过程中的化学变化、变化的机理及其控制方法。这些研究都与食物的营养、质量与安全密切相关，涉及烹饪营养学、烹饪卫生与安全学、烹调工艺学等多门学科，它们的交叉融合是未来发展的必然趋势。

1. 烹饪加工中物质变化的类型

　　食品种类繁多，在加工储存时，因时间、环境条件等因素不尽相同，会发生很多变化。例如将生鲜肉加热制熟或将生米煮成熟饭，主要就是肉中蛋白质和米中淀粉的状态分别发生了相应变化的结果。又如，烹饪加热后菜肴的颜色变深、香味增加都是食品成分在高温下发生化学反应，分别产生了有色物质和挥发成分所致。

　　可以将食品的物理和化学变化归结为生物性和非生物性变化。

食品生物性变化是指在环境温和条件下，酶的催化作用或组织细胞的生命代谢作用使食品发生的物质变化。它大多发生在原料阶段。例如，新鲜果蔬原料采收后，其原有的生命代谢并未停止，在这一段时间内，这些原料中的理化变化，如干耗、萎缩、溃疡等，是它自身组织中的天然代谢和异常代谢引起的结果。又如，肉的僵硬现象、后熟软化现象就是动物屠宰后组织细胞进入无氧代谢直到细胞自溶后的结果。食品久储时腐败变质也是由于它自身组织细胞死亡，其组织中游离酶的自溶作用和大量微生物代谢的结果。例如，放久的陈蛋变质腐败就是这种情况。另外，食品的发酵、人工酶制剂对食品的处理也是利用生物代谢和酶促反应来改变食品特性的。烹饪原料中的代谢作用和酶促反应，对其后在加热烹制中产生进一步的热化学变化也有直接影响。

食品非生物性变化是食品在较剧烈条件下发生的各种理化变化。它与酶无关，与生物体的代谢无关。加工性食品中的大多数物理、化学变化属于非生物性变化，特别是烹饪加热制作各种菜肴美食时，可发生蛋白质变性、淀粉糊化、油脂乳化和自动氧化、美拉德反应、焦糖化作用等变化，从而产生出菜肴的色、香、味成分。

食品和菜肴的物质变化往往同时是生物性和非生物性的。这在对新鲜食品原料的快速加工成菜中表现得尤为明显。例如，快炒葱、蒜类原料，可得到蒜、葱特有的风味。因为，快炒的时间短，原料内部的温度并不高，其能催化产生风味成分的酶还没有失去活性。同时，原料外部的温度较高，一方面可使组织内部破坏，有利于酶反应；另一方面又能发生一些非酶化学反应，产生出更多的风味成分来。

2. 烹饪加工中的物质变化与食品功能和品质的关系

烹饪加工中的物质变化很多，在此仅从烹饪化学的整体来概括它们。表 1-1 总结了导致食品质量改变的主要物质变化及其反应条件和影响结果。

表 1-1 烹饪加工中主要物质变化及其反应条件和影响结果

成分	变化或产物	主要条件	加工中发生的环节或举例	影响		
				营养价值	安全卫生	商品性能
蛋白质	变性生成变性蛋白	加热、强酸或强碱	各种加热制熟加工，如煮饭、炒菜	＋＋＋	＋＋＋	＋
	水解生成胨、肽和氨基酸	酸、酶	长时间加热食品，如炖菜	＋	＋	＋或×
	分子交联	热、氧、碱	高温加热，如烤肉	×	×	＋或×
氨基酸	异构化	热、强碱	碱处理，如碱发干货	××	×	××
	裂解	强热、强碱	高温加热，炸、烤	××	×	××
	环化等转化	高温加热	烧焦食品	××	×	××
	碱劣化	碱	如粮食中加碱	××	×	××
	微生物腐败	细菌、霉菌	食物变馊臭	×	××	××

成分	变化或产物	主要条件	加工中发生的环节或举例	影响 营养价值	影响 安全卫生	影响 商品性能
脂肪	乳化与破乳化	水、乳化剂	广泛存在	+	0	＋＋
	水解	酸、碱、酶	广泛存在	+或×	0	0或+
	自动氧化	光、氧	广泛存在	××	×	××
	热化学反应	高温	炸、爆、烤制品	××	×	××
淀粉	糊化	加热、水	制熟加工，如煮饭	＋＋	+	＋＋
	老化	低温	熟食储存	×	0或×	+或×
	水解和发酵	热、酶、酸	长时加热，如粥	+	+	+或×
果胶	水解和胶凝	酶	果蔬软烂、果冻	0或+	0	＋＋或×
寡糖	焦糖化、糖色	热或强热	制糖色工艺	0或×	0或×	＋＋
	蔗糖水解	酶、酸	转化糖	+	0	+
	糖精酸	加热、强碱	碱处理糖	×	×	×
糖苷	水解	酶、加热	植物，如甘蓝硫代葡萄糖苷分解	0或+	＋＋	+
维生素	各种反应	许多因素	广泛存在	××	×	×
无机盐	流失	加热、水	广泛存在	×	0	0
氨基酸＋糖	羰氨反应产生类黑精等	加热、碱	广泛存在，可以在非加热下发生	××	×	＋＋

注："+"为积极作用，"×"为消极作用，"0"为无作用。

从表1-1中可以看出，烹饪加工中发生的许多变化和反应，虽然对食品的色、香、味有积极作用，但有些对食品的营养价值、安全卫生有负面的影响，因此，烹饪化学的任务是解决怎样科学地烹饪这一最关键问题。

3. 物质变化对食品和菜肴质量的影响和控制

不同的食品因化学组成不同，发生的理化变化自然也不同；相同的食品，因烹饪加工条件和方式不同，也肯定会发生不同的理化变化。在烹调中，影响这些物质变化的因素基本上是共同的，主要包括时间、化学成分的种类和数量、温度和湿度的变化、食品的组织结构、催化剂（包括酶）、机械作用、压力、氧气、水分活度、pH 值、盐离子、电磁辐射等。其中对烹饪加工而言，温度、时间是最主要的两大因素，在实际控制菜肴质量中具有重要应用。例如，"火候"就是掌握好加工过程的温度和时间，从而控制好所发生的理化变化的程度，使菜肴达到色、香、味等感官质量俱佳的一种加工控制过程。

三、形成烹饪产品的色、香、味、形等感官特性的原理

中国烹饪讲究色、香、味、形、器、意 6 大要素，科学性和艺术性并重，满足味觉、嗅觉和视觉的综合享受。通过烹饪，使菜肴色泽鲜明调和、馥香扑鼻、滋味鲜美。菜肴盛装在精致的容器中，形态美观，器皿的形状、大小和菜肴的质地、色彩相称。

烹饪加工过程中一些生色、增香、增味反应可以提高菜肴以及面点制品的档次，增加食用者的食欲。例如，在烤鸭、烤鸡时，先在原料上涂抹一层麦芽糖，可以增加焦糖化作用，使制品带上诱人的红褐色。又如，烘烤和炸制面点都带有不同程度的黄色和棕红色，并且还具有特殊的焦香味，这在于美拉德反应和淀粉不完全水解产生的糊精的焦糖化作用。

四、烹饪新技术、开发新产品和新的食物资源

近20年来，在烹饪领域发展了许多高新技术，例如新含气烹饪食品保鲜加工技术、分子烹饪技术等。这些技术实际应用的成功关键在于对物质结构、物性和变化的把握，因此其发展速度也依赖于烹饪化学在这一领域中的发展速度。

1. 新含气调理食品加工保鲜技术

新含气调理食品加工保鲜技术是一种适合于各类方便食品的加工保鲜新技术。由于采用原材料的减菌化处理和多阶段升温的杀菌方式，能够完美地保存烹饪食品的品质和营养成分，并且采用了充氮包装，可使食品原有的色泽、风味、口感和外观变化较小。

新含气调理食品可在常温下储运和销售，货架期6～12个月。适合于新含气调理法加工的食品种类相当广泛，包括主食类、肉食类、禽蛋类、水产类、素食类、点心甜食类、汤汁类和盒饭类等。

为此，将富有特色的中式风味佳肴、名菜名点、名优食品，通过现代工业化手段，使传统手工操作变为机械化生产，把人为控制变为自动控制，使模糊性变为定量定性化，使随意性变为规范化，从而实现中式烹饪的规模化、标准化、自动化生产，对提高人们的饮食质量和水准，加速中国现代食品工业的发展、开拓中国及世界的食品市场具有特别重要的意义。

以下是各种加工方法优缺点的比较。

（1）高温高压法　真空包装后高温加热杀菌，其优点是常温储运、携带方便、货架期长，但难以避免口感劣化、变色、变形及出现异味等缺点。

（2）无菌包装法　烹饪后，采用无菌包装，其优点同高温高压法，缺点是应用范围狭窄（仅限于米饭、汤汁、牛奶等）。

（3）冷藏加工法　真空包装后低温加热，调理杀菌。其优点是口感和色泽变化小，但冷藏使流通领域成本提高，另外易变形，货架期短。

（4）冷冻加工法　烹饪加工或未经加工后急速冷却，优点是色泽很少变化。但流通成本高，且冻结后发生海绵化，口感劣化。

（5）新含气调理法　优点是口感和色泽变化小，能保持良好的外观、质地，携带方便，货架期长。

2. 分子烹饪技术

（1）分子烹饪的定义　分子烹饪是从食材的分子层面入手，通过现代物理、化学的手段，运用现代仪器和设备来精确制作奇妙食物的烹饪方法。分子烹饪又称作"分子料理"或"分子厨艺"，是烹饪领域的化学革命。此方法有别于传统的烹饪，它是从烹饪原料的分子层面来创新，主要是创造不同于人们习惯的新风味、新食材、新食品，在整个制作过程中追求艺术烹饪、新概念烹饪。分子烹饪的产品给人以奇妙的口感冲击力、视觉冲击力、气味冲击力、触觉冲击力和造型冲击力。

（2）分子烹饪的原理、实质　分子烹饪的原理是利用物质的胶凝作用、乳化作用、增稠作用、升华作用、水化作用、发泡作用、抗氧化作用、交联反应、脱水反应、异构化反应等，使食材的物理和化学性质以及形态发生变化，从而改变物质原有的质感、口感，产生奇妙的新风味。比如分析黄油对面粉的起酥原理，使用仪器直接让饼干酥脆，从而代替热量高、脂肪高的黄油。再比如分析蛋白质熟化状态，用低温慢熟方式精确控制，使得牛肉滑嫩多汁。

分子烹饪的实质是维持烹饪原料的分子空间构象的各种副键（例如氢键、疏水键、二硫键等）受特殊因素（如超低温、真空、加热、机械作用等）影响而发生变化，失去原有的空间结构，引起烹饪原料的理化性质发生改变，生成新的空间构象和形态。

分子烹饪有时也有少量的羰氨反应、焦糖化反应，会发生分子内化学键（例如共价键）断裂，形成新的化学键。

（3）分子烹饪的特点　与传统的烹饪比较，分子烹饪有以下特点。

① 烹饪手段不同　传统的烹饪手段主要有煮、蒸、烤、烧、炒、炸、煎、挂霜、拌等。而分子烹饪最常用的手段有冷冻、脱水和低温油浸，这些工艺使用了完全现代化的仪器和设备，比如用超低温冻干的方式，便能轻易地将鸡肉或菠菜化为一堆粉末，入口即化。

② 思维角度不同　传统厨师们考虑的是如何让食品更美味，而"分子大厨"们首先考虑的却是某一种食品经过某种过程，为何会产生那种独特的美味。换言之，传统厨师们更加关心的是人们味蕾的直观感受，而"分子大厨"们更加关心的是食材相互配合后会产生何种的化学反应，以及这种反应的结果。

③ 设备、用具不同　在"分子大厨"的厨房里，所采用的不再是传统的刀、剪、碗、碟或砧板，而更像是一个化学实验室，里面有各种在传统厨房中绝对看不到的设备，比如，能够准确分析各种食材成分的仪器，能够精确度量各类食材分量的量具，能够混合并使食材在其中发生化学反应的容器，以及能够控制反应温度及过程的装置。此外还有各类测量用具。这些用具将告诉厨师反应达到的阶段，并使厨师可以预估和调整创造的结果。

④ 风味不同　在真空状态下 53℃ 把肉煮 10h 后，肉的嫩度和口感会像豆腐一样；通过超低温，使液态的酒拥有气体的口感，入口即散发出去。这些都与传统风味不同。

⑤ 菜品形态不同　分子烹饪的菜品上桌，明明是鱼子酱，触到舌尖口感也类似鱼卵，咬破薄膜后的感觉却是水蜜桃；摆在面前是泡沫，放在嘴里却什么也没有，只留下柠檬的香味；原本固体的坚果类食物进入口中却化成液汁；把汤做成气泡状，带来了特别的视觉效果，但吃起来仍然是汤的味道；在燕窝中混合了用玫瑰露制作的粉红色胶囊，咬下之后，才有玫瑰的香味从柔软的胶囊中渗透出来。

有的传统食品制作方式也可归为分子烹饪，例如棉花糖的制作。蔗糖进入棉花糖制作机，高温使晶体蔗糖变成无定形糖浆，而棉花糖制作机加热腔中有一些很小的孔，当糖浆在加热腔中高速旋转的时候，离心力将糖浆从小孔中喷射到周围。由于液态物质遇冷凝固的速度和它的体积有关，体积越小凝固越快。因此从小孔中喷射出来的糖浆就凝固成糖丝，不会粘连在一起。看上去就像是一大团绵软而雪白的棉花。

（4）分子烹饪常用方法

① 真空低温加热法　在 60℃ 左右，通过真空低温慢煮的方法烹饪食品。例如，真空低温慢煮蔬菜，使其细滑鲜嫩。

② 液氮法　液氮能使食材瞬间达到极低温度。在超低温状态下，肉质可以改变结构，发生物理变化，使其口感、质感、造型发生变化。有一种外观类似巧克力棒，但吃在嘴里却是鹅肝滋味的分子菜，就是将肥嫩的鹅肝酱使用液态氮混入白兰地酒的香气而制成，吃时再配上甜而不腻的葡萄，风味令人叫绝。

③ 胶囊法　该法是将食材制成液体、气体或酱状，包裹于细小的胶囊之中，人们食用时，胶囊破裂，才知道吃的是什么。如牛肉配鹅肝酱，把美国肉牛的肉放到 60℃ 水中，抽真空煮几小时。另外把加入了 0.5g 褐藻胶并搅拌均匀的鹅肝酱装入针筒，滴入含有 2.5% 氯化钙的水溶液中，做成胶囊。

④ 风味配对法　风味配对学说是分子烹饪最经典的学说之一，将含有相同挥发性分子的不同食材搭配在一起，可以刺激鼻腔中的同类感应细胞，获得满意的风味。

⑤ 泡沫法　先把食物制成液体，再加入卵磷脂并用搅拌器打成泡沫。品尝泡沫时不只是舌尖或唇边某一触点的味觉享受，而是能在入口瞬间使口腔内溢满香气。

⑥ 分解法　通过速冻、真空慢煮等方式将食物的形态改变从而得到它的核心味道，进入口中时可能只是一道轻触即无的烟雾，但它带来的感受可能跟红烧肉差不多。

⑦ 其他方法　使用大功率激光烘烤寿司内部，同时保持外部的鲜嫩；用激光烘烤面包，使其外软里脆。一些水果如桃、苹果、梨细胞之间会有一层空气，经过真空抽气机的处理把水果细胞间的空气抽出，并重新注入新的口味，如清新的香槟味加一些香草味。

总之，分子烹饪的方法有很多，而且新的方法还在不断产生中。可以预料，随着研究的深入，未来还会有更奇妙的分子烹饪方法出现。

但是，分子烹饪食品的创新需要具有深厚的物理、化学、生物化学的知识；制作需要精密的仪器、设备。这就制约了分子烹饪的推广和普及，使分子烹饪目前还只能在少数高端餐厅中使用。

五、合理烹饪的方法

1. 合理烹饪的概念

合理烹饪就是对食物原料进行合理的选择搭配、整理清洗，采用合理的刀工和烹调方法，使制成的饮食成品尽可能多地保存原有的营养素，合乎卫生要求，具有良好的色、香、味、形，以维持或提高食物的营养价值和食用价值，达到刺激食欲，促进消化吸收，使食用者的生理需求和心理需求都得到合理满足的目的。概括地说，就是通过烹调使食物满足卫生、营养、美感三方面要求。

烹饪的目标不仅是要保证食物加工后的色、香、味，而且更重要的是要确保食物的营养价值和安全性。在烹饪过程中，某些环节产生有害物质的可能性很大，比如油温过高、使用劣质调料、熏或烤制食品。合理的烹饪加工过程可以有效控制或消除食品的不安全因素，而不科学的烹饪操作不仅不能降低食品的危害因素，甚至还会成为食品污染的途径，使食品中的有害物质增多，影响食品的安全。所以，倡导合理、健康的烹饪非常必要。

2. 合理烹饪的原则

由于影响菜肴营养的因素是多方面的，因此要综合考虑各种因素，选用最有效的方法，所选用的方法往往不是单一，而是综合的。

（1）初加工要合理　在初步加工时要尽可能地保存原料的营养成分，避免不必要的浪费。如一般的鱼初加工时须刮净鱼鳞，但新鲜的鲥鱼和白鳞鱼则不可刮去鱼鳞，因为，它们的鳞片中含有一定量的脂肪，加热后熔化，可增加鱼的鲜美滋味，鳞片柔软且可食用。

对未被霉菌污染的粮食或没有农药残留的粮食，在淘洗时，要尽量减少淘洗次数，一般淘洗2~3次即可，不要用流水冲洗或用热水淘洗，也不要用力搓洗。需要切配处理的原料，应在切配前清洗，不要在水中浸泡（除非此原料农药残留较大，宜浸泡去除部分农药），洗的次数不宜过多，以洗去泥沙即可。这样可减少原料中某些水溶性营养素的流失。

（2）切配要科学　各种原料在烹调工艺许可的条件下，切配时应稍大，防止原料中易氧化的营养素的损失。进行刀工处理后不要再用水冲洗或在水中浸泡，也不应长时间放置或切后加盐弃汁，这样可避免维生素和无机盐随水流失并减少氧气对易氧化的营养素的破坏。另外，需要注意的是，最好是现切现烹，现烹现吃，以保护维生素少受氧化而损失。

（3）焯水要适时　食物原料在焯水处理时，一定要控制好时间，掌握好成熟度，一般要火大水沸，加热时间宜短，操作宜快，原料分次下锅，沸进沸出。这样不仅能减轻原料色泽的改变，同时可减少维生素的损失。如蔬菜原料含有某些氧化酶易使维生素 C 氧化破坏，而氧化酶仅在 $50 \sim 60 ℃$ 时活性最强，温度在 $80 ℃$ 以上时则活性减弱或被破坏。焯水时加少量油脂，油脂会在蔬菜表面形成一层保护膜，减少原料内部的水分外溢，同时又可减少蔬菜与氧的接触，使叶绿素不致脱镁变黄，起到保色保鲜的作用。动物性原料也需用旺火沸水焯水法，因原料表面遇到高温，会使表面蛋白质凝固，从而保护营养素不致外溢。原料焯水后切勿挤去汁水，否则会使水溶性维生素大量流失。

（4）上浆、挂糊和勾芡　上浆、挂糊是将经过刀工处理的原料表面裹上一层黏性的半液体或糊（如蛋清、淀粉液），经过加热后，淀粉糊化而后胶凝，蛋清中的蛋白质受热变性直接胶凝，因而形成一层有一定强度的保护膜。保护膜可以保护原料的形态，减少原料中水分、营养素等物质的溢出，避免了一些水溶性营养素随水分进入汤汁；使原料不直接和高温油接触，油也不易浸入原料内部，因是间接传热，原料中的蛋白质不会过度变性，维生素受高温分解破坏减少，同时可减少原料中容易氧化分解的营养素与空气直接接触的机会，对一些易被氧化的营养素如维生素C、维生素 B_2、维生素 A 等，起到保护作用；可使原料内部受热均匀稳定，这样烹制出来的菜肴不仅色泽好、味道鲜嫩，营养素损失少，而且易被消化吸收。

勾芡是在菜肴即将出锅时，将已经提前调好的水淀粉淋入锅中，使菜肴的汤汁达到一定的稠度，增加汤汁对原料的附着力。勾芡后汤汁变稠并包在菜肴原料的表面，与菜肴融合，既保护了营养素又味道鲜美。

（5）适当加醋、适时加盐　很多维生素在碱性条件下易被破坏损失，而在酸性环境中比较稳定。凉拌蔬菜可适当加醋；吃面条、饺子等，也可适当加些醋，既有利于保存维生素，又有利于增加风味；有些菜肴的烹调过程中也可适当加醋，促使原料中的钙游离，易于人体的吸收，如鱼头豆腐、糖醋排骨。

食盐溶于汤汁中能使汤汁具有较高的渗透压，使细胞内水分大量渗出，原料发生收缩，这样使食盐不易渗入内部，不仅影响菜肴的感官，而且风味也欠佳。由于食盐能使蛋白质凝固脱水，对于富含蛋白质、肌纤维，质地较老的原料，如老母鸡、鸭、鹅、牛肉、豆类等，不宜过早放盐。如果先放盐，可使原料表面蛋白质快速凝固，内层蛋白质吸水难，不易煮烂，不但延长加热时间，而且影响人体的消化吸收。但在调制肉馅时，则应先加入少量食盐，促进肉中蛋白质的水化作用，使水与蛋白质结合，肉馅越搅黏度越大，加热后的菜肴质地松软鲜嫩。

（6）酵母发酵　制作发面面食时，尽量采用鲜酵母或干酵母，而少用碱。加碱会破坏面团中的大量维生素。采用鲜酵母、活性干酵母等优质酵母发酵，使酵母在面团中大量繁殖，酵母繁殖时会产生 B 族维生素，导致 B 族维生素的含量增加，同时又可分解面团中所含的植酸盐，有利于人体对无机盐如钙、铁的吸收。

（7）烹调方法要得当　由于烹调方法繁多，为使原料中营养成分少受损失，应尽量选用较科学的方法，如熘、炒、爆等。因这些烹调方法加热时间短，可使原料中营养素损失大大降低。如猪肉切成丝，旺火急炒，其维生素 B_1 的损失率为13％，维生素 B_2 的损失率为 21％，维生素 B_3 的损失率为 45％。而切成块用文火炖，则维生素 B_1 损失率为 65％，维生素 B_2 的损失率为 41％，维生素 B_3 的损失率为 75％。特别是叶菜类蔬菜用旺火急炒的方法，可使维生素 C 的平均保存率为60％～70％；若用小火烹调，其营养素就会遭到氧化而大量流失。

3. 烹饪方法的选择

从烹饪营养学的角度出发，应尽量选择那些符合营养学观点的烹饪方法，尽量使原料中的营养素不被破坏，不产生有害物质，并能促进食欲，食物中的营养素还易被人体所消化、吸收。选择具体的烹调方法时，不仅要考虑到烹调方法对营养素的影响及保护措施，还要考虑到以下三个方面。

（1）根据烹饪原料的营养素分布特点选择　不同烹饪原料在营养素的种类和含量上各有其特点，如肉类原料的蛋白质、脂肪含量较高，无机盐及一些脂溶性维生素占有一定比例，而缺乏糖类、水溶性维生素。植物性原料正好相反，含有丰富的无机盐、水溶性维生素、部分脂溶性维生素、纤维素和果胶类物质，有些蔬菜中含有丰富的可消化的糖类。内脏类原料含有丰富的维生素、无机盐、蛋白质、脂肪等营养素。根据各类烹饪原料在营养素种类和分布上的特点，若烹调方法选择得当，则会使原料中的各种营养素充分地被人体消化、吸收。相反，若烹调方法选择不适当，不但会影响食物的消化吸收过程，还会对人体产生不良后果。

例如，"清炖鸡"选用活的老母鸡，宰杀、洗尽，配以一定的辅料，在微火上炖焖，直至酥烂。这种烹调方法可使鸡肉蛋白发生部分水解，部分蛋白胨及二肽、三肽和氨基酸溶解于汤液中，脂肪组织也部分分解，汤液中出现游离的脂肪酸，另外部分脂溶性维生素和无机盐也溶解于汤液中。所以，对于老母鸡这种烹饪原料来说，"炖"是一种较好的烹调方法。因为这种烹调方法使母鸡的主要营养素——蛋白质、脂肪利于人体吸收、利用，从而显示了母鸡这一原料的营养特点及对人体的作用。采用这种方法制作的清炖鸡，汁液醇浓，味道鲜美，鸡肉酥烂，特别适于老年人及产妇、乳母食用。

再如"鱼头豆腐"，在制作过程中加入少许醋，可促使鱼头中的中钙离子析出，便于吸收。鱼头豆腐用这种烹调方法制作，充分发挥了鱼头、豆腐含钙量高的优势，而且荤素搭配，更易消化吸收，是一个较好的提供钙离子的菜肴。

又如"清蒸鳜鱼"，鱼肉本身水分含量较高，采用"蒸"这种烹调方法，保持了鱼肉中的水分，使鱼肉肉质保持细嫩，便于消化、吸收。但若选用油炸的方法来烹调鳜鱼，则鳜鱼肉水分蒸发，失去其鲜嫩的口感，而且鳜鱼中脂肪组织以不饱和脂肪酸为主，高温烹调鳜鱼会使不饱和脂肪酸对人体产生毒副作用。

（2）根据烹饪原料在宴席中的特殊作用选择　烹饪原料在宴席中的特殊作用主要是指烹饪营养学方面的作用。有些烹饪原料的选择是为了弥补不良的烹饪方法造成的营养素的缺乏，或者降低一些有害物质对人体的不利影响。所选用的烹调方法，首先必须保证营养素不被破坏，另外还应使其尽量被人体吸收。

例如选择蔬菜中维生素C含量最高的原料——柿子椒，以弥补宴席中人们对维生素C的可能摄取不足，还应选择相适应的烹调方法以避免维生素的破坏。"糖醋柿椒"可达这一目的。先用旺火炒柿子椒，旺火急炒对维生素C的破坏不大，然后再加糖、醋。在酸性环境中维生素C可免遭破坏。这样就达到了选择柿子椒这一烹饪原料的目的，增加宴席中维生素C的供给量。在宴席原料中选择有色蔬菜，主要是为增加胡萝卜素的供给。胡萝卜素在有脂肪存在的情况下易被人体吸收，所以对这类蔬菜选用烹调方法应用油脂烹制，如奶油西兰花、胡萝卜炖羊肉等。

（3）根据就餐者的生理特点和健康状况选择　不同生理状况的就餐者应食用不同烹调方法烹制的食物。对老年人来说，可选用清蒸、炖、煮等烹调方法，这样烹调出来的食物清淡、酥烂，水分含量高，适合于老年人口腔咀嚼功能的下降、唾液分泌量和消化液分泌量减少，以及消化吸收功能退化的生理特点。例如，糖醋排骨含钙量高，可能适合青少年食用，但老年人口腔咀嚼功能下降，很难咀嚼糖醋排骨；而鱼头豆腐采用炖的方法，口感松软滑嫩，对老年人非常适合，这样可以使老年钙吸收量得以改善，对预防老年性骨质疏松症有一定的意义。

对孕妇特别是妊娠早期、妊娠反应严重的孕妇，烹调方法要根据孕妇的喜好选择，这样可避免妊娠反应给孕妇和胎儿造成的营养不良。对乳母来讲，为促进和增加乳汁的分泌，烹调方法可选择炖、煮等，这样烹制出来的食物含有较多的汤液，较适合乳母分泌乳汁的需要。对不同健康状况的就餐者，在选择烹调方法时更应注意。

肝脏疾病的患者应选择使食物清淡、易消化的烹调方法。脂肪肝病人不宜吃油炸食物。对慢性肝炎和肝硬化的病人，应食用较软的食物，这样可避免患者发生意外的出血症状，因为慢性肝炎特别是肝硬化病人，往往会有食道静脉曲张，而且机体的凝血机制受影响，凝血功能下降。若食用油炸等较硬的食物，则可能会使食道静脉破裂，引起消化道大出血。对于患消化道疾病的人，应采用易于消化、少刺激性的烹调方法烹制食物，如避免使用油炸等使菜肴中油脂量增加的烹调方法，烹调中避免使用某些易刺激胃液分泌的调味料如芥末、干辣椒、胡椒粉、咖喱粉等。

对于患有心血管疾病的人，如高血压病人，在烹调上要减少食盐的使用，多采用一些具有鲜味的非动物性原料搭配烹饪而减少用盐量，如香菇、西红柿等。

复习思考题

1. 解释下列名词：烹饪　烹饪化学　分子烹饪
2. 简述化学与烹饪的关系。
3. 烹饪化学的研究内容有哪些？
4. 什么叫合理烹饪？有什么特点？
5. 简述烹饪过程中的物质变化有哪些？
6. 简述分子烹饪的原理和方法。

第二章　食品中的水

第一节　水分概述

一、水和冰的结构

1. 单个水分子的结构

　　水分子是由一个氧原子和两个氢原子组成的，其化学式为 H_2O。水分子为四面体结构，氧原子位于四面体中心，四面体的四个顶点中有两个被氢原子占据，其余两个为氧原子的非共用电子对所占有，如图 2-1 所示。单个水分子（气态）的键角由于受到了氧的未成键电子对的排斥作用，压缩为 $104.5°$，接近正四面体的角度 $109°28'$，形成了水分子的"V"形结构，如图 2-2 所示。正是由于水分子呈 V

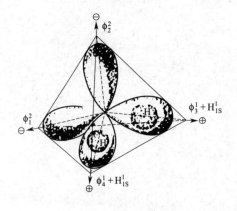

图 2-1　水的 sp^3 构型

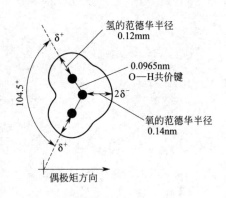

图 2-2　气态水分子的范德华半径

字形，导致分子内的正负电荷中心发生偏离，产生较强的极性。另外，氧是一个电负性很强的原子，对 O—H 键的共用电子对吸引力较强，使 O—H 键的共用电子对明显地偏向氧原子一边，因而 O—H 键是一个较强的极性键，因此，水分子是极性分子，它能溶解离子化合物和极性化合物。

纯水中除常见的 H_2O 外，还存在其他的一些同位素的微量成分，如由 ^{16}O、^{17}O、^{18}O 和 ^1H 的同位素 ^2H 和 ^3H 所构成的水分子，共有 18 种水分子的同位素变体；此外，水中还有离子微粒如氢离子（以 H_3O^+ 存在）和氢氧根离子，以及它们的同位素变体，因此，实际上水中总共有 33 种以上 HOH 的化学变体。同位素变体仅少量存在于水中，在大多数情况下可以忽略不计。

2. 液态水中的氢键缔合作用

由于水分子 O—H 键的共用电子对强烈地偏向于氧原子一方，使每个氢原子带有部分正电荷且电子屏蔽最小，表现出裸质子的特征。因此，氢原子极易被另一个水分子中的氧原子上的孤对电子吸引而形成氢键。水分子一方面以分子中的两个氢原子分别与另外 2 个水分子中的氧原子形成氢键，同时分子中的氧原子上的两个含有孤对电子的 sp^3 轨道又可以与其他水分子的氢原子形成两个氢键。这样，每个水分子沿着氧原子外层的 4 个 sp^3 杂化轨道，可同时与 4 个水分子缔合。其中的两个氢键，水提供了氢原子，是氢键供体；在另外 2 个氢键中，它接受了质子，是氢键受体。由于每个水分子都有两个氢键供体和两个氢键受体部位，故水分子可以通过氢键缔合形成三维空间多重氢键的能力（图 2-3）。每个水分子在三维空间的氢键给体数目和受体数目相等，因此，

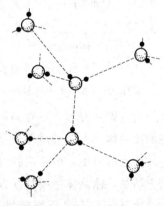

图 2-3　液态水中的氢键缔合（以虚线表示）

水分子间的吸引力比同样靠氢键结合成分子簇的其他小分子（如 NH_3 和 HF）要大得多。氢键使水分子间缔合起来，而形成 $(H_2O)_n$ 水分子簇。氢键（键能 2～40kJ/mol）与共价键（平均键能约 355kJ/mol）相比较，其键能很小，键较长，易发生变化，氧和氢之间的氢键离解能约为 13～25kJ/mol。

水分子的氢键键合程度与温度有关。在 0℃ 的冰中水分子的配位数为 4，随着温度的升高，配位数增加，例如在 1.5℃ 和 83℃ 时，配位数分别为 4.4 和 4.9，配位数增加有增加水的密度的效果（配位数效应）；另外，由于温度升高，水分子布朗运动加剧，导致水分子间的距离增加，例如 1.5℃ 和 83℃ 时水分子之间的距离分别为 0.29nm、0.305nm，该变化导致体积膨胀，结果是水的密度会降低（热膨胀效应）。一般来说，温度在 0～4℃ 时，配位数对水的密度影响起主

导作用；随着温度的进一步升高，布朗运动起主要作用，温度越高，水的密度越低。两种因素的最终结果导致水的密度在 3.98℃ 最大，低于、高于此温度则水的密度均会降低。

3. 冰的结构

冰是由水分子有序排列形成的结晶。水分子之间靠氢键连接在一起形成非常稀

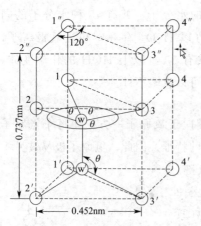

图 2-4　0℃ 时普通冰的晶胞
（圆圈表示水分子中的氧原子）

疏（低密度）的刚性结构（图 2-4），因此，冰的比容较大。最邻近的水分子的 O—O 核间距为 0.276nm，O—O—O 键角约为 109°，十分接近理想四面体的键角 109°28′。从图 2-4 可以看出，每个水分子能够缔合另外 4 个水分子即 1，2，3 和 w′，形成四面体结构，所以配位数等于 4。

冰有 11 种结晶类型，普通冰的结晶属于六方晶系的双六方双锥体。另外，还有 9 种同质多晶和 1 种非结晶或玻璃态的无定型结构，在常压和温度 0℃ 时，只有六方形冰结晶才是稳定的形式。在冷冻食品中存在 4 种主要的冰晶体结构，即六方形、不规则树枝状、粗糙的球形和易消失的球晶，以及各种中间状态的冰晶体。大多数冷冻食品中的冰晶体是高度有序的六方形结构，但在含有大量明胶的水溶液中，由于明胶对水分子运动的限制以及妨碍水分子形成高度有序的正六方结晶，冰晶体主要是立方体和玻璃状冰晶。

冰并不完全是由精确排列的水分子组成的静态体系，实际上，冰晶中的水分子以及由它形成的氢键都处于不断运动的状态。因为纯冰不仅含有普通水分子，而且还有 H^+（H_3O^+）和 OH^- 离子以及 HOH 的同位素变体（同位素变体的数量非常少，在大多数情况下可忽略），因此冰不是一个均匀体系；此外，冰的结晶并不是完整的晶体，通常是有方向性或离子型缺陷的。冰结晶体中由于水分子的转动和氢原子的平动所产生的这种缺陷，可以为解释质子在冰中的淌度比在水中大得多，以及当水结冰时其直流电导略微降低等现象提供理论上的依据。

除晶体产生缺陷而引起原子的迁移外，冰还有其他"活动"形式。在温度 −10℃ 时，冰中的每个 HOH 分子以大约 0.044nm 的振幅振动，相当于水分子间距离的 1/4，以及冰的某些孔隙中的 HOH 分子缓慢地扩散通过晶格。这说明冰并不是一种静态或均匀的体系。另一方面，冰的 HOH 分子在温度接近 −180℃ 或更低时，才不会发生氢键断裂，全部氢键保持原来完整的状态。

二、水和冰的性质

水与元素周期表中邻近氧的某些元素的氢化物，例如 CH_4、NH_3、HF、H_2S 等的物理性质比较，除了黏度外，其他性质均有显著差异。水分子形成三维氢键的能力可以用于解释水分子异常的物理化学性质，例如高熔点、高沸点、高比热和相变焓，这些均与破坏水分子的氢键所需要的足够能量有关；水的高介电常数则是由于氢键所产生的水分子簇，导致多分子偶极，从而有效地提高了水分子的介电常数。

水的熔点、沸点比这些氢化物要高得多，介电常数、表面张力、热容量和相变热（熔融热、蒸发热和升华热）等物理常数也都异常高，但密度较低。此外，水结冰时体积增大，表现出异常的膨胀特性。水的热导值大于其他液态物质，冰的热导值略大于非金属固体。0℃时冰的热导值约为同一温度下水的 4 倍，这说明冰的热传导速率比生物组织中非流动的水快得多。从水和冰的热扩散值可看出水的固态和液态的温度变化速率，冰的热扩散速率为水的 9 倍；在一定的环境条件下，冰的温度变化速率比水大得多。水和冰无论是热传导或热扩散值都存在着相当大的差异，因而可以解释在温差相等的情况下，为什么原料的冷冻速度比解冻速度更快。水和冰的物理常数见表 2-1。

表 2-1　水和冰的物理常数

项目	物理量名称	物理常数值			
相变性质	相对分子质量	18.0153			
	熔点(101.3kPa)	0.0000℃			
	沸点(101.3kPa)	100.000℃			
	临界温度	374.150℃			
	临界压力	22.14MPa			
	三相点	0.01℃ 和 610.4Pa			
	熔化热(0℃)	6.012kJ/mol			
	蒸发热(100℃)	40.63kJ/mol			
	升华热(0℃)	50.91kJ/mol			

项目	物理量名称	物理常数值			
		20℃	0℃	0℃（冰）	−20℃（冰）
其他性质	密度/(g/cm³)	0.99821	0.99984	0.9168	0.9193
	黏度/Pa·s	1.002×10^{-3}	1.793×10^{-3}	—	—
	界面张力(相对于空气)/(N/m)	72.75×10^{-3}	75.64×10^{-3}	—	—
	蒸汽压/kPa	2.3388	0.6113	0.6113	0.103
	热容量/[J/(g·K)]	4.1818	4.2176	2.1009	1.9544
	热导率(液体)/[W/(m·K)]	0.5984	0.5610	2.240	2.433
	热扩散系数/(m²/s)	1.4×10^{-7}	1.3×10^{-7}	11.7×10^{-7}	11.8×10^{-7}
	介电常数	80.20	87.90	约90	约98

在水的冰点温度时，水并不一定结冰，其原因包括溶质可以降低水的冰点，再就是产生过冷现象。所谓过冷（supercooling）是由于无晶核存在，液体水温度降到冰点以下仍不结冰。只有当温度降低到开始出现稳定性晶核时，或在振动的促进下才会立即向冰晶体转化并放出潜热，同时促使温度回升到0℃。开始出现稳定晶核时的温度称过冷温度。当在过冷溶液中加入晶核，则不必达到过冷温度时就能结冰，而且是在这些晶核的周围逐渐形成长大的结晶，这种现象称为异相成核。但此时生成的冰晶粗大，因为冰晶主要围绕有限的晶核长大。过冷度愈高，结晶速度愈慢，这对冰晶的大小是很重要的。当大量的水慢慢冷却时，由于有足够的时间在冰点温度产生异相成核，因而形成粗大的晶体结构。若冷却速度很快就会发生很高的过冷现象，则很快形成晶核，但由于晶核增长速度相对较慢，因而就会形成微细的结晶结构，这对于冷冻食品的品质提高是十分重要的。

食物中含有一定的水溶性成分，可以使食物的结冰温度（冻结点）持续下降到更低，直到食物到了低共熔点。低共熔点在−65～−55℃之间，而我国的冻藏食物的温度常为−18℃，因此，冻藏食物的水分实际上并未完全凝结固化。尽管如此，在这种温度下绝大部分水已冻结了，并且是在−4～−1℃之间完成了大部分冰的形成过程。现代冻藏工艺提倡速冻，因为该工艺下形成的冰晶体呈针状，比较细小，冻结时间缩短且微生物活动受到更大限制，因而食物品质好。

对于烹饪专业的学生来说，掌握水的物理化学性质很重要，例如以体积质量而言，水在4℃时密度最大，但水结成冰的时候，其体积却膨胀了约9％，这就有可能造成许多种生鲜的烹饪原料（包括动物肌肉和水果、蔬菜）的细胞组织在冻藏储存保鲜时，受到冰晶的挤压被破坏，从而在解冻时不能复原，导致汁液流失、组织溃烂、滋味改变等现象，而不利于各种烹饪操作。

三、烹饪过程中水的作用

水是食品中的重要组分。不管是鲜活食品，还是加工食品，都有其特定的水分含量。加工用水直接影响到成品的品质。因此，了解烹饪原料中水的特性和烹饪加工中水的变化具有重要意义。

从物理化学方面来看，水在食品中起着分散蛋白质和淀粉等成分的作用，使它们形成溶胶或溶液。从食品化学方面考虑，水对食品的鲜度、硬度、流动性、呈味性、保藏性和加工等方面都具有重要的影响。水也是微生物繁殖的重要因素，影响着食品的可储藏性和货架寿命。在食品加工过程中，水还能发挥膨润、浸透等方面的作用。在许多法定的食品质量标准中，水分是一个重要的指标。天然食品中水分的含量范围一般在50％～92％。

水在烹饪中的主要作用如下。

（1）作为烹饪的传热介质 水是液体，具有较大的流动性，传热比原料快得多，同时水的黏性小，沸点相对较低，渗透力强，是烹饪中理想的传热介质。水主要以对流的形式进行热传导。在加热时，水分子的运动是很剧烈的，由于上下的水温不同，形成了对流，通过水分子的运动和对原料的撞击来传递热量。

由于水的热容量大、导热能力也较强，所以用作烹饪加热过程的传热介质时，对于食物杀菌消毒、熟化加热、增进风味、消化和吸收，起了决定性的作用。

（2）作为溶剂 水是有极性的，溶解能力极强，作为溶剂不仅可以溶解多种离子型化合物，如食盐、味精和多种矿物质，还可以通过氢键溶解许多非离子型化合物，如糖类、酒精、醋酸等。这些物质的分子往往具有一定的极性，溶于水后成为水溶液。这些物质中包括了营养物质和风味物质，还有异味和有害物质等，统称为水溶性物质。它们有的存在于原料的细胞内或结构组织中间，有的是在加工储藏过程中产生。例如畜肉中含有低肽、氨基酸、单糖、双糖、有机酸、维生素、矿物质等水溶性物质，烹制肉时，其细胞破裂，结构松散，水溶性成分溶出，与加热过程中产生的水溶性风味物质和调味品中的水溶性物质混合在一起，构成特有的肉香味。

（3）作为反应物或反应介质 烹饪加工过程中，发生的大部分物理化学变化，都是在水溶液中进行或者在水的参与下发生，这时水作为介质能加快反应速率。同时，水作为反应物质参加反应的进行，如水解反应，需在有水参与下才能完成。又如发酵面团中的酵母菌等微生物，需要适宜的水和温度才能使分泌的酶很好地发挥作用，将面团中的糖类很快氧化，产生大量的二氧化碳，从而使面团变得膨松。

（4）能去除烹饪加工过程中的一些有害物质 水作为溶剂，原料中有些苦味物质和有害物质，可在水中溶解除去或者被水解破坏。利用这个原理，烹饪工艺中常用浸泡、焯水等方法去除异味和有害物质。例如，核桃中单宁物质是造成苦涩味的主要成分，必须用热水浸泡以除去大部分单宁，才能尝不到苦味。又如鲜黄花菜中含有对人体有害的秋水仙碱，它可溶于水，将鲜黄花菜浸泡2h以上或用热水烫后，挤去水分，漂洗干净，即可去除秋水仙碱。

值得说明的是，用水在去除有害物质的同时，要选择合理的烹饪加工方法，否则也会使有益物质流失。一些水溶性的营养物质和风味物质，如单糖和某些低聚糖、水溶性维生素、水溶性含氮化合物、某些醇类、氨基酸等也会被水溶解，如果加工方法不当，会造成流失，如大米的淘洗、蔬菜切后洗涤等操作过程。烹饪加工中应充分注意这些问题。

（5）作为干货原料的涨发剂 食物干货制品中的高分子物质，例如淀粉、蛋白质、果胶、琼脂等干凝胶都可以吸水发生膨润。膨润是高分子化合物干凝胶在水中浸泡引起体积增大的现象。被高分子物质吸收的水，储存于它们的凝胶结构网络中，使其体积膨大；由于分子体积大，不能形成水溶液，而是以凝胶状态存在。

涨发后的物质比其在涨发前更易受热、酸、碱和酶的作用，所以容易被人体消化吸收，但也容易被细菌或其他不正常环境因素破坏而腐败变质，故干货原料应随发随用。

第二节　烹饪原料及制品中的水分

一、烹饪原料及制品的含水量

原料中水的含量、分布和状态对原料的结构、外观、质地、风味、新鲜程度都有极大的影响。不同种类的各种原料含水量是不同的，水的分布也不均匀。对动物来说，肌肉、脏器、血液中的含水量最高（70%～80%），皮肤次之（60%～70%），骨骼的含水量最低（12%～15%）；对植物来说，不同品种之间，同种植物的不同组织之间、不同成熟度之间，水分含量也不相同。一般来说，叶菜类较根茎类含水量要高得多，营养器官（如植物的叶、茎、根）含水较高（70%～90%），而繁殖器官（植物的种子）含水量较低（12%～15%）。一般来说，大多数生物体的含水量为60%～80%，也有一些原料含水量高达95%以上，如部分果蔬和海蜇。有些原料即使属于同一种生物体的肌肉，其含水量也因生长年龄的不同而存在差异，如小鸡肌肉的含水量比老龄鸡的高。各种烹饪制品也有其特征含水量，如面包含水量35%～45%。

水的水质直接影响到菜肴的品质和操作工艺。烹饪原料中的水和在自然界中天然存在的游离态淡水一样，实际上都是极稀的溶液。即使是刚刚从天空中落下的雨雪，也很难例外。江河湖泊和地下水更是溶有多种物质，其中尤以矿物质最为常见。在水分析中，把水中的钙、镁含量多少称为水的硬度。有些天然水（特别是地下水）含有较多的钙盐和镁盐，这种水称为硬水。硬水有许多不好的性能，在加热器具和锅炉中容易结垢，结果生成不溶性的盐类，降低了传热性能，结垢太厚的锅炉甚至有爆炸的危险。用硬水作洗涤用水，不仅浪费洗涤剂，而且易生成沉淀，所以工业用水通常都要进行软化处理。所谓水的软化，就是设法除去钙和镁的离子，经过软化处理，含 Ca^{2+}、Mg^{2+} 少的水称为软水。

因此，全面了解烹饪原料中水的特性及其对原料品质和保藏性的影响，对烹饪工艺具有重要意义。

二、水和其他成分的相互作用

水在溶液中的存在形式与其他成分的性质及其同水分子的相互作用有关，下面分别介绍不同种类的物质成分与水之间的相互作用。

1. 水与离子型物质的相互作用

无机离子或有机物中的离子基团通过自身的电荷可以与水分子偶极产生相互作用，通常称为水合作用。与离子和离子基团相互作用的水，是食品中结合最紧密的一部分水。从实际情况来看，所有的离子对水的正常结构均有破坏作用，典型的特征就是水中加入盐类以后，水的冰点下降。

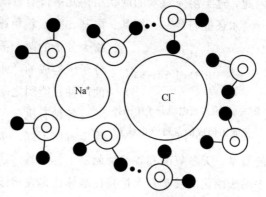

图2-5　离子的水合作用和水分子的取向

食盐是处理烹饪原料常用的物质，也是相对分子质量较小的离子型化合物的代表。由于水在食盐离解后生成的 Na^+ 和 Cl^- 周围被强烈极化，从而使得水的正常结构被破坏，加入的盐越多，极化作用越强烈，此时即使降温至0℃以下，水也不易结冰。由于水分子具有大的偶极矩，因此能与离子产生相互作用，如图2-5所示。水分子同 Na^+ 的水合作用能约 $83.68kJ \cdot mol^{-1}$，比水分子之间氢键结合能（约 $20.9kJ \cdot mol^{-1}$）大3倍，因此离子或离子基团加入到水中，会破坏水中的氢键，导致改变水的流动性。

如果水中存在其他亲水性的胶体物质时，比如蛋白质，也会因为极化作用使亲水胶体周围的双电层厚度发生较大的变化，从而影响胶体的稳定性。如果双电层变厚，说明亲水胶体的持水性加大，便产生盐溶，例如烹制肉制品时，加入适量食盐使肌肉发生盐溶作用，所得肉制品滑嫩可口，炒肉或调制肉糜、肉馅时，事先加入少量食盐，就是基于这个原理；相反，如果双电层变薄，说明亲水胶体的稳定性下降，容易发生沉淀，便产生盐析。烹饪原料的腌制过程都伴随着盐析作用，这是食盐用量过大造成的结果。

2. 水与非离子型亲水物质的相互作用

水与非离子型亲水物质的氢键键合比水与离子之间的相互作用弱。氢键作用的强度与水分子之间的氢键相近，例如蔗糖、淀粉、某些种类的蛋白质等。与非离子型亲水物质氢键键合的水，按其所在的特定位置可分为化合水或邻近水（第一层水），与体相水比较，它们的流动性极小。凡能够产生氢键键合的亲水性物质可以强化纯水的结构，至少不会破坏这种结构。然而在某些情况下，由于氢键键合的部位和取向在几何构型上与正常水不同，因此，这些物质质通常对水的正常结构也会产生破坏，持水性增强，使水的流动性降低。例如，烹饪过程中的勾芡、明胶或琼脂做冻等就是基于这种作用。

但也应该看到，当体系中添加具有氢键键合能力的溶质时，每摩尔溶液中的氢键总数不会明显地改变。这可能是因为已断裂的水-水氢键被水-溶质氢键所代替，因此，这类溶质对水的网状结构几乎没有影响。

水还能与羟基、氨基、羰基、酰氨基和亚氨基等极性基团发生氢键键合。在生物大分子的两个部位或两个大分子之间可形成由几个水分子所构成的"水桥"。图 2-6 表示水与蛋白质分子中的两种官能团之间形成的氢键。

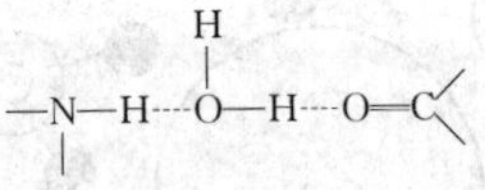

$$-N-H\cdots O-H\cdots O-C$$

图 2-6　水与蛋白质分子中两种官能团形成的氢键（虚线）

各种有机分子的不同极性基团与水形成氢键的牢固程度有所不同。蛋白质多肽链中赖氨酸和精氨酸侧链上的氨基，天冬氨酸和谷氨酸侧链上的羧基，肽链两端的羧基和氨基，以及果胶物质中的未酯化的羧基，无论是在晶体还是在溶液时，都是呈离解或离子态的基团；这些基团与水形成氢键，键能大，结合得牢固。蛋白质结构中的酰胺基、淀粉、果胶质、纤维素等分子中的羟基与水也能形成氢键，但键能较小，牢固程度差一些。

3. 水与疏水性物质的相互作用

含有疏水型结构的非极性分子在水中的行为首先表现为尽量营造非水小环境。例如，含有非极性基团（疏水基）的烃类、脂肪酸、氨基酸以及蛋白质加入水中，由于极性的差异，使体系的熵减少，在热力学上是不利的，此过程称为疏水水合。由于疏水基团与水分子产生斥力，从而使疏水基团附近的水分子之间的氢键键合增强，使得疏水基邻近的水形成了特殊的结构，水分子在疏水基外围定向排列，导致熵减少。

水对于非极性物质产生的作用中，其中有两个方面特别值得注意：笼形水合物的形成和蛋白质中的疏水相互作用。

笼形水合物是冰状包合物，其中水为"主体"物质，通过氢键形成了笼状结构，物理截留了另一种被称为"客体"的分子。笼形水合物的客体分子是低分子量化合物，它的大小和形状与由 20～74 个水分子组成的主体笼的大小相似。典型的客体包括低分子量的烃类及卤代烃、稀有气体、SO_2、CO_2、环氧乙烷、乙醇、短链的伯胺、仲胺及叔胺、烷基铵等，水与客体之间相互作用往往涉及弱的范德华力，但有些情况下为静电相互作用。此外，分子量大的"客体"如蛋白质、糖类、脂类和生物细胞内的其他物质也能与水形成笼形水合物，使水合物的凝固点降低。一些笼形水合物具有较高的稳定性。

疏水相互作用是指疏水基尽可能聚集在一起以减少它们与水的接触（图 2-7）。

疏水相互作用可以导致非极性物质分子的熵减小，因而产生热力学上不稳定的状态；由于分散在水中的疏水性物质相互集聚，导致使它们与水的接触面积减小，结果引起蛋白质分子聚集，甚至沉淀；此外，疏水相互作用还包括蛋白质与脂类的疏水结合。疏水性物质间的疏水基相互作用导致体系中自由水分子增多，所以疏水基作用和极性物质、离子的水合作用一样，其溶质周围的水分子都同样伴随着熵减小，然而，水分子之间的氢键键合在热力学上是一种稳定状态，从这一点上讲，疏水相互作用和极性物质的水合作用有着本质上的区别。疏水相互作用对于维持蛋白质分子的结构发挥重要的作用。也就是说，疏水相互作用在生理上的意义大于在烹饪原料加工过程中的意义。

疏水基、疏水性物质在水中的作用情况见图 2-7。

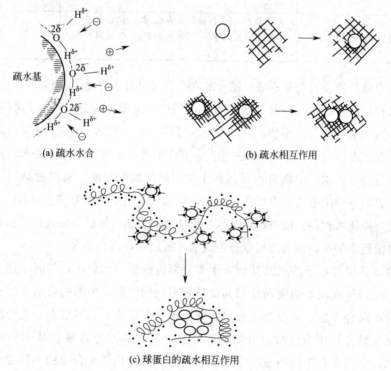

(a) 疏水水合　　　　　　　　(b) 疏水相互作用

(c) 球蛋白的疏水相互作用

图 2-7　疏水基、疏水性物质在水中的作用情况

三、烹饪原料及制品中水分的存在形式

由于物种的组织状况和细胞结构等多种生物学因素的制约，使烹饪原料中的水分子和其他非水成分分子之间的距离存在很大的差异，水分与非水成分之间结合的紧密程度也不同，从而使得食品中的水分以不同的状态存在。不同状态的水分与溶质的结合方式不同。例如，水与离子和离子基团易形成双电层结构；水与具有氢键

键合的中性基团可形成氢键；水和大分子之间可形成水桥，所以，尽管新鲜的动植物原料和一些固态食物中含有大量水分，但在切开时水分并不会很快流出来。

按照水与食品中溶质成分的缔合程度划分，水在食品中是以游离水（或称为体相水、自由水）和结合水两种状态存在的（表2-2），水与食品中溶质成分缔合程度的大小则又与溶质的性质、盐的组成、pH值、温度等因素有关。

表 2-2 食品中水的分类与特征

分　类		特　征	典型食品中比例
结合水	化合水	食品非水成分的组成部分	<0.03%
	邻近水	与非水成分的亲水基团强烈作用形成单分子层；水-离子以及水-偶极结合	0.1%~0.9%
	多层水	在亲水基团外形成另外的分子层；水-水以及水-溶质结合	1%~5%
游离水	自由流动水	自由流动,性质同稀的盐溶液,水-水结合为主	5%~96%
	滞化水和毛细管水	容纳于凝胶或基质中,水不能流动,性质同自由流动水	5%~96%

体相水就是指没有与非水成分结合的水。它又可分为三类：不移动水（滞化水）、毛细管水和自由流动水。不移动水是指被组织中的显微和亚显微结构与膜所阻留的水，由于这些水不能自由流动，所以称为不可移动水，例如一块重100g的动物肌肉组织中，总含水量为70~75g，除去近10g结合水外，还有60~65g的水，这部分水中极大部分是滞化水。毛细管水是指在生物组织的细胞间隙、制成食品的结构组织中，存在着的一种由毛细管力所截留的水，在生物组织中又称为细胞间水，其物理和化学性质与滞化水相同。而自由流动水是指动物的血浆、淋巴和尿液以及植物的导管和细胞内液泡中的水，因为都可以自由流动，所以叫自由流动水。

结合水是指存在于溶质及其他非水组分邻近的那一部分水，与同一体系的游离水相比，它们呈现出低的流动性和其他显著不同的性质。根据结合水与溶质和其他非水组分的缔合程度，可分为化合水、邻近水（单层水）和多层水。化合水是与非水组分紧密结合并作为食品组分的那部分水。它在高水分含量食品中只占很小比例，例如，它们存在于蛋白质的空隙区域内或者成为化学水合物的一部分。这部分水很稳定，在-40℃不会结冰，不能作为溶剂，与纯水比较分子平均运动为0，不能被微生物所利用。邻近水是与非水组分的特异亲水部位通过水-离子和水-偶极产生强烈相互作用的水。它们占据着非水成分的大多数亲水基团的第一层位置。这部分水在-40℃不会结冰，不能作为溶剂，与纯水比较分子平均运动大大减少，不能被微生物所利用。多层水是指占据第一层邻近水剩余位置和围绕非水组分亲水基团形成的另外几层水。虽然多层水的结合强度不如单层水，但是仍与非水组分靠得足够近，以至于它的性质也大大不同于纯水的性质。大多数多层水在-40℃下不结冰，其余可结冰，但冰点大大降低，有一定溶解溶质的能力，与纯水比较分子平均运动大大降低，不能被微生物利用。

第三节 水 分 活 度

一、水分活度定义

食品中含有大量的水分，在长期储藏过程中会发生劣变，其易腐性与它的含水量之间有着紧密的联系。脱水是人类保存食品的一种重要方法，因为食品浓缩或干燥处理均是降低食品中水分的含量，提高溶质的浓度，以降低食品易腐败的敏感性，如脱水干燥的木耳、香菇、海参等。但相同的水分含量时，不同食品的腐败难易程度是不同的。这是因为食品中水分的存在状态有差别，在腐败变质中所起的作用也不同。所以需要找到一个可以定量地反映烹饪原料中水分存在状态的指标。目前一般采用水分活度（a_w）表示水与食品成分之间的结合程度。

水分活度的定义表达式可根据路易斯（Lewis）热力学平衡来表示：

$$a_w = f/f_0 \tag{2-1}$$

式中，f 为溶剂逸度（溶剂从溶液中逸出的趋势）；f_0 为纯溶剂逸度。

在低温时（例如室温下），f/f_0 和 p/p_0 之间差值很小（低于 1%）。因此，用 p 和 p_0 表示水分活度是合理的。

$$a_w = \frac{p}{p_0} \tag{2-2}$$

式中，p 为食品中水蒸气的分压，p_0 为在相同温度下纯水的蒸汽压。

严格地说，式(2-2)仅适用于理想溶液和热力学平衡体系。然而，食品体系一般不符合上述两个条件，因此，更确切的表示是 $a_w \approx p/p_0$。

在实际测定中，可利用环境的平衡相对湿度（ERH）表达式来计算水分活度。将已知含水量的样品置于恒温密闭的小容器中，使其达到平衡，然后用电子式湿度测量仪测定样品和环境空气的平衡相对湿度，即可得到 a_w。

$$a_w = ERH/100 \tag{2-3}$$

此外，还可以利用水分活度仪测定样品的 a_w。

二、影响水分活度的因素

1. 食品的物质组成对水分活度的影响

在同温度下，食品中非水组分越多，并且与水结合力越强，水分活度值就越小。所以可通过增减食品成分来调节其水分状态。

在非水组分及非水组分与水结合形式基本不变的条件下，温度越高水分活度值越大。

非水组分与水结合强度在食品加工中必然会受到温度的影响，因此水分活度会发生改变。

2. 食品含水量对水分活度的影响

一般情况下，食品中的含水量越高，水分活度就越大。在恒温条件下，以食品的水分活度为横坐标，以食品的含水量（用每单位干物质质量中水的质量表示）为纵坐标绘成的曲线，称为水分吸湿等温线（moisture sorption isotherms，MSI），如图 2-8 所示，它表示食品脱水时各种食品的水分含量范围。当原料或食品含水量低于 0.5g/g 干物质时，水分活度迅速下降。这类示意图并不实用，因为低水分区一些最重要的数据没有详细地表示出来，而对食品来讲有意义的数据恰恰是在低水分区域。图 2-9 所示的是更实用的低水分含量食品的吸湿等温线。为了便于理解吸湿等温线的含义和实际应用，可以将图 2-9 中表示的曲线范围分为三个不同的区间；当干燥的无水样品产生回吸作用而重新结合水时，其水分含量、水分活度等就从区间Ⅰ（干燥）向区间Ⅲ（高水分）移动，水吸着过程中水存在状态、性质大不相同，有一定的差别。以下分别叙述各区间水的主要特性。

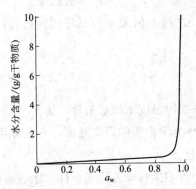
图 2-8　高水分含量食品的吸湿等温线

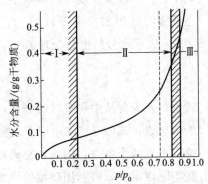
图 2-9　低水分含量食品的吸湿等温线（20℃）

等温线区间Ⅰ的水与溶质结合最牢固，是原料或食品中最不容易移动的水，这部分水依靠水-离子或水-偶极相互作用而被强烈地吸附在极易接近的溶质的极性位置，其蒸发焓比纯水大得多，这部分水就是前面所提及的化合水和邻近水。区间Ⅰ的水只占高水分食品中总水量的很小一部分，一般为 0～0.07g/g 干物质，a_w 为 0～0.25。

在区间Ⅰ和区间Ⅱ的边界线之间的那部分水相当于食品中的邻近水的水分含量，单层水可以看成是在接近干物质强极性基团上形成一个分子层所需要的近似水量，例如对于淀粉，此含量为一个葡萄糖残基吸着一个水分子。

　　吸湿等温线区间Ⅱ的水是占据固形物的第一层的剩余位置和亲水基团周围的另外几层位置，这部分水是多层水。多层水主要靠水-水分子间的氢键作用和水-溶质间的缔合作用。这部分水一般为0.1～0.33g/g干物质，a_w 为0.25～0.8。

　　当水回吸到相当于等温线区间Ⅲ和区间Ⅱ边界之间的水含量时，所增加的这部分水能引发溶解过程，促使基质出现初期溶胀，起着增塑作用。在含水量高的食品中，这部分水的比例占总水含量的5%以下。

　　等温线区间Ⅲ内的水是游离水，它是与食品中溶质结合最不牢固且最容易移动的水。区间Ⅲ内的游离水在高水分含量食品中一般占总水量的95%以上。

　　水分的吸湿等温线与温度有关，图2-10给出了土豆片在不同温度下的吸湿等温线，从图中可以看出在相同的水分含量时，温度的升高导致水分活度的增加。一般来讲，不同的食品由于其组成不同，其吸湿等温线的形状是不同的，并且曲线的形状还与样品的物理结构、样品的预处理、温度、测定方法等因素有关。

　　水分的吸湿等温线对于了解以下信息是十分有意义的：①在浓缩和干燥过程中样品脱水的难易程度与相对蒸汽压（RVP）的关系；②配制混合食品必须避免水分在配料之间的转移；③测定包装材料的阻湿性；④测定什么样的水分含量能够抑制微生物的生长；⑤预测食品的化学和物理稳定性与水分含量的关系。

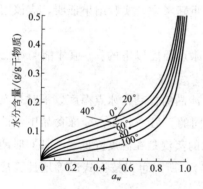

图2-10　不同温度下土豆片的吸湿等温线

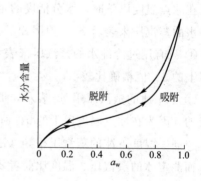

图2-11　食品的等温吸湿-解吸曲线

　　对于吸湿产物来讲，需要用吸湿等温线来研究；对于干燥过程来讲，就需用解吸等温线来研究。吸湿等温线是根据把完全干燥的样品放置在相对湿度不断增加的环境里，样品所增加的重量数据绘制而成（回吸），解吸等温线是根据把潮湿样品放置在同一相对湿度下，测定样品重量减轻数据绘制而成。理论上二者应该是重合的，但实际上二者之间有一个滞后现象，如图2-11所示。滞后所形成的环状区域（滞后环）随着食品品种、温度的不同而异，但总的趋势是在食品的解吸过程中水分的含量大于吸湿过程中的水分含量。另外其他的一些因素如食品除去水分程度、解吸的速度、食品中加入水分或除去水分时发生的物理变化等均能够影响滞后环的形状。

3. 温度对水分活度的影响

测定样品水分活度时，必须标明温度，因为 a_w 值随温度而改变。下式精确地表示了 a_w 对温度的相依性。

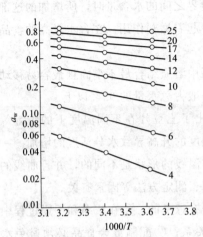

图 2-12　马铃薯淀粉的水分活度与温度的克劳修斯-克拉伯龙关系

$$\frac{d\ln a_w}{d(1/T)} = \frac{-\Delta H}{R} \tag{2-4}$$

式中，T 为绝对温度；R 为气体常数；ΔH 为样品中水分的等量净吸着热。显然，以 $\ln a_w$ 对 $1/T$ 作图（当水分含量一定时）应该是一条直线。图 2-12 表示不同含水量（每克干淀粉中水的质量数，即图 2-12 中线段右侧数据）的马铃薯淀粉的水分活度与温度的克劳修斯-克拉伯龙关系，可以说明两者间有良好的线性关系。一般来说，温度每变化 10℃，a_w 变化 0.03～0.2。因此，温度变化对水分活度产生的效应会影响密封袋装或罐装食品的稳定性。

在冰点温度以下时，水分活度的定义需要重新考虑。实验结果证明，应该用过冷纯水的蒸汽压来表示 p_0。原因如下。

① 只有用过冷纯水的蒸汽压来表示 p_0，冰点温度以下的 a_w 值才能与冰点温度以上的 a_w 值精确比较。

② 如果冰的蒸汽压用 p_0 表示，那么含有冰晶的样品在冰点温度以下时是没有意义的，因为在冰点温度以下的 a_w 值都是相同的。另一方面，冷冻食品中水的蒸汽压与同一温度下冰的蒸汽压相等（过冷纯水的蒸汽是在温度降低至 $-15℃$ 时测定的，而测定冰的蒸汽压、温度比前者要低得多），所以可以按下式准确地计算冷冻食品的水分活度。

$$a_w = \frac{p_{ff}}{p_{0(SCW)}} = \frac{p_{ice}}{p_{0(SCW)}} \tag{2-5}$$

式中，p_{ff} 为未完全冷冻的食品中水的蒸汽分压；$p_{0(SCW)}$ 为过冷的纯水的蒸汽压；p_{ice} 为纯冰的蒸汽压。

图 2-13 所示为以 a_w 的对数值对 $1000/T$ 作图所得的直线。图中说明如下。

① 在低于冻结温度时，a_w 的对数位与 $1/T$ 呈线性关系。

② 在低于冻结温度时，温度对水活性的影响比在冻结温度以上要大得多。

③ 样品在冰点时，图中直线陡然不连续并出现断点。

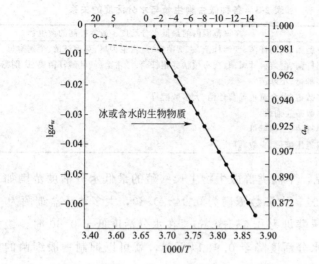

图 2-13　高于或低于冻结温度时样品的水分活度与温度的关系

在比较高于和低于冻结温度下的水分活度时得到三个重要区别。

第一，在冻结温度以上，a_w 是样品组分和温度的函数，前者是主要的因素。但在冻结温度以下时，a_w 与样品中的组分无关，只取决于温度，也就是说在有冰相存在时，a_w 不受体系中所含溶质种类和比例的影响。所以，在低于冻结温度时用 a_w 值作为食品体系中可能发生的物理化学和生理变化的指标，远不如在冻结温度以上更有应用价值。

第二，冻结温度以上和冻结温度以下水分活度对食品稳定性的影响是不同的。例如，一种食品在 -15℃ 和 a_w 0.86 时，微生物不生长，化学反应进行缓慢，可是，在 20℃，a_w 同样为 0.86 时，则出现相反的情况，有些化学反应将迅速地进行，某些微生物也能生长。

第三，低于冻结温度时的 a_w 不能用来预测冻结温度以上的同一种食品的 a_w，因为低于冻结温度时 a_w 值与样品的组成无关，而只取决于温度。

三、控制水分活度的意义

1. 控制微生物的生长繁殖

食物中各种微生物的生长繁殖，是由其水分活度而不是由其含水量所决定，即食物的水分活度决定了微生物在食物中萌发的时间、生长速率及死亡率。不同的微生物在食物中繁殖时对水分活度的要求不同。

一般来说，细菌对低水分活度最敏感，酵母菌次之，霉菌的敏感性最差，见表 2-3。当水分活度低于某种微生物生长所需的最低水分活度时，这种微生物就不能生长。

表 2-3　各种微生物生长与水分活度的关系

水分活度范围	在该范围内的最低水分活度一般能抑制的微生物
1.00～0.95	假单胞菌、大肠杆菌、变形杆菌、志贺菌属、克雷伯菌属、芽孢杆菌、个别酵母
0.95～0.91	沙门杆菌、副溶血性弧菌、肉毒梭状芽孢杆菌、沙雷菌属、乳酸杆菌属、个别霉菌、个别酵母
0.91～0.87	许多酵母、小球菌
0.87～0.80	大多数霉菌、金黄色葡萄球菌、大多数酵母
0.80～0.75	大多数嗜盐细菌
0.75～0.65	嗜旱霉菌、二孢酵母
0.65～0.60	耐渗透压酵母、少数霉菌

由表 2-3 可见，不同类群微生物生长繁殖的最低水分活度范围如下：大多数细菌为 0.99～0.91，大多数霉菌为 0.94～0.80，大多数嗜盐细菌为 0.75，嗜旱霉菌和耐高渗透压酵母为 0.65～0.60。在水分活度低于 0.60 时，绝大多数微生物就无法生长。水分活度降至 0.91 以下时，就可以抑制一般细菌的生长。当在食物中加入食盐、糖后，水分活度下降，一般细菌不能生长，嗜盐菌却能生长，也会造成食物的腐败。有效的抑制方法是在 10℃ 以下的低温中储藏，以抑制这种嗜盐菌的生长。水分活度在 0.90 以下时，食物的腐败主要由酵母菌和霉菌所引起，其中水分活度 0.80 以下的糖浆、蜂蜜和浓缩果汁的败坏主要是由一些酵母菌引起的。

在研究微生物与水分活度的关系时，了解食物中有害微生物生长的最低水分活度也很重要。研究表明，食物中重要的有害微生物生长的最低水分活度在 0.86～0.97 之间，所以，真空包装的水产和畜产加工原料制品，流通标准规定其水分活度要在 0.94 以下。

2. 控制酶的活性

酶是各种生化反应必不可少的催化剂，用酶催化的反应大多数有水的参与，而且酶本身的稳定性也与水相关，因此水分活度与酶的催化性能有很大的关系。当水分活度小于 0.85 时，大部分酶失去催化活性，如酚氧化酶、过氧化物酶、维生素 C 氧化酶、淀粉酶等。然而，即使在 0.1～0.3 这样的低水分活度下，导致脂肪变质的脂酶仍能保持较强活力而分解油脂，水解酶也有此现象。所以含油脂类食物的长期储存比较困难。

3. 控制化学反应

烹饪原料及制品在常温下的化学反应速率与水分活度有着密切的关系，主要是受到其化学组成、物理状态和组织结构的影响，同时也受到温度和空气组成（如氧浓度）的影响。

(1)水分活度对淀粉老化的影响　在含水量达 30%～60% 时，淀粉老化的速度最快；如果降低含水量则淀粉老化速度减慢，当含水量降至 10%～15% 时，水分基本上以结合水的状态存在，淀粉不会发生老化。

（2）水分活度对脂肪氧化酸败的影响　从极低的 a_w 值开始，脂肪氧化速度随着水分的增加而降低。这是因为在非常干燥的样品中加入水会明显地干扰氧化，这部分水能与脂肪氧化的自由基反应中的氢过氧化物形成氢键，此氢键可以保护过氧化物的分解，因此，可降低过氧化物分解时的初速度，最终阻碍了氧化的进行。微量的金属也可催化氧化作用的初期反应，但当这些金属水合以后，其催化活性就会降低。

（3）水分活度对蛋白质变性的影响　蛋白质变性是改变了蛋白质分子多肽链特有的有规律的高级结构，使蛋白质的许多性质发生改变。因为水能使多孔蛋白质膨润，暴露出长链中可能被氧化的基团，氧就很容易转移到反应位置。所以，水分活度增大会加速蛋白质的氧化作用，破坏保持蛋白质高级结构的副键，导致蛋白质变性。

（4）水分活度对褐变的影响　当 a_w 值降低到 0.25～0.30 的范围时，就能有效地减慢或阻止酶促褐变的进行。食物的水分活度在一定的范围内时，非酶褐变随着水分活度的增大而加速，a_w 值在 0.60～0.70 之间时，褐变最为严重。随着水分活度的下降，非酶褐变就会受到抑制而减弱。当水分活度降低到 0.20 以下时，褐变就难以发生。但如果水分活度大于褐变高峰的 a_w 值，则由于溶质的浓度下降而导致褐变速度减慢。在一般情况下，浓缩的液态食物和中等湿度食物位于非酶褐变的最适水分含量的范围内。

（5）水分活度对水溶性色素分解的影响　葡萄、杏、草莓等水果的色素是水溶性花青素，花青素溶于水时是很不稳定的，1～2 周后其特有的色泽就会消失。但花青素在这些水果的干制品中则十分稳定，经过数年储藏也仅仅是轻微的分解。一般而言，若 a_w 增大，则水溶性色素分解的速度就会加快。

4. 保持食品的质构

所谓质构是指由人的感觉所感知的各种综合效应，比如口感。水分活度对干燥食物的质构有较大的影响。当水分活度从 0.2～0.3 增加到 0.65 时，大多数半干或干燥食物的硬度及黏着性增加。水分活度为 0.4～0.5 时，肉干的硬度及耐嚼性最大。增加水分含量，肉干的硬度及耐嚼性都降低。另外，对于一些酥松香脆的食品，如脆饼干、爆玉米花及油炸土豆片等，或为避免糖粉、奶粉以及速溶咖啡结块、变硬发黏，都要保持相当低的水分活度才能保证其理想的质构状态。所以要保持干燥食物的理想质构，水分活度不能超过 0.3～0.5。对含水量较高的食物（蛋糕、面包等），为避免失水变硬，需要保持相当高的水分活度。

第四节　烹饪过程中水分的变化及控制

一、水分对烹饪原料及制品的影响

水与烹饪的关系十分密切，它不仅是烹饪原料的重要成分，与菜肴的质量密切相关，而且烹饪中离不开水。在烹饪加工过程中，原料中的水分要发生一系列变化，其中水的增减以及水的存在状态都直接影响到烹饪制品的质感。

1. 水分对烹饪原料的影响

烹饪原料的含水量及水分的存在状态与原料的感官品质和内在质量有着密切的关系。它对于食物的新鲜度、硬度、脆度、黏度、韧度和表面的光滑度等都具有很大的影响。如瓜果、蔬菜的含水量与其新鲜度、硬度及脆感有关，含水量充足的，细胞饱满，膨胀压力大，脆性好，食用时有脆嫩、爽口的感觉；如果含水量不足，细胞膨压降低，水解酶活性增强，果胶类物质分解，果蔬硬度下降，外观表现为萎蔫，口感由脆变软。肉及肉制品的含水量与其鲜嫩度、黏度及弹性都密切相关。新鲜的猪肉持水性较好，外表微干或微湿润，不粘手，用手指按压后凹陷会立即恢复；如含水量不足，水分蒸发导致肌蛋白变性收缩，肉质坚硬难吃。奶油及人造奶油中的水使其具有滑润的口感，可用来制作奶昔、蛋糕、冰激凌等。含油果仁脱水后会变得酥脆、浓香。同一种烹饪原料，如果含水量稍有差别，也会导致品质上的很大差异。例如豆腐的老嫩之分就是因为含水量的不同造成的，老豆腐含水量为85%，嫩豆腐的含水量则为90%。

2. 水分对菜肴质感的影响

菜肴的质感除了与原料本身的组织结构和成分有关外，水是影响其质感的主要因素之一。水是菜肴及其原料鲜嫩的重要标志。例如，一般的蔬菜、水果，组织结构松脆、含水量多，就显得鲜嫩多汁，一旦失去一部分水分，组织细胞内的压力降低，蔬菜就会萎蔫、皱缩失重、水果表面干瘪等，其食用价值就会大大下降。又如鲜肉，由于蛋白质呈胶凝状，有很高的持水力和弹性，所以肉的胴体较柔软。

水对原料的质量和成品的质感有很大影响，要使成品"嫩"，首先应该设法保持原料的水分，并在可能的情况下使原料"吃水"，这就需要根据不同原料的质地，采用不同的加工方法，使成品达到既鲜嫩又美味的要求。一般来说，老龄动物的肉含水量少，肌肉结构紧密，肉质硬实，结缔组织较多，宜用小火较长时间加热，以使肉的口感酥烂。但如果采用不适当的加热方法，则会使肉的肌肉纤维组织彻底破坏，使本来可以保持住而不应流失的自由水和营养成分、风味物质丧失。年幼的禽畜肉含水量高，结构较疏松，肌肉显得细嫩，如仔鸭、小牛肉等，宜采用急火短时间加热方法，使原料内部的水分少受损失，达到鲜嫩的效果。

3. 水分对菜肴的色泽和风味的影响

烹饪加工中常利用高温烘烤、油炸、辐射加热等方法使菜肴成熟、脱水上色。例如，油炸过程中，水分一般会经过三个失水阶段。

（1）自然水挥发阶段 当原料或生坯投入油中加热时，由于原料的投入致使油温度下降，原料表面的温度在100℃以下，这时表面的水分开始蒸发，制品内部的水分向表面渗透，原料表面的高分子化合物完成吸水膨润阶段。继续加热，油温升高，由于原料中水分较多，原料表面的油温保持在100℃左右，这时可见油面泛着含有水分的大气泡。原料表面的水分继续挥发，内部的水分仍向外渗透，外面的油向里扩散、渗透。当原料表面的体相水基本失去后，原料表面的高分子化合物的结构变化阶段基本完成，如淀粉的糊化、蛋白质变性凝固等，使原料或生坯基本定型。

（2）脱水分解阶段 原料表面的自由水基本失去后，再继续加热，油温升高，这时原料表面的温度在100℃以上，原料表面的高分子化合物中的结合水也开始失去，进入脱水分解阶段，即淀粉和蛋白质开始水解成低分子物质。分解产生的低分子物质有的挥发，有的相互间发生各种反应，生成许多风味物质和中间产物，使菜肴发出香气。随着脱水过程的进行，原料表面形成干燥的外壳。与此同时，脱水过程逐渐向原料内部延伸。

（3）脱水缩合、聚合阶段 在原料表面形成干燥的硬壳后，继续升高油温，当原料表面的温度升高至170℃以上时，脱水反应继续进行，聚合、缩合发生深度的羰氨反应及焦糖化反应，使菜肴表面形成悦目的黄色色泽和硬壳。同时，由于油的导热与渗透，前面两个阶段的反应向原料内部深入，并失水产生一定的风味。

上述三个失水阶段的反应与温度的高低和加热时间成正比，所以如果加热时控制好油温和时间，使失水反应和聚合反应控制得恰到好处，就可以得到既香又脆、原料内部失水不太多、仍能保持鲜嫩的成品。

在用水作为传热介质的加工方法中，虽然食物中的液汁均为水溶液，沸点比纯水的沸点（100℃）略有上升，但上升的温度很小。在这些加工方法中最高温度在100℃左右，原料周围有大量的水，所以在原料表面不能发生失水反应，更不能发生生色反应，产生的香气也没有油炸制品和烘烤制品浓郁，但却保持另一种特有的风味。

二、水分的变化及控制

1. 水分的变化

各种烹饪原料都含有或多或少的水分，含水量的多少，决定了原料质地的柔软鲜嫩或干硬。保持原料的水分，或有意识地让原料吃水，或让原料失去一部分水，是科学烹饪的重要内容。由于食物的质感与含水量具有密切的关系，所以在烹饪中必须善于控制食物的含水量，使制作成菜肴的成品符合人们对质感的要求。

要达到控制食物含水量的目的，首先要对烹饪原料的失水原因有一个正确的认识。通常情况下，原料在烹饪过程中往往会由于如下几个原因，使其中的水分发生部分流失。

（1）蛋白质脱水　原料在加热过程中，由于蛋白质受热变性，破坏了原来的空间结构，导致其持水能力下降，引起水分流失而脱水。如肉类煮熟后，体积缩小，重量减轻，这就是因为蛋白质脱水而造成的水分流失。

（2）渗透出水　原料在烹调过程中要添加多种调味料，这些调味料溶解于汤汁中或进入原料内部。如炒菜时加盐，煮鱼时加料酒、酱油和醋等，这些调味品就在原料及其周围形成了一个高渗透压的环境，其渗透压如果大于原料内部水溶液的渗透压，原料里的水分就会向外渗透而溢出，导致原料中水分流失。例如盐腌萝卜干时，在萝卜周围会出现大量的水分；再比如菜炒好、肉炖熟后，会在菜肴周围产生一定的汤汁，这些都是因为渗透压的作用使原料脱水，原料脱水的同时也带来体积的缩小。

（3）水分挥发　原料中的自由水在烹制加热过程中，吸收了大量的热量，当吸收的热量达到水分汽化时所需要的热量时，或者说当自由水达到汽化温度时，原料中的自由水就会由液态逐渐地变为气态，液态水就变成水蒸气而挥发出去，导致原料中含水量下降。如果热处理的时间短，汽化现象仅仅发生在原料的表面，而食物原料内部的水没有汽化，仍然保留在原料内部，这也是目前烹饪中所要追寻的理想目标之一。

（4）脱水收缩　在一定的条件下，水分子能够分散在高分子的网络结构中，例如在调制面团时，水分子被蛋白质吸收在网络结构中，形成面筋网络结构，并使蛋白质吸水以后发生体积膨胀的现象。但在一些因素条件下，也会使这种高分子网络结构紧缩，总体积缩小，并把滞留与网状空间中的水分挤压出来。如蛋白质凝胶（即水分子分散在蛋白质中一种胶体状态），这种凝胶在放置过程中，会逐渐渗出微小的液滴，即水分子，同时伴随凝胶体积缩小现象的发生，这种现象在化学中称为"脱水收缩"。经过脱水收缩以后，水分子脱离蛋白质网络而流失，导致烹饪原料中的含水量降低。如水豆腐中水会自动渗出就是其中的一个例子。

在烹调中，有些菜肴需要原料保持原有的水分才能鲜美可口；而有些菜肴则需要将原料中的水分除去一部分以后，才能形成具有独特风味的佳肴。由此可见，控制好食物中水分的变化，对菜肴质量和风味有着重要的作用。

2. 水分的控制

（1）原料的冷藏和冻藏　在烹饪加工中常采取降低温度的办法来保存原料，即常用的冷藏与冻藏。

动物性原料一般采用冷藏或冻藏的方法加以保藏。通常新鲜禽畜肉的冰点为$-2.5\sim-0.5℃$，结冰时肉汁中的水形成冰晶，使肉质的浓度升高，冰点下降，当温度降低到$-10\sim-0.5℃$时，组织中的水$80\%\sim90\%$已经结成冰。

所谓冻结，就是细胞间隙形成冰而使细胞脱水，自由水从细胞中分离出来，但不破坏细胞胶体体系。然而，如果温度继续降低，一部分结合水也会分离出来，进入细胞间隙冻结成冰，细胞胶体系统会被破坏，形成不可逆过程。

一般冻藏有慢速冻结（慢冻）和快速冻结（速冻）两种方法。原料中心温度在20min内通过冰结晶最大生成带，从$-1℃$降到$-5℃$这样称为快速冷冻；如超过20min才通过冰结晶生成带的则称为慢速冻结。慢冻的肉，由于冻结的速率缓慢，形成的冰晶数量少而且比较大，冰晶膨胀作用大，破坏了肌肉纤维的组织结构。解冻时，融化后的水不能全部渗入肌肉内部，甚至由于组织结构的破坏，一部分肉汁从组织内部流出，使肉的营养和风味受到影响，肉的质量也随之下降。速冻肉是将肉置于$-33\sim-23℃$的低温环境中，肉汁中的水迅速冻结。由于冻结速率快，形成的冰晶数量多、颗粒小，在肉组织中分布比较均匀，又由于小冰晶的膨胀力小，对肌肉组织的破坏很小，解冻融化后的水可以渗透到肌肉组织内部，所以基本上能保持原有的风味和营养价值。速冻的肉，解冻时一定要采取缓慢解冻的方法，使冻结肉中的冰晶逐渐融化成水，并基本上全部渗透到肌肉组织中去，尽量不使肉汁流失，以保持肉的营养和风味。如果高温快速融化，会使肉汁来不及向肌肉内部组织渗透而流失，使肉的品质下降。

冻藏可以增加原料的稳定性，延长原料的货架期，但也会给原料带来一定的负面影响。

① 冻藏对原料产生冻害　结构比较疏松、细胞间隙比较大、外皮薄、含体相水量大的水果、蔬菜类，很容易遭受冻害。当周围的环境温度降到这些原料的冰点以下时，蔬菜、水果中细胞间的部分自由水开始在细胞间隙形成冰晶，细胞内的游离水开始向细胞外渗透，使冰晶不断长大，长大到一定程度，由于冰晶膨胀（水转变成冰时体积增加9%）对细胞起机械破坏作用。解冻后细胞汁液外流，失去了原有品质。冻害不很严重的原料，细胞破坏程度不大，但如果解冻速率太快（如加热或放在热水中融化等），使融化的水来不及向细胞内渗透而流失，也会降低其品质。

② 冻藏使原料中成分产生变化　原料冻结后，由于溶质的冷冻浓缩效应，未冻结相的pH值、离子强度、黏度、表面张力等特性发生变化，这些变化对原料造成危害。如pH值降低导致蛋白质变性及持水能力下降，使解冻后汁液流失；冻结

导致体相水结冰、水分活度降低，油脂氧化速度相对提高。

在冻藏过程中冰结晶的大小、数量、形状的改变也会导致原料劣变，而且可能是冷冻原料品质劣变最重要的原因。由于储藏过程中温度出现波动，温度升高时，已冻结的冰融化，温度再次降低后，原先未冻结的水或先前从小冰晶融化出来的水会扩散并附着在较大的冰晶表面，造成再结晶的冰晶体积增大，这样对组织结构的破坏性很大。所以在低温冷冻储藏原料时，温度的稳定控制就显得相当重要。即使是在稳定的储藏温度下，也会出现冰结晶成长的现象，但这种变化的影响比较小。

另外，冷冻原料中仍含有一定量的未冻结水，它们可作为原料中各种劣变反应的反应介质。所以，即使是在冷冻条件下，原料仍发生着各种化学和生化变化。

近年来在低温冷冻原料中，往往用玻璃化温度作为评价其稳定性的指标。原料在低温冷冻过程中，随着温度的下降，组织中不断地有水分冻结成冰，未冻结的水和非水物质构成未冻结相。随着水不断结冰，未冻结相的溶质的浓度不断提高，冰点不断下移，直到原料中的非水成分也开始结晶（此时的温度可称为共晶温度），形成所谓的共晶物后，冷冻浓缩也就终止。由于大多数原料的组成相当复杂，其共晶温度低于其起始冰冻温度，所以其未冻结相随温度降低可维持较长时间的黏稠液体过饱和状态，而黏度又未见显著增加，这即是所谓的胶化状态。这时物理、化学及生物化学反应依然存在，并导致原料腐败。继续降低温度，未冻结相的高浓度溶质的黏度开始显著增加，并限制了溶质晶核的分子移动与水分的扩散，则原料体系将从未冻结的胶化状态转变成所谓的玻璃化状态（即无定形固体存在的状态，简称玻璃化状态）。此时温度即所谓的玻璃转化温度，简称玻璃化温度（t_g）。例如，常以冷冻方式储藏的水产类原料的玻璃化温度分别是鱼板$-21℃$，虾$-33℃$，鳕鱼排$-35℃$，鲑鱼排$-37℃$。

玻璃化状态下的未冻结的水不是按前述水分子结构中的氢键方式结合的，其分子的移动性被束缚在具有极高黏度的玻璃化状态下，这样的水不具有反应活性，使整个原料体系以不具有反应活性的非结晶性固体形式存在。因此，在玻璃化温度下，原料可维持高度的稳定状态。低温冷冻食品、原料的稳定性可以用该原料的玻璃化温度（t_g）与储藏温度（t）的差来决定。差值越大，原料的储藏寿命就越短，稳定性越差。

（2）低温烹饪　某些烹饪原料如在高温条件下进行烹调，由于蛋白质变性、自由水剧烈汽化等原因而使原料的持水能力下降，因此针对这些原料，如富含蛋白质的原料，在基本保证卫生的前提下应该考虑采用低温的烹调方法。因为蛋白质在高温条件下，蛋白质变性，持水性能下降，肉质地由嫩变老。如果在低温情况下进行烹调，既使食物原料成熟，又能很好地保持原料的持水性能，例如，"白斩鸡"的制作中采用了"卤浸"的烹调方法，其主要目的就是让原料在90℃左右的低温条件下逐渐成熟，同时又能保持鸡肉良好的持水性，否则，如果温度过高，鸡肉蛋白则会随温度的上升而逐渐发生变性，鸡肉的持水性能下降，导致菜肴的口感老韧而且很粗糙。

（3）焯水 焯水就是把原料放在水锅中进行加热的一种预熟加工方法，其中又可分为冷水锅焯水和热水锅焯水两种方法，冷水锅焯水主要是针对蔬菜的根、茎和血渍重、异味强的牛肉、羊肉、狗肉、兔肉、蹄髓等原料，焯水时需要将原料与冷水一同下锅进行加热，待水烧开以后，打去浮沫，用冷水洗净即可；热水锅焯水主要是针对鲜嫩的蔬菜和腥味较小的禽肉、鱼肉、猪肉、贝肉等，焯水时要将水先烧开，然后再将原料投入锅中一同加热，待原料断生后立即捞入冷水中浸凉。不管采用哪一种焯水方法，都是把原料放在水锅中加热断生以后再捞出的一种水锅预熟方法。其根本目的就是通过水锅的预熟处理，一方面达到去除异味和杂质，缩短正式烹调时间的目的，另一方面达到保持食品水分的目的，通过水锅的短时间作用首先使食品原料表面所含的蛋白质凝固，形成一层保护层，不让或少让原料内的水分和可溶性物质外溢，从而保持食品的鲜美风味。经过焯水的原料再经过烹调制成的菜肴不仅色泽鲜艳，而且口感脆嫩。

（4）上浆、挂糊 保护原料中的水分也可以采用上浆、挂糊等着衣加工的方式，即运用蛋、粉、水等原料在菜肴主原料的表面裹上一层具有黏性的保护层（浆或糊），这层保护层经过加热处理以后，其中的淀粉糊化、蛋白质变性，在主原料的外层形成一层具有保护性的膜或壳，犹如为主原料穿上一层外衣，使得原料内部的水分难以外流，同时也阻碍高温瞬时进入原料内部，从而使得原料内部的水分不容易造成流失，这样烹饪出来的菜肴鲜嫩脆香。如果运用旺火热油来炒制菜肴，由于这层保护层的作用，使得炒制而成的菜肴具有脆嫩、滑嫩的质感；如果运用旺火热油来炸制或煎制菜肴，这层保护层在高温油的作用下形成酥脆的外壳，而里面的主原料却保持鲜嫩的状态，这就是烹饪中经常说的"外脆里嫩"的状态。

（5）勾芡 菜肴在烹调过程中，由于蛋白质的变性、高渗透压和蒸发等多种因素的作用而导致烹饪原料在此过程中的失水，在菜肴中往往以汤汁的形式体现出来，这些汤汁中含有许多水分、营养物质和风味物质，如果将其盛装在菜肴中势必影响菜肴的感官，如果弃之不用，又势必影响菜肴的风味和营养，针对这种情况，烹饪中常采用勾芡的措施来解决。所谓"勾芡"，就是在菜肴成熟或接近成熟时，将调好的粉芡汁投入菜肴中，使菜肴汁液浓稠，全部或部分黏附于菜肴之上的方法。通过勾芡，一方面可以使食物原料在烹调中外溢的水分充分黏附于菜肴之上，既有营养，又不失风味，而且还可以解决因为汤汁而影响菜肴感官性状的问题；另一方面通过淀粉的糊化、增稠，可以为菜肴起到在短时间内保温的作用；如果在勾芡的过程中再结合一点油脂的话，还可以增加菜肴的光泽度。勾芡这种方法，在菜肴烹制中的使用极为广泛，例如在使用爆、炒、熘、扒等烹调方法来烹制菜肴时，一般都要用到勾芡的方法。

（6）原料吃水　烹饪原料的吃水或失水是常见的现象，就其原因来说大部分来自渗透压，这种现象的一般规律为，自由水总是向着高渗透压的一方流动。例如新鲜的果蔬及肉类原料在常温下用水浸泡时，由于原料内部的渗透压较清水大，所以原料通常表现为吸水现象。盐腌制的萝卜干一般食用前放在冷开水中浸泡以后会变得饱满而脆嫩就是这个道理。

另外，在烹饪中最典型的吃水例子是"肉缔"的制作。因为肉剁碎后，增加了其吸附水的表面积，通过搅拌可使蛋白质的亲水基团充分暴露，更加促进水分的吸收。最后加入适量的盐，可以增加蛋白质表面的电荷和渗透压，使得吸水性进一步加强。一般来说，1斤（500g）肉剁成细蓉以后，按照上述操作可以吃到6两（300g）水左右。"肉缔"经过以上加工后，吸收了大量的水分，将其加工成一定的形状，如圆子、丸子、肉饼等，然后放入水锅或油锅氽熟以后，口感特别细嫩鲜美。

（7）旺火速成　原料在烹调加工过程中，随着温度的升高和加热时间的延长，原料中的水分会流失越来越多。这种流失首先是原料表面水分的流失，是表面水分蒸发的结果，其次是原料内部水分的流失，随着加热的进行，原料内部水分子逐渐向外部进行渗透和扩散，但是扩散过程需要一定的时间。旺火速成的烹调方法就是通过高温烹制菜肴，使菜肴在短时间内成熟。虽然这种瞬时高温提高了渗透和扩散的速度，加快了水分的蒸发，但是水分扩散的时间明显缩短。实践证明，旺火速成的菜肴较小火长时间加热的菜肴来说，水分的流失要少得多。因此，针对含水量较多的烹饪原料，为保持其特有的水分尽可能少地流失。大多可采用旺火速成的烹调方法，如爆、炒、氽、涮等，使水分来不及扩散就成熟了，从而保证了菜肴鲜嫩可口的质感。新鲜的、含水量丰富的蔬菜、海鲜一般适合这类烹饪方法。

复习思考题

1. 解释下列名词：水分活度、吸湿等温线、滞后现象、化合水、邻近水、多层水、体相水、疏水水合、疏水相互作用、笼形水合物。

2. 水在烹饪中的作用和性质有哪些？为什么说水具有异常的物理性质？

3. 水分子产生缔合的原因有哪些？

4. 为什么说食品中最不稳定的水对食品的稳定性影响最大？

5. 冰对食品稳定性有何影响？

6. 食品中水的存在形式有哪些？各有何特点？

7. 水与溶质作用有哪几种类型？每类有何特点？

8. 为什么冷冻食品不能反复解冻-冷冻？

9. 食品的水分活度 a_w 与温度的关系如何？为什么说不能用冰点以下食品水分活度预测冰点以上水分活度的性质？

10. 食品的含水量和水分活度有何区别？

11. 食品的水分活度 a_w 与食品稳定性的关系如何？

12. 食品的水分存在形式与吸湿等温线中的分区的关系如何？

13. 水分对烹饪制品品质有哪些影响？

14. 烹饪中水分如何控制才有利于原料的储藏与加工？

第三章 食品中的糖类

第一节 概 述

一、糖类物质的概念

根据糖类的化学结构特征，糖类应是多羟基醛或多羟基酮及其衍生物和缩合物的总称。早期认为，这类化合物的分子组成一般可用 $C_n(H_2O)_m$ 通式表示，故得其名碳水化合物。但是此称谓并不确切，因为有些糖如脱氧核糖（$C_5H_{10}O_4$）和鼠李糖（$C_6H_{12}O_5$）等并不符合上述通式，并且有些糖还含有氮、硫、磷等成分。而有些化合物，如甲醛（CH_2O）、乙酸（$C_2H_4O_2$）、乳酸（$C_3H_6O_3$）等，虽然分子组成符合上述通式，但从结构及性质上讲，则与碳水化合物完全不同。但由于碳水化合物这个名称沿用已久，所以至今还在使用。

二、糖类物质的分类

根据水解程度，糖类物质可以分为单糖、低聚糖（寡糖）和多糖。

1. 单糖

单糖是结构最简单、不能再被水解为更小的糖单位。单糖是含有 3～7 个碳原子且碳链骨架无分支的多羟基醛或多羟基酮。根据单糖分子中所含碳原子数目的多少，可将单糖分为丙糖、丁糖、戊糖、己糖等，其中以戊糖、己糖最为重要，如葡萄糖、果糖等。根据单糖分子中所含羰基的特点又可分为醛糖和酮糖。自然界中最重要也最常见的单糖是葡萄糖和果糖。所有单糖都是还原性糖。

2. 低聚糖

低聚糖是指能水解产生 2～10 个单糖分子的糖类。按水解后所生成单糖分子的数目，低聚糖可分为二糖、三糖、四糖、五糖等，其中以二糖最为重要，如蔗糖、麦芽糖、乳糖等。根据组成低聚糖的单糖分子相同与否分为均低聚糖和杂低聚糖，前者是以同种单糖聚合而成，如麦芽糖、异麦芽糖、环状糊精等，后者由不同种单糖聚合而成，如蔗糖、棉子糖等。根据还原性质低聚糖又可分为还原性低聚糖和非还原性低聚糖。

3. 多糖

多糖又称多聚糖，一般指聚合度大于 10 的糖类，水解后可得一系列聚合度较低的糖或单糖。多糖广泛分布于自然界。食品中多糖有淀粉、糖原、纤维素、半纤维素、果胶、植物胶、种子胶及改性多糖等。根据组成不同，多糖可分为均多糖和杂多糖两种。均多糖是指由相同的单糖分子缩合而成，如淀粉、纤维素、糖原等；杂多糖是指由不相同的单糖或衍生物缩合而成，如半纤维素、卡拉胶、阿拉伯胶等。按照来源还可分为植物多糖、动物多糖和微生物多糖。根据多糖链的结构，多糖可分为直链多糖和支链多糖。根据所含非糖基团的不同，多糖还可分为纯粹多糖和复合多糖，复合多糖主要有糖蛋白、糖脂、脂多糖、氨基糖等。

三、糖类物质的存在

糖类是自然界中分布广泛，数量最多的有机化合物，约占自然界生物物质的 3/4。糖与蛋白质、脂肪构成了生物界三大基础物质。植物体中含糖最丰富，占植物干重的 50％～80％；在动物界里，虽然绝对含量不大，一般占动物干重的 2％左右，但动物体赖以取得生命运动所需能量的主要来源是糖类化合物。人类摄取食物的总能量中大约 80％由糖类提供，因此它是人类及动物的生命源泉。

糖类物质是生物体维持生命活动所需能量的主要来源，可提供人类能量的绝大部分（80％）；是合成其他化合物的基本原料，同时也是生物体的主要结构成分；作为食品成分，糖类包含了具有各种特性的化合物，如具有高黏度、胶凝能力和稳定作用的多糖，有作为甜味剂、保藏剂的单糖和双糖，有能与其他食品成分发生反应的单糖，具有保健作用的低聚糖和多糖等。糖类赋予了食品，特别是植物性食品的良好质构、口感和甜味；另外，膳食纤维还有利于肠道的蠕动，利于消化。

第二节　单糖和低聚糖

一、单糖和低聚糖的结构

(一) 单糖的结构

在化学结构上，除丙酮糖外，单糖分子中均含有手性碳原子，因此，大多数单糖具有旋光异构体。手性碳原子是指连接四个不同的基团，四个基团在空间的两种不同排列（构型）呈镜面对称。葡萄糖具有 4 个手性碳原子 C_2、C_3、C_4 和 C_5。天然存在的葡萄糖为 D 型，表示为 D-葡萄糖。分子镜像对映结构称为 L 型，表示为 L-葡萄糖。最高碳数手性碳原子（C_5）上的羟基位置在右边的糖为 D-糖，最高碳数手性碳原子上的羟基位置在左边的糖为 L-糖。因此，葡萄糖的链式结构总共有 $2^4 = 16$ 种异构体。D-糖在自然界广泛存在，L-糖较少，但 L-的糖具有重要的生物化学作用。

常见的单糖可以看作是 D-甘油醛衍生物，见图 3-1。图中圆圈代表醛基，水平线代表每个羟基在手性碳原子上的位置，垂直线底部是低端、非手性第一羟基。这种表示单糖结构的方法称为 Rosanoff 法。

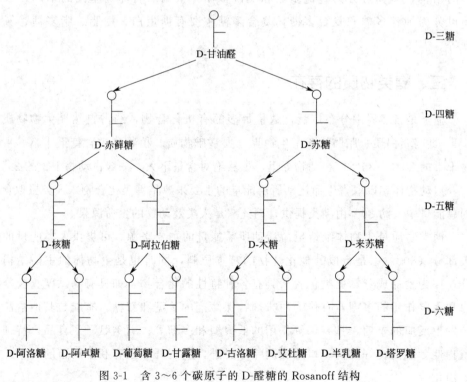

图 3-1　含 3～6 个碳原子的 D-醛糖的 Rosanoff 结构

单糖的构型有环状和链状。D-葡萄糖既是多元醇又是醛，当它成开环式即链式时，有机化学家称它为非环结构，在顶端具有醛基（1位），在底部具有第一羟基（6位），其他第二羟基位于具有不同取代基的碳原子上。酮糖是由二羟基丙酮衍生出来的。几种 D-酮糖的结构式见图 3-2。D-果糖是典型的酮糖，仅有 3 个手性碳原子，即 C_3、C_4 和 C_5。因此，果糖的链式结构只有 $2^3 = 8$ 种异构体。D-果糖是商业上最重要的酮糖，但是和 D-葡萄糖一样，在天然食品中存在的量很少。果糖是组成蔗糖中 2 个单糖之一，在玉米高果糖浆中含有 55％果糖，蜂蜜中含有约 40％果糖。

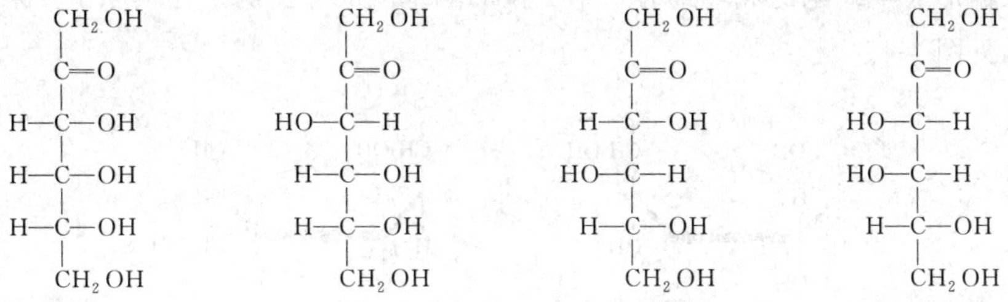

图 3-2　几种 D-酮糖的结构式

单糖也有几种衍生物，其中有醛基被氧化的醛糖酸、羰基对侧末端的—CH_2OH 变成酸的糖醛酸、导入氨基的氨基糖、脱氧的脱氧糖、分子内脱水的脱水糖等。

戊糖以上的单糖除了直链式结构外，还存在着环状结构，尤其在水溶液中多以环状结构——分子内半缩醛或半缩酮的构型存在。单糖的羟基仍能表现出醛的性质，和分子内部的醛基在水溶液中进行半缩醛反应，即羟基上的氢原子加到醛基氧原子上，生成环状化合物。葡萄糖分子内的半缩醛过程如图 3-3 所示。

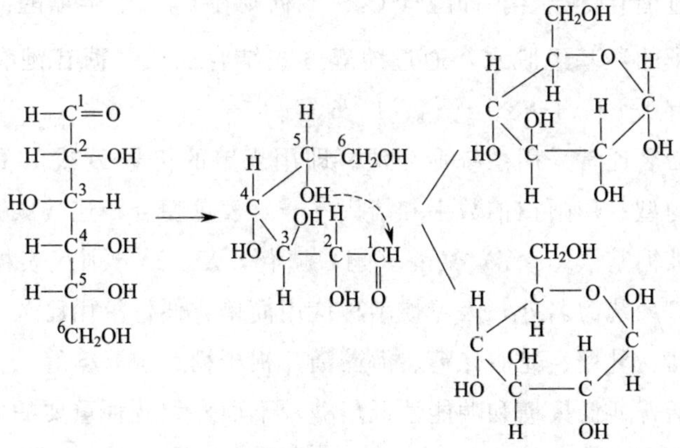

图 3-3　葡萄糖分子内的半缩醛过程

由图 3-3 可见，葡萄糖分子内的第一位醛基和第五位羟基进行环化，得到以吡喃环为基本骨架的环状构型。葡萄糖分子中原来第一位的碳原子从非手性碳原子变成了手性碳原子，因此，葡萄糖又产生了一对对映体，即 α 型和 β 型。其中，第 1 位羟基在下方的称为 α 型，第 1 位羟基在上方的称为 β 型。所以六碳糖的环状构型异构体数应为 $2^5 = 32$ 种。如果是第 4 位羟基加到醛基上去，形成的便是呋喃环。

从分子构象的稳定性来看，六元环的稳定构象是椅式结构。在椅式结构中，较大的取代基占据平伏键时更稳定。相比之下，β 型的半缩醛羟基处于平伏键，所以在水溶液中，β 型的含量高达 64%，而 α 型只有 36%。

果糖形成半缩酮的氧环式时，第 2 位的酮基就成了新的手性碳原子。果糖的环式结构见图 3-4。

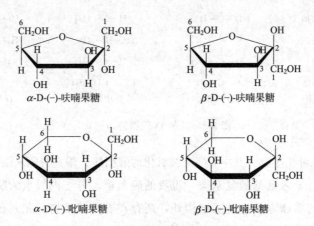

α-D-(-)-呋喃果糖　　　　　β-D-(-)-呋喃果糖

α-D-(-)-吡喃果糖　　　　　β-D-(-)-吡喃果糖

图 3-4　果糖的环式结构

（二）低聚糖的结构

低聚糖通过糖苷键结合，即醛糖 C_1（酮糖则在 C_2）上半缩醛的羟基（—OH）和其他单糖分子的羟基经脱水，通过缩醛方式结合而成。糖苷键有 α 和 β 构型之分，结合位置有 1→2、1→3、1→4、1→6 等。

低聚糖的命名通常采用系统命名法。即用规定的符号 D 或 L 和 α 或 β 分别表示单糖残基的构型；用阿拉伯数字和箭头（→）表示糖苷键连接碳原子的位置和方向，其全称为某糖基（$X \to Y$）某醛（酮）糖苷，X、Y 分别代表糖苷键所连接的碳原子位置。除系统命名外，因习惯名称使用简单方便，沿用已久，故目前仍然经常使用，如蔗糖、乳糖、龙胆二糖、海藻糖、棉子糖、水苏糖等。

低聚糖包括普通低聚糖和功能性低聚糖，下面介绍几种重要的低聚糖。

1. 普通低聚糖

（1）麦芽糖　麦芽糖的系统名称为 α-D-吡喃葡萄糖基（1→4）-D-吡喃葡萄糖苷

（图 3-5）。麦芽糖是由 β-淀粉酶进行催化水解淀粉制得的二糖，分子中具有潜在的游离醛基，是一种还原性糖，是一种温和的甜味剂。

（2）蔗糖 蔗糖是由 α-D-吡喃葡萄糖和 β-D-呋喃果糖头与头相连（还原端与还原端相连，图 3-6），因此蔗糖没有还原性。蔗糖的系统名称为 α-D-吡喃葡萄糖基（1→2)-β-D-呋喃果糖苷。蔗糖来源于甘蔗和甜菜。

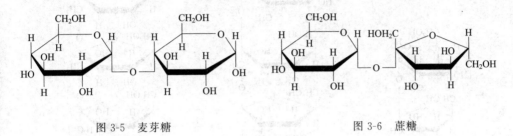

图 3-5 麦芽糖　　　　　　　　图 3-6 蔗糖

（3）乳糖 乳糖的系统名称为 β-D-吡喃半乳糖基（1→4)-D-吡喃葡萄糖苷（图3-7）。乳糖是存在于牛奶中的还原性二糖，一些未发酵乳制品如冰激凌中也含有乳糖。乳糖能被乳酸菌作用产生乳酸，因此发酵乳制品如大多数酸奶和奶酪中只含有少量乳糖。乳糖的存在可以促进婴儿肠道中双歧杆菌的生长。乳糖到达小肠后才

图 3-7 乳糖

被消化，小肠内存在乳糖酶。乳糖促进肠道吸收和保留钙的能力。乳糖水解产生一分子 β-D-吡喃半乳糖和一分子 D-吡喃葡萄糖。如果缺少乳糖酶，乳糖保留在小肠肠腔内，由于渗透压的作用，乳糖有将液体引向肠腔的趋势，产生腹胀和痉挛。乳糖从小肠进入大肠，由厌氧菌发酵生成乳酸和其他短链脂肪酸。

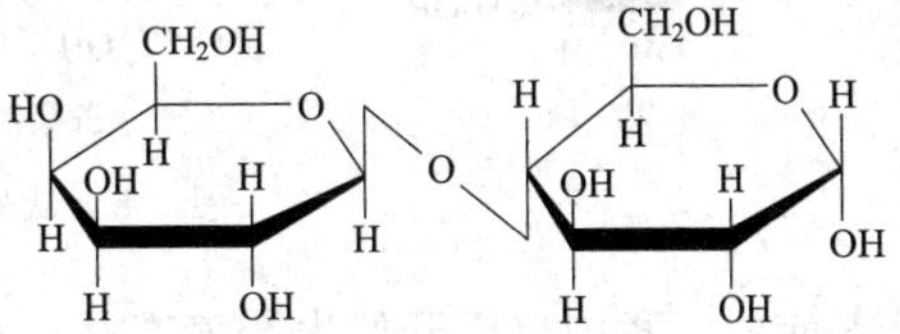

2. 功能性低聚糖

（1）低聚果糖 低聚果糖又称寡果糖或蔗果三糖族低聚糖，是指在蔗糖分子的果糖残基上通过 β-(1→2) 糖苷键连接 1～3 个果糖基而成的蔗果三糖、蔗果四糖及蔗果五糖组成的混合物。其结构式可表示为 G-F-F$_n$（G 为葡萄糖，F 为果糖，$n=1～3$），属于果糖与葡萄糖构成的直链杂聚糖，见图 3-8。

低聚果糖多存在于天然植物中，如菊芋、芦笋、洋葱、香蕉、番茄、大蒜等。低聚果糖的生理功能如下：可作为双歧杆菌的增殖因子；人体难消化的低热值甜味剂；水溶性的膳食纤维；能降低机体血清胆固醇和甘油三酯含量及抗龋齿等。低聚果糖的黏度、保湿性、吸湿性、甜味特性及在中性条件下的热稳定性与蔗糖相似，甜度较蔗糖低。低聚果糖不具有还原性，参与美拉德反应程度小，但其有明显的抑制淀粉回生的作用。近年来备受人们的重视，尤其日本、欧洲对其的开发应用走在

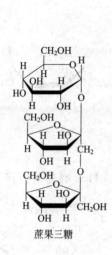

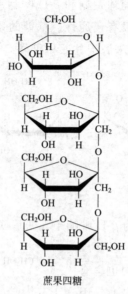

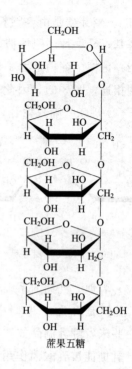

蔗果三糖　　　　　　　蔗果四糖　　　　　　　蔗果五糖

图 3-8　低聚果糖的结构式

世界前列，我国也已开始生产该产品。低聚果糖已广泛应用于乳制品、乳酸饮料、糖果、焙烤食品、膨化食品及冷饮食品中。

目前低聚果糖多采用适度酶解菊芋粉来获得。此外也可以蔗糖为原料，利用 β-D-呋喃果糖苷酶的转果糖基作用，在蔗糖分子上以 β-(1→2) 糖苷键与 1～3 个果糖分子相结合而成。

（2）低聚异麦芽糖　低聚异麦芽糖（isomaltooligosaccharide，以下简称 IMO）又称异麦芽低聚糖、异麦芽寡糖、分枝低聚糖等，是指包含有葡萄糖分子间以 α-1,6 糖苷键结合的低聚糖总称，主要成分为异麦芽糖（isomaltose，IG_2）、潘糖（panose，P）、异麦芽三糖（isomaltotriose，IG_3）及四糖以上（G_n）的低聚糖，IMO 中 IG_2、P、IG_3 的化学结构式见图 3-9。IMO 在自然界中少量存在于酱油、清酒、酱类、蜂蜜及果葡糖浆中。IMO 可作为双歧杆菌促进因子，有防止龋齿的作用，起水溶性膳食纤维的作用。它还具有良好的低腐蚀性、耐酸耐热性、难发酵性和保湿性等，在食品、医药、饲料工业中得到越来越广泛的应用。

IMO 的生产大致有以下两种途径：一是利用糖化酶的逆合作用，在高浓度葡萄糖溶液中将葡萄糖逆合生成异麦芽糖、麦芽糖等低聚糖，但该方法的 IMO 产品存在产率低、产物复杂、生产周期长等缺点。二是以淀粉为原料，首先经过耐高温 α-淀粉酶液化，再用真菌 α-淀粉酶或 β-淀粉酶糖化，同时用 α-转移葡萄糖苷酶糖

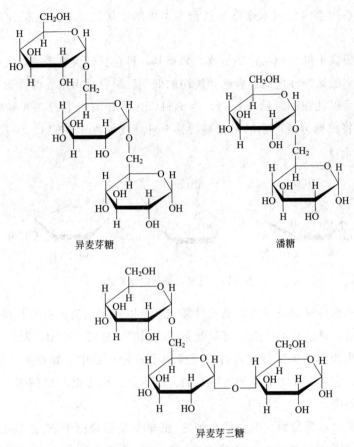

图 3-9　异麦芽糖、潘糖、异麦芽三糖的结构式

化转苷为 IMO 产品，再经脱色、浓缩、干燥而成，这是工业化生产 IMO 的主要方法。α-转移葡萄糖苷酶主要由黑曲霉生产。

（3）低聚木糖　低聚木糖是由 2～7 个木糖以 β-(1→4) 糖苷键连接而成的低聚糖，其中以木二糖为主要成分，木二糖含量越多，其产品质量越好。木二糖的结构式见图 3-10。

图 3-10　木二糖的结构式

低聚木糖的比甜度为 0.4～0.5，甜味特性类似于蔗糖。低聚木糖有显著的双歧杆菌增殖作用，可促进机体对钙的吸收，有抗龋齿作用，在体内代谢不依赖胰岛素，可作为糖尿病或肥胖症患者的甜味剂，非常适合用于酸奶、乳酸菌饮料和碳酸饮料等酸性饮料中。低聚木糖一般是以富含木聚糖的植物（如玉米芯、蔗渣、棉子壳和麸皮等）为原料，通过木聚糖酶的水解作用，然后分离精制而获得。工业上多采用球毛壳霉产生内切型木聚糖酶进行木聚糖的水解，然后分离提纯而制得低聚木糖。

（4）低聚乳果糖 商品化的低聚乳果糖是一种包括低聚乳果糖、乳糖、葡萄糖以及其他游离低聚糖在内的混合物。纯净的低聚乳果糖是由半乳糖、葡萄糖、果糖残基组成，是以乳糖和蔗糖（1∶1）为原料，在节杆菌产生的 β-呋喃果糖苷酶催化作用下，将蔗糖分解产生的果糖基转移至乳糖还原性末端的 C_1 位羟基上生成，结构式见图 3-11。

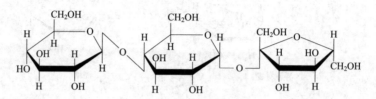

图 3-11 低聚乳果糖的结构式

低聚乳果糖促进双歧杆菌增殖效果极佳，可以抑制肠道内有毒代谢物的产生。它具有低热值、难消化的特点，有降低血清胆固醇、整肠等作用，同时它具有与蔗糖相似的甜味和食品加工特性，可广泛应用于各种食品中，如糖果、乳制品、饮料、糕点等。它还可作为甜味剂、填充剂、稳定剂、增香剂、增稠剂等用于药物、化妆品、饲料中。

（5）低聚氨基葡萄糖（甲壳低聚糖） 低聚氨基葡萄糖由 N-乙酰-D-氨基葡萄糖或 D-氨基葡萄糖通过 β-1,4-糖苷键连接起来的低聚合度水溶性氨基葡萄糖（图3-12）。在酸性条件下易成盐，呈阳离子性质，随着游离氨基的数量增加，氨基特性愈显著。该低聚糖的许多功能性质和生理学特性都与此密切相关。低聚氨基葡萄糖功能性质：降低肝脏和血清中的胆固醇；提高肌体免疫力；聚合度 5～6 的甲壳低聚糖具有直接攻击肿瘤细胞的作用，对癌细胞的生长和转移具有很强的抑制效果；增殖双歧杆菌和乳杆菌；防止胃溃疡、胃酸过多等症。

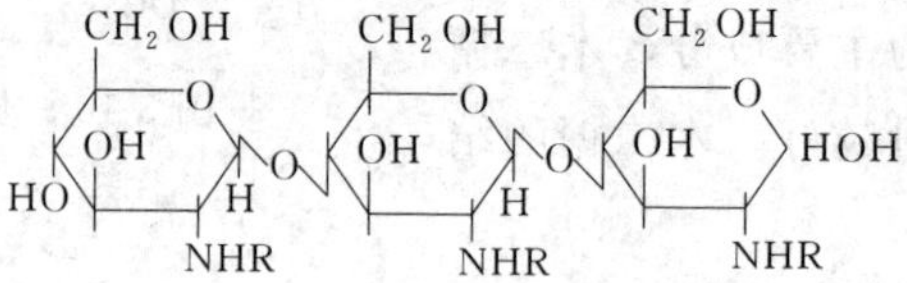

R＝H 氨基葡萄糖；R＝—C—CH₃ ，N-乙酰氨基葡萄糖

图 3-12 低聚氨基葡萄糖的结构式

（6）环状糊精 环状糊精是一类比较独特的糖类，它是由 D-吡喃葡萄糖通过

α-1,4-糖苷键连接而成的环糊精，分别是由 6 个、7 个、8 个糖单位组成，称为 α-环糊精、β-环糊精、γ-环糊精，α-环糊精、β-环糊精的结构见图 3-13、图 3-14。环状糊精结构具有高度的对称性，糖苷键上的氧原子处于一个平面。环糊精分子是环型和中间具有空穴的圆柱结构。在 β-环糊精分子中 7 个葡萄糖基的 C_6 上的伯醇羟基都排列在环的外侧，而空穴内壁则由呈疏水性的 C—H 键和环氧基组成，使中间的空穴是疏水区域，环的外侧是亲水的。由于中间具有疏水的空穴，因此可以包含脂溶性物质如风味物、香精油、胆固醇等，可以作为微胶囊化的壁材。

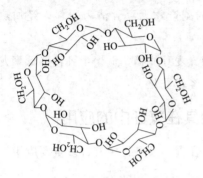

图 3-13 α-环糊精的分子结构

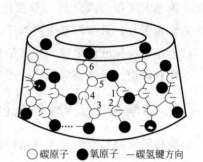

○碳原子 ●氧原子 —碳氢键方向

图 3-14 β-环糊精的圆柱结构

（7）大豆低聚糖 大豆低聚糖是从大豆子粒中提取出可溶性低聚糖的总称。主要成分为水苏糖、棉子糖和蔗糖。棉子糖和水苏糖都是由半乳糖、葡萄糖和果糖组成的支链杂聚糖，是在蔗糖的葡萄糖基一侧以 α(1→6) 糖苷键连接 1 个或 2 个半乳糖（图 3-15）。其中棉子糖又称蜜三糖，是 α-D-吡喃半乳糖基（1→6)-α-D-吡喃葡萄糖（1→2)-β-D-呋喃果糖。棉子糖属于非还原糖，参与美拉德反应的程度小，热稳定性较好。

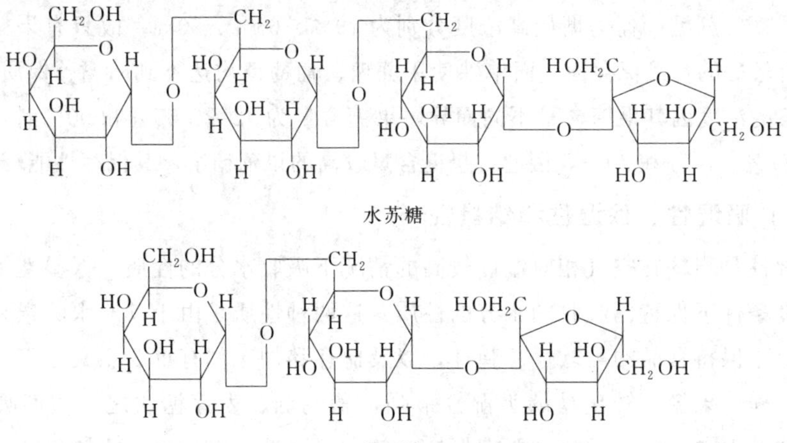

水苏糖

棉子糖

图 3-15 水苏糖和棉子糖的结构

棉子糖和水苏糖俗称胀气因子，它们在大肠中能被微生物发酵产生气体，引起腹胀。但同时也是肠内双歧杆菌的生长促进因子。在豆制品加工过程中，这些糖类物质溶于水而基本上被除去，因此食用豆制品不会引起严重的腹胀。棉子糖和水苏糖能量值很低，具有良好的热稳定性和酸稳定性。大豆低聚糖是一种安全无毒的功能性食品基料，可部分替代蔗糖，应用于清凉饮料、酸奶、乳酸菌饮料、冰激凌、面包、糕点、糖果和巧克力等食品中。大豆低聚糖广泛存在于各种植物中，以豆科植物中含量居多，除大豆外，豌豆、扁豆、豇豆、绿豆和花生等均有存在。一般是以生产浓缩大豆蛋白或分离大豆蛋白时得到的副产物大豆乳清为原料，经加热沉淀、活性炭脱色、真空浓缩干燥等工艺制取。

除上述几种保健低聚糖外，其他低聚糖如异麦芽酮糖、低聚半乳糖、低聚龙胆糖、低聚甘露糖、海藻糖等都已有所研究或已经工业化。

二、单糖和低聚糖的物理性质及其在烹饪中的应用

单糖和低聚糖具有许多重要的物理性质，在食品及烹饪中有许多重要应用。

(一) 溶解性

单糖和低聚糖分子中含有大量羟基，所以它们是强亲水性物质，与水能够形成氢键，能溶于水，尤其是热水，但不能溶于乙醚、丙酮等有机溶剂。食品和烹饪中常见的单糖和低聚糖的溶解度高，能够形成高浓度的溶液。在同一温度下，各种糖的溶解度不同，其中果糖的溶解度最大，其次是葡萄糖。温度对溶解过程和溶解速度具有决定性的影响，一般随温度升高，溶解度增大。

糖的溶解度大小还与其水溶液的渗透压密切相关，进而影响对糖制食品的保存性。在糖制品中，糖浓度只有在 70% 以上才能抑制霉菌、酵母的生长。在 20℃ 时，单独的果糖、蔗糖、葡萄糖最高浓度分别为 79%、66%、50%，故只有果糖在此温度下具有较好的食品保存性，而单独使用蔗糖、葡萄糖均达不到防腐、保质的要求。果葡糖浆的浓度因其果糖含量不同而异，果糖含量为 42%、55% 和 90% 时，其浓度分别为 71%、77% 和 80%，因此，果糖含量较高的果葡糖浆，其保存性能较好。

(二) 吸湿性、保湿性和结晶性

吸湿性是指糖在空气相对湿度较高的情况下吸收水分的性质。保湿性是指糖在较低湿度条件下保持已吸收的水分的性质。这两种性质是由于其对水的亲和力而产生的，对于保持食品的柔软性、弹性，以及储存和加工都有重要意义。不同的糖吸湿性不一样，果糖、转化糖的吸湿性最强，葡萄糖、麦芽糖次之，蔗糖吸湿性最小。例如，面包、糕点类食品要求保持松软，而饴糖、玉米糖浆或转化糖等有较强的吸湿性，对保持糕点的柔软性和储存具有重要作用。生产硬糖、酥糖及酥性饼干

时，用蔗糖为宜。

糖类化合物亲水功能的重要应用是在点心制作中发挥它的反水化作用和对面团结构的改良作用。面团中加入糖浆，由于糖的吸湿性和高亲水性，会产生反渗透作用，从而降低面粉蛋白质胶粒的膨润度，限制面团中面筋的形成，减弱弹性。因此，在面点制作中，糖的作用远远不止使面点单纯具有甜味，而是涉及面团物理状态的重要因素。

糖的特征之一是能形成晶体，糖溶液越纯越容易结晶。糖的结晶性能在食品加工和烹饪中对控制食品的质构有帮助。蔗糖与葡萄糖易结晶，但蔗糖晶体粗大，葡萄糖晶体细小，果糖、转化糖较难结晶。淀粉糖浆是葡萄糖、低聚糖和糊精的混合物，由于糊精具有较大的黏稠性，不能结晶，可作为糕点制品生产中的抗结晶剂。在糖果制造时，要应用糖结晶性质上的差别。例如，过饱和的蔗糖溶液在温度骤变或有晶种存在情况下会产生重结晶，利用这个特性可以制造冰糖。又如，生产硬糖时，不能单独使用蔗糖，否则，当熬煮到水分小于3％时，冷却下来后就会出现蔗糖结晶，得不到透明坚韧的硬糖产品。但在生产硬糖时添加适量的淀粉糖浆，就不能形成结晶体而可以制成各种形状的硬糖。这是因为淀粉糖浆不含果糖，吸湿性较小，糖果保存性好。此外，淀粉糖浆中的糊精能增加糖果的黏性、韧性和强度，使糖果不易碎裂。牛奶、明胶等也可以阻止蔗糖结晶的产生。生产蜜饯时，使用蔗糖会产生返砂现象，但可以利用果糖或果葡糖浆的不易结晶性适当替代蔗糖。在挂浆类的糕点品种中，单纯用蔗糖熬制的糖浆，挂浆后易使点心表面在冷却后出现结晶的白霜，影响糕点质量。若在熬糖时加入一定量的饴糖或淀粉糖浆，则可以起到防止蔗糖结晶的作用，从而保持产品质量。

（三）旋光性

旋光性是一种物质使直线偏振光的振动平面发生旋转的特性。旋光方向以符号表示，右旋为 D-或（＋），左旋为 L-或（－）。旋光性是鉴定糖的一个重要指标。除丙酮糖外，其余单糖分子结构中均含有手性碳原子，故都具有旋光性。

糖的比旋光度是指 1mL 含有 1g 糖的溶液在其透光层为 0.1m 时使偏振光旋转的角度，通常用 $[\alpha]_{\lambda}^{t}$ 表示。t 为测定时的温度，λ 为测定时的波长，一般采用钠光，用符号 D 表示。表 3-1 列出了几种单糖的比旋光度。

表 3-1　各种糖在 20℃（钠光）时的比旋光度值 $[\alpha]_{D}^{20}$

糖类名称	比旋光度	糖类名称	比旋光度
D-葡萄糖	＋52.2°	D-阿拉伯糖	－105.0°
D-果糖	－92.4°	D-木糖	＋18.8°
D-半乳糖	＋80.2°	L-阿拉伯糖	＋104.5°
D-甘露糖	＋14.2°		

（四）甜度

甜味是糖的重要性质，甜味的高低用甜度来表示。甜度目前还不能用一些理化方法定量测定，只能采用感官比较法，因此所获得的数值只是一个相对值。甜度通常是以蔗糖为基准物，一般以5%或10%的蔗糖水溶液在20℃时的甜度为1.0，其他糖在同一条件下与其相比较所得的数值，由于这种甜度是相对的，所以又称为比甜度。表3-2列出了一些单糖的比甜度。

表3-2　一些单糖的比甜度

糖类名称	比甜度	糖类名称	比甜度
蔗糖	1.0	α-D-甘露糖	0.6
β-D-果糖	1.5	α-D-半乳糖	0.3
α-D-葡萄糖	0.7	α-D-木糖	0.5

单糖都有甜味，绝大多数低聚糖也有甜味，多糖则无甜味。糖甜度的高低与糖的分子结构、分子量、分子存在状态有关，也受到糖的溶解度、构型及外界因素的影响。优质糖应具备甜味纯正，甜度高低适当，甜感反应快，无不良风味等特点。常用的几种单糖基本符合这些要求，但稍有差别。蔗糖甜味纯正而独特，与之相比，果糖的甜感反应最快，甜度较高，持续时间短，而葡萄糖的甜感反应较慢，甜度较低。常用的几种糖基本上符合这些要求，但也存在一些差别。例如，与蔗糖相比，葡萄糖的甜味感觉反应较慢，达到最高甜味的速度也稍慢，甜度较低。可见调节和控制糖的溶解度是控制甜味性质和大小的关键。

（五）保存性

糖溶液因为浓度可以达到很高，在糖渍食品中 a_w 低、渗透压大，所以能防止微生物生长。固体糖的吸湿性也能够降低密实食品组织的自由水含量，对食品的保存具有重要作用。在室温附近时，果糖和蔗糖浓度都较高，可以防止微生物的生长。糖溶液可增加食品的黏度。蔗糖溶液黏度较葡萄糖和果糖大。

（六）黏度

一般来说，糖的黏度是随着温度的升高而下降，但葡萄糖的黏度则随着温度的升高而增大。单糖的黏度比蔗糖低，大多数低聚糖的黏度比蔗糖高。淀粉糖浆的黏度则随转化程度增大而降低。

低分子糖溶液浓度愈大，黏度也愈大。例如，在点心生产打蛋糖霜中就大量用蔗糖来增大黏度，稳定蛋泡。根据实验，蔗糖的黏度在低温阶段（20~70℃）随温度升高而降低，但继续升温黏度上升，尤其在饱和、过饱和溶液时，其黏度随温度升高而迅速升高，产生胶质状糖膏，在烹饪中可利用此特性来穿糖衣、挂糖霜、拔丝等。直接加热熬制糖，虽也能得到胶质状糖膏，但因温度不易控制且糖的熔点较低，易使糖严重焦化，而加入水后能控制温度上升的速度和范围，并且形成糖水胶体，不易结晶返砂。

（七）其他性质

单糖的水溶液与其他溶液一样，具有渗透压增大和冰点降低的特点。渗透压随着浓度增高而增大，在相同浓度下，溶质的分子量越小，分子数目越多，渗透压也越大。浓度越高，糖溶液分子量越小，冰点降低得越多。

由于氧气在糖溶液中的溶解度较在水溶液中低，因此糖溶液具有抗氧化性，有利于保持食品的色、香、味和营养成分。

三、单糖和低聚糖的化学性质及其在烹饪中的应用

（一）美拉德反应

美拉德反应（Maillard reaction）又称羰氨反应，即指羰基与氨基经缩合、聚合生成类黑色素的反应。美拉德反应的产物是棕色缩合物，所以该反应又称为"褐变反应"。这种褐变反应不是由酶引起的，所以属于非酶褐变。几乎所有的食品均含有羰基（来源于糖或油脂氧化酸败产生的醛和酮）和氨基（来源于蛋白质），因此都可能发生羰氨反应，故在食品加工中由羰氨反应引起食品颜色加深的现象比较普遍。如焙烤面包产生的金黄色，烤肉所产生的棕红色，熏干产生的棕褐色，松花皮蛋蛋清的茶褐色，啤酒的黄褐色，酱油和陈醋的黑褐色等均与其有关。

1. 反应历程

美拉德反应可分为三个阶段：初始阶段、中期阶段和末期阶段。

（1）初期阶段

① 羰氨缩合　美拉德反应开始于一个非解离的氨基（如赖氨酸的 ε-NH_2、蛋白质分子 N 端的 α-NH_2 或氨基化合物的氨基）和还原糖（羰基化合物）之间的缩合反应。最初产物是一个不稳定的亚胺衍生物，称为希夫碱（Schiff base），此产物随即环化为 N-葡萄糖基胺（图 3-16）。

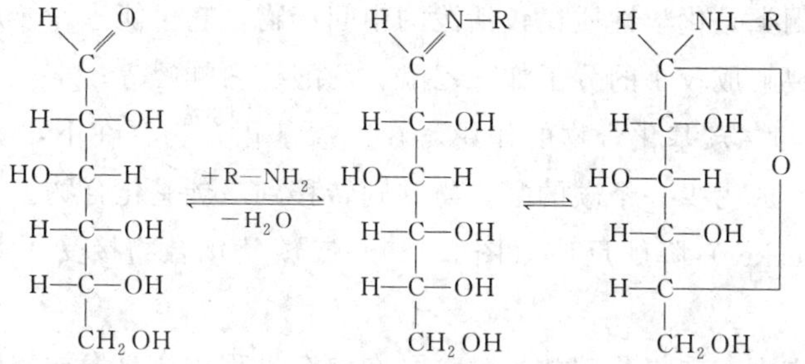

图 3-16　羰氨缩合反应

羰氨缩合反应是可逆的，在稀酸条件下，该反应产物极易水解。羰氨缩合反应过程中由于游离氨基的逐渐减少，使反应体系的 pH 值下降，所以在碱性条件下有利于羰氨反应。

② 分子重排　N-葡萄糖基胺在酸的催化下经过阿马多利（Amadori）分子重排作用，生成氨基脱氧酮糖即 N-果糖胺（图 3-17）；此外，酮糖也可与氨基化合物生成酮糖基胺，而酮糖基胺可经过海因斯（Heyenes）分子重排作用异构成 2-氨基-2-脱氧葡萄糖。

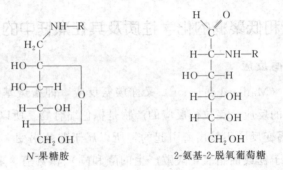

图 3-17　分子重排产物

（2）中期阶段　重排产物 1-氨基-1-脱氧-2-己酮糖的进一步降解可能有不止一条途径。

① N-果糖胺脱水生成羟甲基糠醛（hydroxymethylfurfural，HMF），这一过程的总结果是脱去氨基和糖衍生物的逐步脱水。其中含氮基团并不一定被消去，它可以保留在分子上，这时的最终产物就不是 HMF 而是希夫碱。HMF 的积累与褐变速度有密切的相关性，HMF 积累后不久就可发生褐变，因此用分光光度计测定 HMF 积累情况可作为预测褐变速度的指标。

② 果糖胺脱去亚氨基重排生成还原酮　上述反应历程中包括阿马多利分子重排的 1,2-烯醇化作用。此外还有一条是经过 2,3-烯醇化最后生成还原酮类化合物的途径。还原酮类是化学性质比较活泼的中间产物，它可能进一步脱水后再与胺类缩合，也可能裂解成较小的分子如二乙酰、乙酸、丙酮醛等。

③ 氨基酸与二羰基化合物的作用　在二羰基化合物存在下，氨基酸可发生脱羧、脱氨作用，成为少一个碳的醛，氨基则转移到二羰基化合物上，这一反应称为斯特勒克（Strecker）降解反应（图 3-18）。二羰基化合物接受了氨基，进一步形成褐色色素。

在褐变反应中有二氧化碳放出，食品在储存过程中会自发放出二氧化碳的现象也早有报道。通过同位素示踪法已证明，在羰氨反应中产生的二氧化碳中 90%～100% 来自氨基酸残基而不是来自糖残基部分。所以，斯特勒克反应在褐变反应体系中即使不是唯一的，也是主要的产生二氧化碳的来源。

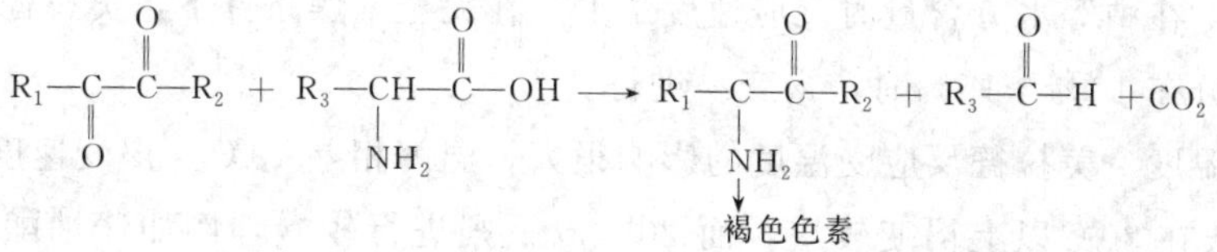

$$R_1-\overset{O}{\underset{O}{C}}-C-R_2 + R_3-CH-C-OH \longrightarrow R_1-\overset{O}{C}-\underset{NH_2}{C}-R_2 + R_3-\overset{O}{C}-H + CO_2$$

褐色色素

图 3-18　Strecker 降解反应

（3）末期阶段　羰氨反应的末期阶段包括两类反应。

① 醇醛缩合　醇醛缩合是两分子醛的自相缩合作用，并进一步脱水生成不饱和醛的过程。

② 生成黑色素的聚合反应　该反应是经过中期反应后，产物中有糠醛及其衍生物、二羰基化合物、还原酮类、由斯特勒克降解和糖裂解所产生的醛等，这些产物进一步缩合、聚合形成复杂的高分子色素。

2. 影响美拉德反应的因素

美拉德反应受到各种因素的影响，比如糖的种类、氨基位置、温度、pH 值、氧气、水分及金属离子等。控制这些因素可促进或抑制褐变，这对食品加工具有实际意义。

（1）羰基化合物的影响　褐变速度最快的是像 2-己烯醛之类的 α、β 不饱和醛，其次是 α-双羰基化合物，酮的褐变速度最慢。像抗坏血酸那样的还原酮类有烯二醇结构，具有较强的还原能力，而且在空气中也易被氧化成为 α-双羰基化合物，故易褐变。

还原糖的含量与褐变成正比。五碳糖中，核糖＞阿拉伯糖＞木糖；六碳糖中，半乳糖＞甘露糖＞葡萄糖，并且五碳糖的褐变速度大约是六碳糖的 10 倍。至于非还原性双糖如蔗糖，因其分子比较大，故反应比较缓慢。

（2）氨基化合物　一般地，氨基酸、肽类、蛋白质、胺类均与褐变有关。胺类比氨基酸的褐变速度快。而就氨基酸来说，含 S—S、S—H 的氨基酸不易褐变；碱性氨基酸的褐变速度快；有吲哚、苯环易褐变；氨基在 ε-位或在末端者比在 α-位的易褐变。蛋白质的褐变速度则十分缓慢。

（3）pH 值的影响　美拉德反应在酸、碱环境中均可发生，pH 值低于 3.0 时褐变反应进行较慢。此时氨基酸或蛋白质的氨基被质子化，以—NH_3^+ 形式存在，妨碍了氨基与还原糖反应形成糖基胺，但是，pH3～9 范围内，随着 pH 值的增加，氨基酸被游离出来，褐变反应速度随之加快，在 pH 值为 7.8～9.2 时，氨基酸的损失就非常严重，所以降低 pH 值是控制褐变的较好方法。例如高酸食品像泡菜就不易褐变。

（4）水分　美拉德反应速度与反应物浓度成正比，水分含量过低或过高时反应速度较低，在中等水分含量时反应速度最大。在完全干燥条件下，美拉德反应难以进行。水分在 $10\%\sim15\%$ 时，褐变易进行。

（5）温度　美拉德反应受温度的影响很大，温度相差 $10℃$，褐变速度相差 $3\sim5$ 倍。一般在 $30℃$ 以上褐变较快，而 $20℃$ 以下则进行较慢，例如酱油酿造时，提高发酵温度，酱油颜色也加深，温度每提高 $5℃$，着色度提高 35.6%，这是由于发酵中氨基酸与糖发生的羰氨反应随温度的升高而加快。至于不需要褐变的食品在加工处理时应尽量避免高温长时间处理，且储存时以低温为宜，例如将食品放置于 $10℃$ 以下冷藏，则可较好地防止褐变。

（6）金属离子　由于铁和铜催化还原酮类的氧化，所以促进褐变，Fe^{3+} 比 Fe^{2+} 更为有效，故在食品加工处理过程中避免这些金属离子的混入是必要的，而 Na^+ 对褐变没有什么影响。

（7）空气　空气的存在影响美拉德反应，真空或惰性气体包装，降低了脂肪等氧化和羰基化合物的生成，也减少了它们与氨基酸等的作用。此外，氧气被排除虽然不影响美拉德反应早期的羰氨反应，但是可影响反应后期色素物质的生成。对于很多食品，为了增加色泽和香味，在加工处理时利用适当的褐变反应是十分必要的，例如，茶叶的制作，可可豆、咖啡的烘焙，酱油的后期加热等。此外，美拉德反应还能产生牛奶巧克力的风味，当还原糖与牛奶蛋白质反应时，可产生乳脂糖、太妃糖及奶糖的风味。

然而对于某些食品，由于褐变反应可引起其色泽变劣，则要严格控制，如乳制品、植物蛋白饮料的高温杀菌等。美拉德反应的另一个不利方面是还原糖同蛋白质的部分链段相互作用会导致部分氨基酸的损失，特别是必需氨基酸赖氨酸所受的影响最大。赖氨酸含有 ε-氨基，即使存在于蛋白质分子中，也能参与美拉德反应。因此，从营养学的角度来看，美拉德褐变会造成氨基酸等营养成分的损失。如果不希望在食品体系中发生美拉德反应，可采用以下方法：将水分含量降到很低；如果是流体食品，可通过稀释、降低 pH 值、降低温度或除去一种作用物（一般除去糖）；亚硫酸盐可以抑制美拉德反应；钙可同氨基酸结合生成不溶性化合物而抑制褐变。

（二）焦糖化反应

糖类在无水条件下加热，或在高浓度时用稀酸或铵盐作催化剂，可发生焦糖化。糖类尤其是单糖在没有氨基化合物存在的情况下，加热到熔点以上的高温时，因糖发生脱水与降解，也会发生非酶褐变反应，这种反应称为焦糖化反应，又称卡拉蜜尔作用（caramelization）。焦糖化反应在酸、碱条件下均可进行，但速度不同，如在 pH8 时要比 pH5.9 时快 10 倍。糖在强热的情况下生成两类物质：一类是糖的脱水产物，即焦糖或酱色；另一类是裂解产物，即一些挥发性的醛、酮类物质，它们进一步缩合、聚合，最终形成深色物质。

1. 焦糖的生成

由葡萄糖可生成右旋葡萄糖酐（1,2-脱水-α-D-葡萄糖）和左旋葡萄糖酐（1,6-脱水-β-D-葡萄糖），前者的比旋光度为 $+69°$，后者的为 $-67°$，酵母菌只能发酵前者，两者很容易区别。在同样条件下果糖可形成果糖酐（2,3-脱水-β-D-呋喃果糖）。

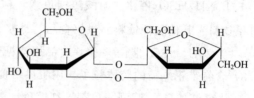

图 3-19　异蔗糖酐

由蔗糖形成焦糖（酱色）的过程可分为三个阶段。开始阶段，蔗糖熔融，继续加热，当温度达到约 200℃ 时，经约 35min 的起泡，蔗糖同时发生水解和脱水两种反应，并迅速进行脱水产物的二聚合作用，产物是失去一分子水的蔗糖，叫作异蔗糖酐（图 3-19），无甜味而具有温和的苦味，这是蔗糖焦糖化的初始反应。

生成异蔗糖酐后，起泡暂时停止。而后又发生二次起泡现象，这就是形成焦糖的第二阶段，持续时间比第一阶段长，约为 55min，在此期间失水量达 9％，形成的产物为焦糖酐。

焦糖酐的熔点为 138℃，可溶于水及乙醇，味苦。中间阶段起泡 55min 后进入第三阶段，进一步脱水形成焦糖稀。

焦糖稀的熔点为 154℃，可溶于水。若在继续加热，则生成高分子量的深色物质，称为焦糖素。这些复杂色素的结构目前尚不清楚，但具有下列的官能团：羰基、羧基、羟基和酚基等。焦糖是一种胶态物质，等电点在 pH3.0～6.9 之间，甚至可低于 pH3，随制造方法不同而异。焦糖的等电点在食品的制造中有重要意义。例如在一种 pH 值为 4～5 的饮料中若使用了等电点的 pH 为 4.6 的焦糖，就会发生凝絮、浑浊乃至出现沉淀。磷酸盐、无机酸、碱、柠檬酸、延胡索酸、酒石酸、苹果酸等对焦糖的形成有催化作用。

2. 糠醛或糠醛衍生物的生成

糖在强热下的另一类变化是裂解脱水等，形成一些醛类物质，由于这类物质性质活泼，故被称为活性醛。如单糖在酸性条件下加热，脱水形成糠醛或糠醛衍生物。它们经聚合或与胺类反应，可生成深色的色素。单糖在碱性条件下加热，首先起互变异构作用，生成烯醇糖，然后断裂生成甲醛、五碳糖、乙醇醛、四碳糖、甘油醛、丙酮醛等。这些醛类经过复杂缩合、聚合反应或发生羰氨反应生成黑褐色的物质。

各种单糖因熔点不同，其反应速度也各不一样，葡萄糖的熔点为 146℃，果糖的熔点为95℃，麦芽糖的熔点为103℃，由此可见，果糖引起焦糖化反应最快。与美拉德反应类似，对于某些食品如焙烤、油炸食品，焦糖化作用得当，可使产品得到悦人的色泽与风味。作为食品色素的焦糖色，也是利用此反应得来的。

3. 工业生产三种焦糖色素及用途

① NH_4HSO_3 催化　耐酸焦糖色素，棕色。水溶液 pH 值为 2～4.5，应用于可乐饮料、其他酸性饮料、烘焙食品、糖浆、糖果、宠物食品以及固体调味料等。

② $(NH_4)_2SO_4$ 催化　焙烤食品用焦糖色素，红棕色。水溶液 pH 值为 4.2～4.8，含有带正电荷的胶体粒子，用于烘焙食品、糖浆以及布丁等。

③ 蔗糖加热　啤酒美色剂，红棕色。蔗糖直接热解，含有略带负电荷的胶体粒子，其水溶液的 pH 值为 3～4，应用于啤酒和其他含醇饮料。

（三）糖的脱水和热降解

糖的脱水和热降解是食品中的重要反应，酸和碱均能催化这类反应的进行，其中，许多属于 β-消去反应类型。戊糖脱水生成的主要产物是 2-呋喃醛，而己糖生成 5-羟甲基-2-呋喃醛（HMF）和其他产物，这些初级脱水产物的碳链裂解可产生其他化学物质，例如乙酰丙酸、甲酸、丙酮醇、3-羟基丁酮、二乙酰、乳酸、丙酮酸和醋酸。这些降解产物有的具有强烈的气味，可产生好的或坏的风味。这类反应在高温下容易进行，生成产物的毒性有待于进一步证明。糖分子内脱水反应的一个重要中间产物是 3-脱氧松，如 D-葡萄糖脱水生成烯醇式 3-脱氧葡萄糖松，再继续发生 β-消去反应，脱水生成 HMF。

根据 β-消去反应原理，可以预测大多数醛糖和酮糖的初级脱水产物。就酮糖而言，2-酮糖互变异构所生成的 2,3-烯二醇有两种 β-消去反应途径，一种途径是生成 2-羟乙酰呋喃，另一种是生成异麦芽酚。糖在加热时可发生碳-碳键断裂和不断裂两种类型的反应，后一类使糖在熔融时发生正位异构化、醛糖-酮糖异构化以及分子间和分子内的脱水反应。

正位异构化：α- 或 β-D-葡萄糖→α/β 平衡，如图 3-20 所示。

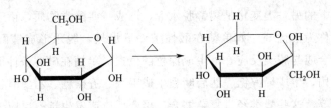

图 3-20　正位异构

醛糖-酮糖的互变异构，如图 3-21 所示。

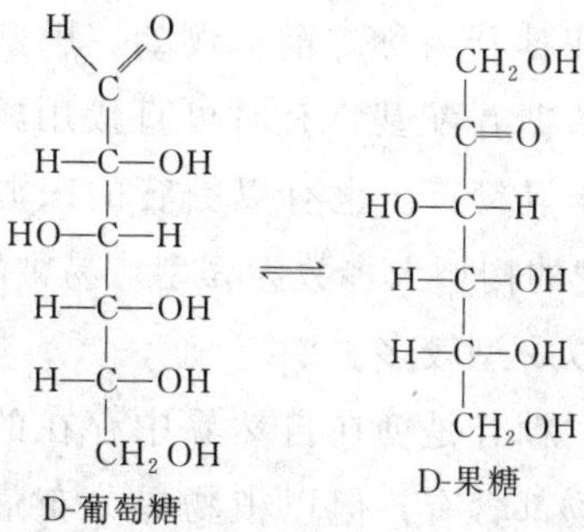

$$
\begin{array}{ccc}
\text{D-葡萄糖} & \rightleftharpoons & \text{D-果糖}
\end{array}
$$

图 3-21 醛糖-酮糖的互变异构

更复杂的糖类化合物（例如淀粉）在 200℃ 热解时，转糖苷反应是最重要的反应，在此温度下，α-D-(1→4) 键的数目随着时间延长而减少，同时伴随有 α-D-(1→6) 和 β-D-(1→6) 键甚至 β-D-(1→2) 等糖苷键的形成。某些食品经过热处理，特别是干热处理，容易形成大量的脱水糖。D-葡萄糖或含 D-葡萄糖单位的聚合物特别容易脱水（图 3-22）。

1,6-脱水-β-D-吡喃葡萄糖　　1,4、3,6-二脱水-D-吡喃葡萄糖　　1,6-脱水-β-D-呋喃葡萄糖

图 3-22　D-葡萄糖的热解产物

热解反应使碳-碳键断裂，所形成的主要产物是挥发性酸、醛、酮、呋喃、醇、芳香族化合物、一氧化碳和二氧化碳。这些反应产物可以用气相色谱（GC）或气质联用（GC-MS）仪进行鉴定。

（四）成苷反应

糖苷是指具有环状结构的醛糖或酮糖的半缩醛羟基上的氢被烷基或芳香基所取代生成的缩醛衍生物。糖苷经完全水解，生成糖和非糖两部分，糖部分称为糖基，非糖部分称为糖苷配基。连接糖基与配基的键称苷键。糖苷的分类标准较多。按糖苷不同，糖苷有葡萄糖苷、果糖苷、阿拉伯糖苷、半乳糖苷等。按糖苷配基不同，可将糖苷分为 O-糖苷、C-糖苷、N-糖苷、S-糖苷等。大多数的糖苷属于 O-糖苷，C-糖苷是指糖的 C_1 直接与配基的碳原子相结合的一类糖苷；胺或氮杂环的糖基胺化合物即为 N-糖苷，核苷类化合物即属于此类；S-糖苷指的是硫醇和糖的缩合物。

糖苷的名称一般是在母体糖基名后加"苷"字，另外将糖苷配基的名称和母体

糖苷的构型 α- 或 β- 先后加在糖苷名称之前，例如，甲基-β-D-吡喃葡萄糖苷，结构见图 3-23。对于比较复杂的糖苷配基，有时可直接用醇、酚的名称而不用"基"，例如，对苯二酚-α-D-吡喃半乳糖苷。也有以糖苷的来源作为普通名称，如芹菜糖苷、苦杏仁糖苷等。糖苷键的构型大多数为 β 型，易被酸和酶水解。但在氨基糖苷中以 α 型较多。

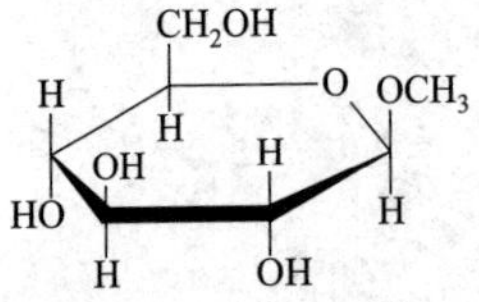

图 3-23　甲基-β-
D-吡喃葡萄糖苷

糖苷是糖在自然界中存在的一种重要形式，几乎各类生物都含有，但以植物界分布最为广泛。下面介绍几种常见的糖苷。

1. 苦杏仁苷

苦杏仁苷属于生氰糖苷，经酸或酶水解产生苯甲醛、氢氰酸和两分子葡萄糖。结构见图 3-24。由于产生的氰化物（HCN）有毒，这些食品在加工中必须充分煮熟后，再充分洗涤，以尽可能除去氰化物。

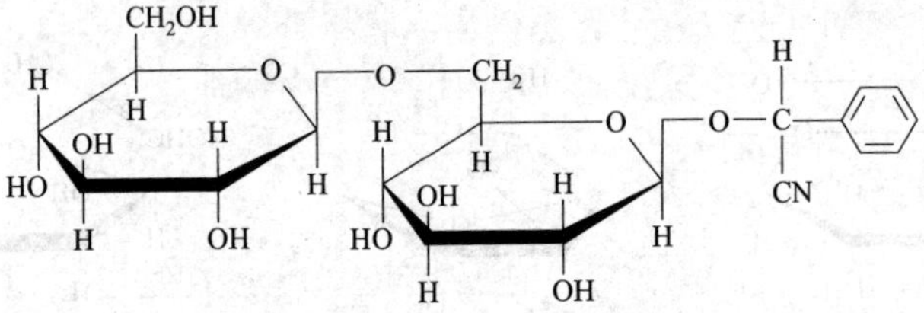

图 3-24　苦杏仁苷

2. 水杨苷

水杨苷存在于白杨树和柳树皮中，含量可达 7.5%，经酶水解产生葡萄糖与水杨醇，后者氧化为水杨酸，其结构见图 3-25。水杨苷的主要功能是解热治疗风湿病，目前这种糖苷已为人工合成的产品所代替。

3. N-糖苷

N-糖苷不如 O-糖苷稳定性好，它在水中容易溶解。但有些 N-糖苷是相当稳定的，特别是 N-葡基酰胺、一些 N-葡基嘌呤和 N-葡基嘧啶，例如肌苷、黄苷以及鸟苷的 $5'$-单磷酸盐，它们都是风味增效剂。几种 N-糖苷的结构见图 3-26。一些不稳定的 N-糖苷在水中通过一系列复杂的反应而分解，同时使溶液的颜色变深，从起始的黄色逐渐转变为暗棕色，主要由于发生了美拉德褐变反应。

4. S-糖苷

S-糖苷在芥菜子与辣根中普遍存在，又称为硫代葡萄糖苷，如图 3-27 所示。由于天然存在的硫代葡萄糖苷酶的作用，导致糖苷配基的裂解和分子重排。异硫氰酸盐即为芥子油，其中 R 为烯丙基、3-丁烯基、4-戊烯基、苯基或其他的有机基团。烯丙基硫代葡萄糖苷称为黑芥子硫苷酸钾，含有这类化合物的食品具有某些特殊风味。

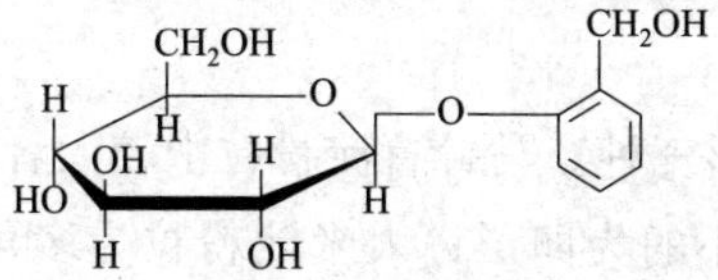

图 3-25　水杨苷

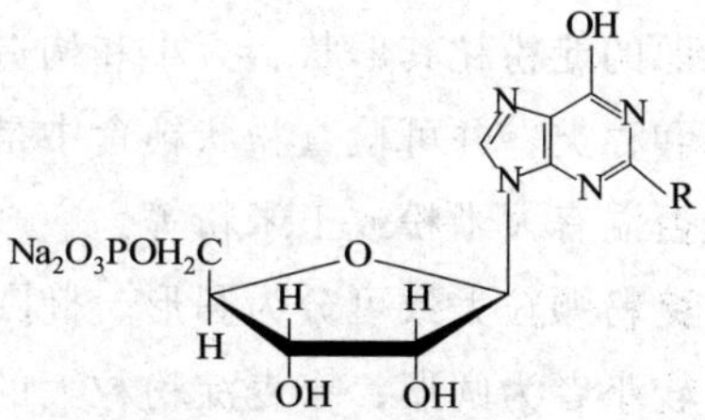

R＝H，肌苷 5′-单磷酸盐；R＝OH，黄苷 5′-单磷酸盐；

R＝NH$_2$，鸟苷 5′-单磷酸盐

图 3-26　几种 N-糖苷的结构

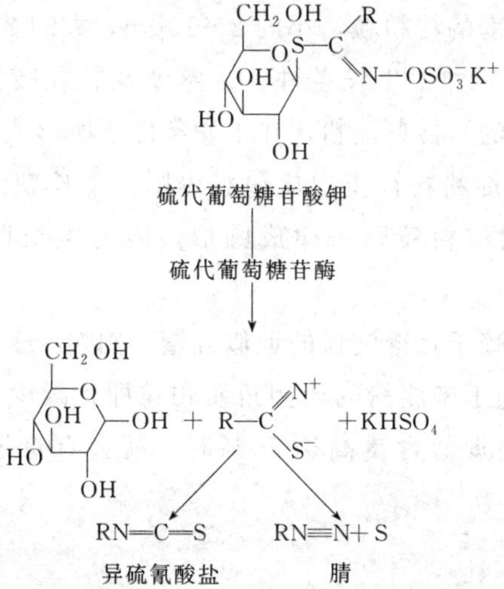

硫代葡萄糖苷酸钾

硫代葡萄糖苷酶

异硫氰酸盐　　　腈

图 3-27　硫代葡萄糖苷

第三节　多　　糖

一、淀粉的结构和性质

（一）淀粉的结构

　　谷类种子是淀粉的丰富来源，其中淀粉含量达 70％以上。红豆、绿豆、蚕豆、豌豆、豇豆、芸豆、扁豆等，具有脂肪含量低而淀粉含量高的特点，被称为淀粉类干豆。这些豆类的淀粉含量高达 55％～60％，而脂肪含量低于 2％。所以常被列入粮食类中。

1. 淀粉粒的一般性状

淀粉在胚乳细胞中以颗粒状存在，故可称为淀粉粒。实验观察的结果表明，不同来源的淀粉粒其形状、大小和构造各不相同，可以借助显微镜观察来鉴别淀粉的来源和种类，并可检查粉状粮食中是否混杂有其他种类的粮食产品。例如，小麦粉中是否混有大米粉或玉米粉等。

淀粉颗粒大致可分为圆形、椭圆形和多角形三种。马铃薯淀粉粒中较大者为卵形，较小者为圆形；小麦淀粉粒大的为圆形，小的为卵形；大米淀粉粒为多角形；玉米淀粉粒则有圆形和多角形 2 种。

不同来源淀粉粒的大小相差很大。以颗粒长轴的长度表示，一般介于 $2\sim120\mu m$ 之间，其中马铃薯的淀粉粒为 $15\sim120\mu m$，大米淀粉粒为 $2\sim10\mu m$。同一种类的淀粉粒，其大小也很不相同。例如，玉米淀粉粒最小的为 $2\mu m$，最大的为 $30\mu m$，平均为 $10\sim15\mu m$；小麦的淀粉粒，小的 $2\sim10\mu m$，大的 $25\sim35\mu m$。

淀粉粒的形状和大小常常受种子生长条件、成熟度及胚乳结构等的影响。例如，在温暖多雨条件下所形成的马铃薯淀粉比在干燥条件下所形成的小；玉米角质胚乳的淀粉粒为多角形，因为淀粉粒被蛋白质包裹得紧，生长期间遭受的压力较大，而未成熟的或粉质胚乳的淀粉粒则一律成圆形，因为生长期间遭受的压力较小。

淀粉粒的形状和大小也依赖于直链淀粉的近似含量。例如，玉米的直链淀粉含量从 27％增加至 50％时，普通玉米淀粉的典型角质颗粒即行减少，而更近于圆形的颗粒则增多；而直链淀粉的近似含量高达 70％时，就会有奇怪的腊肠形颗粒出现。

2. 淀粉粒的结构

（1）淀粉粒的环层结构　在显微镜下细心观察时，淀粉粒都具有环层结构。有的可以看到明显的环纹（或轮纹），与树木的年轮有些相像。其中以马铃薯淀粉粒的环纹最为明显，看起来像贝壳，有时需先用热处理，或在水中长期静置，或用稀薄的铬酸溶液或碘化钾溶液慢慢作用后才会显示出来。加热过的淀粉粒再用水处理，可使环层互相分离。

环层结构是淀粉粒内部密度不同的表现，每层开始时密度最大，以后逐渐减小，到次一层密度又陡然增大，一层一层地周而复始，结果便显示环纹。各环层共同围绕的一点称为"粒心"或者"核"。禾谷类淀粉的粒心常在中央，故为同心环纹；马铃薯淀粉的粒心则偏于一端，故称偏心环纹（图 3-28）。粒心的位置和显著程度依粮食种类的不同而异。由于粒心部分含水较多，比较柔软，故在加热干燥时常常造成星状的裂纹。在天然状态中，淀粉粒没有膜，表面简单地由紧密堆积的淀粉链端组成。

马铃薯淀粉颗粒

小麦淀粉颗粒

玉米淀粉

图 3-28　不同来源淀粉的颗粒形态

根据粒心的数目和环层的排列不同，又可分为单粒、复粒和半复粒三种（图 3-29）。

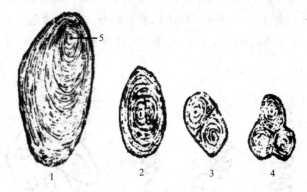

图 3-29　马铃薯淀粉粒

1—单粒淀粉；2—半复粒淀粉；3,4—复粒淀粉；5—淀粉粒的粒心

① 单粒　只有一个粒心，有同心排列（例如小麦淀粉粒）和偏心排列（例如马铃薯淀粉粒）。

② 复粒　如大米和燕麦的淀粉粒，是由几个单粒组成的，具有几个粒心，尽管每个单粒可能原来都是多角形，但在复粒的外围，仍然显出统一的轮廓。

③ 半复粒　它的内部有两个单粒，各有各的粒心和环层，但最外围的几个环轮则是共同的，因而构成的是一个整粒。

（2）淀粉粒的晶体结构　淀粉粒具有双折射性，在偏光显微镜下观察，呈现出一种黑色的"十"字，将淀粉粒分成 4 个白色的区域，成为偏光"十"字或马耳他"十"字。这是淀粉粒为球晶体的重要标志。"十"字的交点恰恰位于粒心，因此可以帮助粒心的定位。实际上用 X 射线衍射法研究的结果也证实淀粉粒中具有晶体结构，当淀粉粒充分膨胀、压碎或受热干燥时，晶体结构即行消失，分子排列成无定形，这时就看不见黑色"十"字纹了。

不同种类淀粉粒的偏光"十"字的位置、形状和明显程度都各有差异。例如，马铃薯的偏光"十"字最明显，玉米、高粱和木薯淀粉明显程度稍逊，小麦淀粉则不很明显。

3. 淀粉分子的结构

淀粉是由直链淀粉和支链淀粉两部分组成，二者如何在淀粉粒中相互排列尚不清楚，但它们相当均匀地混合分布于整个颗粒中。不同来源的淀粉粒中所含的直链和支链淀粉比例不同，即使同一品种因生长条件不同，也会存在一定的差别。一般淀粉中支链淀粉的含量要明显高于直链淀粉的含量。

（1）直链淀粉　直链淀粉是 D-吡喃葡萄糖通过 α-1,4 糖苷键连接起来的链状分子，但是从立体构象看，它并非线性，而是由分子内的氢键使链卷曲盘旋成左螺旋状。在晶体状态下，通过 X 射线衍射图谱分析认为，直链淀粉取双螺旋结构时，每一圈中每段链包含了 3 个糖基；取单螺旋结构时，每一圈包含 6 个糖基。在溶液中，直链淀粉可取螺旋结构、部分断开的螺旋结构和不规则的卷曲结构（图 3-30）。

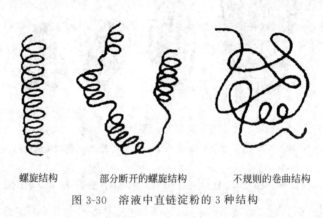

螺旋结构　　　　部分断开的螺旋结构　　　　不规则的卷曲结构

图 3-30　溶液中直链淀粉的 3 种结构

（2）支链淀粉　支链淀粉是 D-吡喃葡萄糖通过 α-1,4 和 α-1,6 两种糖苷键连接起来的带分支的复杂大分子（图 3-31）。支链淀粉整体的结构也远不同于直链淀粉，它呈树枝状，支链都不长，平均含 20～30 个葡萄糖基。所以，支链虽可呈螺旋，但螺旋很短（图 3-32）。

（二）淀粉在烹饪中的变化

1. 淀粉的水解

淀粉、果胶、纤维素和半纤维素等在酶、酸、碱等条件下的水解在食品加工中具有重要意义。

工业上利用淀粉水解可生产糊精、淀粉糖浆、麦芽糖浆、葡萄糖等产品。糊精一般成为可溶性淀粉，是淀粉水解或高温裂解产生的多苷链断片。淀粉糖浆为葡萄

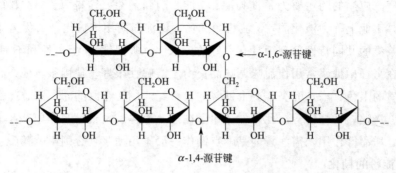

图 3-31 支链淀粉局部结构

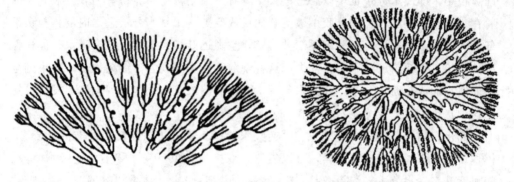

图 3-32 淀粉颗粒中直链淀粉与支链淀粉排列示意图

糖、低聚糖和糊精的混合物，可分为高、中、低转化糖浆三大类。麦芽糖浆也称为饴糖，其主要成分为麦芽糖，也有麦芽三糖和少量葡萄糖。葡萄糖为淀粉水解的最终产物，结晶葡萄糖有含水 α-葡萄糖、无水 α-葡萄糖和无水 β-葡萄糖三种。淀粉水解法有酸水解法和酶水解法两种。

（1）酸水解法　是用无机酸为催化剂使淀粉发生水解反应，转变成葡萄糖的方法。淀粉在酸和热的作用下，水解生成葡萄糖的同时，还有一部分葡萄糖发生复合反应和分解反应，进而降低葡萄糖的产出率。水解反应与温度、浓度和催化剂有关，催化效能较高的为盐酸和硫酸。酸水解多糖技术在食品工业中最广泛地应用于食品储藏与加工中。随着湿度的提高，酸催化的糖苷水解速度大大地增加，其他因素对糖苷水解的影响规律总结如下。

① α-D-糖苷键比 β-糖苷键对水解更敏感。

② 不同位点糖苷键的水解难易顺序为（1→6）>（1→4）>（1→3）>（1→2）。

③ 吡喃环式糖比呋喃环式糖更难水解。

④ 多糖的结晶区比无定形区更难水解。

（2）酶水解法　酶水解在工业上称为酶糖化。酶糖化经过糊化、液化和糖化等三道工序。应用的酶主要为 α-淀粉酶、β-淀粉酶和葡萄糖淀粉酶。α-淀粉酶用于液化淀粉，工业上称为液化酶，β-淀粉酶和葡萄糖淀粉酶用于糖化，又称为糖化酶。

糖浆类的共同特性表现为具有良好的持水性（吸湿性）、上色性和不易结晶性。因此，在烹饪中糖浆常用作甜味调味品。由于溶解性很好，使用很方便。常用于烧烤类菜肴的上色、增加光亮，刷上糖浆的原料经烤制后色红润泽，甜香味美，如烧烤乳猪、烤鸭、叉烧肉等。此外，还用于糕点、面包、蜜饯等制作中，起上色、保持柔软、增甜等作用，需注意的是酥点制作一般不用糖浆，否则影响其酥脆性。

2. 淀粉的糊化

生淀粉分子靠分子间氢键结合而排列得很紧密，形成束状的胶束，彼此之间的间隙很小，即使水分子也难以渗透进去。具有胶束结构的生淀粉称为 β-淀粉。β-淀粉在水中经加热后，一部分胶束被溶解而形成空隙，于是水分子进入内部，与余下部分淀粉分子进行结合，胶束逐渐被溶解，空隙逐渐扩大，淀粉粒因吸水，体积膨胀数十倍，生淀粉的胶束即行消失，这种现象称为膨润现象。继续加热，胶束则全部崩溃，形成淀粉单分子，并为水包围，而成为溶液状态，这种现象称为糊化，处于这种状态的淀粉成为 α-淀粉（图 3-33）。

糊化作用可分为三个阶段：①可逆吸水阶段。水分进入淀粉粒的非晶质部分，体积略有膨胀，此时冷却干燥，可以复原，双折射现象不变。②不可逆吸水阶段。随温度升高，水分进入淀粉微晶间隙，不可逆大量吸水，结晶"溶解"。③淀粉粒解体阶段，淀粉分子全部进入溶液（图 3-34）。

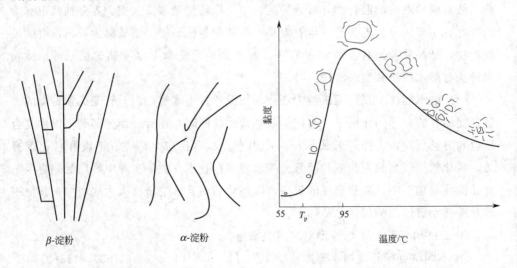

图 3-33　淀粉粒糊化前后的变化　　　　图 3-34　淀粉的糊化过程

各种淀粉的糊化温度不相同，即使同一种淀粉因颗粒大小不一，糊化温度也不一致，通常用糊化开始的温度和糊化完成的温度共同表示淀粉糊化温度。有时也把糊化的起始温度称为糊化温度。表 3-3 列出几种淀粉的糊化温度。

表 3-3　几种淀粉的糊化温度

淀粉	开始糊化温度/℃	完成糊化温度/℃	淀粉	开始糊化温度/℃	完成糊化温度/℃
粳米	59	61	小麦	65	68
糯米	58	63	荞麦	69	71
玉米	64	72	甘薯	70	76
大麦	58	63	马铃薯	59	67

淀粉糊化、淀粉溶液黏度以及淀粉凝胶的性质不仅取决于温度，还取决于共存的其他组分的种类和数量。在许多情况下，淀粉和单糖、低聚糖、脂类、脂肪酸、盐、酸以及蛋白质等物质共存。高浓度的糖降低淀粉糊化的速度、黏度的峰值和凝胶的强度，二糖在推迟糊化和降低黏度峰值等方面比单糖更有效。脂类，如三酰基甘油以及脂类衍生物，能与直链淀粉形成复合物而推迟淀粉颗粒的糊化。在糊化淀粉体系中加入脂肪，会降低达到最大黏度的温度。加入长链脂肪酸组分或加入具有长链脂肪酸组分的一酰基甘油，将使淀粉糊化温度提高，达到最大黏度的温度也升高，而凝胶形成的温度与凝胶的强度则降低。由于淀粉具有中性特征，低浓度的盐对糊化或凝胶的形成影响很小。而经过改性带有电荷的淀粉，可能对盐比较敏感。大多数食品的 pH 值范围在 4～7，这样的酸浓度对淀粉膨胀或糊化影响很小。而在高 pH 值时，淀粉的糊化速度明显增加，在低 pH 值时，淀粉因发生水解而使黏度峰值显著降低。

在许多食品中，淀粉和蛋白质间的相互作用对食品的质构产生重要影响。淀粉与面筋蛋白在混合时形成了面筋，在有水存在的情况下加热，淀粉糊化而蛋白质变性，使焙烤食品具有一定质构。淀粉在糖果制造中用作填充剂，可作为制造淀粉软糖的原料，也是淀粉糖浆的主要原料。豆类淀粉和黏高粱淀粉则利用其胶凝特性来制造高粱饴类的软性糖果，具有很好的柔糯性。淀粉在冷饮食品中作为雪糕和棒冰的增稠稳定剂。淀粉在某些罐头食品生产中可作增稠剂，如制造午餐肉罐头和碎肉、羊肉罐头时，使用淀粉可增加制品的黏结性和持水性。在制造饼干时，由于淀粉有稀释面筋浓度和调节面筋膨润度的作用，可使面团具有适合于工艺操作的物理性质，所以在使用面筋含量太高的面粉生产饼干时，可以添加适量的淀粉来解决饼干收缩变形的问题。

糊化后的淀粉，在黏度、强度、韧性等方面更加适口，同时由于糊化淀粉更容易被淀粉酶水解，更有利于人体的消化吸收。所以在烹饪加工中应用非常广泛，比如挂糊、上浆、勾芡，就是利用糊化淀粉改善菜肴口感。

3. 淀粉的老化

经过糊化的 α-淀粉在室温或低于室温下放置后，会变得不透明甚至凝结而沉

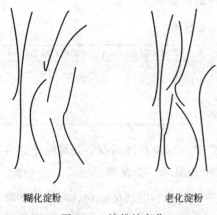

糊化淀粉　　　　　　　　老化淀粉

图 3-35　淀粉的老化

淀，这种现象称为淀粉的老化。这是由于糊化后的淀粉分子在低温下又自动排列成序，相邻分子间的氢键又逐步恢复形成致密、高度晶化的淀粉分子微束的缘故（图 3-35）。

老化过程可看作是糊化的逆过程，但是老化不能使淀粉彻底复原到生淀粉（β-淀粉）的结构状态，它比生淀粉的晶化程度低。老化后的淀粉与水失去亲和力，影响加工食品的质构，并且难以被淀粉酶水解，因而也不易被人体消化吸收。

不同来源的淀粉，老化难易程度并不相同，一般来说直链淀粉较支链淀粉易于老化，直链淀粉越多，老化越快，支链淀粉几乎不发生老化。其原因是它的结构呈三维网状空间分布，妨碍了微晶束氢键的形成。不同种类的淀粉其老化速度快慢如下：

玉米淀粉＞小麦淀粉＞甘薯淀粉＞土豆淀粉＞木薯淀粉＞黏玉米淀粉、糯米淀粉

淀粉老化后，与生淀粉一样，人体不易消化吸收，因为它们不易被淀粉酶水解。因此，日常生活中有必要防止淀粉食物的回生，对于蒸好的馒头、煮好的米饭、刚烤好的面包等，都应提倡趁热食用。生产中可通过控制淀粉的含水量、储存温度、pH 值及加工工艺条件等方法来防止。

当淀粉食物中水分含量较高或较低时，老化现象不易发生。淀粉含水量为 30％～60％时较易老化，含水量小于 10％或在大量水中则不易老化，方便米饭和方便面的制作中就利用了这个原理。将糊化后的 α-淀粉，在 80℃以上的高温迅速除去水分（水分含量最好达 10％以下）或冷至 0℃以下迅速脱水，成为固定的 α-淀粉。α-淀粉加水后，因无胶束结构，水易于进入因而将淀粉分子包围，不需加热，也易糊化。这就是制备方便米面食品的原理。

淀粉发生老化的最适温度为 2～4℃，大于 60℃或小于－20℃都不易发生老化。淀粉食物不可能长时间放置在高温环境下，一经冷却，降至常温即会发生老化现象。为了防止淀粉的老化，可将淀粉食物迅速降温至－20℃左右，使得淀粉分子间的水分迅速结晶，从而阻碍了淀粉分子的相互靠近，避免形成氢键，降低了淀粉老化的速度。如速冻食品就是依据此原理生产。

在偏酸（pH4 以下）或偏碱的条件下也不易老化。一般认为在弱酸性条件下会促进老化。加入大量砂糖，老化会被减弱。砂糖有两个作用：一是使自由水减少，二是阻碍淀粉分子交联凝聚。

添加乳化剂可抗老化，例如加入少量表面活性剂蔗糖酯、单甘酯等。面包、糕点的老化使产品不利于储存，质量下降，造成经济损失。因此，在面包生产中采用添加乳化剂的方法控制淀粉老化，收到了十分满意的效果。原因是乳化剂能够与面粉中的直链淀粉结合形成不溶性复合物，阻止了淀粉重新结晶而发生老化，从而使质地变得柔软。

淀粉老化作用的控制在食品加工和烹饪加工中有重要意义。比如，利用淀粉老化来制作粉丝、粉皮和虾片，制作这些食品时，就要选用易于老化而且含直链淀粉多的绿豆淀粉，这样可以提高产品的品质。

二、纤维素和半纤维素的结构与性质

（一）纤维素的结构及其在烹饪中的变化

纤维素是自然界最大量存在的多糖。它是植物细胞壁的构成物质，常与半纤维素、木质素和果胶质结合在一起。人体没有分解纤维素的消化酶，所以无法利用。纤维素与直链淀粉一样，是 D-葡萄糖通过 β-1,4 糖苷键结合，呈直链状连接，见图 3-36。

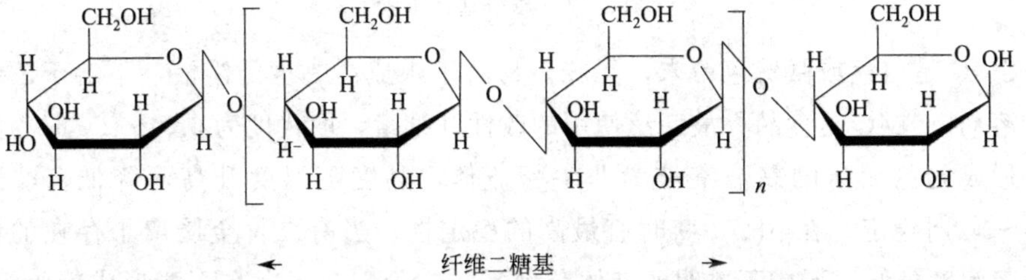

纤维二糖基

图 3-36 纤维素的结构

纤维素不溶于水，对稀酸和稀碱特别稳定，几乎不还原费林试剂。只有用高浓度的酸（60％～70％硫酸或 41％盐酸）或稀酸在高温处理下才能分解，分解的最后产物是葡萄糖。纤维素的聚合度取决于植物的来源和种类，聚合度为 1000～14000（相当于相对分子质量 162000～2268000）。纤维素由于分子质量大且具有结晶结构，所以不溶于水，而且溶胀性和吸水性都小。

纤维素应用于造纸、纺织品、化学合成物、胶卷、炸药、医药和食品包装、发酵（酒精）、饲料生产（酵母蛋白和脂肪）、吸附剂和澄清剂等。它的长链中常有许多游离的醇羟基，具有羟基的各种特性反应，如成酯和成醚反应等。

纤维素不溶于水，对稀酸、碱稳定，聚合度大，化学性质稳定，可通过控制反应条件，生产出许多不同的纤维素衍生物。商品化的纤维素主要有羧甲基纤维素（CMC）、甲基纤维素（MC）、乙基纤维素（EC）、甲乙基纤维素（MEC）、羟乙基纤维素（HEC）、羟丙基纤维素（HPC）、羟乙基甲基纤维素（HEMC）、羟乙基乙基纤维素（HEEC）、羟丙基甲基纤维素（HPMC）、微晶纤维素（MCC）等。纤维素和改性纤维素均为膳食纤维。它们不能被人体消化，也不能提供营养和热量，但具有重要的功能作用。纯化的纤维素常作为配料添加到面包等食品中，增加食品的持水力，延长货架期，可生产低热量食品。

1. 羧甲基纤维素（carboxyl methyl cellulose，简称 CMC）

用氢氧化钠、氯乙酸处理纤维素，就可得到 CMC（图 3-37）。经过改性，分子上带有了负电荷的羧甲基，性质变得像亲水性多糖胶。一般产品的取代度为 0.3～0.9，聚合度 500～2000。

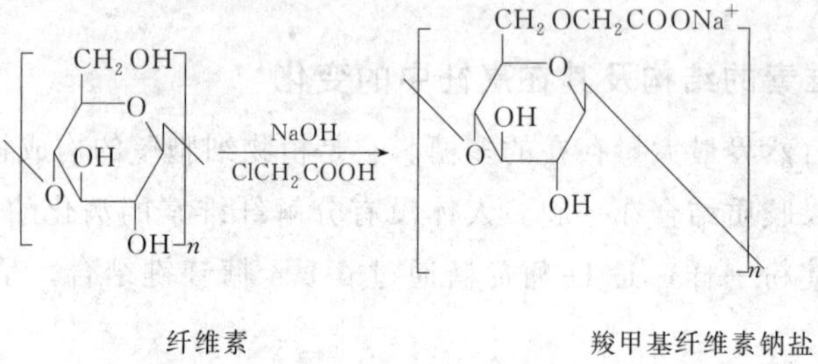

纤维素   羧甲基纤维素钠盐

图 3-37　羧甲基纤维素

CMC 是白色或微黄色粉末，无味，易溶于水成高黏度的溶液，不溶于乙醇等多种溶剂。CMC 是食品界最广泛使用的改性纤维素，取代度为 0.7～1.0 时易溶于水，形成无色无味的黏液溶液为非牛顿流体，黏度随温度升高而降低。溶液在pH5～10 时稳定，在 pH7～9 时有最高的稳定性。当有二价金属离子存在的情况下，溶解度降低，形成不透明的液体分散系，三价阳离子存在下能形成凝胶沉淀。CMC-Na 水溶液的黏度也受 pH 值的影响。当 pH 值为 7 时，黏度最大，通常 pH值为 4～11 较合适，而 pH 值在 3 以下，则易生成游离酸沉淀，其耐盐性较差。但本品因与某些蛋白质发生胶溶作用，生成稳定的复合物，从而扩展蛋白质溶液的pH 值范围。此外，现已有耐酸耐盐的产品。

CMC 在食品工业中应用广泛，我国规定本品可用于速煮面和罐头中，最大用量为 5.0g/kg；用于果汁牛乳，最大用量为 1.2g/kg；用于冰棍、雪糕、冰激凌、糕点、饼干、果冻、膨化食品，可按正常生产需要使用。在果酱、番茄酱或乳酪中添加 CMC，不仅增加黏度，而且可增加固形物的含量，还可使其组织柔软细腻。在面包和糕点中添加 CMC，可增加其保水作用，防止老化。在方便面中加入CMC，较易控制水分，且可减少面条的吸油量，并且还可增加面条的光泽，一般用量为 0.36%。在酱油中添加 CMC，以调节酱油的黏度，使酱油具有滑润口感。CMC 对于冰激凌的作用类似于海藻酸钠，但 CMC 的价格低廉，溶解性好，保水作用也较强，所以 CMC 常与其他乳化剂并用，以降低成本，而且 CMC 与海藻酸钠并用有相乘作用，通常 CMC 与海藻酸钠混用时的用量为 0.3%～0.5%，单独使用时用量为 0.5%～1.0%。

2. 甲基纤维素（methyl cellulose，简称 MC）

使用氢氧化钠和一氯甲烷处理处理纤维素，就可得到 MC，这种改性属于醚化（图 3-38）。食用 MC 的取代度约为 1.5 左右，取代度为 1.69～1.92 的 MC 在水中有最高的溶解度，而黏度主要取决于分子的链长。

甲基纤维素除有一般亲水性多糖胶的性质外，比较突出和特异之处有三点：①它的溶液在被加热时起初黏度下降与一般多糖胶相同，然后黏度很快上升并形成凝胶，凝胶冷却时又转变为溶液。这个现象是由于加热破坏了个别分子外面的水层而造成聚合物间疏水键增加的缘故。②MC 本身是一种优良的乳化剂，而大多数多糖胶仅仅是乳化助剂或稳定剂。③MC 在一般的食用多糖中有最优良的成膜性。

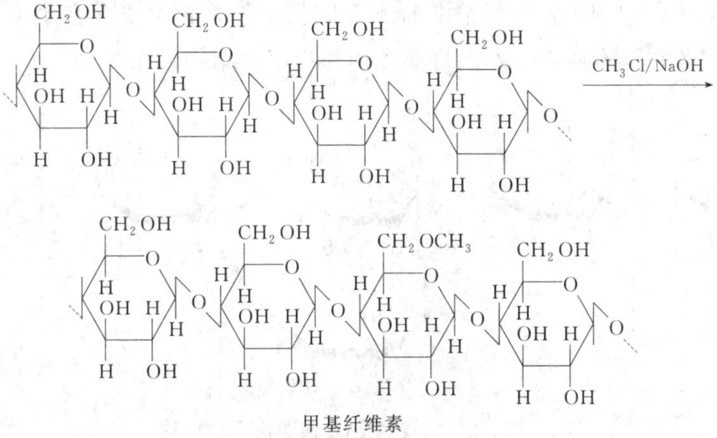

甲基纤维素

图 3-38　甲基纤维素的制备反应

3. 微晶纤维素

用稀酸处理纤维素，可以得到极细的纤维素粉末，称为微晶纤维素。在疗效食品中作为无热量填充剂、吸附剂。

4. 羟乙基纤维素（简称 HEC）

HEC 是一种水溶性纤维素醚，是用相当数量的羟乙基醚支链代替原来纤维素分子中羟基生成的产品。HEC 是白色粉末状固体。不同级别的 HEC 产品分子量不同，黏度各异，可按纯度或摩尔取代度（MS）分为若干等级。所有出售的不同级别的 HEC 产品均溶于热水或冷水以形成完全溶解的透明、无色溶液。这种溶液可以冷冻而后融化，或加热至沸腾后冷却，均不发生胶凝作用或沉淀现象。HEC 溶于少数有机溶剂，具有成膜性。HEC 水溶液可以与阿拉伯胶、瓜尔胶、黄原胶、甲基纤维素、海藻酸钠等合用。HEC 常用作改性剂和添加剂。HEC 在产品的整个配方中一般占很小的比例，但却可以对产品性质产生明显的影响。HEC 在低浓度时有增稠作用，对分散体系有稳定作用，有良好的抗油脂性和优良的胶黏性、可渗透性，有良好的水分保持能力。HEC 广泛应用于各种型号的乳胶漆中。

（二）半纤维素的结构及在烹饪中的变化

半纤维素存在于所有陆地植物中，而且经常在植物木质化部分，是构成植物细胞壁的材料。构成半纤维素的单体有木糖、果糖、葡萄糖、半乳糖、阿拉伯糖、甘露糖及糖醛酸等，木聚糖是半纤维素物质中最丰富的一种。

粗制的半纤维素可分为一个中性组分（半纤维素 A）和一个酸性组分（半纤维素 B），半纤维素 B 在硬质木材中特别多。两种纤维素都有由 β-D-$(1\rightarrow4)$ 糖苷键结合成的木聚糖链。在半纤维素 A 中，主链上有许多由阿拉伯糖组成的短支链，还存在 D-葡萄糖、D-半乳糖和 D-甘露糖。从小麦、大麦和燕麦粉得到的阿拉伯木聚糖是这类糖的典型例子。半纤维素 B 不含阿拉伯糖，它主要含有 4-甲氧基-D-葡萄糖醛酸，因此它具有酸性。水溶性小麦面粉戊聚糖结构见图 3-39。

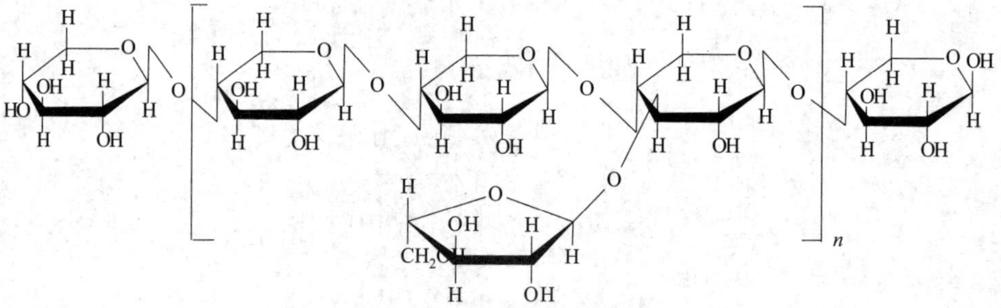

图 3-39 水溶性小麦面粉戊聚糖结构

半纤维素在焙烤食品中的作用很大，它能提高面粉结合水的能力。在面包面团中，改进混合物的质量，降低混合物能量，有助于蛋白质的进入和增加面包的体积，并能延缓面包的老化。

半纤维素是膳食纤维的一个重要来源，对肠蠕动、粪便量和粪便通过时间产生有益生理效应，对促使胆汁酸的消除和降低血液中的胆固醇方面也会产生有益的影响。事实表明它可以减轻心血管疾病、结肠紊乱，特别是防止结肠癌。食用高纤维膳食的糖尿病人可以减少对胰岛素的需求量，但是，多糖胶和纤维素在小肠内会减少某些维生素和必需微量元素的吸收。

三、果胶的结构及性质

果胶物质存在于陆生植物的细胞间隙或中胶层中，通常与纤维素结合在一起，形成植物细胞结构和骨架的主要部分。果胶质是果胶及其伴随物（阿拉伯聚糖、半乳聚糖、淀粉和蛋白质等）的混合物。商品果胶是用酸从苹果渣与柑橘皮中提取制得的天然果胶（原果胶），它是可溶性果胶，由柠檬皮制得的果胶最易分离，质量最高。果胶的组成与性质随不同的来源有很大差别。

（一）果胶的化学结构及分类

果胶分子的主链是 $150 \sim 500$ 个 α-D-半乳糖醛酸基（相对分子质量为 $30000 \sim 100000$）通过 1,4 糖苷键连接而成，其中部分羧基被甲酯化，见图 3-40。

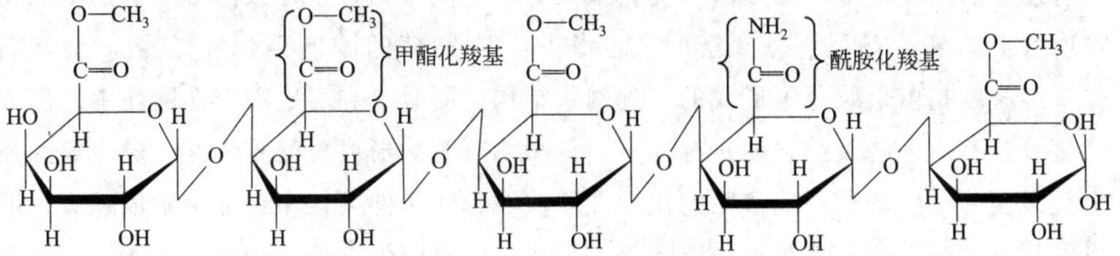

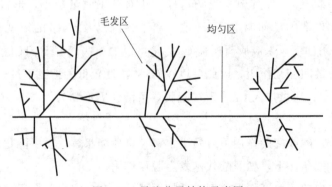

图 3-40　果胶的结构

果胶在主链中相隔一定距离含有 α-L-吡喃鼠李糖基侧链，因此果胶的分子结构由均匀区与毛发区组成（图 3-41）。均匀区是由 α-D-半乳糖醛酸基组成，毛发区是由高度支链 α-L-鼠李半乳糖醛酸聚糖组成。

图 3-41　果胶分子结构示意图

植物体内的果胶物质一般有三种，即原果胶、果胶、果胶酸。在未成熟的果实细胞内含有大量的原果胶，随着果实成熟度的增加，原果胶水解成果胶，果蔬组织就变软而有弹性，当果实过熟时，果胶发生去酯化作用生成果胶酸。根据果胶分子羧基酯化度（DE）的不同，天然果胶一般分为两类：其中一类分子中超过一半的羧基是甲酯化（—COOCH$_3$）的，称为高甲氧基果胶（HM），余下的羧基是以游离酸（—COOH）及盐（—COO—Na$^+$）的形式存在；另一类分子中低于一半的羧基是甲酯化的，称为低甲氧基果胶（LM）。酯化度指酯化的半乳糖醛酸残基数占半乳糖醛酸残基总数的百分比，DE≥50％的为高甲氧基果胶（HM）。

（二）果胶在烹饪中的胶凝作用

HM 果胶溶液必须在具有足够的糖和酸存在的条件下才能胶凝，又称为糖-酸-果胶凝胶。当果胶溶液 pH 值足够低时，羧酸盐基团转化为羧酸基团，因此分子不带电荷，分子间斥力下降，水合程度降低，分子间缔合形成凝胶。糖的浓度越高，越有助于形成接合区，这是因为糖与果胶分子链竞争结合水，致使分子链的溶剂化程度大大下降，有利于分子链间相互作用，一般糖的浓度至少在 55％，最好在 65％。凝胶是由果胶分子形成的三维网状结构，同时水和溶质固定在网孔中。形成的凝胶具有一定的凝胶强度，有许多因素影响凝胶的形成与凝胶强度，最主要的因素是果胶分子的链长与连接区的化学性质。在相同条件下，相对分子质量越大，形成的凝胶越强，如果果胶分子链降解，则形成的凝胶强度就比较弱。因此，当果胶的 DE＞50％时，形成凝胶的条件是可溶性固形物含量（一般是糖）超过 55％，pH2.0～3.5。

LM 果胶必须在二价阳离子（如 Ca^{2+}）存在情况下形成凝胶，胶凝的机理是由不同分子链的均匀（均一的半乳糖醛酸）区间形成分子间接合区，胶凝能力随 DE 的减少而增加。正如其他高聚物一样，相对分子质量越小，形成的凝胶越弱。胶凝过程也和外部因素如温度、pH 值、离子强度以及 Ca^{2+} 的浓度有关。在一价盐 NaCl 存在条件下，果胶胶凝所需 Ca^{2+} 量可以少一些。由于 pH 值与糖双重因素可以促进分子链间相互作用，因此可以在 Ca^{2+} 浓度较低的情况下进行胶凝。因此，当 DE≤50％时，通过加入 Ca^{2+} 形成凝胶，可溶性固形物为 10％～20％，pH 值为 2.5～6.5。

果胶在酸、碱或酶的作用下可发生水解，可使酯水解（去甲酯化）或糖苷键水解；在高温强酸条件下，糖醛酸残基发生脱羧作用。

果胶在水中的溶解度随聚合度的增加而减少，在一定程度上还随酯化度的增加而增加。果胶酸的溶解度较低。果胶溶液是高黏度溶液，其黏度与链长成正比，果胶在一定条件下具有胶凝能力。

果胶可以作为果酱与果冻的胶凝剂。不同酯化度的果胶有不同的用途。慢胶凝 HM 果胶与 LM 果胶可用于制造凝胶软糖。LM 果胶可以在生产酸奶时作水果基质。HM 果胶可应用于乳制品，因为它在 pH3.5～4.2 范围内能阻止加热时酪蛋白聚集，适合经巴氏杀菌或高温杀菌的酸奶、酸豆奶以及牛奶与果汁的混合物。HM

与 LM 果胶能应用于蛋黄酱、番茄酱、浑浊型果汁、饮料以及冰激凌等，一般添加量<1%；但是凝胶软糖除外，它的添加量为 2%～5%。

四、活性多糖及其功能

活性多糖指具有某种特殊生物活性的多糖化合物，如真菌多糖、植物多糖和壳聚糖等。这类多糖具有复杂的、多方面的生理活性和功能，因而越来越引起人们的关注。

（一）真菌多糖

真菌多糖有香菇多糖、银耳多糖、金针菇多糖、云芝多糖、灵芝多糖、黑木耳多糖、虫草多糖、牛膝多糖、猪苓多糖等。

真菌多糖具有免疫调节功能、抗肿瘤作用、抗氧化作用、降血脂、降血栓、降血糖等作用。

银耳多糖、香菇多糖、猪苓多糖等都具有促进抗体形成的作用。香菇多糖已制成抗癌针剂，用于胃肠道肿瘤患者的治疗；云芝多糖有片剂、胶囊和注射剂，用于消化道癌、肺癌、乳腺癌和血癌的治疗；猪苓多糖有肌注射针剂，临床上配伍化疗药物治疗原发性肺癌。

（二）植物多糖

1. 茶多糖

茶多糖是茶叶复合多糖的简称，是一类由糖类、果胶及蛋白质等组成的复合物。其中复合多糖类为 30.92%，蛋白质为 17.87%，灰分为 16.48%，果胶为 12.92%。茶叶复合多糖中多糖部分是由不同单糖组成的杂多糖。

2. 人参多糖

人参是传统的上等名贵中药。人参多糖包括人参淀粉和人参果胶，其主要功能成分为人参果胶。人参果胶主要由半乳糖醛酸、半乳糖、阿拉伯糖组成，并有少量的鼠李糖，此外还含有微量的未知糖成分。

人参多糖具有增强机体免疫力，提高 NK 细胞活性及淋巴细胞转化率，抑制、杀伤肿瘤细胞等作用。

3. 枸杞多糖

枸杞子是一种传统的名贵中药和重要的经济作物。枸杞多糖（LBP）是枸杞子中的主要功效成分，分成四个级，分别被命名为 LBP-1、LBP-2、LBP-3 和 LBP-4，是多糖-蛋白质复合物。枸杞多糖具有免疫调节功能、抗肿瘤、抗氧化、抗衰老、降血脂、降血压等作用。

五、膳食纤维及其在烹饪加工中的作用

膳食纤维是指不被人体消化吸收的多糖类碳水化合物和木质素。膳食纤维的化学组成包括三大部分：纤维状碳水化合物——纤维素；基料碳水化合物——果胶、果胶类化合物和半纤维素等；填充类化合物——木质素。

粮食子粒中的膳食纤维主要是纤维素和半纤维素，果胶物质比较少，仅在甘薯等薯类主食中少量存在。谷粒中的膳食纤维含量在 2%～12% 之间，主要存在于谷壳、谷皮和糊粉层中，胚乳几乎不含膳食纤维。因此，精米、精面中膳食纤维含量极低。

从具体组成成分上来看，膳食纤维包括阿拉伯半乳聚糖、阿拉伯聚糖、半乳聚糖、半乳聚糖醛酸、阿拉伯木聚糖、木糖葡聚糖、糖蛋白、纤维素和木质素等。其中部分成分能够溶解于水中，称为水溶性膳食纤维，其余的称为不溶性膳食纤维。各种不同来源的膳食纤维制品，其化学成分的组成与含量各不相同。

膳食纤维的主要物化特性如下：很高的持水力；对阳离子有结合和交换能力；对有机化合物有吸附螯合作用；具有类似填充剂的容积；可改善肠道系统中的微生物群组成。

膳食纤维的生理功能如下：预防结肠癌与便秘；降低血清胆固醇，预防由冠状动脉硬化引起的心脏病；改善末梢神经对胰岛素的感受性，调节糖尿病人的血糖水平；改变食物消化过程，增加饱腹感；预防肥胖症、胆结石和减少乳腺癌的发生率等。

国外业已研究开发的膳食纤维共六大类约 30 余种，包括谷物纤维、豆类种子与种皮纤维、水果蔬菜纤维、微生物纤维、合成纤维、半合成纤维。

虽然膳食纤维主要是由糖分子所组成的碳水化合物，但很难被高温、酸、酶所水解，因而不易被机体消化吸收。老韧的蔬菜中，纤维素、半纤维素含量多，如老叶的干物质中纤维素、半纤维素含量高达 20%，所以老韧的蔬菜通过烹饪也不会完全软化。纤维素包围在谷类和豆类外层，它能妨碍体内消化酶与食物营养素的接触，影响营养素吸收。但是，如果食物经烹调加工后，使部分半纤维素变成可溶性状态，也可以使果胶原变成可溶性果胶，使食物的细胞结构发生变化，增加体内消化酶与植物性食物中营养素接触的机会，从而提高营养物质的消化率。加热使植物细胞间的原果胶转化为可溶性的果胶，因而使蔬菜软化。尤其是果胶物质含量大的蔬菜，在烹饪中需加热一定的时间，以促进蔬菜组织变软利于消化吸收。植物细胞壁的纤维素在一般的烹调加工过程中，不会被溶解破坏，但水的浸泡和加热有助于纤维素吸水润胀，使食物质地略为变软。另外，碱对纤维素的吸水润胀、质地变软方面也有促进作用。

六、其他多糖及其性质

（一）糖原

糖原又称动物淀粉，是肌肉和肝脏组织中的储备多糖，也存在于真菌、酵母和细菌中，在高等植物中含量极少。糖原是由葡萄糖聚合形成的同聚葡聚糖，在结构上与支链淀粉相似，它含有 α-1,4 糖苷键和 α-1,6 糖苷键，与支链淀粉差异之处是糖原具有较高的相对分子质量和较高的分支程度。糖原分子为球形，相对分子质量在 $2.7×10^5 \sim 3.5×10^6$ 之间。

糖原是白色粉末，易溶于水，遇碘呈红色，$[\alpha]_D^{20} = +190° \sim +200°$，无还原性。糖原可用乙醇沉淀，在碱性溶液中稳定。稀酸能将它分解为糊精、麦芽糖和葡萄糖，酶能使它分解为麦芽糖和葡萄糖。糖原的生理作用很多，肝脏的糖原可分解为葡萄糖进入血液，供组织使用，肌肉中的糖原为肌肉收缩所需能量的来源。

（二）阿拉伯胶

阿拉伯胶是阿拉伯胶树等金合欢属植物树皮切口中流出的分泌物。它的成分很复杂，由两部分组成。阿拉伯胶中 70% 是由不含 N 或含少量 N 的多糖组成，另一成分是具有高相对分子量的蛋白质结构，多糖是以共价键与蛋白质肽链中的羟脯氨酸与丝氨酸相结合的，总蛋白质含量约为 2%，但是特殊部分含有高达 25% 蛋白质。与蛋白质相连接的多糖是高度分支的酸性多糖，它具有如下组成：D-半乳糖 44%，L-阿拉伯糖 24%，D-葡萄糖醛酸 14.5%，L-鼠李糖 13%，4-O-甲基-D-葡萄糖醛酸 1.5%。在主链中 β-D-吡喃半乳糖是通过 1,3 糖苷键相连接，而侧链是通过 1,6 糖苷键相连接。

阿拉伯胶分子量较大，其独特的性质是溶解度高，溶解度甚至能达到 50%，溶液黏度低，体系类似凝胶。阿拉伯胶是一种好的乳化剂和乳状液稳定剂，因为阿拉伯胶具有表面活性，能在油滴周围形成一层厚的、具有空间稳定性的大分子层，防止油滴聚集。固体香精就是将香精油与阿拉伯胶制成乳状液，然后进行喷雾干燥制得。这样可以避免香精的挥发与氧化，而且在使用时能快速分散与释放风味，并且不会影响最终产品的黏度。阿拉伯胶与高糖具有相容性，可广泛用于高糖含量和低水分含量糖果中，如太妃糖、果胶软糖以及软果糕等。

（三）瓜尔胶

瓜尔胶是豆科植物种子瓜尔豆种子中提取的多糖，它以半乳甘露聚糖为主要成分，约占 89% 左右，主链由 β-D-吡喃甘露糖通过 1,4-糖苷键连接而成，在 0～6 位连接 α-D-吡喃半乳糖侧链（图 3-42）。

瓜尔胶是所有商品胶中黏度最高的一种胶，它在冷水中可快速地水化，形成一

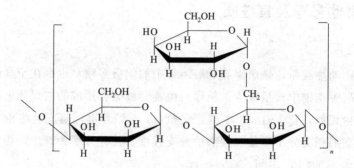

图 3-42　瓜尔胶的结构

种高黏性和触变的溶液。胶的溶解性随温度上升而提高，但在很高的温度下，此胶会降解，由于瓜尔胶能产生高黏度的溶液，所以在食品中使用浓度低于 1％。瓜尔胶溶液是中性的，pH 值对它的黏度影响不大。它能同大多数其他食品组分相容。盐对其黏度影响较小，但大量的蔗糖可以降低其黏度和推迟达到最大黏度的时间。

（四）琼脂

琼脂作为细菌培养基已为人们所熟知，它来自红藻类的各种海藻，主产于日本海岸。琼脂像普通淀粉一样可分离成为琼脂糖和琼脂胶两部分。琼脂糖的基本二糖重复单位，是由 β-D-吡喃半乳糖（1→4）连接 3,6-脱水 α-L-吡喃半乳糖基单位构成的，如图 3-43 所示。

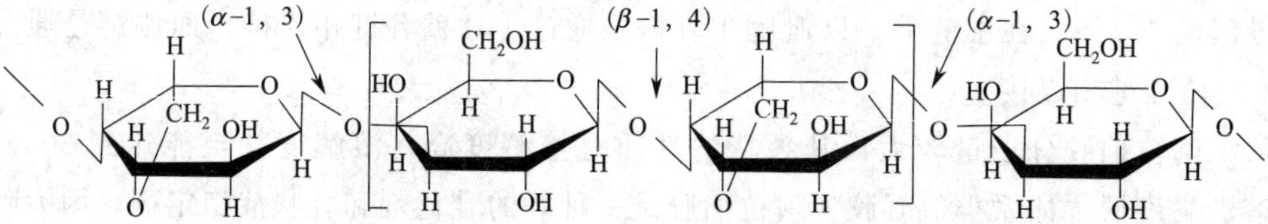

图 3-43　琼脂的结构

琼脂胶的重复单位与琼脂糖相似，但含 5％～10％的硫酸酯、一部分 D-葡萄糖醛酸残基和丙酮酸酯。琼脂凝胶最独特的性质是当温度大大超过胶凝起始温度时仍然保持稳定性，例如，1.5％琼脂的水分散液在温度 30℃形成凝胶，熔点 35℃，琼脂凝胶具有热可逆性，是一种最稳定的凝胶。

琼脂在食品中的应用包括抑制冷冻食品脱水收缩和提供适宜的质地，在加工的干酪和奶油干酪中提供稳定性和适宜质地，对焙烤食品和糖衣中可控制水分活度和推迟陈化。此外，还用于肉制品罐头。琼脂通常可与其他高聚物如黄芪胶、角豆胶或明胶合并使用。

（五）海藻胶

海藻胶是从褐藻中提取得到的，商品海藻胶大多是以海藻酸的钠盐形式存在。海藻酸是由 β-1,4-D-甘露糖醛酸和 α-1,4-L-古洛糖醛酸组成的线性高聚物，商品海藻酸盐的聚合度为 $100\sim1000$。D-甘露糖醛酸（M）与 L-古洛糖醛酸（G）按下列次序排列：甘露糖醛酸块，-M-M-M-M-M-M-；古洛糖醛酸块，-G-G-G-G-G-G-；交替块，-M-G-M-G-M-G-。

海藻酸盐分子链中 G 块很易与 Ca^{2+} 作用，两条分子链 G 块间形成一个洞，结合 Ca^{2+} 形成"蛋盒"模型。海藻酸盐与 Ca^{2+} 形成的凝胶是热不可逆凝胶。凝胶强度同海藻酸盐分子中 G 块的含量以及 Ca^{2+} 浓度有关。海藻酸盐凝胶具有热稳定性，脱水收缩较少，因此可用于制造甜食凝胶。

海藻酸盐还可与食品中其他组分如蛋白质或脂肪等相互作用。例如，海藻酸盐易与变性蛋白质中带正电氨基酸相互作用，用于重组肉制品的制造。高含量古洛糖醛酸的海藻酸盐与高酯化度果胶之间协同胶凝应用于果酱、果冻等，所得到凝胶结构与糖含量无关，是热可逆凝胶，应用于低热食品。由于海藻酸盐能与 Ca^{2+} 形成热不可逆凝胶，使它在食品中得到广泛应用，特别是重组食品如仿水果、洋葱圈以及凝胶糖果等；也可用于作汤料的增稠剂，冰激凌中抑制冰晶长大的稳定剂以及酸奶和牛奶的稳定剂。

（六）卡拉胶

卡拉胶是由红藻通过热碱分离提取制得的杂聚多糖，它是一种由硫酸基化或非硫酸基化的半乳糖和 3,6-脱水半乳糖通过 α-1,3 糖苷键和 β-1,4 糖苷键交替连接而成（图 3-44）。大多数糖单位有一个或两个硫酸酯基，多糖链中总硫酸酯基含量为 $15\%\sim40\%$，而且硫酸酯基数目与位置同卡拉胶的凝胶性密切相关。卡拉胶主要有 κ、ι 和 λ 三种类型，κ-卡拉胶和 ι-卡拉胶通过双螺旋交联形成热可逆凝胶。多糖在溶液中呈无规则线团结构，当多糖溶液冷却时，足够数量的交联区形成了连续的三维网状凝胶结构。

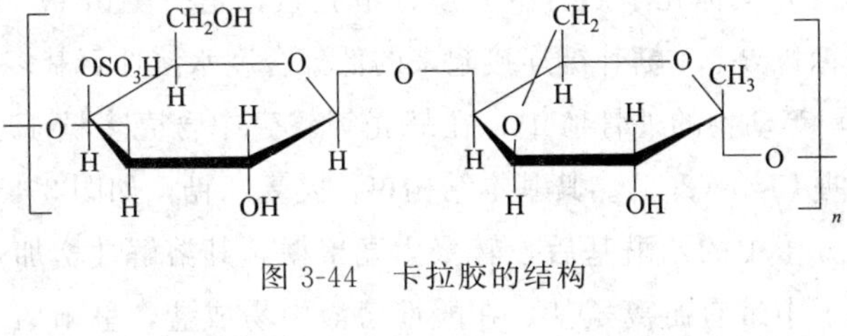

图 3-44　卡拉胶的结构

由于卡拉胶含有硫酸盐阴离子，因此易溶于水。硫酸盐含量越少，则多糖链越易从无规则线团转变成螺旋结构。κ-卡拉胶含有较少的硫酸盐，形成的凝胶是不透明的，且凝胶最强，但是容易脱水收缩，这可以通过加入其他胶来减少卡拉胶的脱水收缩。ι-卡拉胶的硫酸盐含量较高，在溶液中呈无规则线团结构，形成的凝胶是透明和富有弹性的，通过加入阳离子如 K^+ 或 Ca^{2+} 同硫酸盐阴离子间静电作用使分子间缔合进一步加强，阳离子的加入也提高了胶凝温度。λ-卡拉胶是可溶的，但无胶凝能力。

卡拉胶同牛奶蛋白质可以形成稳定的复合物，这是由卡拉胶的硫酸盐阴离子与酪蛋白胶粒表面上正电荷间静电作用而形成的。牛奶蛋白质与卡拉胶的相互作用，使形成的凝胶强度增强。在冷冻甜食与乳制品中，卡拉胶添加量很低，只需0.03%。低浓度 κ-卡拉胶（0.01%～0.04%）与牛奶蛋白质中酪蛋白相互作用，形成弱的触变凝胶。利用这个特殊性质，可以悬浮巧克力牛奶中的可可粒子，同样也可以应用于冰激凌和婴儿配方奶粉等。

卡拉胶具有熔点高的特点，但卡拉胶形成的凝胶比较硬，可以通过加入半乳甘露聚糖（刺槐豆胶）改变凝胶硬度，增加凝胶的弹性，代替明胶制成甜食凝胶，并能减少凝胶的脱水收缩，如应用于冰激凌能提高产品的稳定性与持泡能力。为了软化凝胶结构，还可以加入一些瓜尔胶。卡拉胶还可与淀粉、半乳甘露聚糖或 CMC 复配应用于冰激凌中。如果加入 K^+ 与 Ca^{2+}，则促使卡拉胶凝胶的形成。在果汁饮料中添加 0.2% 的 λ-卡拉胶或 κ-卡拉胶可以改进质构。在低脂肉糜制品中，可以提高口感和替代部分动物脂肪。所以卡拉胶是一种具有多功能的食品添加剂，起持水、持油、增稠、稳定作用并促进凝胶的形成，卡拉胶在食品工业中应用见表 3-4。

表 3-4　卡拉胶在食品工业中的应用

食品种类	食品产品	卡拉胶的作用	食品种类	食品产品	卡拉胶的作用
乳制品	冰激凌、奶酪	稳定剂与乳化剂	甜食凝胶		胶凝剂
甜制品	即食布丁	稳定剂与乳化剂	低热果冻		胶凝剂
饮料	巧克力牛奶	稳定剂与乳化剂	肉	低脂肉肠	胶凝剂
咖啡中奶油的替代品		稳定剂与乳化剂			

（七）壳聚糖

壳聚糖（chitin）又称几丁质、甲壳质、甲壳素，是一类由 N-乙酰-D-氨基葡萄糖或 D-氨基葡萄糖以 β-1,4 糖苷键连接起来的低聚合度水溶性氨基多糖。主要存在于甲壳类（虾、蟹）等动物的外骨骼中，在虾壳等软壳中含壳多糖 15%～30%，蟹壳等外壳中含壳多糖 15%～20%。其基本结构单位是壳二糖，如图 3-45 所示。

壳多糖脱去分子中的乙酰基后，转变为壳聚糖，其溶解性增加，称为可溶性的壳多糖。因其分子中带有游离氨基，在酸性溶液中易成盐，呈阳离子性质。壳聚糖随其分子中含氨基数量的增多，其氨基特性越显著，这正是其独特性质所在，由此奠定了壳聚糖的许多生物学特性及加工特性的基础。

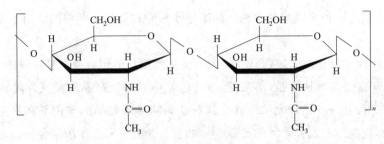

图 3-45　壳二糖的结构

壳聚糖在食品工业中可作为黏结剂、保湿剂、澄清剂、填充剂、乳化剂、上光剂及增稠稳定剂；而作为功能性低聚糖，它能降低胆固醇，提高机体免疫力，增强机体的抗病抗感染能力，尤其有较强的抗肿瘤作用。因其资源丰富，应用价值高，已被大量开发使用。工业上多用酶法或酸法水解虾皮或蟹壳来提取壳聚糖。

目前在食品中应用相对多的是改性壳聚糖尤其是羧甲基化壳聚糖。其中 N,O-羧甲基壳聚糖在食品工业中作增稠剂和稳定剂，N,O-羧甲基壳聚糖由于可与大部分有机离子及重金属离子络合沉淀，被用为纯化水的试剂。N,O-羧甲基壳聚糖又可溶于中性 pH7 水中形成胶体溶液，具有良好的成膜性，被用于水果保鲜。

(八) 黄杆菌胶

黄杆菌胶是 D-葡萄糖通过 β-$(1{\rightarrow}4)$ 糖苷键连接的主链和三糖侧链组成的高分子聚合物，该聚合物是由甘蓝黑病黄杆菌发酵产生的一种杂多糖，也称黄单胞菌胶。黄杆菌胶分子中三糖侧链是由 D-甘露糖基和 D-葡萄糖醛酸交替连接而成，分子比为 2∶1，侧链中 D-甘露糖在 α-$(1{\rightarrow}3)$ 糖苷键与主链连接。同主链连接的甘露糖，在 C_6 位置上含有一个乙酰基，在侧链的末端，约有 1/2 的甘露糖基带有丙酮酸缩醛基，见图 3-46。

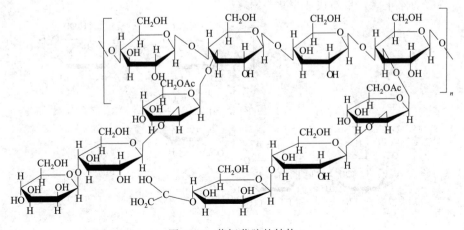

图 3-46　黄杆菌胶的结构

黄杆菌胶是一种非胶凝的多糖，易溶于水，它在食品工业中的应用主要有四个方面。

① 对乳状液和悬浮体颗粒具有很大的稳定作用，可作巧克力悬浮液的稳定剂。

② 具有良好的增黏性能，它在低浓度时，也具有很高黏度，其黏度为瓜尔胶和海藻胶黏度的 2～5 倍，是浓缩汁、饮料、调味品等食品的增稠剂和稳定剂。黄杆菌胶与非胶凝多糖混合，易形成凝胶，如它与角豆胶和瓜尔胶混合，能形成类似橡胶的凝胶体，这种混合物在 90℃时仍稳定，黏度几乎不下降，它可应用到软奶糖、冰激凌和果酱的生产上。

③ 它是一种典型的假塑性流体，其溶液黏度随着剪切速度的增加而明显降低，随剪切速度的减弱其黏度又即刻恢复。如含黄杆菌胶的食品，在食用时由于咀嚼及舌头转动时形成的剪切力，使食物黏度下降，不粘口，口感细腻，同时使食物中的风味得到充分释放。

④ 黄杆菌胶溶液的黏度受温度变化影响不大，因此，含黄杆菌胶的食品，经高温处理后，不会改变其黏度。

（九）黄原胶

黄原胶是一种微生物多糖，是应用较广的食品胶。它由纤维素主链和三糖侧链构成，其中三糖侧链是由两个甘露糖与一个葡萄糖醛酸组成（图 3-47）。黄原胶的相对分子质量约为 $2×10^6$。黄原胶在溶液中三糖侧链与主链平行成一稳定的硬棒结构，当加热到 100℃以上时，才能转变成无规则线团结构，硬棒通过分子内缔合以螺旋形式存在并通过缠结形成网状结构。黄原胶溶液在广泛的剪切浓度范围内，具有高度假塑性，剪切变稀和黏度瞬时恢复的特性。它独特的流动性质同其结构有关，黄原胶高聚物的天然构象是硬棒。硬棒聚集在一起，当剪切时聚集体立即分散，待剪切停止后，重新快速聚集。

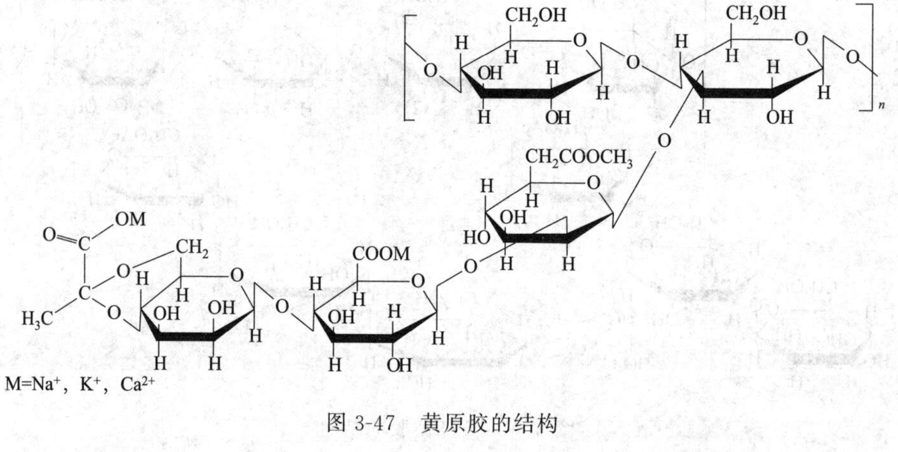

M=Na⁺, K⁺, Ca²⁺

图 3-47　黄原胶的结构

黄原胶溶液在 28~80℃以及 pH1~11 范围内黏度基本不变，与高盐具有相容性，这是因为黄原胶具有稳定的螺旋构象，三糖侧链具有保护主链糖苷键不产生断裂的作用，因此黄原胶的分子结构特别稳定。

黄原胶与瓜尔胶具有协同作用。与刺槐豆胶（LBG）相互作用形成热可逆凝胶，其胶凝机理与卡拉胶和 LBG 的胶凝相同。黄原胶在食品工业中应用广泛，这是因为它具有下列重要性质：能溶于冷水和热水，低浓度时具有高黏度，在宽广的温度范围内（0~100℃），溶液黏度基本不变，与盐有很好的相容性，在酸性食品中保持溶解与稳定，同其他胶具有协同作用，能稳定悬浮液和乳状液，具有良好的冷冻与解冻稳定性。这些性质同其具有线性纤维素主链以及阴离子的三糖侧链的结构是分不开的。黄原胶能改善面糊与面团的加工与储藏性能，在面糊与面团中添加黄原胶可以提高弹性与持气能力。

（十）茁霉胶

茁霉胶是以麦芽三糖为重复单位，通过 α-(1→6) 糖苷键连接而成的多聚体。茁霉胶是由出芽短梗霉产生的一组胞外多糖，见图 3-48。

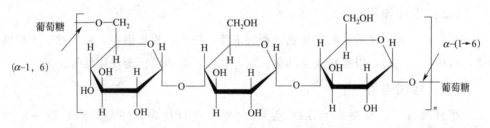

图 3-48　茁霉胶的结构

茁霉胶为白色粉末，无味，易溶于水，溶于水后形成黏性溶液，可作为食品增稠剂。茁霉胶酶能将它水解为麦芽三糖。用茁霉胶制成的薄膜为水溶性，不透氧气，对人体没有毒性，其强度近似尼龙，适合用于易氧化的食品和药物的包装。茁霉胶是人体利用率较低的多糖，在制备低能量食物及饮料时，可用它来代替淀粉。

（十一）α-葡聚糖

α-葡聚糖为右旋糖苷，它是由 α-D-吡喃葡萄糖残基通过 α-(1→6) 糖苷键连接起来的多糖。该多糖是肠膜状明串株菌合成的高聚体。

α-葡聚糖易溶于水，溶于水后形成清晰的黏溶液。它可作为糖果的保湿剂，能保持糖果和面包中的水分，糖浆中添加 α-葡聚糖，以增加其黏度；在口香糖和软糖中作胶凝剂，防止糖结晶的出现；在冰激凌中，它能抑制冰晶的形成；作新鲜和冷冻食品的涂料；在布丁混合物中，它能提供适宜的黏性和口感。

第四节 烹饪中常用糖类及其作用

一、糖在烹饪中的作用

糖按制糖原料分为麦芽糖、甘蔗糖、甜菜糖、甜叶菊糖、玉米糖等。按产品颜色分为红糖、白糖等。按产品形态分为绵白糖、砂糖、冰糖等。烹调应用主要用于调味。首先用于甜菜点，还用于提味和复合怪味等菜点。糖在烹饪中的作用主要包括以下几点。

（一）拔丝作用

原料一般先经过挂糊和不挂糊，再起锅熬糖（油熬、水熬、油水熬）。熬时不停地搅动，待糖熔化，由稠变稀，气泡由大变小，色呈金黄，到拔丝火候时，即投入炸好的原料，尽快颠翻或翻炒，至原料全部裹匀糖液时，立即装盘，快速上桌，趁热食用，称拔丝，如拔丝香蕉、拔丝莲子、拔丝肉等。

（二）蜜汁作用

用白糖、蜂蜜加适量的水加热调制成浓汁，把主料投入锅中，慢火熬至主料熟透，甜味渗入主料，以提高成菜的色、味，如蜜汁山药墩、蜜汁甜糕等。

（三）挂霜作用

原料改刀后，挂糊或不挂糊，热油炸熟，进行挂霜。一是炸熟后滚一层白糖，此法霜易脱落；二是加白糖或少量油或者水熬化，约水分熬尽到挂霜火候时，投入主料，翻匀粘匀原料，冷却后外层凝结成霜。如挂霜丸子、酥白肉等。

（四）琉璃作用

将原料改刀后挂糊和不挂糊，煮熟或炸熟，把糖汁熬到拔丝程度，投入原料，翻匀糖汁，倒在瓷盘中，逐块拨开，不使粘连晾凉。每块结一层微黄色甜硬块，形同琉璃，外皮酥脆、甜香，如琉璃肉。

（五）调味作用

制作糖醋菜肴，主要的调料就是糖和醋，以及精盐。糖和醋的混合，可产生一种类似水果的酸甜味，十分开胃可口，如糖醋黄河鲤鱼、糖醋里脊、糖醋鱼片等。

在制作面点、菜肴时，加入适量的食糖，能使食品增加甜味。在面点制作时也有改善面点品质的功效，还能增强菜肴的鲜味，起到调和诸味、增香、解腻、使复合味增浓的作用。

（六）缓和酸味的作用

在制作酸味菜肴时，加入少量的食糖，可以缓解酸味，并使口味和谐可口。如醋熘菜肴、酸辣菜肴等，加入少量的白糖，成品则格外味美可口，否则菜肴成品寡酸不可口。

（七）增光、调色、转色作用

增光，在烤熟的菜肴上抹些饴糖，可使菜肴增甜增光；调色，糖色广泛用于制作卤菜、红烧菜肴的调色；转色，如鸡、鸭、猪头肉等有皮的原料，煮熟后抹上糖水经烤或炸后，成品色泽转变成红色。

（八）防腐作用

当糖液达到饱和浓度时，它就有较高的渗透压，可以使微生物脱水产生质壁分离现象，从而抑制微生物在制品中的成长，加糖越多，制品的存放期就越长。

（九）粘接作用

糖加入水熬到拔丝时，倒入炸好的原料食品等、搅匀，出锅后，用各种模具造型，如萨其马、米花糖等。

（十）糖焦化和调节发酵的作用

制品在烤前，在其表面刷上一层糖液，烘烤后面点的表面金黄，色泽美观诱人。在面点发酵过程中，加入适量的糖，酵母菌就可直接得到能量，加快了繁殖速度，加快发酵速度。

二、淀粉在烹饪中的作用

（一）烹饪中常用的淀粉种类及特点

1. 菱角粉

呈粉末状，色洁白，细腻光滑，黏性大，但吸水性差，产量少，是淀粉中最好的一种。

2. 绿豆粉

色洁白，细腻，含直链淀粉较多，约60%以上，粒径15~20μm，黏度高，稳定性和透明度高，糊丝较长，凝胶强度大，宜作粉丝、粉皮、凉粉等。

3. 豌豆粉

色白，细腻，黏度高，胀性大，是淀粉中的上品。

4. 马铃薯粉

颗粒较大，糊化温度较低，一般为59~67℃，糊化速度快，糊化后很快达到最高黏度，黏性较大，糊丝长，透明度好，但黏性稳定性差，胀性一般。适宜上浆、挂糊用，为淀粉中上品。

5. 玉米淀粉

平均粒径 15μm，含直链淀粉约 25%，糊化温度较高，为 64~72℃，糊化速度慢，黏度较高，糊丝短，透明度差。

6. 甘薯粉

色灰暗，粒径 25~40μm，直链淀粉约 19%。糊化温度高达 70~96℃，黏度高，但不稳定，凝胶强度很低，为淀粉中的下品。

7. 木薯粉

主要生产在南方。特点是细腻、雪白，黏度好，胀性大，杂质少。木薯含有氢氰酸，不宜生食，必须用水久泡，并煮熟解除毒性后才能食用。品质鉴定：色白、有光泽、吸水性强、胀性大、黏性好、无沉淀物、不易吐水、口感好，能长时间保持菜肴的形态者为佳。

（二）烹饪中富含淀粉的原辅料

1. 粟粉

粟粉又叫玉米淀粉、粟米淀粉、生粉，是从玉米粒中提取出的淀粉。包括玉米淀粉在内的淀粉（很多其他类谷物也可以提炼出淀粉）在烹饪中是作为稠化剂使用的，用来帮助材料质地软滑以及汤汁勾芡之用。而在糕点制作过程中，在调制糕点面糊时，有时需要在面粉中掺入一定量的玉米淀粉。玉米淀粉所具有的凝胶作用，在做派馅时也会用到，如克林姆酱。另外，玉米淀粉按比例与中筋粉相混合是蛋糕面粉的最佳替代品，用以降低面粉筋度，增加蛋糕松软口感。

2. 粘米粉

粘米粉又叫在来米粉（台湾叫法），是制作许多中式小吃如肉圆、萝卜糕、碗粿的主要材料。

3. 糯米粉

有的地方也把它叫作元宵粉，因为常用它来做汤圆（元宵）。糯米粉的黏度较粘米粉高。一般市售的糯米粉，如非特别注明，都是生糯米粉。

4. 糕仔粉

它是将米粉炒熟，再磨成粉，是米白色粉状的。

5. 澄粉

澄粉又称澄面、汀粉、小麦淀粉，可用来制作各种点心如虾饺、粉果、肠粉等。

澄粉是用面粉加工洗去面筋，再经过沉淀，滤干水分，再把沉淀的粉晒干后研细的粉料。其特征为色洁白、面细滑，做出的面点半透明而脆、爽，蒸制品入口爽滑，炸制品脆。

6. 鹰粟粉

鹰粟粉其实是从优良品种的白玉米中提取出来的纯淀粉，比市面上一般淀粉更幼滑及洁白。可用于制作中西点心，也可制成芡汁，用于汤羹、炖肉的烹调以及肉汁、酱汁的调配，还可用于腌制食物中，使之具有更完美的色、香、味、形。

7. 吉士粉

吉士粉是一种香料粉，呈粉末状，浅黄色或浅橙黄色，具有浓郁的奶香味和果香味，系由疏松剂、稳定剂、食用香精、食用色素、奶粉、淀粉和填充剂组合而成。吉士粉原在西餐中主要用于制作糕点和布丁，后来通过香港厨师引进，才用于中式烹调。吉士粉易溶化，适用于软、香、滑的冷热甜点（如蛋糕、蛋卷、面包、蛋挞等）之中，主要取其特殊的香气和味道，是一种较理想的食品香料粉。

吉士粉具有四大优点：一是增香，能使制品产生浓郁的奶香味和果香味；二是增色，在糊浆中加入吉士粉能产生鲜黄色；三是增松脆并能使制品定形，在膨松类的糊浆中加入吉士粉，经炸制后制品松脆而不软瘪，形态美观；四是增强黏滑性，在一些菜肴勾芡时加入吉士粉，能产生黏滑性，具有良好的勾芡效果且芡汁透明度好。

但在使用中要根据实际情况，使用不当反而有缺点。例如，在制作需要保持原料本味的酥炸菜肴时，若脆浆糊中加入大量的吉士粉，虽然可以增加菜肴的色泽和松脆感，但奶香味和果香味却会掩盖原料的本味，使菜肴失去特色。另外，在鱼肉、虾肉、蟹肉码味上浆时加入吉士粉，成菜后肯定失去鱼肉、虾肉、蟹肉的原味。

（三）淀粉在烹饪中的作用

1. 上浆和挂糊

为了使原料在烹饪过程中减少营养损失，保持水分和鲜味，并使原料不改变形状，需要在使用烹调技法前对原料进行上浆或挂糊处理。上浆是把淀粉、鸡蛋及一些调味品依次直接放入原料中进行搅拌，无需事先制浆；挂糊则先用淀粉、鸡蛋、水、油和发酵粉等制成糊，再把烹饪原料放到里边拖过。浆较稀，适用于炒、爆；糊较稠，多用于炸、熘。

糊的种类很多，常用的有八种。

（1）水粉糊　用淀粉和水调和而成，一般比例是淀粉 50g，水 100g，糊的稀稠以能挂上原料为宜。挂这种糊经过油炸，具有色泽金黄、酥脆而香的特点。适用于焦熘肉片、干炸黄鱼和糖醋里脊等菜肴。

（2）蛋清糊　用鸡蛋清、淀粉、盐和水调制而成。一般比例是1个蛋清用10g淀粉，以糊均匀挂附在原料上不下流为好，适用于软炸鱼条等菜肴。

（3）蛋泡糊　俗称高丽糊、雪衣糊，它是把鸡蛋清顺一个方向抽打成泡沫状后，再掺入少许干淀粉调和而成，一般比例是1个蛋清加15g淀粉。挂这种糊的菜肴，经炸制后白如霜雪，涨发饱满而松软，适用于雪衣大虾、炸羊尾等菜肴。

（4）酥炸糊　用面粉、猪油、盐和水调制而成。一般比例是面粉100g、猪油50g、水25g、盐少许轻轻搅拌，待面糊起酥后才可使用，适用于炸脂盖、酥炸胗肝等菜肴。

（5）发粉糊　俗称酥糊，是将面粉掺入发酵粉或苏打粉，加水调成糊状，一般比例是面粉100g、水100g、发酵粉20g。适用于酥炸鲜蘑、炸茄夹等。

（6）干粉糊　就是先用网油或油皮将入了味的原料包卷成卷或塔形，利用其表面的水分蘸一些干淀粉即可炸制。使用这种糊炸制的菜肴表皮酥松发脆，适用的菜肴有网油虾塔、炸三丝油皮卷等。

（7）拖蛋糊　将用调料腌渍好的原料拍上干面粉，再均匀地在鸡蛋液里拖一下，直接下锅煎至成熟，常见的菜肴有生煎鳜鱼、锅塌豆腐等。

（8）面包渣糊　就是原料先挂拖蛋糊，再在外面滚一层面包渣按实，下油锅炸制即可。用此糊炸制的菜肴，面包渣香脆可口，而主料细嫩，较有名的菜肴有面包猪排、珍珠虾排等。

2. 芡汁

所谓芡，就是用水把淀粉澥开之后的白色粉浆，即水淀粉。所谓汁，泛指原料本身溢出的水分和烹调中加入的液体调味品及汤。芡汁，就是把水淀粉和调味品兑在一起。勾芡，则是根据烹调要求将芡汁浇淋在菜肴上的一种技法。在运用炒、爆、熘等烹调方法时，由于原料受热时间短暂，各种液体调味品和汤难于渗透主料，一经勾芡，汤汁裹附在主料上，为菜肴增加了美味。用烧、焖、扒、烩等方法时间虽长，要使汤汁和原料交融在一起，也需要勾芡，食之才味佳。勾芡还可以使色泽鲜艳的汤汁挂附在主料上。

芡汁主要分为四种。

（1）抱汁芡　要求芡汁能裹住原料表面，菜肴吃完后盘底只见油质不见汁液，用于汤汁较少的炒、爆一类的菜肴，如宫保鸡丁、爆双脆等。

（2）流芡　要求芡汁的浓度能使汤汁和原料融合在一起，使菜肴食之柔软滑嫩，用于汤汁较多的烧、烩类菜肴，如黄鱼羹、烩什锦等。

（3）琉璃芡　要求使卤汁一部分粘在菜肴表面，另一部分在菜盆中呈琉璃状态，因光洁透明而得名，如鸡油菜芯、白汁鳜鱼等。

（4）米汤芡　又名奶汤芡，要求芡汁稀而透明，用于汤汁较多的菜肴。

3. 勾芡

勾芡的方法有三种，一般分为拌、淋、浇。有在菜肴将熟时勾芡的，也有在菜肴装盘后勾芡的。

（1）拌　一种是在原料接近成熟时将兑好的"碗芡"倒入锅里，快速拌炒原料，使芡汁裹附在原料上。另一种是把炸好的原料捞出，锅内留少量油底，下入兑好的芡汁，推炒至卤汁黏稠时，再下入炸好的原料拌炒，使芡汁裹附在原料上。

（2）淋　也叫跑马芡，即原料将熟时，左手持锅（勺）摇晃，右手拿手勺将芡汁缓缓淋入锅（勺）内，待汤汁变浓时即成。

（3）浇　将已熟的原料盛入盘内，另起锅勾芡，将芡汁浇在菜上即成。

复习思考题

1. 解释下列名词：手性碳原子、糖类、焦糖化、美拉德反应、甲壳低聚糖、环状低聚糖、单糖、低聚糖、均多糖、杂多糖、淀粉老化、淀粉糊化、变性淀粉

2. 试述糖的种类及其在烹饪中的应用。

3. 单糖的结构有哪几种构型？如何确定一个单糖的构型？

4. 什么叫糖苷？如何确定一个糖苷键的类型？

5. 烹饪中如何抑制美拉德反应和利用美拉德反应？

6. 食品中重要的低聚糖包括哪些？功能性低聚糖的生理活性有哪些？举例说明。

7. 什么是乳糖酶缺乏症？如何克服？

8. HM 和 LM 果胶的凝胶机理及用途？卡拉胶形成凝胶的机理及其用途？

9. 影响淀粉糊化的因素有哪些？试指出烹饪中利用糊化的例子。

10. 影响淀粉老化的因素有哪些？谈谈防止淀粉老化的措施。试指出烹饪中利用老化的例子。

11. 试述膳食纤维及其在食品中的应用。

12. 单糖和低聚糖有哪些物理性质？试从糖的结构说明为何糖具有吸湿性？

13. 为什么杏仁、木薯必须充分煮熟后再充分洗涤？

第四章　食品中的蛋白质

　　蛋白质是生物体细胞的重要组成成分，在细胞的结构和功能中起着重要作用；蛋白质也是一种重要的营养物质，为生命生长或维持提供必需氨基酸；蛋白质还是重要的食物成分，对食品的质构、风味和加工产生重大影响。了解蛋白质的结构和性质及其在食物加工中的各种变化，具有重要的实际意义。

第一节　氨基酸和肽

一、氨基酸的结构和分类

（一）氨基酸的结构

　　氨基酸是分子中同时具有氨基和羧基、含有复合官能团的一类化合物。从蛋白质水解产物中分离出的 22 种氨基酸，除脯氨酸外，可视作为羧酸（R-CH$_2$-COOH）α-碳原子上的 1 个氢原子被 1 个氨基取代后的产物，因而与羧基相邻的α-碳原子（C$_\alpha$）上都有氨基，故称为α-氨基酸，它们有共同的结构通式，见图 4-1。

　　除甘氨酸外，与 C$_\alpha$ 连接的 4 个原子或基团是不同的，故 C$_\alpha$ 是不对称碳原子，因而具有旋光性。

α-氨基酸有 L-型和 D-型两种构型，互为对映体。组成蛋白质的α-氨基酸多是 L-型氨基酸，D-型氨基酸只存在于某些抗生素和植物的个别生物碱中。L-和 D-型的异构体具有相同的熔点、溶解度等物理性质和相同的化学性质，但其旋光方向相反。常见氨基酸的名称、符号、相对分子质量及结构式见表 4-1。

图 4-1　氨基酸结构的基本通式（非解离形式）

表 4-1 常见氨基酸的名称、符号、相对分子质量及结构式

名称	简写符号	单字母符号	相对分子质量	结构式
丙氨酸 alanine	Ala	A	89.1	$CH_3-CH-COOH$ $\quad\quad\;\; NH_2$
精氨酸 arginine	Arg	R	174.2	$\qquad\quad NH$ $H_2N-C-NHCH_2CH_2CH_2CHCOOH$ $\qquad\qquad\qquad\qquad\qquad NH_2$
天冬酰胺 asparagine	Asn	N	132.2	$\qquad\;\; O$ $H_2N-C-CH_2CHCOOH$ $\qquad\qquad\quad\;\; NH_2$
天冬氨酸 aspartic acid	Asp	D	133.1	$HOOCCH_2CHCOOH$ $\qquad\qquad\;\; NH_2$
半胱氨酸 cysteine	Cys	C	121.1	$HSCH_2-CHCOOH$ $\qquad\qquad\; NH_2$
谷氨酰胺 glutamine	Gln	Q	146.1	$\qquad\;\; O$ $H_2N-C-CH_2CH_2CHCOOH$ $\qquad\qquad\qquad\;\; NH_2$
谷氨酸 glutamic acid	Glu	E	147.1	$HOOCCH_2CH_2CHCOOH$ $\qquad\qquad\qquad NH_2$
甘氨酸 glycine	Gly	G	75.1	CH_2-COOH NH_2
组氨酸 histidine	His	H	155.2	$N{=\!=}\quad CH_2CH-COOH$ $\quad\quad\quad\quad\quad NH_2$ $\;\; N$ $\;\; H$
异亮氨酸 isoleucine	Ile	I	131.2	$CH_3CH_2CH-CHCOOH$ $\qquad\quad CH_3\; NH_2$
亮氨酸 leucine	Leu	L	131.2	$(CH_3)_2CHCH_2-CHCOOH$ $\qquad\qquad\qquad NH_2$
赖氨酸 lysine	Lys	K	146.2	$NH_2CH_2CH_2CH_2CH_2CHCOOH$ $\qquad\qquad\qquad\qquad\qquad NH_2$
甲硫氨酸 methionine	Met	M	149.2	$CH_3SCH_2CH_2-CHCOOH$ $\qquad\qquad\qquad NH_2$
苯丙氨酸 phenylalanine	Phe	F	165.2	$CH_2-CHCOOH$ $\qquad\; NH_2$
脯氨酸 proline	Pro	P	115.1	$COOH$ N H

名称		简写符号	单字母符号	相对分子质量	结构式
丝氨酸	serine	Ser	S	105.1	HOCH$_2$—CHCOOH │ NH$_2$
苏氨酸	threonine	Thr	T	119.1	CH$_3$CH—CHCOOH │ │ OH NH$_2$
色氨酸	tryptophan	Trp	W	204.2	CH$_2$CH—COOH 吲哚环 │ NH$_2$
酪氨酸	tyrosine	Tyr	Y	181.2	HO—〇—CH$_2$—CHCOOH │ NH$_2$
缬氨酸	valine	Val	V	117.1	(CH$_3$)$_2$CH—CHCOOH │ NH$_2$

  表 4-1 中都是由基因编码的氨基酸，称为编码氨基酸。在蛋白质分子中还有非编码氨基酸，是在蛋白质生物合成后经乙酰化、磷酸化、羟化或甲基化等修饰形成的。在 20 种编码氨基酸中有 3 个氨基酸是最有个性的。一是脯氨酸，属于亚氨基酸，它的氨基和其他氨基酸的羧基形成的酰胺键有明显的特点，较易变成顺式的肽键。二是甘氨酸，它是唯一在 α 碳原子上只有两个氢原子、没有侧链的氨基酸，它既不能和其他残基的侧链相互作用，也不产生任何位阻现象，进而在蛋白质的立体结构形成中有特定的作用。三是半胱氨酸，它的个性不仅表现在其侧链有一定的大小和具有高度的化学反应活性，还在于两个半胱氨酸能形成稳定的带有二硫键的胱氨酸。二硫键不仅可以在肽链内，也可以在肽链间存在，而且，同样的一对二硫键还能具有不同的空间取向。

  表 4-1 中，有 8 种氨基酸被称为必需氨基酸，包括缬氨酸、异亮氨酸、亮氨酸、苯丙氨酸、甲硫氨酸、色氨酸、苏氨酸、赖氨酸。营养学实践证明，缺少这 8 种氨基酸就会使蛋白质的代谢失去平衡，引起疾病，因此它们是维持生命的必需物质。另外，通常儿童无法制造足够发育所需的组氨酸及精氨酸，因此，对婴儿来说组氨酸与精氨酸也是必需氨基酸。人们可以从不同的食物内获得必需氨基酸，但不能从某一种食物内获得所有的必需氨基酸，因此食物的多样化是非常重要的。

  还有几种氨基酸也是蛋白质的组成成分，但含量少，并且是在蛋白质合成后形成的。例如，羟脯氨酸是脯氨酸经过羟化反应生成的，在明胶中含量较多（占 14%），一般蛋白质中含量较少。羟赖氨酸由赖氨酸经过羟化反应生成的，是动物组织蛋白成分之一。胱氨酸是两个半胱氨酸氧化后生成的，在毛、发、角、蹄中含量丰富。

（二）氨基酸的分类

1. 根据氨基和羧基的相对位置分类

根据氨基酸中氨基和羧基在分子中相对位置的不同，可分为 α-氨基酸、β-氨基酸、γ-氨基酸、ε-氨基酸等。

羧酸分子中的 α 氢原子被氨基取代的生成物叫 α-氨基酸，羧酸分子中的 β 氢原子被氨基取代的生成物叫 β-氨基酸（图 4-2），羧酸分子中的 γ 氢原子被氨基取代的生成物叫 γ-氨基酸。

2. 根据氨基酸中烃基结构分类

根据氨基酸中烃基结构的不同可分为脂肪族氨基酸、芳香族氨基酸和杂环氨基酸。苯丙氨酸和酪氨酸分子中含有芳香环，属于芳香族氨基酸；脯氨酸、组氨酸

$$\underset{\underset{NH_2}{|}}{RCHCOOH} \qquad \underset{\underset{NH_2}{|}}{RCHCH_2COOH}$$

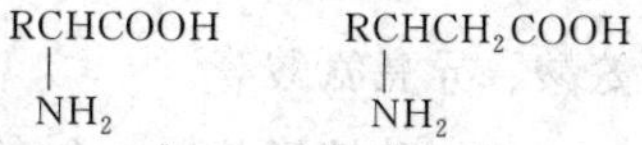

图 4-2　α-氨基酸（左）和 β-氨基酸（右）

和色氨酸分子中含有杂环，属于杂环氨基酸。其余都是脂肪族氨基酸，如丙氨酸、亮氨酸等。有些氨基酸的 R 基团上还含有其他官能团，如—OH、—SH、—SCH_3、—COOH、—NH_2 等。

3. 根据侧链的极性不同分类

（1）具有非极性或疏水性侧链的氨基酸　这类氨基酸通常处于蛋白质分子内部。包括含有脂肪族侧链的亮氨酸、异亮氨酸、甲硫氨酸、缬氨酸和芳香族侧链的苯丙氨酸，在水中的溶解度较极性氨基酸小，其疏水程度随着脂肪族侧链的长度增加而增大。

（2）带有极性、无电荷（亲水的）侧链的氨基酸　其侧链中含有羟基、巯基、酰胺基等极性基团，但它们在生理条件下却不带电荷，具有一定的亲水性，往往分布在蛋白质分子的表面。包括丝氨酸、苏氨酸、酪氨酸、半胱氨酸、天冬氨酸。含有中性、极性基团（极性基团处在疏水氨基酸和带电荷的氨基酸之间）能够与适合的分子例如水形成氢键。丝氨酸、苏氨酸和酪氨酸的极性与它们所含的羟基有关，天冬酰胺、谷氨酰胺的极性同其酰胺基有关。而半胱氨酸则因含有巯基，所以属于极性氨基酸。其中半胱氨酸和酪氨酸是这一类中具有最大极性基团的氨基酸，因为在 pH 值接近中性时，巯基和酚基可以产生部分电离。在蛋白质中，半胱氨酸通常以氧化态的形式存在，即胱氨酸。当两个半胱氨酸分子的巯基氧化时便形成 1 个二硫交联键，生成胱氨酸。天冬酰胺和谷氨酰胺在有酸或碱存在下容易水解并分别生成天冬氨酸和谷氨酸。这类氨基酸往往分布在蛋白质分子的表面。

（3）带正电荷侧链（在 pH 值接近中性时）的碱性氨基酸　在其侧链中常常带有易接受质子的基团（如胍基、氨基、咪唑基等），因此它们在中性和酸性溶液中带正电荷。包括赖氨酸、精氨酸和组氨酸，它们分别具有 ε-NH_2、胍基和咪唑基

（碱性）。这些基团的存在是使它们带有电荷的原因，组氨酸的咪唑基在 pH7 时，有 10％ 被质子化，而 pH6 时 50％ 被质子化。

（4）带有负电荷侧链的氨基酸（pH 值接近中性时）　在其侧链中带有给出质子的羧基（酸性），因此它们在中性或碱性溶液中带负电荷。包括天冬氨酸和谷氨酸。

4. 根据分子结构可分为六大类

（1）中性氨基酸　含有 1 个氨基和 1 个羧基，如甘氨酸、丙氨酸、缬氨酸、亮氨酸、异亮氨酸等。

（2）酸性氨基酸　含有 1 个氨基，2 个羧基，如天冬氨酸、谷氨酸。

（3）碱性氨基酸　含有 2 个氨基，1 个羧基，如精氨酸、赖氨酸。

（4）含羟氨基酸　含有 1 个氨基，1 个羧基，1 个羟基，如丝氨酸、苏氨酸。

（5）含硫氨基酸　含有 1 个氨基，1 个羧基，1 个巯基，如半胱氨酸、甲硫氨酸。

（6）含环氨基酸　含有 1 个氨基，1 个羧基，1 个环状结构，如苯丙氨酸、色氨酸、组氨酸、脯氨酸、酪氨酸。

二、氨基酸的理化性质

（一）物理性质

1. 旋光性

除甘氨酸外，天然氨基酸由于其 α-碳原子为不对称碳原子，都具有光学活性，即可使偏振光振动面向右（顺时针方向）或向左（逆时针方向）旋转，右旋常用"＋"表示，左旋常用"－"表示。氨基酸的旋光符号和大小取决于 R 基的性质，同时还与溶液的 pH 值有关。与其他旋光物质一样，比旋光度是 α-氨基酸的一个重要物理常数，为鉴别各种氨基酸的依据之一。L-型和 D-型氨基酸旋光方向相反，等量 D-型和 L-型氨基酸的混合物没有旋光性，称为消旋物。由有机合成方法合成氨基酸时，得到的氨基酸为 DL-消旋物。发酵方法得到的氨基酸是 L-型的。

2. 溶解性和熔点

天然氨基酸固体为白色结晶，熔点一般都很高，常在 200℃ 以上，可达 250℃ 左右。当温度在熔点以上时，α-氨基酸就会发生分解。α-氨基酸都能溶解在强酸或强碱中，除半胱氨酸和酪氨酸外，均可溶于水中。由于氨基酸呈内盐形式，故几乎不溶于非极性溶剂。脯氨酸和羟脯氨酸可溶于乙醇、乙醚中，通常乙醇可以将氨基酸从水溶液中析出。不同氨基酸具有不同的结晶形状，可以利用结晶形状鉴别各种氨基酸。

3. 味感

α-氨基酸都呈现味感，D-氨基酸多数带有甜味，没有旋光性的甘氨酸也呈现甜味。而 L-氨基酸则按侧链 R 基团的不同而呈现甜、苦、鲜、酸四味。一般 R 为非极性基团的 L-型氨基酸带有苦味；R 为极性基团的 L-型氨基酸带有甜味；而 R 中含有两个羧基的谷氨酸和天冬氨酸的 L-型则呈酸味，但其钠盐呈鲜味，因而谷氨酸钠被用作鲜味剂。

一些氨基酸本身具有特殊的香气，如苯丙氨酸具玫瑰花香气，丝氨酸、苏氨酸具酒香气，亮氨酸具有肉香味，丙氨酸具花香气等。

4. 紫外吸收

常见的氨基酸在 400～780nm 的可见光区域内均无吸收。但由于均具有羧基，所以在紫外光区的短波长 210nm 附近，所有的氨基酸均有吸收。另外，酪氨酸、色氨酸和苯丙氨酸由于具有芳香环，分别在 278nm、279nm 和 259nm 处有较强的吸收，故可利用此性质对这三种氨基酸进行分析测定。结合后的酪氨酸、色氨酸残基同样在 280nm 附近有最大的吸收，故紫外分光光度法可以用于蛋白质的定量分析。

酪氨酸、色氨酸和苯丙氨酸可以受激发而产生荧光，激发后它们可以在 304nm、348nm 和 282nm 分别产生荧光，而其他的氨基酸则不能产生荧光。

（二）化学性质

1. 氨基酸的两性性质

从化学结构上看，氨基酸既是酸又是碱。一个氨基酸分子，在酸性溶液中呈正离子状态，在碱性溶液中则呈负离子状态，这样可以找到一个适当的 pH 值，此时氨基酸分子呈兼性状态（等离子状态），如果没有其他因素干扰，氨基酸分子在直流电场中不向任何方向移动，这时的 pH 值可称作氨基酸分子的等电点（pI）。以丙氨酸为例（图 4-3）流程如下：

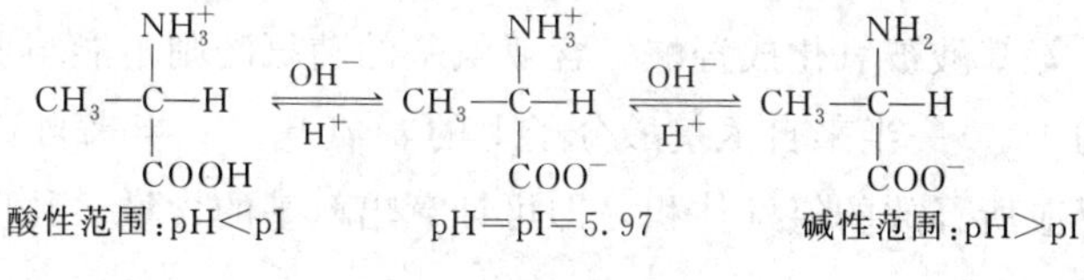

$$CH_3-\overset{\overset{NH_3^+}{|}}{\underset{\underset{COOH}{|}}{C}}-H \underset{H^+}{\overset{OH^-}{\rightleftharpoons}} CH_3-\overset{\overset{NH_3^+}{|}}{\underset{\underset{COO^-}{|}}{C}}-H \underset{H^+}{\overset{OH^-}{\rightleftharpoons}} CH_3-\overset{\overset{NH_2}{|}}{\underset{\underset{COO^-}{|}}{C}}-H$$

酸性范围:pH<pI　　　　pH=pI=5.97　　　　碱性范围:pH>pI

图 4-3　丙氨酸的解离状态

等电点可以根据各个基团的解离常数的方程式来计算。显然，正离子浓度和负离子浓度相等时的 pH 值，就是等电点。

当用电泳法来分离氨基酸时，在碱性溶液中（pH＞pI），氨基酸带负电荷，因此向正极移动；在酸性溶液中（pH＜pI），氨基酸带正电荷，因此向负极移动。在一定 pH 值范围内，氨基酸溶液 pH 值离等电点越远，该氨基酸所携带的净电荷越大，其移动速率就越快。当溶液 pH＝pI 时，溶液中该氨基酸以偶极离子形式存在，呈现静止状态。

2. 氨基酸侧链的亲水性和疏水性

氨基酸由于其羧基及氨基的解离，形成离子型化合物，对偶极水分子有相当的亲和性，表现出在水中有一定的溶解度。当它们结合成肽链时，其亲水性或疏水性取决于它们的侧链基团。总的来说，除解离基团外，天冬酰胺的侧链酰胺基、丝氨酸和苏氨酸侧链上的羟基也都是亲水性基团；另外，丙氨酸、缬氨酸、亮氨酸、异亮氨酸、甲硫氨酸、脯氨酸、苯丙氨酸和色氨酸等的侧链基团都属于疏水性基团。蛋白质在水中的溶解度、与脂肪的作用等功能性质，同氨基酸侧链的极性基团和非极性（疏水）基团数量及其分布状况有关，蛋白质的疏水性也由其组成氨基酸的疏水性决定，所以氨基酸的疏水性是一个重要的性质指标。

氨基酸的疏水性可以定义为将 1mol 的氨基酸从水溶液中转移到乙醇溶液中时所产生的自由能变化。通过测定各种氨基酸在两种介质的溶解度，可以确定各个氨基酸侧链的疏水性大小。在测定结果中，具有较大的正的数字意味着氨基酸的侧链是疏水的，在蛋白质结构中该残基倾向于分布在分子的内部，而具有较大的负的数据意味着氨基酸侧链在蛋白质结构中倾向于分子的表面。对于赖氨酸，由于含有多个亚甲基，所以可以优先选择环境，从而具有正的疏水性数值。

3. 与茚三酮的反应

α-氨基酸与水合茚三酮一起在水溶液中加热，可发生反应生成紫色化合物（但是茚三酮与脯氨酸和羟脯氨酸反应则呈黄色）。该反应先是氨基酸被氧化分解生成醛，放出氨和二氧化碳，水合茚三酮则生成还原型茚三酮。还原型茚三酮与 NH_3、1 分子水合茚三酮缩合生成紫色化合物。

4. 氨基的反应

(1) 与亚硝酸的反应　在常温下亚硝酸可以与氨基酸的游离氨基起反应，定量地放出氮气，氨基酸被氧化成羟酸。含亚氨基的脯氨酸则不能与亚硝酸反应。由于反应所放出的 N_2，一半来自氨基酸分子上的 α-氨基，一半来自亚硝酸，故在固定条件下测定反应所释放的氮气体积，即可计算出氨基的含量。其反应见图 4-4。

$$R-\underset{\underset{NH_2}{|}}{CH}-COOH + HONO \longrightarrow R-\underset{\underset{OH}{|}}{CH}-COOH + N_2\uparrow + H_2O$$

图 4-4　氨基酸分子中的 α-氨基与亚硝酸的反应

(2) 与甲醛等的反应　在中性 pH 值和常温条件下，甲醛能很快与氨基酸上的氨基结合，使氨基酸的解离平衡向 H^+ 解离方向移动，促进—NH_3^+ 上质子释放出来，从而使溶液酸性增强，这样就可用氢氧化钠来滴定。每释放出 1 个质子，就相当于有 1 个—NH_2。此法不够精确，但简便快速，不仅用于快速测定氨基酸含量，也常用来测定蛋白质水解程度。甲醛反应还可用于生物组织的固定和保存。氨基酸可以与其他的醛类化合物反应生成希夫碱类化合物。希夫碱与非酶褐变反应有关，是美拉德反应的中间产物。其反应见图 4-5。

(3) 与 2,4-二硝基氟苯等的反应　在弱碱溶液中，氨基酸的氨基很容易与 2,4-二硝基氟苯作用，生成 2,4-二硝基苯氨基酸。其反应见图 4-6。氨基与三硝基苯磺酸的反应也是相似的反应机制。该反应可用于对肽的 N 端氨基酸来进行分析。而氨基酸的氨基与荧光胺、邻苯二甲醛等反应生成的产物也具有荧光性质，可以用于分析氨基酸、蛋白质等中氨基的含量。

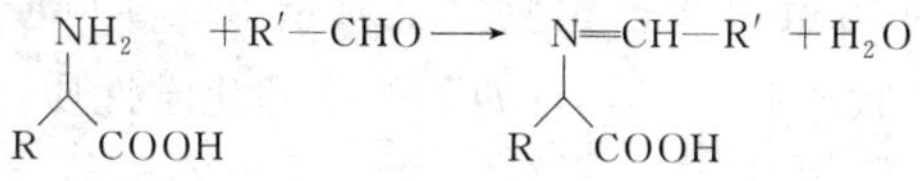

图 4-5　氨基酸分子中的 α-氨基与醛的反应 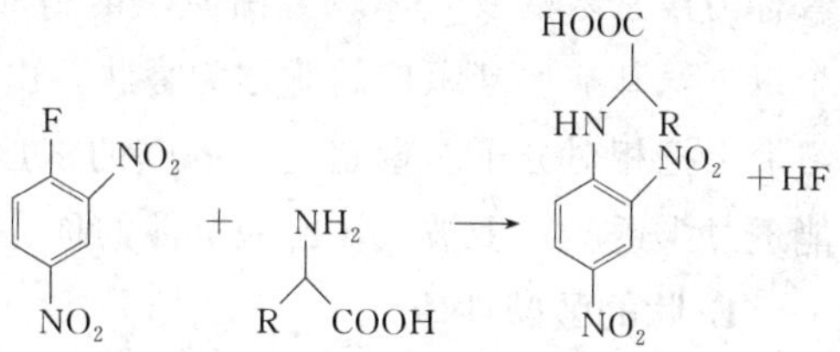　图 4-6　氨基酸分子与 2,4-二硝基氟苯的反应

(4) 酰基化反应　氨基可与苄氧基甲酰氯在弱碱性条件下反应，生成氨基衍生物。在合成肽的过程中可利用此反应保护氨基酸的氨基，有利于肽合成反应的定向发生。

5. 羧基的反应

(1) 酯化反应　所有的氨基酸在无水乙醇中通入干燥氯化氢，然后加热回流，可生成氨基酸酯。各种氨基酸酯的物理化学性质不同，可用减压分馏法分离。其反应见图 4-7。

(2) 还原反应　在 $LiBH_4$ 作催化剂的条件下，氨基酸可加氢，被还原生成氨基伯醇类化合物。

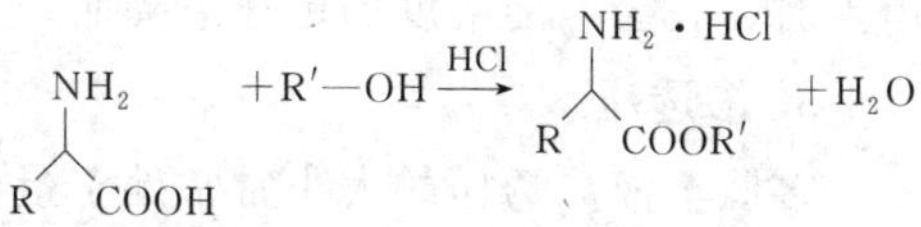

图 4-7　氨基酸分子的酯化反应

(3) 脱羧反应　在特定的脱羧酶作用下，氨基酸脱羧生成伯胺并放出二氧化碳气体。例如，大肠杆菌含有 L-谷氨酸脱羧酶能够使氨基酸脱羧。

6. 侧链基团的反应

(1) 氨基酸侧链基团的化学反应　α-氨基酸的侧链 R 基的反应很多。R 基上含有酚基时可还原 Folin-酚试剂，生成钼蓝和钨蓝，在分析工作中可用于蛋白质的定量分析。又如 R 基上含有—SH 基时，则在氧化剂存在下可生成二硫键。在还原剂存在下二硫键亦可被还原，重新变为—SH基。氨基酸侧链基团参与的反应一般用于个别氨基酸的鉴定或蛋白质分子上侧链基团的修饰。有些颜色反应可用于特定氨基酸或含有该氨基酸的肽的检测。

（2）与金属离子反应　氨基酸可与一些金属离子反应生成络合物。例如，谷氨酸可以与 Zn^{2+}、Ca^{2+}、Ba^{2+} 等作用生成难溶于水的络合物。

三、肽的理化性质

一个氨基酸的羧基与另一个氨基酸的氨基之间能够互相作用，失去一分子的水形成肽。其中的—CO—NH—部分称为肽键。氨基酸借肽键连接形成多肽链。多肽链两端分别有 1 个游离的氨基和游离的羧基，前者称为氨基末端或 N 末端，后者称为羧基末端或 C 末端。由氨基酸借肽键相连组成的化合物称为肽，一般由 10 个以下氨基酸残基组成的肽称为寡肽，由 10 个以上氨基酸残基组成的肽称为多肽。习惯上把相对分子质量超过 10000 的多肽称为蛋白质；相对分子质量低于 10000、能透过半透膜、不被三氯乙酸沉淀的称为多肽。肽一般具有如下的物理化学性质：

1. 肽的酸碱性质

肽和氨基酸一样具有酸碱（两性）性质，在 pH0～14 范围内，肽键中的亚氨基不能解离，因此，肽的酸碱性质主要决定于肽链游离 N 末端的 α-氨基和游离 C 末端的 α-羧基以及侧链 R 上可解离的功能基团。

2. 黏度与溶解度

多肽在 50％ 的高浓度下和在较宽的 pH 值范围内能够很好地保持溶解状态，同时还具有较强的吸湿性和保湿性，这使原本无法实现的高蛋白饮料和高蛋白果冻成为可能。因为如果是蛋白质溶液，它的黏度往往随浓度的增加而显著增加，通常超过 13％ 就会形成凝胶；而且加工成酸性蛋白饮料时，当 pH 值接近蛋白质的等电点时，就会因溶解度的迅速下降而产生沉淀。

3. 渗透压

多肽溶液渗透压的大小常常处于蛋白质与同一组成氨基酸的混合物之间。当一种液体的渗透压比体液高时，易使人体周边组织细胞中的水分向胃肠移动而出现腹泻。多肽的渗透压比氨基酸低得多，因此，多肽作为口服或肠道的蛋白源比氨基酸效果更好。

4. 肽的化学反应

肽的化学反应和氨基酸一样，游离的 α-羧基、α-氨基和 R 基团可以发生与氨基酸中相应基团类似的反应，如 N 末端的氨基酸残基能与茚三酮反应生成呈色物质，这也可用于肽的定性和定量。

双缩脲在碱性溶液中与硫酸铜反应生成红紫色络合物的反应称双缩脲反应。一般含有两个或两个以上肽键的化合物与硫酸铜的碱性溶液都能发生双缩脲反应，因此，利用此反应可定性鉴定蛋白质和多肽，也可在 540nm 处定量测定蛋白质和多肽。

此外，生物体内存在着许多活性肽，它们大多是新陈代谢的产物，在生命活动中有着重要的功能。除了具备普通蛋白质的营养价值外，更重要的是具有清除自由基、降低血脂、提高机体免疫力等生理功效，是一类重要的功效成分。如用胰蛋白酶水解酪蛋白制得的酪蛋白磷酸肽（CPP）对钙的吸收有促进作用；由谷氨酸、半胱氨酸和甘氨酸经肽键缩合而成的谷胱甘肽普遍存在于动植物和微生物细胞中，特别是小麦胚和酵母中含量特别高，其在体内参与氧化还原过程，可用作解毒剂、自由基清除剂，还可起到抗过敏作用。

第二节　蛋白质的分类和结构

蛋白质的功能与蛋白质的化学组成和结构有关。蛋白质由 $50\% \sim 55\%$ C、$6\% \sim 7\%$ H、$20\% \sim 23\%$ O、$12\% \sim 19\%$ N 和 $0.2\% \sim 3\%$ S 等元素构成，有些蛋白质分子还含有铁、碘、磷或锌。目前，普遍采用凯氏定氮法测得氮元素含量，再乘以 6.25，得到样品中蛋白质的近似含量。

一、蛋白质的分类

据粗略估计，高等动物和人体中存在的蛋白质种类约 500 万种，但具有特异性生物功能的蛋白质也只有一二万种而已。虽然组成它们的氨基酸只有 22 种，但因其种类繁多、结构复杂、功能各异，故而很难用纯化学的观点对它们进行分类。一般，按它们的形状、组成及在水中溶解性进行不同的分类。

（一）按蛋白质分子形状分类

1. 球状蛋白质

分子对称性佳，外形接近球状或椭球状，溶解度较好，能结晶，大多数蛋白质属于这一类。

2. 纤维状蛋白质

对称性差，分子类似细棒或纤维，它又可分成可溶性纤维状蛋白质，如肌球蛋白、血纤维蛋白原等和不溶性纤维状蛋白质，包括胶原蛋白、弹性蛋白、角蛋白以及丝心蛋白等。

（二）按蛋白质的溶解性分类

1. 清蛋白

溶于水及稀盐、稀酸或稀碱溶液，在饱和硫酸铵溶液中能够沉淀析出，加热可凝固。广泛存在于生物体内，如血清蛋白、乳清蛋白、蛋清蛋白、豆清蛋白等。这类蛋白质富含含硫氨基酸。

2. 球蛋白

不溶于水而溶于稀盐、稀酸和稀碱溶液，能被半饱和硫酸铵所沉淀。普遍存在于生物体内，动物球蛋白如乳球蛋白、肌球蛋白等受热能凝固；植物性球蛋白如大豆球蛋白、棉子球蛋白、豌豆球蛋白等受热不凝固。

3. 谷蛋白

不溶于水、乙醇及稀盐溶液，但易溶于稀酸或稀碱。主要存在于谷物种子中，如米谷蛋白和麦谷蛋白等。

4. 醇溶谷蛋白

不溶于水、稀盐溶液及无水乙醇，但溶于 50%～80%乙醇、稀酸和稀碱。加热不凝固，分子中脯氨酸和酰胺较多，非极性侧链远较极性侧链多。这类蛋白质主要存在于谷物种子中，如玉米醇溶谷蛋白、小麦醇溶谷蛋白等。

（三）按蛋白质分子的组成分类

1. 简单蛋白质

简单蛋白质是水解后只产生氨基酸的蛋白质。比如上述的清蛋白、球蛋白、谷蛋白和醇溶谷蛋白，以及下面的组蛋白、鱼精蛋白和硬蛋白。

（1）组蛋白　溶于水及稀酸，但为稀氨水所沉淀。分子中组氨酸、赖氨酸较多，分子呈碱性，如小牛胸腺组蛋白等。

（2）鱼精蛋白　溶于水及稀酸，不溶于氨水。分子中碱性氨基酸（精氨酸和赖氨酸）特别多，因此呈碱性，如鲑精蛋白等。

（3）硬蛋白　不溶于水、盐、稀酸或稀碱。这类蛋白质是动物体内作为结缔组织及保护功能的蛋白质，如角蛋白、胶原蛋白、网硬蛋白和弹性蛋白等。

2. 结合蛋白质

结合蛋白质是水解后不仅产生氨基酸，还产生其他有机或无机化合物（如碳水化合物、脂质、核酸、金属离子等）的蛋白质。结合蛋白质的非氨基酸部分称为辅基。

（1）核蛋白　辅基是核酸，如脱氧核糖核蛋白、核糖体、烟草花叶病毒等。

（2）脂蛋白　与脂质结合的蛋白质。脂质成分有磷脂、固醇和中性脂等，如血液中的 β-脂蛋白、卵黄球蛋白等。

（3）糖蛋白和黏蛋白　辅基成分为半乳糖、甘露糖、己糖胺、己糖醛酸、唾液酸、硫酸或磷酸等中的一种或多种。糖蛋白可溶于碱性溶液中，如卵清蛋白、γ-球蛋白、血清类黏蛋白等。

（4）磷蛋白　磷酸基通过酯键与蛋白质中的丝氨酸或苏氨酸残基侧链的羟基相连，如酪蛋白、胃蛋白酶等。

（5）血红素蛋白　辅基为血红素。含铁的有血红蛋白、细胞色素 c，含镁的有叶绿蛋白，含铜的有血蓝蛋白等。

（6）黄素蛋白　辅基为黄素腺嘌呤二核苷酸，如琥珀酸脱氢酶、D-氨基酸氧化酶等。

（7）金属蛋白　与金属直接结合的蛋白质，如铁蛋白含铁，乙醇脱氢酶含锌，黄嘌呤氧化酶含钼和铁等。

二、蛋白质的结构

蛋白质的肽链很长。任何一种长链分子在伸展状态时，基本上都是处于较高的能态，只有使分子的内能降低，分子才能成为更稳定的状态。因而，蛋白质的肽链就会自发地通过许多和 α-碳原子或肽平面键间的单键旋转，同时伴随着分子内大量的原子和基团间的相互作用，降低内能，折叠成为一些空间内较为稳定的立体结构。所以，蛋白质的结构并不只是描述蛋白质肽链中氨基酸的线性排列顺序。

蛋白质的结构层次可分为一级、二级、三级和四级结构。蛋白质的二级、三级、四级结构一般又统称为蛋白质的高级结构。目前，蛋白质四级结构水平的概念已经不能满足科学发展的需要。蛋白质化学家又在四级结构水平的基础上增加了两种新的结构层次，即超二级结构和结构域。超二级结构是指几种二级结构的组合物存在于各种结构中。结构域的概念是指蛋白质分子中那些明显分开的球状部分。

（一）一级结构

蛋白质的一级结构有时也称蛋白质的共价结构。蛋白质的一级结构是一个无空间概念的一维结构。对于简单蛋白质，一级结构是指构成蛋白质肽链的氨基酸残基通过共价键即肽键连接而成的线性序列。对复合蛋白，完整的一级结构概念应该包括肽链以外的其他成分（例如糖蛋白上的糖链，脂蛋白中的脂质部分等）以及这些非肽链部分的连接方式和位点。

许多蛋白质的一级结构现已确定，如肠促胰液肽和胰高血糖素含 20～100 个氨基酸残基，大多数蛋白质都含有 100～500 个氨基酸残基，某些不常见的蛋白质链多达几千个氨基酸残基。在讨论蛋白质的一级结构时，多肽链的主链可用—NH—CHR—CO—（—N—C—C—，相当于一个氨基酸残基）或—CHR—CO—NH—（—C—C—N—，表示一个肽单元）重复单元描述，如图 4-8 所示。

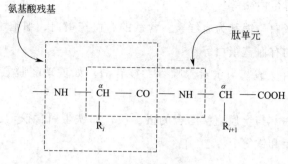

图 4-8　多肽链的主链

肽键的 C—N 键具有 40％的双键特性，而 C＝O 键有 40％左右的单键性质，这是由于电子的非定域作用结果导致产生的共振稳定结构。肽键的这个特性对蛋白质的结构具有重要的影响：其一，共振结构使—NH 在 pH 值为 0～14 之间不能被质子化。其二，肽键由于部分双键性质，C—N 键不能像普通的 C—N 单键那样可以自由旋转，CO—NH 键的旋转角（即 ω 角）最大为 6°。由于这种限制的结果，肽键的每一个—C_α—CO—NH—C_α—片段（包含 6 个原子）处在同一个平面上，称之为肽平面，于是，多肽主链可描述为通过 C_α 原子连接的一系列—C_α—CO—NH—C_α—平面。其三，电子的非定域作用使羧基的氧原子带有部分负电荷，N—H 基的氢原子带有部分正电荷。

因为肽键在多肽主链中约占共价键总数的 1/3，它们限制了多肽主链的转动自由度，从而显著减少了主链的柔顺性。从已知结构的蛋白质分析表明，尽管多数肽平面是不可扭曲的平面，但也有一些肽平面是可扭曲的。因为，肽链的 C—N 键虽然带有双键的性质，不易旋转，但也不是绝对刚性的，可在一定范围内旋转，N—C_α 和 C_α—C 键具有旋转自由度，它们的两面角分别为 Φ 和 Ψ。由于上述原因，多肽主链的 C＝O 和 N—H 基之间可以在主链内或主链与主链之间形成氢键。既然肽键具有部分双键特征，因此肽键上的取代基也就可能出现类似于烯烃那样的顺反异构体。

维持蛋白质一级结构的作用力除肽键外，还有二硫键。二硫键是由两个半胱氨酸上的巯基（—SH）脱氢而形成的。

（二）二级结构

蛋白质二级结构是指多肽链骨架上彼此靠近的氨基酸残基由于氢键的相互作用而形成的有规则的周期性空间排列，即肽链中局部肽段骨架形成的构象，是多肽链本身的折叠方式。一般来说，在蛋白质分子中主要存在两种周期性（有规则）的二级结构，它们是螺旋结构和伸展的折叠结构。各类二级结构的形成几乎全是由于肽链骨架中的羧基上的氧原子和亚氨基上的氢原子之间的氢键所维系。其他的作用力，如范德华力等也有一定的贡献。某一肽段，或某些肽段间的氢键越多，它（们）形成的二级结构就越稳定，

1. 螺旋结构

蛋白质二级结构中的螺旋结构主要有 α-螺旋、3_{10}-螺旋和 π-螺旋 3 种形式，其中 α-螺旋是蛋白质中最常见的规则二级结构，也是最稳定的构象。

如图 4-9 所示，α-螺旋每圈螺旋包含 3.6 个氨基酸残基，螺距（每圈所占的轴长）为 0.54nm，每一个氨基酸残基的垂直距离，即每圈螺旋沿螺旋轴上升 0.15nm（残基高）。每个残基绕轴旋转 100°（即 360°/3.6），螺旋中氨基酸侧链在垂直于螺旋轴的方向取向。在 α-螺旋的氢键封闭环内即每对氢键包含 13 个主链原子，因此 α-螺旋有时又称 3.6_{13} 螺旋。氢键的方向与轴平行，从而 N、H 和 O 几乎都在一条直线上。氢键的长度，即 N—H……O 的距离约为 0.29nm，键的强度约为 18.8kJ/mol。α-螺旋能以右手和左手螺旋两种形式存在，然而右手螺旋更稳定，对于 L-氨基酸构成的左手螺旋，由于侧链和肽链骨架过于靠近，

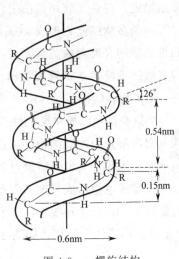

图 4-9　α-螺旋结构

其能量较高，构象不稳定，故而很罕见。天然蛋白质中的 α-螺旋几乎都是右手 α-螺旋。

3_{10} 螺旋是一种二级结构，为非典型的 α-螺旋构象，形成氢键的 N、H、O 的 3 个原子不在一直线上，有时存在于球蛋白的某些部位，它是每圈包含 3 个氨基酸残基的 α-螺旋，每对氢键包含 10 个原子。最近的研究结果认为，3_{10} 螺旋可能是一种热力学的中间产物，比典型的 α-螺旋更紧密。

此外，还有某些不常见的螺旋，像 π-螺旋和 γ-螺旋每圈分别有 4.4 和 5.2 个氨基酸残基，它们不如 α-螺旋稳定，π-螺旋则更松散。这些螺旋仅存在于包含少数氨基酸的短片段中，而且它们对大多数蛋白质的结构不重要。

脯氨酸是亚氨基酸，在肽链中其残基的丙基侧链与氨基通过共价键可形成吡咯环结构，N—C$_\alpha$ 键不能旋转，因此，Φ 角具有一个固定体值 70°。此外，氮原子上不存在氢，也不可能形成氢键。由于上述两个原因，含有脯氨酸残基的片段部分不可能形成 α-螺旋。事实上，脯氨酸可以看成是 α-螺旋的中断剂。含有高水平脯氨

酸残基的蛋白质趋向于无规则或非周期结构。例如 β-酪蛋白和 α-酪蛋白中的脯氨酸残基分别占总氨基酸残基的 17% 和 8.5%，而且它们均匀地分布在整个蛋白质的一级结构中。因此，这两种蛋白质不存在 α-螺旋结构，而是呈无规则卷曲结构。然而，聚脯氨酸能够形成两种螺旋结构，命名为聚脯氨酸Ⅰ（PPⅠ）和聚脯氨酸Ⅱ（PPⅡ）。聚脯氨酸Ⅰ为左手螺旋，每圈螺旋沿螺旋轴上升 0.19nm，每圈螺旋仅含 3.3 个氨基酸残基，顺式肽健构型；聚脯氨酸Ⅱ也是左手螺旋，肽键呈反式构型，每圈螺旋仅含 3 个残基。这两种结构能够相互转变，在水溶液介质中聚脯氨酸Ⅱ更稳定，存在于胶原蛋白中。

一条多肽链能否形成 α-螺旋，以及形成的螺旋是否稳定，与它的氨基酸组成和排列顺序有极大的关系，某些氨基酸侧链的同种电荷静电排斥效应或立体位阻使得多肽链不能建立 α-螺旋结构。

2. β-折叠结构

β-折叠是蛋白质中又一种普遍存在的规则构象单元，它是一种具有特殊几何形状（锯齿型）的伸展结构。在这一伸展结构中，C=O 和 N—H 基是在链垂直的方向取向。因此，氢键只能通过较远距离的两个片段之间形成，而同一肽段的邻近肽键间很难或不能形成氢键，因此单股 β-折叠是不稳定的，比 α-螺旋更加伸展。β-链通常是 5～15 个氨基酸长，分子中各股 β-折叠之间通过氢键相互作用，组合成一组 β-折叠，形成片层结构，如图 4-10 所示。

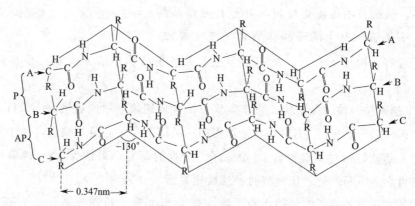

图 4-10　β-折叠结构

在片层结构中残基侧链垂直于片状结构平面，位于折叠平面的上方或下方。按多肽主链中 N—C 的指向，β-折叠片存在两种类型结构，即平行 β-折叠和反平行 β-折叠。所谓平行式是所有肽链的 N 末端均在同一侧，例如 β-角蛋白，在平行式的 β-折叠片结构中链的取向影响氢键的几何构型。而反平行式肽链的 N 末端为一顺一反地排列，呈间隔同向。N—H……O 的 3 个原子在同一条直线上（氢键角为

0°），从而增加了氢键的稳定性。在平行式 β-折叠片结构中，这些原子不在一条直线上，而是形成一定的角度，使氢键稳定性降低。因此，反平行式的 β-折叠片比平行式的更为稳定。电荷和位阻通常对 β-折叠结构的存在没有很大的影响。

β-折叠结构一般比 α-螺旋稳定。蛋白质中若含有较高比例的 β-折叠结构，往往需要高的温度才能使蛋白质变性。例如，β-乳球蛋白（51% β-折叠）和大豆 11s 球蛋白（64% β-折叠）的热变性温度分别为 75.6℃ 和 84.5℃。然而，血清清蛋白中含有大约 64% α-螺旋结构，变性温度仅为 64℃。加热和冷却蛋白质溶液，通常可以使 α-螺旋转变为 β-折叠结构。但是，β-折叠向 α-螺旋转变的现象迄今在蛋白质中尚未发现。

3. β-转角结构

β-转角是形成 β-折叠时多肽链反转 180° 的结果。β-转角由 4 个氨基酸残基构成，通过氢键稳定。在 β-转角中常见的氨基酸有天冬氨酸、半胱氨酸、天冬酰胺、甘氨酸、脯氨酸和酪氨酸。

4. 超二级结构

在蛋白质结构中，常常发现两个或几个二级结构单元被连接多肽连接起来，进一步组合成有特殊的几何排列的局域空间结构，这些局域空间结构称为超二级结构。

（三）三级结构

蛋白质分子的三级结构是含有二级结构的线性蛋白质多肽链进一步折叠盘绕而成的紧密的三维空间结构。尽管许多蛋白质的三级结构已经充分了解，但很难用简单的方式来表示这种结构。蛋白质从线性构型转变成折叠的三级结构是一个复杂的过程。当蛋白质肽链局部的肽段形成二级结构以及它们之间进一步相互作用成为超二级结构后，仍有一些肽段中的单键在不断运动旋转，肽链中的各个部分，包括已知相对稳定的超二级结构以及还未键合的部分，继续相互作用，使整个肽链的内能进一步降低，分子变得更为稳定。如图 4-11 所示。

在已知三级结构的水溶性蛋白质中，发现在三级结构形成的过程中，大多数疏水性氨基酸残基重新取向后定位在蛋白质结构的内部，而大多数亲水性氨基酸残基，特别是带电荷的氨基酸则较均匀地分布在蛋白质-水界面，同时伴随着吉布斯自由能的降低。

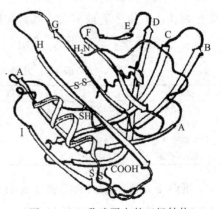

图 4-11　β-乳球蛋白的三级结构

但也有一些例外，如电荷的各向异性分布可能出现，使得蛋白质有确定的生物功能（如蛋白酶）。就某些蛋白质而言，不溶于水而溶于有机溶剂（如作为脂类载体的脂蛋白），其分子表面分布较多的疏水性氨基酸残基。三级结构的形成包括在蛋白质中各种不同的基团之间相互作用（疏水、静电和范德华力）和氢键的优化，使得蛋白质分子的自由能尽可能地降至最低。

蛋白质一级结构中亲水性和疏水性氨基酸残基的比例和分布，影响蛋白质的某些物理化学性质。例如，蛋白质分子的形状可通过氨基酸的序列预测，如果一个蛋白质分子含有大量的亲水性氨基酸残基，并且均匀地分布在多肽链中，那么蛋白质分子将伸长或呈棒状形。这是因为在相对分子质量一定时，相对于体积而言，棒状形具有较大的表面积，于是更多的亲水性氨基酸残基分布在表面；反之，当蛋白质含有大量的疏水性氨基酸残基，蛋白质则为球形，它的表面积和体积之比最小，使更多的疏水性基团埋藏在蛋白质内部。

（四）四级结构

由两条或两条以上具有三级结构的多肽链聚合而成的具有特定三维结构蛋白质构象叫作蛋白质的四级结构，其中每一条多肽链称为亚基。稳定四级结构的力或键（除二硫交联键外）与稳定三级结构的那些键相同。

某些生理上重要的蛋白质是以二聚体、三聚体、四聚体等多聚体形式存在，如表 4-2 所示。任何四级结构的蛋白质都是由蛋白质亚基即单体构成。根据亚基的组成可分为由相同亚基和不同亚基构成的两大类型。在各个体系中亚基的数目或不同亚基的比例可能有很大的差别。相同亚基构成的多聚体称为同源多聚体，例如胰岛素通常是同源二聚体；由不同亚基形成的多聚体则成为异源多聚体，一些糖蛋白激素（如绒毛膜促性腺激素、促甲状腺素）是异源二聚体，含有 α 亚基和 β 亚基各一个。血红蛋白是异源四聚体，含有 α 亚基和 β 亚基各两个。有些蛋白质的亚基类型可在 3 种或 3 种以上。有的蛋白质在不同 pH 值介质中可形成不同聚合度的蛋白质，如乳清中的 β-乳球蛋白亚基是相同的，在 pH 值为 5～8 时以二聚体存在，pH 值为 3～5 时呈现八聚体形式，当 pH≥8 时则以单体形式存在。

表 4-2　几种蛋白质的分子量及亚基数

蛋白质	分子量/U	亚基数	蛋白质	分子量/U	亚基数
乳球蛋白	35000	2	酪氨酸酶	128000	4
血红蛋白	64500	4	乳酸脱氢酶	140000	4
抗生物素蛋白	68300	4	7S 大豆蛋白	200000	9
脂肪氧合酶	108000	3			

蛋白质寡聚体结构的形成是由于多肽链和多肽链之间特定相互作用的结果。在亚基间不存在共价键，亚基间的相互作用都是非共价键，例如氢键、疏水相互作用

和静电相互作用。疏水氨基酸残基所占的比例较显著地影响寡聚蛋白形成的倾向。蛋白质中的疏水氨基酸残基含量超过 30％时，比疏水氨基酸含量较低的蛋白质更容易形成寡聚体。

需要指出的是，并不是所有的蛋白质分子都具有四级结构，一些单体蛋白质如肌红蛋白就只有一条具有三级结构的多肽链，而没有四级结构。

（五）维持蛋白质三维结构的作用力

一个由多肽链折叠成的三维结构是十分复杂的。蛋白质的天然构象是一种热力学状态，在此状态下各种有利的相互作用达到最大，而不利的相互作用降到最小，于是蛋白质分子的整个自由能具有最低值。

影响蛋白质折叠的作用力包括两类：①蛋白质分子固有的作用力所形成的相互作用；②受周围溶剂影响的相互作用。范德华相互作用和空间相互作用属于前者，而氢键、静电相互作用和疏水基相互作用属于后者（图 4-12）。

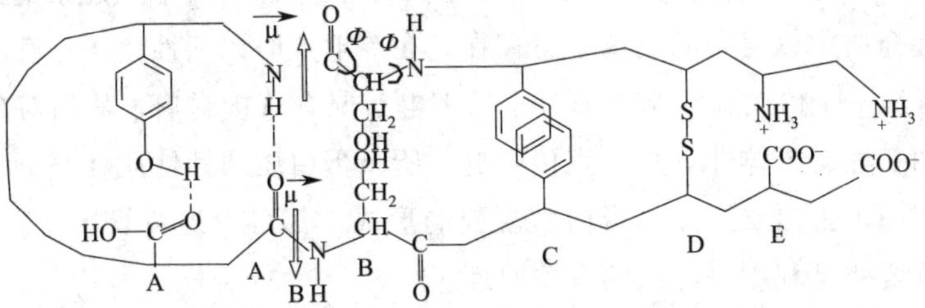

图 4-12　维持蛋白质三维结构的作用力

A—氢键；B—空间相互作用；C—疏水作用力；D—二硫键；E—静电相互作用

第三节　蛋白质的性质及在烹饪过程中的应用

蛋白质是高分子化合物，由单体 α-氨基酸缩聚而成多肽，再经各种次级相互作用得到具有复杂空间结构的大分子。因此蛋白质的性质可分为两大类型：由典型化学键的形成或断裂所引发的性质和由空间结构引起的性质。

一、蛋白质的一般性质

（一）蛋白质的水解反应

蛋白质的水解过程是氨基酸缩聚反应的逆过程，即在酸、碱、酶的条件下，水分子作用于肽键使蛋白质大分子逐渐降解的过程。这种过程在生物体外进行叫水解，在生物体内进行则称为消化。蛋白质水解反应的一般过程可用下式表示：

蛋白质＋水（酸、碱、酶）→朊→多肽→二肽→氨基酸

蛋白质完全水解常在强酸（盐酸、硫酸）或强碱（氢氧化钠）、高浓度（12mol/L）、较高温度（100～110℃）和长时间（10～20h）的条件下进行，可以得到各种氨基酸的混合物，如用酸水解还会造成某些氨基酸（如色氨酸）被破坏，含有酰胺基或羟基的氨基酸会被彻底水解，但所得产物仍均为 L 型的构型。如用碱水解则会使多数氨基酸被破坏，而且所得产物是 D 型和 L 型的混合物。在食品工程中，蛋白质的酸水解被用来制作化学酱油和生产某些氨基酸。

不完全水解即部分水解的条件比较温和，通常用蛋白质水解酶或稀酸催化，反应温度在 30～50℃ 之间，此时不发生构型转化的消旋现象，也不破坏蛋白质，而且可以用控制水解时间的方法实现上式所表现的水解过程，但要使反应彻底完成，则需要相当长的时间。

（二）蛋白质的两性解离

蛋白质和氨基酸相似，是两性物质。蛋白质在酸性介质中以复杂的阳离子态存在，在碱性介质中以复杂的阴离子态存在，在等电点时以两性离子态存在。

由于溶液 pH 值改变对蛋白质分子的带电状况有直接影响，从而对蛋白质的其他性质（如变性、胶体性等）有直接影响，所以蛋白质两性性质在烹饪加工中被广泛应用。例如，蛋白质沉淀、蛋白质凝胶的形成，都可以通过调节 pH 值来控制。其中，最重要的是利用等电点的有关原理。

在等电点时，蛋白质净电荷为零，与水的吸引力小；而且因分子内各部分之间电斥力最弱，分子能更趋紧凑，与水的接触面小，所以水化作用弱，因此溶解度、溶胀能力、黏度都降到最低点。在等电点时，蛋白质可能会沉淀下来，这叫等电沉淀。例如，牛奶中加酸立刻会看到絮状沉淀。

为了提高蛋白质的水化作用和溶解度，要偏离其等电点。一般食品蛋白质等电点都在微酸性 pH 值处，所以，烹饪中一般采用加碱方法而不是加酸方法来改善食品的水化状况，如碱发干货就是一个例子，此时加碱更能远离蛋白质的等电点，使其带电荷更多，有利于水化作用。

（三）蛋白质的胶体性质

蛋白质是亲水胶体，其分子表面有许多亲水基团，如氨基、羧基及肽键等，在水溶液中均能与水起作用。因此，蛋白质在水溶液中每一个分子的表面都包围着较厚的水化膜。蛋白质分子之间由于有水化膜的存在而彼此分隔开来，不至于凝聚和发生沉淀。

1. 蛋白质溶胶和凝胶

（1）蛋白质溶胶　蛋白质是天然高分子化合物，分子直径为 1～100nm，其相

对分子质量很大。所以，溶于水的蛋白质能形成稳定的亲水胶体，统称为蛋白质溶胶。烹饪中常见的有豆浆、血、蛋清、牛奶、肉冻汤等。

蛋白质溶胶的黏度较大，随着相对分子质量的增加，黏度增大。蛋白质的黏度与浓度成正比，与温度成反比。

蛋白质溶胶有较大的吸附能力。例如煮骨头汤时，在加热过程中原料中的杂质被血球蛋白分子吸附，随着蛋白质受热凝固，形成蓬松的沫而上浮，被去除。

（2）蛋白质凝胶　烹饪原料中许多蛋白质以凝胶状态存在，如新鲜的鱼肉、禽肉、畜瘦肉、皮、筋、水产动物、豆腐制品及面筋制品等，均可看成水分子分散在蛋白质凝胶的网络结构中，它们有一定的弹性、韧性和可加工性。新鲜的蛋白质原料失水干燥、体积缩小，就成为具有弹性的干凝胶，如干海参、鱼翅、干贝等，它们可在碱性和加热的条件下吸水溶胀，逐渐回复原有的凝胶状态，使体积复原、变软，利于加工烹饪。

（3）蛋白质溶胶与凝胶的相互关系　在生物体系里，蛋白质以凝胶和溶胶的混合状态存在。例如蛋清是蛋白质溶胶，蛋黄是蛋白质凝胶。又如动物体内肌肉中肌肉纤维为蛋白质凝胶，而肉浆内的蛋白质为溶胶状态。

蛋白质溶胶能发生胶凝作用形成凝胶。在形成凝胶的过程中，蛋白质分子的多肽链之间各基团以副键相互交联，形成立体网络结构，水分充满于网络结构之间的空间内，不被析出。蛋白质溶胶在酶、氧气、温度、酸、碱等因素的作用下可以与凝胶相互转化。如血液在空气中遇氧，在酶的作用下慢慢凝固成凝胶，蛋黄在细菌作用下变成散黄蛋等。鸡蛋白在水中成溶胶，加热后成凝胶；豆浆蛋白在水中成溶胶，加热后加入盐类也成凝胶。

2. 蛋白质的水化作用

蛋白质分子表面的极性基团对水分子有一定的吸引力，有的甚至与水以氢键相结合，被吸附到蛋白质表面层而形成一层较厚的水化膜，所以蛋白质的水化能力很强。蛋白质分子表面的水化膜使蛋白质分子体积增大，彼此分隔开来，不致凝聚而发生沉淀。分子间互相交结的网点增多，促使蛋白质的黏度加大。蛋白质分子外层的极性基团越多，它的水化作用就越强，黏性就越大。同时蛋白质的水化作用不论是在水溶液中还是在干燥状态下均存在。因此，在蛋白质胶体溶液中很稳定。

溶液的 pH 值对蛋白质的水化作用有显著的影响，在等电点时，整个蛋白质分子呈电中性，水化作用最弱。

电解质也影响着蛋白质的水化作用。在低浓度时，盐类一般能提高蛋白质的水化能力。电解质浓度很大时，水化能力或溶解度却减小。如在调制冷水面团时加入少量的食盐，可以增加蛋白质表面的电荷，提高蛋白质的水化能力，吸水量增加。还可加入少量的碱，这样不仅韧性好，淀粉也可以部分水解成糊精，增加面团的黏性。同时，蛋白质分子结构在碱的作用下发生部分破坏，使分子内一些基团暴露，更有利于网络的形成，使面团既有韧性，又有延伸性，能拉扯成细如发丝的面条和银丝卷。兰州牛肉拉面就是其中的代表作，面条粗细均匀，口感比机制面条强得多，韧性好、有咬劲，成为兰州的地方名小吃之一。

3. 蛋白质的不渗透性

蛋白质分子由于体积大，一般不能透过生物体的细胞膜，故而蛋白质分布在细胞内外的不同部位，起着不同的生理作用。

蛋白质由于分子量大，在细胞内的蛋白质溶胶的浓度是很小的，所以它产生的渗透压也很低。因此，在腌渍食品时，即依据高浓度盐或糖产生的反渗透作用，使被腌渍食品组织的细胞或微生物大量失水，盐或糖进入食品组织细胞或微生物细胞内。同时钠离子和氯离子对微生物都有毒害作用，促使其死亡，达到防腐保藏的目的。另外，烹饪过程中用水浸泡经碱水发过的干货，或去掉腌渍食品中的盐或糖，也都是应用这个原理。

（四）蛋白质的沉淀作用

蛋白质是亲水胶体，蛋白质胶体溶液稳定的主要因素是蛋白质的水化作用和同一 pH 值条件下蛋白质分子所带同性电荷的相互排斥作用。如果利用外界条件破坏蛋白质胶体溶液的这两种稳定因素，蛋白质就会凝聚沉淀析出。这种作用称为蛋白质沉淀作用。蛋白质沉淀常用的方法有下面几种。

1. 盐析

盐析就是将中性盐加入蛋白质溶液中，使其沉淀析出。发生沉淀的主要原因有两个：一是由于中性盐中和蛋白质分子表面电荷，使颗粒表面的净电荷为零；二是由于盐类离子与蛋白质分子竞争水分子，使蛋白质失去外层的水化膜而凝聚沉淀。

不同种类的离子对蛋白质的盐析能力是不同的。按盐析能力的强弱，排列的顺序如下：

$$Mg^{2+}>Ca^{2+}>Sr^{2+}>Ba^{2+}>Li^+>Na^+>K^+>Rb^+>Cs^+$$

$C_6HO_7^{3-}$（柠檬酸根）$>C_4H_4O_6^{3-}$（酒石酸根）$>SO_4^{2-}>CH_3COO^->Cl^->NO_3^-$

盐析法常用的盐类有硫酸铵和硫酸钠等。不同蛋白质的盐析所需要盐的浓度不同，这样可以通过控制盐的浓度达到分级分离蛋白质的目的。

2. 有机溶剂沉淀

酒精、丙酮等极性有机溶剂的亲水性大于蛋白质分子，它们可以与大量水分子相缔合，使蛋白质分子表面的水化膜逐渐消失，这些物质称为脱水剂。当脱水剂破坏了蛋白质的水化膜后，蛋白质分子相互碰撞，在分子亲和力作用下聚合形成大颗粒，溶液发生浑浊甚至絮状，继而沉淀析出。在蛋白质等电点时，加入酒精或丙酮等脱水剂则更易引起沉淀。有机溶剂作用生成的沉淀在短时间内是可逆的。

3. 重金属沉淀

蛋白质在碱性溶液中可与金属离子，如 Zn^{2+}、Cu^{2+}、Hg^{2+}、Pb^{2+}、Fe^{3+} 等作用，产生不溶性的蛋白盐沉淀。

由胃、肠道引起的铅中毒、汞中毒，可食用大量牛奶、豆浆等高蛋白食物，使之与毒性金属结合沉淀，呕吐出来，从而起到解毒的作用。

4. 生物碱试剂沉淀

生物碱试剂如苦味酸、鞣酸、磺酰水杨酸等是酸性物质，而蛋白质在酸性溶液中带正电荷，故能与带负电荷的酸根相结合，成为溶解度很小的盐类而沉淀。只有当蛋白质溶液 pH 值小于其等电点时，生物碱试剂才能使其沉淀析出。

(五) 蛋白质的显色反应

由于蛋白质分子含有肽键和氨基酸的各种残余基团，因此，它能和各种不同的试剂作用，生成有色的产物。蛋白质的显色反应可以应用于蛋白质的定性和定量分析上。

1. 双缩脲反应

蛋白质在碱性溶液中与硫酸铜作用呈现紫红色，这种反应称为双缩脲反应。利用此反应可以做蛋白质的定量测定。凡化合物含有两个 $-CO-NH_2-$ 基团（它们或直接相连，或通过一个碳原子或氧原子相连）都能发生此反应。在蛋白质分子中含有很多肽键，所以也呈上述反应。

2. 乙醛酸反应

蛋白质中先加入乙醛酸，然后沿着试管壁加入浓硫酸，结果分为上下两层。在分界处出现红色、绿色或紫色环，摇匀后全部混合成紫色。此反应是乙醛酸与色氨酸的缩合物的颜色，因为色氨酸中含有吲哚基。

3. 与水合茚三酮的反应

与氨基酸相似，在蛋白质溶液中加入水合茚三酮并加热至沸腾则显蓝色。

二、蛋白质的变性

(一) 蛋白质变性的概念

蛋白质的天然结构是各种吸引和排斥相互作用的平衡状态，这些相互作用源自各种分子内的相互作用和蛋白质分子与周围水分子的相互作用。蛋白质的天然状态在生理条件下是热力学最稳定的状态，其吉布斯自由能最低。蛋白质环境，如 pH 值、离子强度、温度、溶剂组成等产生任何细微的变化，都会使蛋白质分子产生一个新的平衡结构。当这种变化仅是结构上的细微变化，而未能致使蛋白质分子结构发生剧烈改变，通常称为构象的适应性。蛋白质变性实际上是指蛋白质构象的改变（即二级、三级或四级结构的较大变化），但并不伴随一级结构中的肽键断裂。例如，球蛋白完全变性时，成为无规卷曲的结构。

蛋白质变性可引起结构、功能和某些性质发生变化。许多具有生物活性的蛋白质在变性后会使它们丧失或降低活性，但有时候，蛋白质适度变性后仍然可以保持甚至提高原有活性，这是由于变性后某些活性基团暴露所致。食品蛋白质变性后通常引起溶解度降低或失去溶解性，从而影响蛋白质的功能特性或加工特性。在某种情况下，变性又是需要的。例如，豆类中胰蛋白酶抑制剂的热变性，可能显著提高动物食用豆类时的消化性和生物有效性。部分变性蛋白则比天然状态更易消化，或具有更好的乳化性、起泡性和胶凝性。

蛋白质变性对其结构和功能的影响有如下几个方面：①由于疏水基团暴露在分子表面，引起溶解度降低；②改变对水结合的能力；③失去生物活性（如酶或免疫活性）；④由于肽键的暴露，容易受到蛋白酶的攻击，使之增加了蛋白质对酶水解的敏感性；⑤特征黏度增大；⑥不能结晶。

在某些情况下，变性过程是可逆的。当影响蛋白质变性的因素比较温和时，只要消除变性因素的影响，蛋白质仍能恢复到原来蛋白质的天然结构，它的物理性质和生物性质基本不会改变，这种变性称为可逆变性，也称为蛋白质的复性。如肉冻中明胶加热成溶胶，温度降至室温就凝固成冻胶，这是由于明胶的溶胶和冻胶间具有热的可逆性，使肉冻能反复熔化或凝固。如果变性因素的影响比较强烈，这时即使消除变性因素，蛋白质也不能再恢复到原来的天然结构。这种变性称之为不可逆变性。如鸡蛋加热凝固、牛奶制成酸奶后都不能恢复原状。如果二硫键起着稳定蛋白质构象的作用，那么它的断裂往往导致不可逆的变性。可逆变性一般只涉及蛋白质分子的三级和四级结构变化，而不可逆变性使蛋白质的二级、三级和四级结构都会发生变化。

松散的多肽链之间可借副键的作用互相聚集并缠绕在一起，形成具有不同透明程度和不同黏弹性的新的蛋白质凝胶，这就是蛋白质的凝固。凝固是蛋白质成熟的重要标志，也决定着成品的造型。蛋白质凝固现象必须在蛋白质变性的基础上才能发生，但变性蛋白质不一定都会发生凝固现象，因为蛋白质凝固受许多因素的影响，如温度、蛋白质浓度和种类、盐类的浓度和种类、pH值等。如将加工好的生鱿鱼片放入沸水锅中，其蛋白质迅速变性、凝固，并且由于蛋白质收缩程度不同，最后就形成了卷筒状。

很多蛋白质的变性能引起良好的物态变化，变性的蛋白质有一定的稠度，易受酶分解，而被人体消化吸收。同时，凝固后的蛋白质原料加工效果较好，利于烹饪中的造型。如烹饪中常用卤牛肉、卤猪肝、烧鸡、松花蛋等，制作各式造型逼真、切题寓意的花拼，以增强筵席的喜庆或和谐气氛。另外，食品卫生中用乙醇消毒杀菌和加热蒸煮杀菌，也是蛋白质变性的实际运用。

（二）引起蛋白质变性的因素

引起蛋白质变性的理化因素很多。物理因素主要有热、冷冻、紫外线、放射线、超声波、强烈搅拌、强大压力等；化学因素主要有酸、碱、重金属盐和有机溶剂（酒精、丙酮）等；生物因素主要有酶等。

1. 蛋白质的热变性

烹饪中最常见的变性作用是蛋白质的加热凝固现象，即因加热而引起蛋白质的变性。伴随热变性，蛋白质的伸展程度相当大。例如，天然血清清蛋白分子是椭圆形的，长、宽比为 $3:1$，经过热变性后变为 $5:5$。

蛋白质在受热发生凝固时的温度，叫作蛋白质的凝固温度（或变性温度）。不同的蛋白质有不同的变性温度，对多数蛋白质，变性温度在 $55\sim70℃$。在 $45\sim50℃$ 时可初步觉察到变性。温度越高，变性速度越快，并开始凝固。例如，鸡蛋的凝固温度在 $60℃$ 左右，在制作鸡蛋的菜肴时，要恰当掌握鸡蛋加入时的温度和方法，使之凝固成为我们所需要的。

蛋白质凝固温度因其种类而不同。容易凝固的蛋白质有可溶性清蛋白和球蛋白。牛乳中有少许乳清蛋白，含有酪蛋白，所以在一般情况下，牛乳不易凝固。

蛋白质凝固温度与氨基酸的组成有关（表 4-3）。含有较多疏水氨基酸残基（尤其是缬氨酸、异亮氨酸、亮氨酸和苯丙氨酸）的蛋白质，对热的稳定性高于亲水性较强的蛋白质（表 4-4）。蛋白质分子中的—SH含量与变性蛋白质在水中凝固作用成正比，如大豆蛋白质（含硫氨基酸较少）。脯氨酸或羟脯氨酸能阻碍蛋白质分子彼此形成交联，使蛋白质不易凝固，如醇溶谷蛋白（含脯氨酸及羟脯氨酸较多）。

表 4-3　某些蛋白质的氨基酸组成与凝固温度的关系

蛋白质	组成的氨基酸				凝固温度/℃
	半胱氨酸	胱氨酸	脯氨酸	羟脯氨酸	
卵清蛋白	1.4	0.5	—	—	56
血清清蛋白	0.3	5.7	4.7	—	67
乳清清蛋白	6.4	—	—	—	72
β-乳球蛋白	1.1	2.3	—	—	$70\sim75$
酪蛋白	—	0.3	13.5	—	$160\sim200$
明胶	0	—	16.4	14.1	较高

表 4-4　几种蛋白质的平均疏水性和热变性温度

蛋白质	变性温度/℃	平均疏水性/(kJ·mol⁻¹残基)	蛋白质	变性温度/℃	平均疏水性/(kJ·mol⁻¹残基)
血红蛋白	67	3.98	β-乳球蛋白	83	4.50
溶菌酶	72	3.72	生物素结合蛋白	85	3.81
蛋清蛋白	76	4.01	大豆球蛋白	92	—
肌球蛋白	79	4.33	燕麦球蛋白	108	—
α-乳球蛋白	83	4.26			

蛋白质变性温度与蛋白质的立体结构有关。单体球状蛋白在大多数情况下热变性是可逆的，许多单体酶加热到变性温度以上，甚至在100℃短时间保留，然后立即冷却至室温，它们也能完全恢复原有活性。而有的蛋白质在90～100℃加热较长时间，则发生不可逆变性。

蛋白质凝固温度因电解质的存在而降低，其反应速度则增加，化合价大的离子易使蛋白质凝固。例如制造豆腐时，豆浆中的球蛋白仅加热是不会凝固的，但在70℃以上添加氯化镁或硫酸钙即可凝固。

蛋白质凝固温度也受氢离子浓度的影响。一般在等电点范围内最易凝固（分子间容易靠近）。加酸过多至pH值4.8以下，则凝固温度上升，甚至不会凝固。

水是极性很强的物质，对蛋白质的氢键相互作用有很大影响，因此水能促进蛋白质的热变性。干蛋白粉似乎是很稳定的。在干燥状态，蛋白质具有一个静止的结构，多肽链序列的运动受到了限制。当向干燥蛋白质中添加水时，水渗透到蛋白质表面的不规则空隙或进入蛋白质的小毛细管，并发生水合作用，引起蛋白质溶胀。在室温下大概当每克蛋白质的水分含量达到0.3～0.4g时，蛋白质吸水即达到饱和。水的加入，增加了多肽链的湍度和分子的柔顺性，这时蛋白质分子处于动力学上更有利的熔融结构。当加热时，蛋白质的这种动力学柔顺性结构，相对于干燥状态，则可提供给水更多的概率接近盐桥和肽链的氢键，结果变性温度（T_d）降低。

蛋白质热变性速率取决于温度。对许多反应来说，温度每升高10℃，反应速率约增加2倍。但是，对于蛋白质变性反应，当温度上升10℃，速率可增加600倍左右，因为维持二级、三级和四级结构稳定性的各种相互作用的能量都很低。

各种不同质地、不同大小的原料，其蛋白质热变性的速度是不一致的，这就需要采取不同的烹饪方法，巧妙地使用刀工，恰当地控制火候，使成品质量符合饮食要求。例如，"霸王别姬"，其选用蒸法使整鳖和上过糖色的整鸡熟制，这就需要较长的时间加热，才能使原料中的蛋白质由表及里逐渐发生热变性，使鸡、鳖肉内层组织结构松软，成品酥烂而不走形。而"滑炒里脊丝"中初加工后的肉丝，由于体积小、表面积大，烹制时热量很快传递到原料内部，蛋白质迅速变性成熟，细胞空隙闭合，因而可保持原料内部营养和水分不致外溢，成菜鲜嫩多汁。

食品加工中所采用的热力杀菌，可采取高温短时间或高温瞬时的灭菌方法，有利于保持食品的营养价值和风味，减少成分损失。加酸、加碱可以加速蛋白质热变性的速度。一般水果罐头杀菌温度较蔬菜罐头低，这和水果罐头中含有机酸较多，加热时容易引起细菌蛋白质变性有关。在烹制醋熘菜肴时成熟比较快，主要是酸促使蛋白质变性沉淀，使组织发硬变脆的缘故。有的菜加点碱，煮烂较快，这是蛋白质凝固速度加快、易水解的缘故。但碱会破坏成品的营养成分，加热时破坏速度加快，所以这种方法用得较少。

2. 蛋白质的低温变性

在低温下，由于蛋白质与周围的水结合状态发生变化，从而破坏了维持蛋白质构象的能力；另外，水保护层的破坏，蛋白质的一些基团就可以发生直接或接触和相互作用，导致蛋白质聚集或原来的亚基重排；结冰后，非冷冻相中盐浓度大大提高，局部高浓度盐使蛋白质发生变性。

某些蛋白质经过低温处理后发生可逆变性，如有些酶（L-苏氨酸脱氨酶）在室温下比较稳定，而在0℃时不稳定。某些蛋白质（11S大豆蛋白、麦醇溶蛋白、卵蛋白和乳蛋白）在低温或冷冻时发生聚集和沉淀。例如，大豆球蛋白在2℃保藏，会产生聚集和沉淀，当温度回升至室温，可再次溶解。

食品缓慢冷冻时，由于冰晶缓慢地在细胞间隙形成，细胞内的水分逐渐渗出而结冰，造成细胞内酸度和盐分升高而促使蛋白质变性。例如冬天受冻的大白菜，由于蛋白质变性使大白菜煮不熟，口感差。

3. 机械处理引起的蛋白质变性

机械处理，比如揉捏、振动或搅拌等高速机械剪切，都能引起蛋白质变性。在加工面包或其他食品的面团时，产生的剪切力使蛋白质变性，主要是因为 α-螺旋的破坏导致了蛋白质网络结构的改变。例如在制作鸡蛋糕时，就是利用打蛋机搅打，使鸡蛋在机械搅拌下变性。首先使蛋白质结构松散，由复杂的空间天然结构变成线状的多肽链，多肽链在继续搅拌下，以各种副键交联，形成环状的小液滴。由于大量空气充入到液滴中，使鸡蛋体积大大增加。然后，加面粉烘烤，蛋白质在烘烤时凝固，包在内部的空气和水蒸气膨胀，得到松软可口的鸡蛋糕。

4. pH值变化引起的蛋白质变性

酸能使许多蛋白质变性凝固。例如牛奶在乳酸杆菌的作用下，使乳糖变成乳酸。牛奶中的酸度提高，达到等电点时乳球蛋白变性凝固，当乳酸进一步增多时，酸度更高，酪蛋白将呈游离状而沉淀，形成了酸奶。

5. 有机溶剂引起的蛋白质变性

有机溶剂能破坏蛋白质中的某些副键而使蛋白质变性。大多数有机溶剂属于蛋白质变性剂，因为它们能改变介质的介电常数，从而使保持蛋白质稳定的静电作用力发生变化。非极性有机溶剂渗入疏水区,可破坏疏水相互作用,促使蛋白质变性。这类溶剂的变性行为也可能是因为它们和水产生相互作用引起的。醉腌的菜肴就是利用乙醇使蛋白质变性的原理制作的。醉腌是以酒和盐作为主要调料的一种腌制方法,一般是以鲜活的水产原料如河蟹等,通过酒醉死,不再加热,即可食用,如醉蟹、平湖糟蛋等。

6. 有机化合物水溶液

某些有机化合物例如尿素和盐酸胍的高浓度（$4 \sim 8mol/L$）水溶液能断裂氢键,从而使蛋白质发生不同程度的变性。同时,还可通过增大疏水氨基酸残基在水相中的溶解度,降低疏水相互作用。

尿素和盐酸胍引起的变性包括两种机制。第一种机制是变性蛋白质能与尿素和盐酸胍优先结合,形成变性蛋白质-变性剂复合物。随着变性剂浓度的增加,天然状态的蛋白质不断转变为复合物,最终导致蛋白质完全变性。然而,由于变性剂与变性蛋白的结合是非常弱的,因此,只有高浓度的变性剂才能引起蛋白质完全变性。第二种机制是尿素与盐酸胍对疏水氨基酸残基的增溶作用。因为尿素和盐酸胍具有形成氢键的能力,当它们在高浓度时,可以破坏水的氢键结构,结果尿素和盐酸胍就成为非极性残基的较好溶剂,使蛋白质分子内部的疏水残基伸展和溶解性增加。

尿素和盐酸胍引起的变性通常是可逆的,但是,在某些情况下,由于一部分尿素可以转变为氰酸盐和氨,而蛋白质的氨基能够与氰酸盐反应改变蛋白质的电荷分布。因此,尿素引起的蛋白质变性有时很难完全复性。

还原剂（半胱氨酸,抗坏血酸、β-硫基乙醇、二硫苏糖醇）可以还原二硫交联键,因而能改变蛋白质的构象,使蛋白质发生变性。

7. 表面活性剂

表面活性剂例如十二烷基磺酸钠（SDS）是一种很强的变性剂。SDS浓度在$3 \sim 8mmol/L$范围可引起大多数球状蛋白质变性。由于SDS可以在蛋白质的疏水和亲水环境之间起着乳化介质的媒介作用,且能优先与变性蛋白质强烈地结合,因此破坏了蛋白质的疏水相互作用,促使天然蛋白质伸展,非极性基团暴露于水介质中,导致了天然与变性蛋白质之间的平衡移动,引起蛋白质不可逆变性,这与尿素和盐酸胍引起的变性不一样。球状蛋白质经SDS变性后,呈现α-螺旋棒状结构,而不是以无规卷曲状态存在。

8. 金属引起的蛋白质变性

碱金属（例如Na^+和K^+）只能有限度地与蛋白质起作用,而Ca^{2+}、Mg^{2+}略微活泼些。过渡金属例如Cu、Fe、Hg和Ag等的离子很容易与蛋白质发生作用,其中许多能与巯基形成稳定的复合物。Ca^{2+}（还有 Fe^{2+}、Cu^{2+} 和 Mg^{2+}）可成为某些蛋白质分子或分子缔合物的组成部分。一般用透析法或螯合剂可从蛋白质分子中除去金属离子，但这将明显降低这类蛋白质对热和蛋白酶的稳定性。重金属盐能与蛋白质中的某些基团结合引起蛋白质变性，失去生理活性，生成复合沉淀物，使人畜中毒。

9. 无机盐

在低盐浓度时，离子与蛋白质之间为非特异性静电相互作用（图 4-13）。当盐的异种电荷离子中和了蛋白质的电荷时，有利于蛋白质的结构稳定，这种作用与盐的性质无关，只依赖于离子强度。一般离子强度 $\leq 0.2mol/L$ 时即可完全中和蛋白质的电荷。然而在较高浓度（$>1mol/L$）时，盐具有特殊离子效应，影响蛋白质结构的稳定性。阴离子的作用大于阳离子，无论大分子（包括 DNA）的结

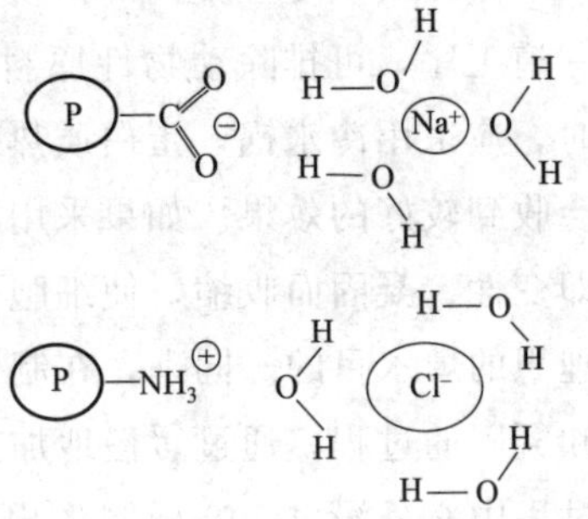

图 4-13　盐离子与蛋白质相互作用

构和构象差别多大，高浓度的盐对它们的结构稳定性均产生不利影响。其中 Na-SCN 和 $NaClO_4$ 是强变性剂。

盐对蛋白质稳定性的影响机制还不十分清楚，可能与盐同蛋白质的结合能力，以及对蛋白质的水合作用影响有关。凡是能促进蛋白质水合作用的盐均能提高蛋白质结构的稳定性；反之，与蛋白质发生强烈相互作用，降低蛋白质水合作用的盐，则使蛋白质结构去稳定。进一步从水的结构作用讨论，盐对蛋白质的稳定和去稳定作用，涉及盐对体相水有序结构的影响，稳定蛋白质的盐提高了水的氢键结构，而使蛋白质失稳的盐则破坏了体相水的有序结构，因而有利于蛋白质伸展，导致蛋白质变性。换言之，离液盐的变性作用可能与蛋白质中的疏水相互作用有关。

（三）蛋白质变性在烹饪中的应用

在食品的烹饪加工过程中，蛋白质的变性有着重要的意义和作用。卵蛋白的热凝固用于蛋品的烹调和糕点的加工，碱凝固用于松花蛋的加工。豆腐是通过将豆乳中的蛋白质热变性后，再用钙盐或镁盐（如石膏 $CaSO_4 \cdot 2H_2O$）点豆腐使其凝固，从而形成豆腐所具有的滑而软的口感，提高了大豆制品的适口性。

对于烹饪来说，加热是最常用的手段。在 $40\sim50℃$ 蛋白质就会变性，温度每升高 $10℃$，蛋白质变性的速度就增高近 600 倍。温度越高，蛋白质变性所需要的时间就越短。不同的烹调方法，蛋白质变性所需要的温度和时间是不同的，即蛋白质变性与中国传统烹饪理论中的火候有关。如在较低温度（$90\sim100℃$）下烧煮肉类，需要几十分钟甚至几小时的时间，而在高温（$150\sim250℃$）下的爆、炒、煎、

炸、烤、炙等，仅需数分钟就可以了。在高温下热处理时间过长，导致的后果不仅是蛋白质分子发生变性反应，还会诱发蛋白质多肽主链上共价键的断裂，即使没有达到主链分解的程度，也会使肉类所含水分过分丢失，导致成品鲜嫩度下降并难以咀嚼。总之，加热变性希望得到的结果是蛋白质分子在天然构象结构上的展开，而不是共价结构的断裂。

蛋白质热变性凝固的性质，在烹饪中有着广泛的应用。如焯水是烹饪中常用的一道工序，可排除动物性原料中的血污，解除部分腥腻、膻味。原料焯水去异味时，应采用冷水锅，蛋白质热变性凝固缓慢，原料中血污、异味溶出得多，焯水就会收到较好的效果。如果采用沸水下锅，原料骤然受到高温，原料表面的蛋白质立即变性、凝固而收缩，使细胞孔隙闭合，原料内部的血污、异味不易除尽，达不到理想的焯水目的。同理，在制作高汤时，原料也应冷水下锅，以控制蛋白质热变性和凝固的过程，通过缓慢地加热，使细胞的内容物在蛋白质凝固和原料收缩的缓慢过程中充分浸出，这样制作出的高汤味道鲜美、浓郁，更会增加菜肴的美味。另外，经过初加工的鱼、肉在烹制前用沸水烫一下或在较高温度的油锅中速炸一下，原料表面受到骤然的高温，原料表层的蛋白质迅速热变性凝固，细胞孔隙闭合，可保持原料中的营养成分，减少水分损失，最终烹制出鲜嫩的菜肴。

食物的加热熟制是烹饪工艺技术的主要方面。加热过程中蛋白质的变性一方面可保持其营养价值和风味效果，另一方面可以利用蛋白质的热变性反应，破坏多种致病因素对人体健康的危害。各种病原微生物中所含蛋白质因为变性可导致它们生物活性的丧失，一些妨碍消化的酶也因变性失去催化活性，使食物变得更安全。

除高温引起蛋白质变性外，低温也会引起蛋白质的变性。动物性食物如鲜鱼、鲜肉和鸡、鸭等禽类在冷冻储藏中引起的蛋白质变性，对其制品的质量有较大的影响，会使肉质保水性降低而引发肉质发硬、溶解性降低，会使肉的风味、营养价值等方面都有所降低。又如蛋黄冷冻并储于 -6 ℃，解冻后呈胶体状态，黏度也明显增大。蛋白质冷冻变性程度与冻结速度有关。一般来说，冻结速度越快，冰结晶越小，挤压作用也越小，变性程度就越小。另外 Ca、Mg 和脂肪对蛋白质的低温变性有促进作用，而磷酸盐、糖和甘油能减少蛋白质的低温变性。

用机械的方法对食物原料进行搅打、搓揉时，也会诱导蛋白质分子的变性，这在面团形成中表现最为明显。

当然，蛋白质的变性也给烹饪加工带来了一些不良影响。例如，干制品失去再吸水的作用；冷冻肉类、鱼类等，由于冻结时蛋白质的变性放出部分结合水，因而增加了解冻时的流出液，影响冻结品的质量和味道。一般肉类、鱼类在加热凝固时要放出 10%～20% 的水分，损失肉内的可溶性营养素，使制品的质量降低。所以在食品加工储藏中，应采取必要的措施以减少其中蛋白质的变性程度，如低温快速干燥、快速冷冻和肉的速炒等。

三、蛋白质的功能性质

食品的感官品质诸如质地、风味、色泽和外观等，是人们摄取食物时的主要依据，也是评价食品质量的重要组成部分之一。食品中各种次要和主要成分之间相互作用的结果产生了食品的感官品质，在这些诸多成分中蛋白质的作用显得尤为重要。例如，焙烤食品的质地和外观与小麦面筋蛋白质的黏弹性和面团形成特性相关；乳制品的质地和凝乳形成性质取决于酪蛋白胶束独特的胶体性质；蛋糕的结构和一些甜食的搅打起泡性与蛋清蛋白的性质关系密切；肉制品的质地与多汁性则主要依赖于肌肉蛋白质（肌动蛋白、肌球蛋白、肌动球蛋白和某些水溶性肉类蛋白质）。蛋白质的功能性质是指食品体系在加工、储藏、制备和消费过程中蛋白质对食品产生需要特征的那些物理、化学性质。

从经验上看食品蛋白质的功能性质分为两大类：第一类是流体动力学性质，包括水吸收和保持、溶胀性、黏附性、黏度、沉淀、胶凝和形成其他各种结构（如蛋白质面团）时起作用的那些性质，它们通常与蛋白质的大小、形状和柔顺性有关；第二类是表面性质，主要是与蛋白质的湿润性、分散性、溶解度、表面张力、乳化作用、蛋白质的起泡特性及脂肪和风味的结合等有关的性质，这些性质之间并不是完全孤立和彼此无关的。例如，胶凝作用不仅包括蛋白质-蛋白质相互作用，而且还有蛋白质-水相互作用；黏度和溶解度取决于蛋白质-水和蛋白质-蛋白质的相互作用。以下讨论食品蛋白质的主要功能性质及蛋白质在加工时功能性质的变化。

（一）蛋白质的水合性质

蛋白质在溶液中的构象主要取决于它和水之间的相互作用，大多数食品是水合固态体系。食品中的蛋白质、多糖和其他成分的物理化学及流变学性质，不仅受到体系中水的强烈影响，而且还受到水活性的影响。水能改变蛋白质的物理、化学性质，如具有无定形和半结晶的食品蛋白质，由于水的增塑作用可以改变它们的玻璃化转变温度（T_g）和变性温度。

蛋白质制品的许多功能性质与水合作用有关，如水吸收作用（也叫作水摄取、亲和性或结合性）、溶胀、湿润性、持水容量（或水保留作用），以及黏附和内聚力都与水合作用有关。

1. 蛋白质与水相互作用

蛋白质的水合作用是通过蛋白质的肽键（偶极-偶极或氢键），或氨基酸侧链（离子的极性甚至非极性基团）同水分子之间的相互作用来实现的。在宏观水平上，蛋白质与水的结合是一个逐步的过程，而且与水分活度密切相关。在低水分活度

（0.05～0.3）时，离子基团因其高亲和性而首先溶剂化，随后是极性和非极性基团与水结合，最终在蛋白质表面形成单分子水层（或"结合水"），这部分水在流动上是受阻的，即不能冻结，也不能作为溶剂参与化学反应。在中等水分活度（0.3～0.7）范围，蛋白质结合水后，除形成单分子水层外，还可以形成多分子水层。在水分活度为0.9时，蛋白质结合的水大多数在0℃是不能冻结的。当水分活度＞0.9时，大量的液态水（体相水）是凝聚在蛋白质分子的裂隙中，或者截留在不溶性蛋白质（如肌纤维）体系的毛细管中，这部分水的性质类似于体相水，被称为流体动力学水，它们与蛋白质分子一起运动。

2. 影响蛋白质水合性质的因素

蛋白质浓度、pH值、温度、时间、离子强度、盐的种类和体系中的其他成分等因素都影响蛋白质的构象，影响蛋白质-蛋白质和蛋白质-水之间的相互作用，这些相互关系决定着蛋白质的大多数功能性质。

（1）蛋白质浓度 蛋白质的总吸水率随蛋白质浓度的增加而增加。

（2）pH值 pH值的变化影响蛋白质分子的解离和净电荷量，因而可改变蛋白质分子间的相互吸引力和排斥力及其与水缔合的能力。在等电点pH值时，蛋白质-蛋白质相互作用最强，蛋白质的水合作用和溶胀最小。例如，宰后僵直前的生牛肉（或牛肉匀浆）pH值从6.5下降至接近5.0（等电点），其持水容量显著减少，并导致肉的汁液减少和嫩度降低。低于或高于蛋白质的等电点pH值时，由于净电荷和排斥力的增加导致蛋白质溶胀并结合更多的水。在pH值为9～10时，许多蛋白质结合的水量均大于其他任何pH值的情况，这是由于疏水基和酪氨酸残基离子化的结果，当pH＞10时赖氨酸残基的ε-氨基上的正电荷丢失，从而使蛋白质结合水的能力下降。pH值对几种蛋白质溶解度的影响如图4-14所示。

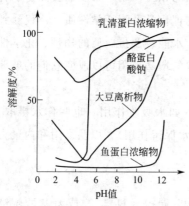

图4-14 pH值对蛋白质溶解度的影响

（3）温度 蛋白质结合水的能力一般随温度升高而降低，这是因为降低了氢键作用和离子基团结合水的能力，使蛋白质结合水的能力下降。蛋白质加热时发生变性和聚集，后者可以减少蛋白质的表面面积和极性氨基酸对水结合的有效性，因此凡是变性后聚集的蛋白质结合水的能力因蛋白质之间相互作用而下降。另外，结合很紧密的蛋白质在加热时，发生解离和伸展，原来被遮掩的肽键和极性侧链暴露在表面，从而提高了极性侧链结合水的能力。例如乳清蛋白加热时可产生不可逆胶凝，如果将凝胶干燥，可增加不溶性蛋白质网络内的毛细管作用，因而使蛋白质的吸水能力显著增强。

（4）离子的种类和浓度　离子的种类和浓度对蛋白质的吸水性、溶胀和溶解度也有很大影响。盐类和氨基酸侧链基团通常同水发生竞争性结合。在低盐浓度（0.2mol/L）时，蛋白质的水合作用增强（盐溶），这是由于盐离子与蛋白质分子的带电基团发生微弱结合的原因，但是这样低的浓度不会对蛋白质带电基团的水合层带来影响。实质上，增加的结合水量是来自与蛋白质结合离子的缔合水。高盐浓度时，水和盐之间的相互作用超过水和蛋白质之间的相互作用，因而可引起蛋白质脱水（盐析）。

蛋白质成分吸收和保持水的能力在各种食品的质地性能中起着主要的作用，特别是碎肉和焙烤过的面团，不溶解的蛋白质吸水可导致溶胀和产生体积、黏度等性质的变化。蛋白质的其他功能性（如乳化作用或胶凝作用），也可使食品具有所需要的性质。蛋白质的持水能力在食品加工和保藏过程中比水合能力更为重要，所保留的水包括结合水、流体动力学水和物理截留水。其中物理截留水对持水能力的贡献大于结合水与流体动力学水。研究表明，蛋白质的持水能力与水合能力呈正相关。

不溶性蛋白质的溶胀相当于可溶性蛋白质的水合作用，也就是水嵌入在肽链残基之间，增加了蛋白质的体积，同时使蛋白质相关的物理性质发生变化。例如，肌原纤维的二聚体浸泡在 1.0mol/L 的 NaCl 溶液中，体积比原有状态增加 2.5 倍，体积的增加值相当于 6 个折叠所占有的体积。蛋白质溶胀时所需要的水量通常是干重蛋白质的数倍。

（5）蛋白质的种类　不同蛋白质由于氨基酸组成及结构上的不同，其水合能力也有较大差别，如表 4-5 所示。

表 4-5　不同蛋白质的水合能力

蛋白质	水结合能力/(gH₂O/g 蛋白质)	蛋白质	水结合能力/(gH₂O/g 蛋白质)
血红蛋白	0.62	β-乳球蛋白	0.54
溶菌酶	0.34	大豆蛋白	0.33
卵清蛋白	0.30	乳清蛋白浓缩物	0.45~0.52
肌球蛋白	0.44	酪蛋白钠	0.38~0.92
胶原蛋白	0.45		

（二）蛋白质的溶解性

蛋白质的许多功能特性都与蛋白质的溶解度有关，特别是增稠、起泡、乳化和胶凝作用。目前，不溶性蛋白质在食品中的应用非常有限。蛋白质的溶解性是蛋白质-蛋白质和蛋白质-溶剂相互作用达到平衡的热力学表现形式。蛋白质的溶解度与氨基酸残基的疏水性有关，疏水性越小，蛋白质的溶解度越大。蛋白质的溶解性可用水溶性蛋白质（WSP）、水可分散蛋白（WDP）、蛋白质分散性指标（PDI）、氮溶解性指标（NSI）来评价；其中 PDI 和 NSI 已是美国油脂化学家协会采纳的法定评价方法。

蛋白质的溶解度大小还与 pH 值、离子强度、温度和蛋白质浓度有关。大多数食品蛋白质的溶解度 pH 值图是一条 U 形曲线，最低溶解度出现在蛋白质的等电点附近。在低于和高于等电点 pH 值时，蛋白质分别带有净的正电荷或净的负电荷，带电的氨基酸残基的静电推斥和水合作用促进了蛋白质的溶解。但 β-乳球蛋白（pI5.2）和牛血清清蛋白（pI4.8）即使在它们的等电点时，仍然是高度溶解的，这是因为其分子中表面亲水性残基的数量远高于疏水性残基数量。由于大多数蛋白质在碱性（pH8～9）是高度溶解的，因此总是在此 pH 值范围从植物资源中提取蛋白质，然后在 pH4.5～4.8 处采用等电点沉淀法从提取液中回收蛋白质。

在低离子强度（<0.5mol/L）溶液中，盐的离子中和蛋白质表面的电荷，从而产生了电荷屏蔽效应，如果蛋白质含有高比例的非极性区域，那么此电荷屏蔽效应使它的溶解度下降；反之，溶解度提高。当离子强度 >1.0mol/L 时，盐对蛋白质溶解度具有特异的离子效应，硫酸盐和氟化物（盐）逐渐降低蛋白质的溶解度（盐析），硫氰酸盐和过氯酸盐逐渐提高蛋白质的溶解度（盐溶）。在相同的离子强度时，各种离子对蛋白质溶解度的相对影响遵循 Hofmeister 系列规律，阴离子提高蛋白质溶解度的能力按下列顺序：$SO_4^{2-} < F^- < Cl^- < Br^- < I^- < ClO_4^- < SCN^-$；阳离子降低蛋白质溶解度的能力按下列顺序：$NH_4^+ < K^+ < Na^+ < Li^+ < Mg^{2+} < Ca^{2+}$，离子的这个性能类似于盐对蛋白质热变性温度的影响。

在恒定的 pH 值和离子强度下，大多数蛋白质的溶解度在 0～40℃ 范围内随温度的升高而提高，而一些高疏水性蛋白质，如 β-酪蛋白和一些谷类蛋白质的溶解度却和温度呈负相关。当温度超过 40℃ 时，由于热导致蛋白质结构的展开（变性），促进了聚集和沉淀作用，使蛋白质的溶解度下降。

加入能与水互溶的有机溶剂，如乙醇和丙酮，降低了水介质的介电常数，从而提高了蛋白质分子内和分子间的静电作用力（排斥和吸引），导致蛋白质分子结构的展开，在此展开状态下，介电常数的降低又能促进暴露的肽基团之间氢键的形成和带相反电荷的基团之间的静电相互吸引作用，这些相互作用均导致蛋白质在有机溶剂-水体系中溶解度减少甚至沉淀。有机溶剂-水体系中的疏水相互作用对蛋白质沉淀所起的作用是最低的，这是因为有机溶剂对非极性残基具有增溶的效果。

（三）黏度

液体的黏度反映它对流动的阻力。蛋白质流体的黏度主要由蛋白质粒子在其中的表观直径决定（表观直径越大，黏度越大）。表观直径又依下列参数而变：

①蛋白质分子的固有特性（如摩尔浓度、大小、体积、结构及电荷等）；②蛋白质和溶剂间的相互作用，这种作用会影响膨胀、溶解度和水合作用；③蛋白质质之间的相互作用会影响凝集体的大小。

当大多数亲水性溶液的分散体系（匀浆或悬浊液）、乳状液、糊状物或凝胶（包括蛋白质）的流速增加时，它的黏度系数降低，这种现象称为剪切稀释。剪切稀释可以用下面的现象来解释：①分子在流动的方向逐步定向，因而使摩擦阻力下降。②蛋白质水化球在流动方向变形。③氢键和其他弱键的断裂导致蛋白质聚集体或网络结构的解体。这些情况下，蛋白质分子或粒子在流动方向的表观直径减小，因而其黏度系数也减小。当剪切处理停止时，断裂的氢键和其他次级键若重新生成而产生同前的聚集体，那么黏度又重新恢复，这样的体系称为触变体系。例如大豆分离蛋白和乳清蛋白的分散体系就是触变体系。

黏度和蛋白质的溶解度无直接关系，但和蛋白质的吸水膨润性关系很大。一般情况下，蛋白质吸水膨润性越大，分散体系的黏度也越大。蛋白质体系的黏度和稠度是流体食品如饮料、肉汤、汤汁、沙司和奶油的主要功能性质。

（四）胶凝作用

蛋白质的胶凝作用同蛋白质的缔合、凝集、聚合、沉淀、絮凝和凝结等分散性的降低是不同的。蛋白质的缔合一般是指亚基或分子水平上发生的变化；聚合或聚集一般是指较大复合物的形成；沉淀作用指由于溶解度全部或部分丧失而引起的一切凝集反应；絮凝是指没有变性时的无序凝集反应，这种现象常常是因为链间静电排斥力的降低而引起的；凝结作用是指发生变性的无规则聚集反应和蛋白质-蛋白质的相互作用大于蛋白质-溶剂的相互作用引起的聚集反应。变性的蛋白质分子聚集并形成有序的蛋白质网络结构的过程称为胶凝作用。

食品蛋白凝胶可大致可分为以下类。

① 加热后冷却产生的凝胶，这种凝胶多为热可逆凝胶，例如明胶溶液加热后冷却形成的凝胶。

② 加热状态下产生凝胶，这种凝胶很多不透明而且是非可逆凝胶，例如蛋清蛋白在煮蛋中形成的凝胶。

③ 由钙盐等二价金属盐形成的凝胶，例如大豆蛋白质形成豆腐。

④ 不加热而经部分水解或 pH 值调整到等电点而产生凝胶，例如凝乳酶制作干酪，乳酸发酵制作酸奶和皮蛋等生产中的碱对蛋清蛋白的部分水解等。

大多数情况下，热处理是胶凝作用所必需的条件，然后必须冷却，略微酸化也是有利的。增加盐类，尤其是钙离子也可以提高胶凝速率和胶凝强度（大豆蛋白、乳清蛋白和血清蛋白）。但是，某些蛋白质不加热也可胶凝，而仅仅需经适当的酶解（酪蛋白胶束、卵白和血纤维蛋白），或者只是单纯地加入钙离子（酪蛋白胶束），或者在碱化后使其恢复到中性或等电点 pH（大豆蛋白）。虽然许多凝胶是由蛋白质溶液形成的（鸡卵清蛋白和其他卵清蛋白等），但不溶或难溶性的蛋白质水溶液或盐水分散液也可以形成凝胶（胶原蛋白、肌原纤维蛋白）。因此，蛋白质的溶解性并不是胶凝作用必需的条件。

一般认为蛋白质凝胶网络的形成是由于蛋白质-蛋白质、蛋白质-溶剂（水）的相互作用，邻近肽链之间的吸引力和排斥力达到平衡时引起的。疏水作用力、静电相互作用、氢键和二硫键等对凝胶形成的相对贡献随蛋白质的性质、环境条件和胶凝过程中步骤的不同而异。静电排斥力和蛋白质-水之间的相互作用有利于肽链的分离。蛋白质浓度高时，因分子间接触的概率增大，更容易产生蛋白质分子间的吸引力和胶凝作用。蛋白质溶液浓度高时即使环境条件对凝集作用并不十分有利（如不加热、pH 值与等电点相差很大时），也仍然可以发生胶凝作用。共价二硫交联键的形成通常会导致热不可逆凝胶的生成，如卵清蛋白和 β-乳球蛋白凝胶。而明胶则主要通过氢键的形成而保持稳定，加热时（约 30℃）熔融，并且这种凝结-熔融可反复循环多次而不失去胶凝特性。

将种类不同的蛋白质放在一起加热可产生共凝胶作用而形成凝胶，而且蛋白质还能与多糖胶凝剂相互作用而形成凝胶，带正电荷的明胶与带负电荷的海藻酸盐或果胶酸盐之间通过非特异性离子间的相互作用能生成高熔点（80℃）的凝胶。

许多凝胶以一种高度膨胀（敞开）和水合结构的形式存在。每克蛋白质约可含水 10g 以上，而且食品中的其他成分可被截留在蛋白质的网络之中。有些蛋白质凝胶甚至可含 98％的水，这是一种物理截留水，不易被挤压出来。曾有人对凝胶具有很大持水容量的能力作出假设，认为这可能是二级结构在热变性后，肽链上未被掩盖的肽链的 CO—和—NH 基各自成为负的和正的极化中心，因而可能建立一个广泛的渗层水体系。冷却时，这种蛋白质通过重新形成的氢键而相互作用，并提供固定自由水所必需的结构。也可能是蛋白质网络的微孔通过毛细管作用来保持水分。

凝胶的生成是否均匀，这和凝胶生成的速度有关。如果条件控制不当，使蛋白质在局部相互结合过快，凝胶就较粗糙不匀。凝胶的透明度与形成凝胶的蛋白质颗粒的大小有关，如果蛋白颗粒或分子的表观分子质量大，形成的凝胶就较不透明。同时蛋白质凝胶强度的平方根与蛋白质相对分子质量之间呈线性关系。

（五）质构化

蛋白质的质构化或者叫组织形成性，是在开发利用植物蛋白和新蛋白质中重要的一种的功能性质。这是因为这些蛋白质本身不具有像畜肉那样的组织结构和咀嚼性，经过质构化后可使它们变为具有咀嚼性和持水性良好的片状或纤维状产品，从而制造出仿造食品或代用品。另外，质构化加工方法还可用于动物蛋白质的"重质构化"或"重整"，如牛肉或禽肉的"重整"。

现将蛋白质质构化的原理和方法介绍如下。

1. 热凝结和形成薄膜

浓缩的大豆蛋白质溶液能在滚筒干燥机等同类型机械的金属表面热凝结，产生薄而水化的蛋白质膜，能被折叠压缩在一起切割。豆乳在 95℃ 下保持几小时，表面水分蒸发，热凝结而形成一层薄的蛋白质-脂类膜，将这层膜被揭除后，又形成一层膜，然后又能重新反复几次再产生同样的膜，这就是我国加工腐竹（豆腐衣）的传统方法。

2. 纤维的形成

大豆蛋白和乳蛋白液都可喷丝而组织化，就像人造纺织纤维一样，这种蛋白质的功能特性就叫作蛋白质的纤维形成作用。利用这种功能特性，将植物蛋白或乳蛋白浓溶液喷丝、缔合、成型、调味后，可制成各种风味的人造肉。其工艺过程为，在 pH 值 10 以上制备 $10\%\sim40\%$ 的蛋白质浓溶液，经脱气、澄清（防止喷丝时发生纤维断裂）后，在压力下通过一块含有 1000 目/cm^2 以上小孔（直径为 $50\sim150\mu m$）的模板，产生的细丝进入酸性 NaCl 溶液中，由于等电点 pH 值和盐析效应致使蛋白质凝结，再通过滚筒取出。滚筒转动速度应与纤维拉直、多肽链的定位以及紧密结合相匹配，以便形成更多的分子间的键，这种局部结晶作用可增加纤维的机械阻力和咀嚼性，并降低其持水容量。再将纤维置于滚筒之间压延和加热使之除去一部分水，以提高黏着力和增加韧性。加热前可添加黏结剂如明胶、卵清、谷蛋白（面筋）或胶凝多糖，或其他食品添加剂如增香剂或脂类。凝结和调味后的蛋白质细丝，经过切割、成型、压缩等处理，便加工形成与火腿、禽肉或鱼肌肉相似的人造肉制品。

3. 热塑性挤压

目前用于植物蛋白质构化的主要方法是热塑性挤压，采用这种方法可以得到干燥的纤维状多孔颗粒或小块，当复水时具有咀嚼性质地。进行这种加工的原料不需用蛋白质离析物，采用价格低廉的蛋白质浓缩物或粉状物（含 $45\%\sim70\%$蛋白质）即可，其中酪蛋白或明胶既能作为蛋白质添加物又可直接质构化，若添加少量淀粉或直链淀粉就可改进产品的质地，但脂类含量不应超过 $5\%\sim10\%$，氯化钠或钙盐添加量应低于 3%，否则，将使产品质地变硬。

热塑性挤压方法如下：含水（$10\%\sim30\%$）的蛋白质-多糖混合物通过一个圆筒，在高压（$10\sim20MPa$）下的剪切力和高温作用下（在 $20\sim150s$ 时间内，混合料的温度升高到 $150\sim200℃$）转变成黏稠状态，然后快速地挤压通过一个模板进入正常的大气压环境，膨胀形成的水蒸气使内部的水闪蒸，冷却后，蛋白质-多糖混合物便具有高度膨胀、干燥的结构。

热塑性挤压可产生良好的质构化，但要求蛋白质具有适宜的起始溶解度、大的分子量以及蛋白质-多糖混合料在管芯内能产生适宜的可塑性和黏稠性。含水量较高的蛋白质同样也可以在挤压机内因热凝固而质构化，这将导致水合、非膨胀薄膜或凝胶的形成，添加交联剂戊二醛可以增大最终产物的硬度。这种技术还可用于血液、机械去骨的鱼、肉及其他动物副产品的质构化。

（六）界面性质

许多天然的和加工的食品都是泡沫或乳化体系的产品，它们都需要利用蛋白质的起泡性、泡沫稳定性和乳化性等功能，如焙烤食品、甜点心、啤酒、牛奶、冰激凌、黄油和肉馅等，这些分散体系，除非有两亲物质存在，否则是不稳定的。蛋白质是两亲分子，它能自发地迁移到空气/水界面或油/水界面。蛋白质作为一类天然大分子化合物，不同于低相对分子质量的表面活性剂，能够在界面上形成高黏弹性薄膜，并产生物理垒以抵抗外界机械作用的冲击，其界面体系比由低相对分子质量的表面活性剂形成的界面更稳定。正因为如此，蛋白质的这种优良特性在食品加工中被广泛得到应用。但是，蛋白质的界面性质会受到诸多因素的影响，包括内在因素和外在因素，如表 4-6 所示。

表 4-6　影响蛋白质界面性质的因素

内在因素	外在因素	内在因素	外在因素
氨基酸组成	pH 值	二硫键	温度
非极性氨基酸与极性氨基酸之比	离子强度和种类	分子大小和形状	
疏水性基团与亲水性基团的分布	蛋白质浓度	分子柔性	
二级、三级和四级结构	时间		

1. 乳化性质

蛋白质既能同水相互作用，又能同脂相互作用，因此，蛋白质是天然的两亲物质，从而具有乳化性质。在油/水体系中，蛋白质能自发地迁移至油-水界面和气-水界面，到达界面上以后，疏水基定向到油相和气相而亲水基定向到水相并广泛展开和散布，在界面形成蛋白质吸附层，从而起到稳定乳状液的作用。蛋白质的乳化能力和稳定乳状液的作用反映了蛋白质的两种功能：①通过降低界面张力帮助形成乳状液。②通过在界面上形成物理障碍而帮助稳定乳状液。

影响蛋白质乳化作用的因素很多。外在因素如仪器设备的类型、能量输入的强度、剪切的速度、加油速率等；内在因素有 pH 值、离子强度、温度、糖类、油的种类、蛋白质类型等。一般蛋白质疏水性越强，在界面吸附的蛋白质浓度越高，界面张力越低，乳状液越稳定。蛋白质的溶解度与其乳化容量或乳状液稳定性之间通常存在正相关，不溶性蛋白质对乳化作用的贡献很小，但不溶性蛋白质颗粒常常能够在已经形成的乳状液中起到加强稳定的作用。pH 值影响蛋白质稳定的乳状液的形成和稳定，在等电点具有高溶解度的蛋白质（如血清蛋白、明胶和蛋清蛋白），具有最佳乳化性质。加热处理常可降低吸附在界面上的蛋白质膜的黏度和硬度，因而降低了乳状液的稳定性。加入小分子的表面活性剂，如磷脂和甘油一酯等，它们与蛋白质竞争地吸附在界面上，从而降低了蛋白质膜的硬度和削弱了使蛋白质保留在界面上的作用力，也使蛋白质的乳化性能下降。蛋白质起始的浓度必须较高才能形成具有适宜厚度和流变学性质的蛋白质膜。

2. 蛋白质的起泡性

泡沫通常是指气泡分散在含有表面活性剂的连续液相或半固相中的分散体系。许多加工食品是泡沫类型产品，如奶油、冰激凌、蛋糕、蛋白甜饼、面包、蛋奶酥、奶油冻和果汁软糖。在这些产品中的大多数蛋白质是重要的表面活性剂，它们帮助分散气相的形成和稳定。蛋白质的泡沫一般是由蛋白质溶液经吹气、搅打和摇振而形成的，是稳定的。不同蛋白质溶液的起泡力见表4-7。

蛋白质能作为起泡剂主要决定于蛋白质的表面活性和成膜性，例如鸡蛋清中的水溶性蛋白质在鸡蛋液搅打时可被吸附到气泡表面来降低表面张力，又因为搅打过程中的变性，逐渐凝固在气液界面间形成有一定刚性和弹性的薄膜，从而使泡沫稳定。

表 4-7 不同蛋白质溶液的起泡力

蛋白质	起泡力	蛋白质	起泡力
牛血清清蛋白	280	β-乳球蛋白	480
乳清分离蛋白	600	大豆蛋白（酶水解）	500
鸡蛋清	240	明胶（酸法加工猪皮明胶）	760
卵清蛋白	40		

（七）蛋白质与风味物质的结合

风味物质能够部分被吸附或结合在蛋白制剂或食物的蛋白质中，如果是与豆腥味、酸败味和苦涩味物质等不良风味物质结合，常常降低了蛋白制剂的食用性质；而与肉的风味物质和其他需宜风味物质的可逆结合，可使食物在保藏和加工过程中保持其风味。

蛋白质与风味物质的结合形式包括物理吸附和化学吸附。物理吸附主要通过范德华力、毛细管作用吸附；化学吸附包括静电吸附、氢键结合、共价结合。

（八）蛋白质功能性质在食品烹饪加工中的应用

1. 蛋白质水解在烹饪中的应用

蛋白质水解反应在烹饪操作中最常见的应用实例是制汤和制冻。制汤的主要目的是获得味美的鲜汤。大分子的蛋白质溶液往往有不同的生腥气味，而且溶液浓度也不够理想。将富含蛋白质的原料在 100℃左右的微沸状态下长时间加热，可使可溶性蛋白质充分溶出，并且有部分蛋白质被水解。食物中的蛋白质水解后会产生氨基酸和小分子肽。氨基酸呈味阈值低，但是呈味性强。小分子肽对食物味的作用是使食物中各种呈味物质之间变得更协调、更突出。同时核蛋白中的部分核酸也被水解成具有鲜味的核苷酸，所以使用鲜汤是厨师烹制菜肴时进行调味的重要手段。

动物的骨、皮、筋和结缔组织中的蛋白质，主要是胶原蛋白质，经长时间煮沸，或在酸性或碱性介质中加热，可被水解为明胶。明胶在冷水中能吸水膨胀，形成凝胶。在烹饪加工中，常用含胶原蛋白的猪皮冻作凝胶化材料。而在烹制含有蹄筋、肉皮等结缔组织较多的原料时，由于这些原料中含有较多的胶原蛋白，往往需要经过长时间加热，尽可能使胶原蛋白水解为明胶，使烹制出的菜肴柔软、爽滑，利于人体吸收。

2. 蛋白质胶体性质在烹饪中的应用

蛋白质的胶体性质在烹饪操作中的应用很广。各种冻类菜点、蛋奶制品、鱼肉糜制品、豆腐、香肠、多种仿真菜品（仿荤素菜）等，都是以蛋白质的凝胶化作用为基础的。

蛋白质溶胶转变为凝胶的过程在烹饪实践中很普遍。就食物而言，人们希望凝胶类食物具有较大的膨润性和持水性，束缚水的数量越大，凝胶类食物的滑润性就越大。显然，凝胶的形成过程中，蛋白质的水化作用起着重要作用。

一些富含蛋白质的干凝胶，如鱿鱼、海参、蹄筋、干贝、鱼翅等，在烹调前的发制过程，就是蛋白质凝胶干化的逆过程，统称为干凝胶的膨润过程，膨润后的产物是凝胶状态，而不是溶胶，因其天然状态不是溶胶。由于一般食物蛋白质的等电点都在微酸性 pH 值处，所以烹饪中一般采用加碱方法而不是加酸方法来改善干货原料的水化状况，如碱发干货就是一个例子。因为加碱更能远离蛋白质的等电点，使其带电荷更多，所以更有利于干货原料中蛋白质的水化作用，膨润效果很好。

蛋白质胶体的起泡性能是蛋、乳制品中经常利用的性质，蛋、乳制品气-液界面的那层坚韧的薄膜，如果没有蛋白质的参与，几乎是不可能形成的。从理论上讲，泡沫形成中，蛋白质膜的流变性质决定泡沫的稳定性，而蛋白质膜的流变性质取决于蛋白质的水化能力、膜的厚度、蛋白质溶液的浓度和一些有利的分子之间的相互作用，实践表明，明胶和蛋清都具有良好的起泡性能，用它们形成的泡沫不易破裂。油脂则是比较好的消泡剂，它是豆腐制作常用的消泡剂。

蛋白质胶体的乳化作用在烹饪中的应用也很广泛，几乎所有用乳、蛋和肉糜制作的菜肴，都涉及蛋白质的乳化作用。如烹制多种汤和调味汁，由于蛋白质是很好的两亲物质，其乳化作用使油脂均匀地分布在水中，避免了汤和调味汁的分层现象。在蛋糕的制作中，蛋白质的乳化作用使气体与蛋白质结合，形成气泡。

蛋白质胶体的渗透作用在菜点的调味过程中也常被利用，许多烹饪原料盐渍、糖渍时的脱水和调味，以蛋白质为主要成分的干料的涨发复水，都和蛋白质胶体的渗透作用有关。

3. 水调面团的形成

面团的调制是面点制作的第一道工序，也是最基本的一道工序。大部分面点都是由水调面团而制成。小麦、黑麦、燕麦、大麦的面粉在室温下与水一起混合和揉搓后均可形成黏稠、有弹性和可塑的面团，其中小麦粉的这种能力最强。面团的形成是由于面粉等粮食粉料所含的蛋白质在调制过程中产生的物理、化学变化所致。小麦面粉中蛋白质的80%为水不溶性蛋白质，它又由麦醇溶蛋白（70%乙醇中溶解）和麦谷蛋白组成，二者含量近似相等，总称为面筋蛋白。当面粉和水混合时，水分子首先与蛋白质外围的亲水基团相互作用形成水化物，面筋蛋白开始水化，膨胀了的蛋白质颗粒互相连接形成面筋。当最初面筋蛋白质颗粒转变成薄膜时，二硫键也使水化面筋形成了黏弹性的三维蛋白质网络，即蛋白质骨架，同时面粉中的淀粉粒和其他面粉成分均匀分布在蛋白质骨架之中，从而形成了面团。

第四节　食品常见蛋白质

一、肉类蛋白质

肉类是食物蛋白质的主要来源。肉类蛋白质主要存在于肌肉组织中，以牛、羊、鸡、鸭肉等最为重要，肌肉组织中蛋白质含量为20%左右。肉类中的蛋白质可分为肌原纤维蛋白质、肌浆蛋白质和基质蛋白质。这三类蛋白质在溶解性质上存在着显著的差别，采用水或低离子强度的缓冲液（0.15mol/L或更低浓度）能将肌浆蛋白质提取出来，提取肌原纤维蛋白质则需要采用更高浓度的盐溶液，而基质蛋白质则是不溶解的。

肌浆蛋白质主要有肌溶蛋白和球蛋白 X 两大类，占肌肉蛋白质总量的20%～30%。肌溶蛋白溶于水，在55～65℃变性凝固；球蛋白 X 溶于盐溶液，在50℃时变性凝固。此外，肌浆蛋白质中还包括有少量的使肌肉呈现红色的肌红蛋白。

肌原纤维蛋白质（亦称为肌肉的结构蛋白质），包括肌球蛋白（即肌凝蛋白）、肌动蛋白（即肌纤蛋白）、肌动球蛋白（即肌纤凝蛋白）和肌原球蛋白等，这些蛋白质占肌肉蛋白质总量的51%～53%。其中，肌球蛋白溶于盐溶液，其变性开始温度是30℃，肌球蛋白占肌原纤维蛋白质的55%，是肉中含量最多的一种蛋白质。在屠宰以后的成熟过程中，肌球蛋白与肌动蛋白结合成肌动球蛋白，肌动球蛋白溶于盐溶液中，其变性凝固的温度是45～50℃。由于肌原纤维蛋白质溶于一定浓度的盐溶液，所以也称盐溶性肌肉蛋白质。

基质蛋白质主要有胶原蛋白和弹性蛋白，都属于硬蛋白类，不溶于水和盐溶液。

二、胶原蛋白和明胶

胶原蛋白分布于动物的筋、腱、皮、血管、软骨和肌肉中，一般占动物蛋白质的 1/3 强，在肉蛋白的功能性质中起着重要作用。胶原蛋白含氮量较高，不含色氨酸、胱氨酸和半胱氨酸，酪氨酸和蛋氨酸含量也比较少，但含有丰富的羟脯氨酸（10％）和脯氨酸，甘氨酸含量更丰富（约 33％），还含有羟赖氨酸。因此胶原属于不完全蛋白质。这种特殊的氨基酸组成是胶原蛋白特殊结构的重要基础，现已发现，Ⅰ型胶原（一种胶原蛋白亚基）中 96％的肽段都是由 Gly—X—Y 三联体重复顺序组成，其中 X 常为 Pro（脯氨酸），而 Y 常为 Hyp（羟脯氨酸）。

胶原蛋白可以链间和链内共价交联，从而改变了肉的坚韧性，陆生动物比鱼类的肌肉坚韧，老动物肉比小动物肉坚韧就是其交联度提高造成的。在胶原蛋白肽链间的交联过程中，首先是胶原蛋白肽链的末端非螺旋区的赖氨酸和羟赖氨酸残基的 ε-氨基在赖氨酸氧化酶作用下氧化脱氨形成醛基，醛基赖氨酸和醛基羟赖氨酸残基再与其他赖氨酸残基反应并经重排而产生脱氢赖氨酰亮氨酸和赖氨酰-5-酮亮氨酸，而赖氨酰-5-酮亮氨酸还可以继续缩合和环化形成三条链间的吡啶交联。这些交联作用的结果形成了具有高抗张强度的三维胶原蛋白纤维，从而使肌腱、韧带、软骨、血管和肌肉的强韧性提高。

天然胶原蛋白不溶于水、稀酸和稀碱，蛋白酶对它的作用也很弱。它在水中膨胀，可使重量增加 0.5～1 倍。胶原蛋白在水中加热时，由于氢键断裂和蛋白质空间结构的破坏，导致变性（三股螺旋分离），变成水溶性物质——明胶。

三、乳蛋白质

乳是哺乳动物的乳腺分泌物，其蛋白质组成因动物种类而异。牛乳由三个不同的相组成：连续的水溶液（乳清）、分散的脂肪球和以酪蛋白为主的固体胶粒。乳蛋白质同时存在于各相中。

（一）酪蛋白

酪蛋白以固体微胶粒的形式分散于乳清中，是乳中含量最多的蛋白质，约占乳蛋白总量的 80％～82％。酪蛋白属于结合蛋白质，是典型的磷蛋白。酪蛋白虽然是一种两性电解质，但是具有明显的酸性，所以在化学上常把酪蛋白看成是一种酸性物质。酪蛋白含有 4 种蛋白亚基，即 α_{s1}-、α_{s2}-、β-、κ-酪蛋白，它们的比例约为 3：1：3：1，随遗传类型不同而略有变化。

α_{s1}-酪蛋白和 α_{s2}-酪蛋白的分子质量相似，约 23500U，等电点也都是 pH5.1，α_{s2}-酪蛋白仅略为更亲水一些，两者共占总酪蛋白的 48% 左右。从一级结构看，它们含有非常均衡分布的亲水残基和非极性残基，很少含半胱氨酸和脯氨酸，成簇的磷酸丝氨酸残基分布在第 40~80 位氨基酸肽之间，C 末端部分疏水性相当。这种结构特点使其形成较多 α-螺旋和 β-折叠片二级结构，并且易和二价金属钙发生结合，钙离子浓度高时不溶解。

β-酪蛋白分子质量约 24000U，它占酪蛋白的 30%~35%，等电点为 pH 5.3，β-酪蛋白高度疏水，但它的 N 末端含有较多亲水基，因此它的两亲性使其可作为一个乳化剂。在中性 pH 值下加热，β-酪蛋白会形成线团状的聚集体。

κ-酪蛋白占酪蛋白的 15% 左右，分子质量为 19000U，等电点在 pH 3.7~4.2 之间。它含有半胱氨酸，并可通过二硫键形成多聚体，虽然它只含有一个磷酸化残基，但它含有碳水化合物成分，这提高了其亲水性。

酪蛋白与钙结合形成酪蛋白酸钙，再与磷酸钙构成酪蛋白酸钙-磷酸钙复合体，复合体与水形成悬浊状胶体（酪蛋白胶团）存在于鲜乳（pH 6.7）中。酪蛋白胶团在牛乳中比较稳定，但经冻结或加热等处理，也会发生凝胶现象。130℃加热经数分钟，酪蛋白变性而凝固沉淀。添加酸或凝乳酶，酪蛋白胶粒的稳定性被破坏而凝固，干酪就是利用凝乳酶对酪蛋白的凝固作用而制成的。

（二）乳清蛋白

牛乳中酪蛋白凝固以后，从中分离出的清液即为乳清，存在于乳清中的蛋白质称为乳清蛋白，乳清蛋白有许多组分，其中最主要的是 β-乳球蛋白和 α-乳清蛋白。

1. β-乳球蛋白

约占乳清蛋白质的 50%，仅存在于 pH3.5 以下和 7.5 以上的乳清中，在 pH 3.5~7.5 之间则以二聚体形式存在。β-乳球蛋白是一种简单蛋白质，含有游离的 —SH 基，牛奶加热产生气味可能与它有关。加热、增加钙离子浓度或 pH 值超过 8.6 等都能使它变性。

2. α-乳清蛋白

α-乳清蛋白在乳清蛋白中占 25%，比较稳定。分子中含有 4 个二硫键，但不含游离—SH 基。乳清中还有血清蛋白、免疫球蛋白和酶等其他蛋白质。血清蛋白是大分子球形蛋白质，分子质量 66000U，含有 17 个二硫键和 1 个半胱氨酸残基，该蛋白结合着一些脂类和风味物，而这些物质有利于其耐变性力的提高。免疫球蛋白分子质量为 150000~950000U，它是热不稳定球蛋白，对乳清蛋白的功能性质有一定影响。

（三）脂肪球膜蛋白质

乳脂肪球周围的薄膜是由蛋白质、磷脂、高熔点甘油三酸酯、甾醇、维生素、金属、酶类及结合水等化合物构成，其中起主导作用均是卵磷脂-蛋白质络合物。这层膜控制着牛乳中脂肪-水分散体系的稳定性。

四、卵蛋白质

（一）卵蛋白质的组成

鸡蛋蛋清中蛋白质约占 10.6％，蛋黄中蛋白质约占 16.6％，蛋清、蛋黄中蛋白质组成分别见表4 8、表4-9。

表4-8　鸡蛋清蛋白质组成

组　　成	占蛋清固体/％	等电点	特　　性
卵清蛋白	54	4.6	易变性，含巯基
伴清蛋白	13	6.0	与铁复合，能抗微生物
卵类黏蛋白	11	4.3	能抑制胰蛋白酶
溶菌酶	3.5	10.7	为分解多糖的酶，抗微生物
卵黏蛋白	1.5		具黏性，含唾液酸，能与病毒作用
黄素蛋白的脱辅基蛋白	0.8	4.1	与核黄素结合
蛋白酶抑制剂	0.1	5.2	抑制细菌蛋白酶
抗生物素蛋白	0.05	9.5	与生物素结合，抗微生物
未确定的蛋白质成分	8	5.5,7.5	主要为球蛋白
非蛋白质氮	8	8.0,9.0	其中一半为糖和盐（性质不明确）

表4-9　鸡蛋黄蛋白质组成

组成	占蛋黄固体/％	特　　性
卵黄蛋白	5	含有酶，性质不明
卵黄高磷蛋白	7	含10％的磷
卵黄脂蛋白	21	乳化剂

（二）卵蛋白质的功能性质

从鸡蛋蛋白质的组成可以看出，鸡蛋清蛋白质中有些具有独特的功能性质，如鸡蛋清中由于存在溶菌酶、抗生物素蛋白、免疫球蛋白和蛋白酶抑制剂等，能抑制微生物生长，这对鸡蛋的储藏是十分有利，因为它们将易受微生物侵染的蛋黄保护起来。我国中医外科常用蛋清调制药物用于贴疮的膏药，正是这种功能的应用实例之一。

鸡蛋清中的卵清蛋白、伴清蛋白和卵类黏蛋白都是易热变性蛋白质，这些蛋白质的存在使鸡蛋清在受热后产生半固体的胶状，但由于这种半固体胶体不耐冷冻，因此不要将煮制的蛋放在冷冻条件下储存。

鸡蛋清中的卵黏蛋白和球蛋白是分子质量很大的蛋白质，它们具有良好的搅打起泡性，食品中常用鲜蛋或鲜蛋清来形成泡沫。在焙烤过程中还发现，仅由卵黏蛋白形成的泡沫在焙烤过程中易破裂，而加入少量溶菌酶后却对形成的泡沫有保护作用。

皮蛋的加工，利用了碱对卵蛋白质的部分变性和水解作用，产生黑褐色并透明的蛋清凝胶，蛋黄这时也变成黑色稠糊或半塑状。

蛋黄中的蛋白质也具有凝胶性质，这在煮蛋和煎蛋中最重要，但蛋黄蛋白质更重要的性质是它们的乳化性，这对保持焙烤食品的网状结构具有重要意义。蛋黄蛋白作乳化剂的另一个典型例子是生产蛋黄酱，蛋黄酱是色拉油、少量水、少量芥末和蛋黄及盐等调味品的均匀混合物，在制作过程中通过搅拌，蛋黄蛋白质就发挥其乳化作用而使混合物变为均匀乳化的乳状体系。

（三）卵蛋白质在加工中的变化

蛋清在巴氏杀菌中，如果温度超过 60℃，会造成热变性而降低其搅打起泡力。在 pH7 时卵白蛋白、卵黏蛋白和溶菌酶对 60℃ 以下加热是稳定的，最不耐热的伴清蛋白，此时也基本稳定，因此，蛋清的巴氏杀菌应控制在 60℃ 以下。另外，外加六偏磷酸钠（2%）可提高伴清蛋白的热稳定性。

蛋黄也不耐高温，在 60℃ 或更高温下，蛋黄中的卵黄和脂蛋白就产生显著变化。在利用喷雾干燥工艺制作全蛋粉时，由于蛋清和蛋黄中的部分蛋白质受热变性，造成蛋白质的分散度、溶解度、起泡力等功能性质下降，产品颜色和风味也变劣。为了防止这种不利变化，在喷雾干燥前向全蛋糊中加入少量蔗糖或玉米糖浆，可以部分减缓蛋白质受热变性。

蛋黄制品不应在 −6℃ 以下冻藏。否则解冻后的产品黏度增大，这是过度冷冻造成了蛋黄中蛋白质发生胶凝作用。一旦发生这种作用，蛋白质的功能性质就会下降。例如用这种蛋黄制作蛋糕时，产品网状结构失常，蛋糕体积变小。对于这种变化，可通过向预冷蛋黄中加入蔗糖、葡萄糖或半乳糖来抑制，也可应用胶体磨处理而使"胶凝作用"减轻。加入 NaCl，产品黏度会增加，但并不是因为促进"胶凝作用"而引起，实际上 NaCl 能阻止"胶凝作用"。

鲜蛋在储放中质量会不断下降。储藏时蛋内的蛋白质会受天然存在的蛋白酶的作用而造成蛋清部分稀化，蛋内的 CO_2 和水分会通过气孔向外散失，结果蛋清 pH 值从 7.6 升至 9.7，蛋黄 pH 值从 6 升至 6.4 左右，稠厚蛋清的凝胶结构部分破坏，蛋黄向外膨胀扩散，气室变大。

卵黏蛋白的糖苷键受某种作用而部分被切断是蛋清变稀的最合理解释，蛋清胶态结构的破坏应与 pH 值变化有关，蛋黄膨胀的一个原因可能是蛋清水分向蛋黄转移所致。糖蛋白的糖苷键究竟因何断裂？是否主要是因 pH 值上升时发生 β-消除反应而引起？这些问题还有待深入研究。

五、鱼肉中的蛋白质

鱼肉中蛋白质的含量因鱼的种类及年龄不同而异。鱼肉中蛋白质与畜禽肉类中的蛋白质一样，可分为 3 类：肌浆蛋白、肌原纤维蛋白和基质蛋白。

鱼的骨骼肌是一种短纤维，它们排列在结缔组织（基质蛋白）的片层之中，但鱼肉中结缔组织的含量要比畜禽肉少，而且纤维也较短，因而鱼肉更为嫩软。鱼的肌原纤维与畜禽肉类中相似，为细条纹状，并且所含的蛋白质如肌球蛋白、肌动蛋白、肌动球蛋白等也很相似，但鱼肉中的肌动球蛋白十分不稳定，在加工和储存过程中很容易发生变化，即使在冷冻保存中，肌动球蛋白也会逐渐变成不溶性而增加了鱼肉的硬度。如肌动球蛋白储存在稀的中性溶液中时很快发生变性并可逐步凝聚而形成不同浓度的二聚体、三聚体或更高的聚合体，但大部分是部分凝聚，只有少部分是全部凝聚，这可能是引起鱼肉不稳定的主要因素之一。

六、谷物类蛋白质

成熟、干燥的谷粒，其蛋白质含量依种类不同，在 6％～20％ 之间。谷类又因去胚、麸及研磨而损失少量蛋白质。种核外面往往包着一层保护组织，不易被消化，而要将其中的蛋白质分离出来也很困难，故仅宜用作饲料，而内胚乳蛋白常被用作食品。

（一）小麦蛋白

面粉主要成分是小麦的内胚乳，其淀粉粒包埋在蛋白质基质中。麦醇溶蛋白和麦谷蛋白占蛋白质总量的 80％～85％，比例约为 1∶1，两者与水混合后就能形成具有黏性和弹性的面筋蛋白，它能使面包中的其他成分如淀粉、气泡粘在一起，是形成面包空隙结构的基础。非面筋的清蛋白和球蛋白占面粉蛋白质总量的 15％～20％，它们能溶于水，具凝聚性和发泡性。小麦蛋白缺乏赖氨酸，所以与玉米一样，不是一种良好的蛋白质来源。但若能配以牛乳或其他蛋白，就可补其不足。

小麦面筋中的二硫键在多肽链的交联中起着重要的作用。

（二）玉米蛋白

玉米胚乳蛋白主要是基质蛋白和存在于基质中的颗粒蛋白体两种，玉米醇溶蛋白就在蛋白体中，占蛋白质总量的 15％～20％，它缺乏赖氨酸和色氨酸两种必需氨基酸。

（三）稻米蛋白

稻米蛋白主要存在于内胚乳的蛋白体中，在碾米过程中几乎全部保存，其中80%为碱溶性蛋白——谷蛋白。稻米是唯一具有高含量谷蛋白和低含量醇溶谷蛋白（5%）的谷类，其赖氨酸的含量也比较高。

七、大豆蛋白质

（一）大豆蛋白质的分类和组分

大豆蛋白主要可分为两类：清蛋白和球蛋白。清蛋白一般占大豆蛋白的5%（以粗蛋白计）左右，球蛋白约占90%。大豆球蛋白可溶于水、碱或食盐溶液，加酸调pH值至等电点4.5或加硫酸铵至饱和，则沉淀析出，故又称为酸沉蛋白，而清蛋白无此特性，则称为非酸沉蛋白。

按照溶液在离心机中沉降速度来分，大豆蛋白质可分为4个组分，即2S、7S、11S和15S（S为沉降系数，$1S=1\times10^{-13}s=1svedberg$）。其中7S和11S最为重要，7S占总蛋白的36%，而11S占总蛋白的31%（表4-10）

表4-10 大豆蛋白质的组分

沉降系数	占总蛋白的百分数/%	已知的组分	相对分子质量
2S	22	胰蛋白酶抑制剂	8000～21500
		细胞色素c	12000
7S	36	血细胞凝集素	110000
		脂肪氧合酶	102000
		β-淀粉酶	61700
		7S球蛋白	180000～210000
11S	31	11S球蛋白	350000
15S	11	—	600000

（二）大豆蛋白质的溶解度

大豆蛋白质在溶解状态下才发挥出功能特性。溶解度受pH值和离子强度影响很大。在pH4.5～4.8时溶解度最小。加盐可使酸沉蛋白质溶解度增大，但在酸性pH2.0时低离子强度下溶解度很大。在中性（pH6.8）条件下，溶解度随离子强度变化不大。在碱性条件下溶解度增大。

（三）大豆蛋白质的功能特性

7S球蛋白是一种糖蛋白，含糖量约为5.0%，其中甘露糖3.8%，氨基葡萄糖为1.2%。7S球蛋白是紧密折叠的，其中α-螺旋结构、β-折叠结构和不规则结构分别占5%、35%和60%。11S球蛋白含有较多的谷氨酸、天冬酰胺。与11S球蛋白相比，7S球蛋白中色氨酸、蛋氨酸、胱氨酸含量略低，而赖氨酸含量则较高，因此 7S 球蛋白更能代表大豆蛋白质的氨基酸组成。

7S 组分与大豆蛋白的加工性能密切相关，7S 组分含量高的大豆制得的豆腐就比较细嫩。11S 组分具有冷沉性，脱脂大豆的水浸出蛋白液在 $0\sim2℃$ 水中放置后，约有 86% 的 11S 组分沉淀出来，利用这一特征可以分离浓缩 11S 组分。11S 组分和 7S 组分在食品加工中性质不同，由 11S 组分形成的钙胶冻比由 7S 组分形成的坚实得多，这是因为 11S 和 7S 组分同钙反应上的不同所致。

不同的大豆蛋白质组分，乳化特性也不一样，7S 与 11S 的乳化稳定性稍好，在实际应用中，不同的大豆蛋白制品具有不同的乳化效果，如大豆浓缩蛋白的溶解度低，作为加工香肠用乳化剂不理想，而用大豆分离蛋白其效果则好得多。

大豆蛋白制品的吸油性与蛋白质含量有密切关系，大豆粉、浓缩蛋白和分离蛋白的吸油率分别为 84%、133% 和 150%，组织化大豆蛋白的吸油率为 $60\%\sim130\%$，最大吸油量发生在 $15\sim20min$ 内，而且粉愈细吸油率愈高。

大豆蛋白沿着它的肽链骨架，含有许多极性基团，在与水分子接触时，很容易发生水化作用。当向肉制品、面包、糕点等食品添加大豆蛋白时，其吸水性和保水性平衡非常重要，因为添加大豆蛋白之后，若不了解大豆蛋白的吸水性和保水性以及不相应地调节工艺，就可能会因为大豆蛋白质从其他成分中夺取水分，而影响面团的工艺性能和产品质量。相反，若给予适当的工艺处理，则对改善食品质量非常有益，不但可以增加面包产量、改进面包的加工特性，而且可以减少糕点的收缩、延长面包和糕点的货架期。

大豆蛋白质分散于水中形成胶体。这种胶体在一定条件（包括蛋白质的浓度、加热温度、时间、pH 值以及盐类和巯基化合物等）下可转变为凝胶，其中大豆蛋白质的浓度及其组成是凝胶能否形成的决定性因素，大豆蛋白质浓度愈高，凝胶强度愈大。在浓度相同的情况下，大豆蛋白质的组成不同，其凝胶性也不同，在大豆蛋白质中，只有 7S 和 11S 组分才有凝胶性，而且 11S 形成凝胶的硬度和组织性高于 7S 组分凝胶。

大豆蛋白制品在食品加工中的调色作用表现在两个方面，一是漂白，二是增色。如在面包加工过程中添加活性大豆粉后，一方面大豆粉中的脂肪氧合酶能氧化多种不饱和脂肪酸，产生氧化脂质，氧化脂质对小麦粉中的类胡萝卜素有漂白作用，使之由黄变白，形成内瓤很白的面包；另一方面大豆蛋白又与面粉中的糖类发生美拉德反应，可以增加其表面的颜色。

八、蛋白质新资源

由于世界人口不断增加，如何在经济的原则下产生大量可食性蛋白质，如藻类蛋白、酵母蛋白、叶蛋白、细菌蛋白等是目前研究发展的主要方向。

（一）单细胞蛋白质

泛指微生物菌体蛋白质。它具有生长速率快、生产条件易控制和产量高等优点，是蛋白质良好的来源。

1. 酵母

产朊假丝酵母及啤酒酵母早被人们作为食品。前者以木材水解液或亚硫酸废液即可培养。后者是啤酒发酵的副产物，回收干燥后即可成为营养添加物。产朊假丝酵母中蛋白质含量约为 53%（干重），缺乏含硫氨基酸，若能添加 0.3%半胱氨酸，生物价会超过 90，但食用过量会造成生理上的异常。

2. 细菌

细菌可利用纤维状底物（农业或其他副产品）作为碳源，土壤丝菌属、杆菌属、细球菌属和假单胞菌属等均已被研究来生产蛋白质。

3. 藻类

藻类多年来一直被认为是可利用的蛋白质资源，尤以小球藻和螺旋藻在食用方面的研究为多，其蛋白质含量各为 50%及 60%（干重）。藻类蛋白含必需氨基酸丰富，但含硫氨酸较少。以藻类作为人类蛋白质食品来源有以下两个缺点：①日食量超过 100g 时有恶心、呕吐、腹痛等现象。②细胞壁不易破坏，影响消化率（仅约60%~70%）。若能除去其中色素成分，并以干燥或酶解法破坏其细胞壁，则可提高其消化率。

4. 真菌

蘑菇是人类食用最广的一种真菌，但蛋白质仅占鲜重的 4%，干重也不超过 27%。

（二）叶蛋白质

植物的叶片是进行光合作用和合成蛋白质的场所，为一种取之不尽的蛋白质资源。许多禾谷类及豆类作物的绿色部分含 80%的水和 2%~4%的蛋白质。取新鲜叶片切碎，研磨和压榨后所得绿色汁液中约含 10%的固形物，其中 40%~60%为粗蛋白。设法除去其中低分子量的生长抑制因子，将汁液加热到 90℃，即可形成蛋白凝块，经冲洗及干燥后的凝块约含 60%的蛋白质、10%脂类、10%矿物质以及各种色素与维生素。由于叶蛋白适口性不佳，往往不为一般人接受。若作为添加剂将叶蛋白加于谷物食品中，将会提高人们对叶蛋白的接受性，且可补充谷物中赖氨酸的不足。

（三）动物浓缩蛋白质

鱼蛋白不仅可作为食品，也可作为饲料。先将生鱼磨粉，再以有机溶剂抽提，除去脂肪与水分，以蒸汽去除有机溶剂，剩下的即为蛋白质粗粉，再磨成适当的颗粒即成无臭、无味的浓缩鱼蛋白，其蛋白质含量可达 75％以上。而去骨、去内脏的鱼做成的浓缩鱼蛋白含蛋白质 93％以上。这种蛋白的营养价值虽高，但其溶解度、分散性、吸湿性等不适于食品加工，故它在食品工业上的用途还有待于研究。

复习思考题

1. 解释下列名词：必需氨基酸、氨基酸的疏水性、寡肽、多肽、氨基酸的等电点、盐析、蛋白质的变性、蛋白质的功能性质、胶凝作用、起泡能力、蛋白质的复性、大豆组织蛋白

2. 根据氨基酸侧链的极性不同分为哪几类？哪些是必需氨基酸？

3. 氨基酸有哪些物理性质和化学性质？

4. 食品中多肽有哪些物理性质和化学性质？

5. 简述蛋白质的分类。

6. 简述蛋白质的结构水平，维持蛋白质空间结构的作用力有哪几种？各级结构的作用力主要有哪几种？

7. 蛋白质变性的实质是什么？蛋白质变性后常表现出哪些方面的变化？

8. 影响蛋白质变性的因素有哪些？举出几个食品加工过程中利用蛋白质变性的例子。

9. 食品中蛋白质有哪些功能性质？在烹饪加工中各起什么作用？

10. 蛋白质沉淀常用的方法有哪些？

11. 食品中蛋白质有哪些显色反应？对鉴定蛋白质有什么作用？

12. 在面粉中添加氧化剂和还原剂对面团性质有什么影响？

13. 蛋白质与水如何作用？影响蛋白质水合性质的因素有哪些？

14. 盐对蛋白质的溶解性有何影响？

15. 什么叫蛋白质的胶凝作用？它的化学本质是什么？如何提高蛋白质的胶凝性？

16. 蛋白质质构化的方法有哪些？

17. 蛋白质的界面性质有哪些？在烹饪加工中有什么应用？

18. 简述蛋白质在储藏加工过程中可能发生的变化及其对营养价值的影响？

第五章　食品中的脂质

第一节　概　　述

脂质是一大类溶于有机溶剂而不溶于水的有机化合物的总称。在植物组织中脂质主要存在于种子或果仁中，在根、茎、叶中含量较少。动物体中主要存在于皮下组织、腹腔、肝和肌肉内的结缔组织中。许多微生物细胞中也能积累脂肪。目前，人类食用和工业用的脂质主要来源于植物和动物原料。

供食用的油脂有两种存在形式：一种是从植物和动物中可分离出来的"可见脂"，它们具有油腻口感，例如，奶油、猪油、起酥油、色拉油。高等动物体内，储存脂肪一般都储存于皮下结缔组织、肠系膜等处。另一种是作为基本食品的"隐性脂"，它们不容易分离出来，一般不具有油腻口感，例如乳、豆浆、干酪和肉中的脂肪。可食用脂是食品及菜肴中重要的组成成分和人类的营养成分，是一类高热量化合物，每克油脂能产生 37.66kJ 的热量，该值远大于蛋白质与淀粉所产生的热量；油脂还能提供给人体必需的脂肪酸（亚油酸、亚麻酸）；是脂溶性维生素的载体；并能溶解风味物质，赋予食品良好的风味和口感。

食用油脂对食品及菜肴的品质有十分重要的影响，如用作热媒介质（煎炸食品、干燥食品等）不仅可以脱水，还可产生特有的香气；如用作赋型剂可用于蛋糕、巧克力或其他食品的造型。但含油食品在储存过程中极易氧化，为食品的储藏带来诸多不利因素。

一、脂质的分类

脂质按其结构和组成可分为简单脂质、复合脂质和衍生脂质（表 5-1）。天然脂类物质中最丰富的一类是酰基甘油类，广泛分布于动植物的脂质组织中。

表 5-1　脂质的分类

主类	亚类	组成
简单脂质	酰基甘油	甘油＋脂肪酸
	蜡	长链脂肪醇＋长链脂肪酸
复合脂质	磷酸酰基甘油	甘油＋脂肪酸＋磷酸盐＋含氮基团
	鞘磷脂类	鞘氨醇＋脂肪酸＋磷酸盐＋胆碱
	脑苷脂类	鞘氨醇＋脂肪酸＋糖
	神经节苷脂类	鞘氨醇＋脂肪酸＋碳水化合物
衍生脂质		类胡萝卜素、类固醇、脂溶性维生素等

习惯上也可以把脂质分为脂肪和类脂。天然动植物体内的脂类物质主要为三酰基甘油酯（占 99％左右），俗称为油脂或脂肪。一般室温下呈液态的称为油，呈固态的称为脂，油和脂在化学上没有本质区别。类脂主要有磷脂、固醇、蜡质等，在营养和食品中比较重要的有磷脂中的卵磷脂、脑磷脂，固醇中的胆固醇、植物固醇。有时，把溶解于脂肪的色素、维生素、高级醇等也归入类脂中。

按不饱和程度可以把油脂分为干性油、半干性油和不干性油。干性油是指碘值大于 130 的油脂，如桐油、亚麻油、红花油等；半干性油是碘值介于 100～130 的油脂，如棉子油、大豆油等；不干性油是碘值小于 100 的，如花生油、菜子油、蓖麻油。

按来源可以把脂质分为植物脂、动物脂、微生物油脂。

按脂肪酸的构成可以分为单纯酰基油、混合酰基油。

二、脂质的结构和命名

脂肪由甘油和脂肪酸构成。甘油即丙三醇，脂肪酸羧基的—OH 与甘油醇基的 H 脱水，形成的碳-氧键称为酯键，连接成的酯化合物即脂肪（真脂）。天然油脂都是各种三酰基甘油分子（三酯）组成的复杂混合物，有时，还可能存在二酰基甘油分子（二酯）和单酰基甘油分子（一酯）。油脂的主要成分是三酯，如棕榈油中三酯占 96.2％，其他甘油酯占 3.8％。可可脂中三酯占 52％，其他甘油酯占 48％。

```
        CH₂—OH
         |
HO—C—H
         |
        CH₂—OH
```

图 5-1　甘油的结构

（一）甘油和脂酸酸的结构

1. 甘油

甘油（图 5-1）是最简单的三元醇。甘油的各种化学性质来自于它的三个醇羟基。甘油与有机酸或无机酸发生酯化反应，构成多种脂类物质。同一种酸与不同位置的甘油羟基发生酯化反应形成的脂，其理化性质也略有差别。

不同的脂肪，其脂肪酸的种类及组合不同。不同脂肪酸主要是其 R 基团的大小、结构不同，即碳链的长度及不饱和双键的数目和位置不同。目前，已经发现构成脂质的脂肪酸有 40 多种。脂肪酸按碳链长短可分为长链脂肪酸（14 碳以上）、中链脂肪酸（含 6～13 碳）和短链（5 碳以下）脂肪酸，食物中的脂肪酸以链长 18 碳的为主。脂肪酸按饱和程度可分为饱和脂肪酸和不饱和脂肪酸。

2. 饱和脂肪酸

碳链中不含双键的为饱和脂肪酸。天然食用油脂中存在的饱和脂肪酸主要是长链（碳数＞14）、直链、偶数碳原子的脂肪酸，奇碳链或具支链的极少，而短链脂肪酸在乳脂中有一定量的存在。动植物脂肪中最常见的饱和脂肪酸是十六酸（软脂酸）与十八酸（硬脂酸），其次为十二酸（如月桂酸）、十四酸（如豆蔻酸）、二十酸（如花生酸）等。

3. 不饱和脂肪酸

动植物脂肪中含有很多不饱和脂肪酸。不饱和脂肪酸的化学性质活泼，稳定性差，很容易发生氧化反应。所以，不饱和脂肪酸对脂肪性质的影响比饱和脂肪酸要大得多。不饱和脂肪酸根据所含双键的多少分为单不饱和脂肪酸（只含一个不饱和双键）和多不饱和脂肪酸（含有两个以上双键）。多不饱和脂肪酸有共轭和非共轭之分，天然脂肪中以非共轭脂肪酸为多，共轭的较少。

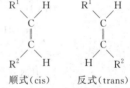

不饱和脂肪酸由于双键两边碳原子上相连的原子或原子团在空间排列方式不同，有顺式脂肪酸和反式脂肪酸之分（图 5-2）。天然脂肪酸除极少数为反式外，大部分都是顺式结构。但在油脂加工和储藏过程中，部分顺式脂肪酸会转变为反式脂肪酸。反式脂肪酸对成年人

图 5-2 脂肪酸的顺反结构

主要有两种危害：第一，促进动脉硬化。反式脂肪酸像饱和脂肪酸一样，能提高低密度脂蛋白胆固醇（有害的胆固醇）。它比饱和脂肪酸更有害，能降低高密度胆固醇（有益的胆固醇）。第二，增加血液黏稠度和凝聚力，容易导致血栓形成。另外，反式脂肪酸能影响胎儿、婴幼儿生长发育，对中枢神经系统的发育也能产生不良影响。日常生活中，含有反式脂肪酸的食品很多，诸如蛋糕、糕点、饼干、面包、沙拉酱、炸薯条、炸薯片、爆米花、冰激凌、蛋黄派等，凡是松软香甜、口味独特的含油食品，大多含有反式脂肪酸。

脂肪随其脂肪酸的饱和程度越高，碳链越长，其熔点也越高。动物脂肪中含饱和脂肪酸多，故常温下是固态；植物油脂中含不饱和脂肪酸较多，故常温下呈现液态。棕榈油和可可脂虽然含饱和脂肪酸较多，但因碳链较短，故其熔点低于大多数的动物脂肪。

在天然脂肪酸中，还含有其他官能团的特殊脂肪酸，如羟基酸、酮基酸、环氧基酸以及最近几年新发现的含杂环基团（呋喃环）的脂肪酸等，它们仅存在于个别

油脂中。

（二）甘油酯的结构

天然脂肪是甘油与脂肪酸的一酯、二酯和三酯，分别称为一酰基甘油、二酰基甘油和三酰基甘油。食用油脂中最丰富的是三酰基甘油类，它是动物脂肪和植物油的主要组成。

中性的酰基甘油是由一分子甘油与三分子脂肪酸酯化而成（图 5-3）。

如果 R^1、R^2 和 R^3 相同则称为单纯甘油酯；当 R^n 不完全相同时，则称为混合甘油酯。当 R^1 和 R^3 不同时，则 C_2 原子具有手性，且天然油脂多为 L 型。

烹饪中常见的天然油脂都是单纯甘油三酯和混合甘油三酯组成的复杂混合物，即少数脂肪酸组成了众多的甘油酯，例如，据研究证明，银鳕鱼含有 21 种不同的脂肪酸，它们构成了 560 种甘油三酯，但是各种甘油三酯的比例不同。由一种单纯甘油三酯所组成的脂肪极为罕见，如橄榄油中发现三油酸甘油酯的含量较高，可达 70％以上。

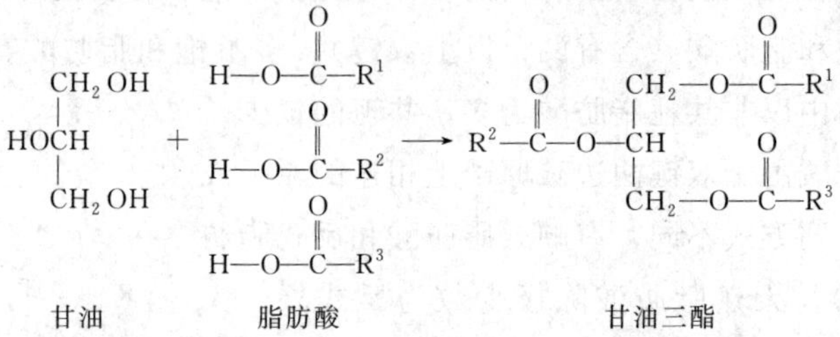

图 5-3　生成酰基甘油的反应

（三）脂肪酸及甘油酯的命名

1. 脂肪酸的命名

脂肪酸的命名主要有以下几种方法。

（1）系统命名法　选择含羧基和双键的最长碳链为主链，从羧基端开始编号，并标出不饱和键的位置，例如亚油酸：$CH_3(CH_2)_4CH \Longrightarrow CHCH_2CH \Longrightarrow CH(CH_2)_7COOH$ 9,12-十八碳二烯酸。

（2）数字缩写命名法　缩写为碳原子数：双键数（双键位）。

如：$CH_3CH_2CH_2CH_2CH_2CH_2CH_2CH_2CH_2COOH$ 可缩写为 10：0；

$CH_3(CH_2)_4CH \Longrightarrow CHCH_2CH \Longrightarrow CH(CH_2)_7COOH$ 可缩写为 18：2 或 18：2（9,12）。

双键位的标注有两种表示法，其一是从羧基端开始记数，如 9,12-十八碳二烯酸两个双键分别位于第 9、第 10 碳原子和第 12、第 13 碳原子之间，可记为 18：2（9,12）；其二是从甲基端开始编号记作 n—数字或 ω 数字，该数字为编号最小的双键的碳原子位置，如 9,12-十八碳二烯酸，从甲基端开始数第一个双键位于第6、第7碳原子之间，可记为 18：2（$n-6$）或 18：2ω6。但此法仅用于顺式双键结构和五碳双烯结构。有时还需标出双键的顺反结构及位置，c 表示顺式，t 表示反式，位置从羧基端编号，如 $5t,9c$—18：2。

（3）俗名或普通名　许多脂肪酸最初是从天然产物中得到的，故常常根据其来源命名。例如月桂酸（12：0）、肉豆蔻酸（14：0）、棕榈酸（16：0）等。

（4）英文缩写　用一英文缩写符号代表一个酸的名字，例如月桂酸为 La，肉豆蔻酸为 M，棕榈酸为 P 等。一些常见脂肪酸的命名见表 5-2。

表 5-2　一些常见脂肪酸的名称和代号

数字缩写	系统名称	俗名或普通名	英文缩写
4：0	丁酸	酪酸	B
6：0	己酸	己酸	H
8：0	辛酸	辛酸	Oc
10：0	癸酸	癸酸	D
12：0	十二酸	月桂酸	La
14：0	十四酸	肉豆蔻酸	M
16：0	十六酸	棕榈酸	P
16：1	9-十六烯酸	棕榈油酸	Po
18：0	十八酸	硬脂酸	St
18：1($n-9$)	9-十八烯酸	油酸	O
18：2($n-6$)	9,12-十八烯酸	亚油酸	L
18：3($n-3$)	9,12,15-十八烯酸	α-亚麻酸	α-Ln, SA
18：3($n-6$)	6,9,12-十八烯酸	γ-亚麻酸	γ-Ln,GLA
20：0	二十酸	花生酸	Ad
20：3($n-6$)	8,11,14-二十碳三烯酸	DH-γ-亚麻酸	DGLA
20：4($n-6$)	5,8,11,14-二十碳四烯酸	花生四烯酸	An
20：5($n-3$)	5,8,11,14,17-二十碳五烯酸	EPA	EPA
22：1($n-9$)	13-二十二烯酸	芥酸	E
22：5($n-3$)	7,10,13,16,19-二十二碳五烯酸	—	—
22：6($n-6$)	4,7,10,13,16,19-二十二碳六烯酸	DHA	DHA

2. 甘油酯的命名

三酰基甘油的命名通常按赫尔斯曼（Hirschman）提出的立体有择位次编排命名法（stereospecific numbering，Sn）命名，规定甘油的费歇尔（Fisher）平面投影式第二个碳原子的羟基位于左边（图 5-4），并从上到下将甘油的三个羟基定位为 Sn-1，Sn-2，Sn-3。如图 5-5 的分子结构式，可命名为 Sn-甘油-1-硬脂酸-2-油酸-3-肉豆蔻酸酯，或采用脂肪酸的代号记为 Sn-StOM，或用脂肪酸的缩写法记为 Sn-18：0-18：1-16：0。

在油脂的组成与结构研究中还可采用很多基于 Sn 命名系统的简化方式，如 Sn-SSS、Sn-UUU 分别表示的是三饱和脂肪酸甘油酯与三不饱和脂肪酸甘油酯。

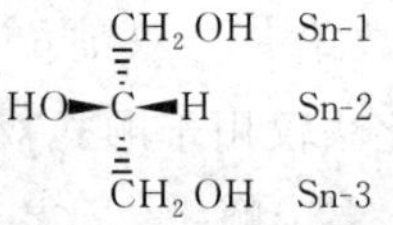

图 5-4　甘油的 Fisher 平面投影

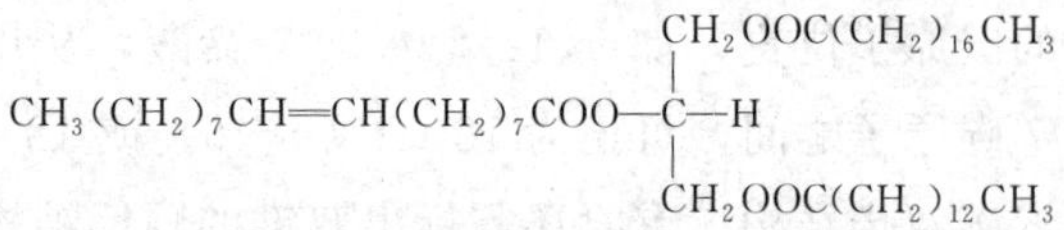

图 5-5　一种三酰基甘油

三、油脂中各类脂肪酸的比例

在油脂的营养中，一般推荐饱和脂肪酸、不饱和脂肪酸、多不饱和脂肪酸为 1∶1∶1。饱和脂肪酸过多，会引起身体内胆固醇增高，容易发生高血压、冠心病、糖尿病、肥胖症等疾病；多不饱和脂肪酸在体内极易被氧化产生过氧化物，有潜在的致癌作用。只有当三种脂肪酸的吸收量达到1∶1∶1的完美比例时，营养才能达到均衡，身体才能健康。1∶1∶1是世界卫生组织、联合国粮农组织和中国营养学会等权威机构推荐的人体膳食脂肪酸的完美比例。

多不饱和脂肪酸是由 $n-6$ 和 $n-3$ 两大系列组成，各权威机构对 $n-6$ 与 $n-3$ 的比值也作了建议，世界卫生组织和联合国粮农组织的建议为：$(5\sim10)∶1$，中国营养学会在膳食营养素，参考摄入量（DRI）标准的建议为 $(4\sim6)∶1$。

常见食用油脂中脂肪酸的组成见表 5-3。

表 5-3　常见食用油脂中脂肪酸的组成　　　　单位：%

项目	乳脂	猪脂	可可脂	椰子油	棕榈油	棉子油	花生油	芝麻油	豆油	鳕鱼肝油
6∶0	1.4~3.0									
8∶0	0.5~1.7									
10∶0	1.7~3.2									
12∶0	2.2~4.5	0.1		48						
12∶1										
14∶0	5.4~14.6	1.0		17	0.5~6	0.5~1.5	0~1			2.4
14∶1	0.6~1.6	0.3								
15∶0		0.5								0.2
16∶0	26~41	26~32	24	9	32~45	20~23	6~9	7~9	8	11.9
16∶1	2.8~5.7	2~5					0~1.7			7.8
17∶0										0.5
18∶0	6.1~11.2	12~16	35	2	2~7	1~3	3~6	4~55	4	2.8
18∶1	18.7~33.4	41~51	38	7	38~52	23~35	53~71	37~49	28	26.3
18∶2	0.9~3.7	3~14	2.1	1	5~11	42~54	13~27	35~47	53	1.5
18∶3		0~1							6	0.6
18∶4										1.3
20∶0						0.2~1.5	2~4			
20∶1										10.9
20∶2										
20∶4		0~1								1.5
20∶5										6.2

项目	乳脂	猪脂	可可脂	椰子油	棕榈油	棉子油	花生油	芝麻油	豆油	鳕鱼肝油
22:0							1~3			
22:1										6.9
22:4										
22:5										1.4
22:6										12.4

四、常用油脂的分类

1. 乳脂肪类

（1）来源　反刍动物的乳汁中，特别是乳牛的乳汁中。

（2）脂肪酸组成特点　主要含有油酸、硬脂酸和棕榈酸；同时，它还含有相当数量的低级饱和脂肪酸（C_{12} 以下）。

（3）性质　熔点较低，有浓郁的气味，碘值较高。

2. 月桂酸类

（1）来源　棕榈类植物，如椰子树和巴巴苏树的种子、棕榈仁。

（2）脂肪酸组成特点　含有大量的（40%～50%）月桂酸，中等含量的 C_6～C_{10} 脂肪酸，而不饱和脂肪酸含量极低。

（3）性质　由于它含有的低相对分子质量的脂肪酸较多，所以它的熔点低，且其熔化特性氢化后也不能改善。多用于其他工业，很少直接食用。

3. 油酸、亚油酸类

（1）来源　植物的种子。如棉子油、花生油、玉米油、芝麻油、葵花子油、红花子油、橄榄油、棕榈油及不含芥酸的菜子油。

（2）脂肪酸组成特点　主要由不饱和脂肪酸（油酸和亚油酸）组成，饱和脂肪酸的含量低于 20%，且高不饱和脂肪酸（含三个或以上的不饱和双键）的含量极少，并不存在三饱和脂肪酸甘油酯。

（3）特点　熔点较低，在常温下都是液态油。

（4）应用　在自然界中，这类油脂含量最为丰富，是食品工业和烹饪的主要用油。

4. 亚麻酸类

（1）来源　主要来自一年生植物的种子。如豆油、小麦胚芽油、亚麻子油和大麻子油。

（2）脂肪酸组成特点　这类油脂除了含有油酸、亚油酸外，还含有大量的亚麻酸。

（3）性质　作为食品工业和烹饪用油，稳定性不如油酸、亚油酸类油脂，由于亚麻酸易氧化，该类油不易储藏。

5. 陆生动物脂肪

（1）来源　家畜中的脂肪。

（2）脂肪酸组成特点　$C_{16} \sim C_{18}$ 的脂肪酸含量高；脂肪酸的不饱和度中等，不饱和酸几乎完全是油酸和亚油酸。

（3）性质　由于油脂中含有大量的完全饱和的三甘油酯，所以动物脂肪的熔点高，可塑性好。

6. 海产动物油类

（1）来源　海产鱼的油及海生哺乳动物油。

（2）脂肪酸组成特点　主要含有大量的 C_{20} 以上的长链多不饱和脂肪酸，这些不饱和脂肪酸的双键的数目可多达 6 个，同时伴生着大量的维生素 A 和维生素 D。

（3）性质　由于这类油脂的高度不饱和性，所以稳定性极差。

第二节　油脂的物理性质及其在烹饪中的应用

一、气味和色泽

纯净的脂肪是无色无味的。植物油脂大多溶解有胡萝卜素、叶黄素、叶绿素等脂溶性色素而呈一定颜色，如棉子油为红褐色，橄榄油为黄绿色，大豆油为浅琥珀色，花生油为黄色、芝麻油为深黄色。动物性油脂中的色素物质含量较少，所以动物性油脂大多颜色较浅，如猪油呈乳白色。

烹饪中所用的各种油脂都有其特有的气味，这和组成脂肪的脂肪酸有关。含低级脂肪酸的油脂多有挥发性气味。此外，还和油脂中所含有的特殊非脂成分的挥发性有关，如芝麻油中的芳香气味被认为是乙酰吡嗪，菜子油中的特有气味是甲基硫醇。

未经精制或脱臭不足的油脂可能常有各种各样的气味，好闻的气味有温和味、清香味、浓香味、坚果味、奶油味等。芝麻油属于浓香味型的。不好闻的气味有豆腥味、霉味、泥土味、青草味、鱼腥味等。

未经精制或脱臭不足的油脂可能常有各种各样的气味。另外，油脂长时间储存后，脂肪酸发生氧化酸败，分解生成低级的醛、酮、酸类，这时油脂就会产生出脂肪酸败所特有的"哈味"，其食用价值和加工性能都大大降低，所以，烹饪中所用的各种油脂一般不宜长久储存，以免酸败变质。

二、熔点、沸点和雾点

天然油脂是混合酰基甘油的混合物，无精确的熔点和沸点，而只是有一定的温度范围。油脂熔点最高在 40～55℃。一般规律是一酰基甘油＞二酰基甘油＞三酰基甘油油脂的熔点；酰基甘油中脂肪酸碳链越长，饱和度越高，熔点越高；脂肪酸反式结构熔点高于顺式结构；共轭双键比非共轭双键熔点高。熔点＜37℃的油脂较易被消化吸收，见表5-4。

表 5-4　几种常用食用油脂的熔点与消化率

脂肪	熔点/℃	消化率/%
大豆油	−18～−8	97.5
花生油	0～3	98.3
葵花子油	−19～−16	96.5
棉子油	3～4	98
奶油	28～36	98
猪油	36～50	94
牛油	42～50	89
羊油	44～55	81
人造黄油	—	87

油脂的熔点影响着人体内脂肪的消化吸收率。熔点低于人正常体温 37℃时，在消化器官中易乳化而被吸收，消化率可高达 97％～98％；熔点在 40～50℃时，消化率只有 90％。

油脂沸点一般在 180～200℃；脂肪酸碳链增长，沸点升高；碳链长度相同，饱和度不同的脂肪酸沸点相差不大。

油脂雾点也称浑浊点，它是指加热熔化后油脂冷却变得浑浊不透明的温度点。雾点是判断油脂中含有的甘油酯、蜡质、高级醇类、长链烃类等在精制时是否被除去的指标。雾点以下油会失去流动性，因此，它也是具流动性的油脂的一个特征值。

三、烟点、闪点、燃点

油脂加热时，在三个温度点可发生明显的理化变化，而且能被人的感官察觉，这个特点可以作为油温判断的基本依据。这三个温度点分别是烟点、闪点和燃点。烟点、闪点、燃点是衡量烹饪油脂接触空气加热时的热稳定性指标。

烟点是指油脂在加热到表面明显冒出青白色烟雾时的温度。闪点是试样挥发的物质能被点燃，但不能维持燃烧时的温度；燃点是试样挥发的物质能被点燃，并能维持燃烧超过 5s 时的温度。

不同的油脂因组成的脂肪酸不同，它们的烟点、闪点和燃点也不相同。除此以外，影响这三个温度点高低的因素还有油脂纯净度的高低。纯净的油脂发烟点高，而食用油脂常常含有游离的脂肪酸、非皂化物、甘油一酯等低分子量的物质，有时还有外来物质及杂质，这些物质的存在都可以使油脂的发烟点降低。烹饪常用的油脂中经常因为有一些外来物质的混入，如淀粉、糖、面粉、肉末、菜渣等，这些都会导致油脂的烟点比原来的烟点有所降低。油脂长时间加热，烟点也会逐渐降低；油脂在长时间高温加热下会发生分解，产生一些低分子的醛、酮、酸等物质，导致烟点下降。精炼程度高的油脂比精炼程度低的油脂烟点高；同一种油脂，随着加热次数的增加，其烟点逐渐下降；油脂的用量越少，其烟点也容易下降。油脂的烟点越低，其使用质量越差，油温稍高就冒烟，油温只能烧得很低，对油炸食品的风味和菜肴的质量影响很大。

油脂加热到烟点时，表面散发出的青白色烟雾对人的眼睛、鼻子、咽喉、肺等部位有很大的影响，会产生眼睛红肿、流泪、咽喉胀痛、呼吸不畅、血压升高等现象。其中刺激性较强的一种物质是油脂在高温下分解的生成物——丙烯醛。

精炼后的油脂烟点一般在 240℃，但未精炼的油脂，特别是游离脂肪酸含量高的油脂，其烟点、闪点和燃点大大降低。

烹调油的闪点和燃点有以下特点和规律：多数纯油脂的闪点比其烟点高 60～70℃；燃点又比其闪点高 50～70℃。所以，一般纯油脂的闪点在 250～300℃，燃点在 310～360℃。对于烹调而言，闪点应该是可加热油脂的最高温度。实际上，烹饪油温的划分基础就是以这个最高温度为十成油温来进行的。

四、油脂的同质多晶

液体油变成固体脂时的温度称为油脂的凝固点。油脂凝固后成为微晶结构。固体脂存在同质多晶现象，即同一种油脂可形成许多种不同熔点的晶体，具有不同的晶体形态。

油脂中含有脂肪酸，因此脂肪的同质多晶与脂肪酸烃链的不同的堆积排列或不同的倾斜角度有关，这种堆积方式可以用晶胞内沿着链轴的最小的空间重复单元——亚晶胞来描述。亚晶胞是指主晶胞内沿着链轴的最小的重复单元。脂肪酸晶体的亚晶胞晶格，每个亚晶胞含有一个乙烯基，甲基和羧基并不是亚晶胞的组成部分。

烃类亚晶胞有 7 种堆积类型。最常见的 3 种类型如图 5-6 所示。

三斜堆积（T∥）常称为 β 型，其中两个亚甲基单位连在一起组成乙烯的重复单位，每个亚晶胞中有一个乙烯单位，所有的曲折平面都是相平行的。在正烷烃、脂肪酸以及三酰基甘油中均存在亚晶胞堆积，同质多晶型物质中 β 型最为稳定。

普通正交堆积（O⊥）也被称为 β′ 型，每个亚晶胞中有两个乙烯单位，交替平

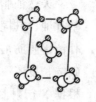

三斜　　　　　　普通正交　　　　　　六方形

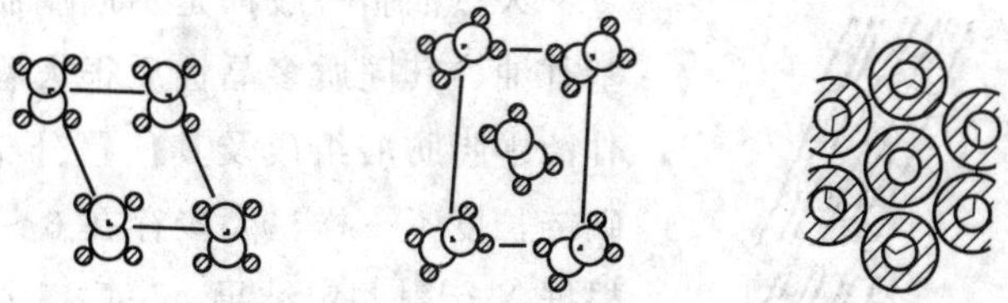

图 5-6　烃类亚晶胞晶格的一般类型

面与它们相邻平面互相垂直。正石蜡、脂肪酸以及其脂肪酸酯都存在正交堆积。β'型具有中等程度稳定性。

六方形堆积（H）一般称为 α 型，当烃类快速冷却到刚刚低于熔点以下时往往会形成六方形堆积。分子链随时定向，并绕着它们的长垂直轴而旋转。在烃类、醇类和乙酯类中观察到六方形堆积，同质多晶型物质中 α 型是最不稳定的，见表 5-5。

表 5-5　单酸三酰基甘油同质多晶型物质的特征

特征	α 晶型	β' 晶型	β 晶型
短间隔/nm	0.42	0.42,0.38	0.46, 0.39,0.37
特征红外吸收/cm^{-1}	720	727,719	717
密度	最小	中间	最大
熔点	最低	中间	最高
链堆积	六方形	正交	三斜

同质多晶型物质在形成结晶时可以形成多种晶型，多种晶型可以同时存在，也会发生转化。

同酸甘油三酯（如 Sn-StStSt）从熔化状态开始冷却，先结晶成 α 型，α 型进一步冷却，慢慢转变成 β 型；将 α 型加热到熔点，冷却，能快速转变成 β 型；通过冷却熔化物和保持在 α 型熔点以上几度的温度，可以直接得到 β' 型；β' 型加热至熔点，开始熔化，冷却，能转变成稳定的 β 型。

以上这些转变均是单向转变，也就是由不稳定的晶型向稳定的晶型转变。

影响同质多晶晶型形成的因素如下。

（1）降温条件　熔体冷却时，首先形成不稳定的晶型，因为其能量差最小，形成一种晶型后晶型的转化需要一定的条件和时间。降温速度快，分子很难良好定向排列，因此形成不稳定的晶型。

（2）晶核　优先生成已有晶核的晶型，添加晶种是选择晶型的最易手段。

（3）搅拌状态　充分搅拌有利于分子扩散，对形成稳定的晶型有利。

（4）工艺手段　适当的工艺处理会选择适当的晶型形成。

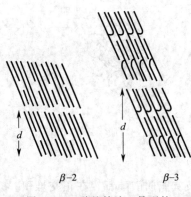

β-2　　　　　β-3

图 5-7　三酰基甘油 β 晶型的
两种排列形式

天然油脂一般都是不同脂肪酸组成的三酰基甘油，其同质多晶性质很大程度上受到酰基甘油中脂肪酸组成及其位置分布的影响。由于碳链长度不一样，大多存在 3～4 种不同晶型，根据 X 衍射测定结果，三酰基甘油晶体中的晶胞的长间隔大于脂肪酸碳链的长度，因此认为脂肪酸是交叉排列的，其排列方式主要有两种，即"二倍碳链长"排列形式和"三倍碳链长"排列形式（图 5-7），并在三种主要晶型（α、β'、β）后用阿拉伯数字表示，如两倍碳链长的 β 晶型为 β-2，三倍碳链长的 β 晶型为 β-3，在此基础上，根据长间距不同还可细分为多种类型，并用Ⅰ、Ⅱ、Ⅲ、Ⅳ、Ⅴ等罗马数字表示，例如可可脂可形成 α-2、β'-2、β-3Ⅴ、β-3Ⅵ等晶型。

一般来说，同酸三酰甘油易形成稳定的 β 结晶，而且是 β-2 排列；不同酸三酰甘油由于碳链长度不同，易停留在 β' 型，而且是 β'-3 排列。天然油脂中倾向于结晶成 β 型的脂类有豆油、花生油、玉米油、橄榄油、椰子油、红花油、可可脂和猪油。另一方面，棉子油、棕榈油、菜子油、牛乳脂肪、牛脂以及改性猪油倾向于形成 β' 晶型，该晶体可以持续很长时间。在制备起酥油、人造奶油以及焙烤产品时，期望得到 β' 型晶体，因为它能使固化的油脂软硬适宜，有助于大量的空气以小的空气泡形式被搅入，从而形成具有良好塑性和奶油化性质的产品。

另外，脂肪还存在明显的过冷现象。例如，猪油的熔点为 36～48℃，如果把它加热到 48℃以上，猪油完全熔化，整体上是流动的液体，但当温度下降到48℃或更低，不会出现凝固现象，而必须要冷到更低温度才会凝固（猪油的凝固点是 26～32℃）。这种在比熔点更低的温度下仍然是液态的现象就称为过冷现象。过冷现象和同质多晶现象使得同种脂肪的凝固点常比熔点低 1～5℃，其中过冷现象更为显著，猪油的冷却就是最好的例证，它能保持几小时的过冷现象。

油脂的晶型在食品加工中的应用也比较广泛。例如，生产焙烤食品、冰激凌需要混入空气，所以，应选择易于形成 β' 型晶型的油脂进行加工。用作糖果和糕点包衣的可可脂共存在 4 种结晶类型，即 α-2、β'-2、β-3Ⅴ、β-3Ⅵ（依次熔点升高）。当可可脂以 β-3Ⅴ晶型存在时，可可脂具有深褐色光泽的外观，这是生产巧克力食品时需要的。巧克力在储存中可能发生白霜现象，原因就是可可脂 β-3Ⅴ晶型转变成了熔点更高的 β-3Ⅵ晶型。

五、油脂的固液性

油脂的熔点或凝固点决定了油脂的固体性和液体性。油脂的熔点高，其固体性大而液体性小。如果一个油脂的最低熔点都在室温以上，这样的油脂硬度大，油脂整体上稠度高。反之，油的熔点低，那么其固体性小而液体性大。如果一个油脂的最高熔点都在室温以下时，这样的油脂流动性大，冷却后固态的塑性大，油脂整体上稠度低。油脂塑性是指表观固体脂肪在外力的作用下，当外力超过分子间作用力时开始流动，但当外力消失后，脂肪重新恢复原有稠度。

烹饪中十分重视油脂的稠度、黏度、硬度等固液性能指标。例如，色拉油要求其黏稠度小，而起酥油既要有高的稠度，又要有合适的塑性和流动性。在制作酥性面点时，油脂使点心酥脆，这是油脂固液体性能的综合效果，可称为油脂的起酥性。油脂起酥性主要表现为两个基本作用：第一，油脂能控制面粉中蛋白质的膨润和面筋的生成量，减少面团的黏着性。在制作酥性面点时，当面团反复搓揉后，扩大了油脂与面团的接触面，使油脂在面团中伸展成薄膜状，最大范围内覆盖在面粉颗粒表面。显然，起酥油必须具有足够的塑性和适当的流动性才能发挥好这个功能。第二，面团在反复搓揉中包裹进去大量的空气和水分，使制品在加热中因空气或水汽的膨胀而疏松。起酥油必须具有足够的稠度和适当的塑性才能正好既能够裹进更多的空气，又能够保持这些气体不过早逸出。

起酥油应该是具备恰当固液性的油脂。猪油常用作起酥油，但它容易酸败，所以实际生产中起酥油多是通过调配而成的。

油脂固液性主要由以下因素决定。

1. 固液比

塑性脂肪在不同温度下的固液比可以用差示扫描量热仪、熔化膨胀率曲线等进行测定。而固液比一般用固体脂肪指数（SFI）表示。

固体脂肪指数（SFI）：固体在熔化过程中，油脂的固体部分与液体部分的比值。

固液比适当时，塑性最好；固体脂过多，则过硬，塑性不好；液体油过多，则过软，易变形，塑性也不好。

固体脂肪指数同食品中脂肪的功能性密切相关。如固体含量少，脂肪非常容易熔化；固体含量高，脂肪变脆。含有大量简单甘油三酯的脂肪塑性范围很窄，椰子油与奶油含有大量简单的饱和甘油酯，熔化速率很快。

2. 脂肪的晶型

当脂肪为 β' 晶型时，可塑性最强，因为 β' 晶型在结晶时将大量小空气泡引入产品，赋予产品较好的塑性；而 β 晶型所含气泡少且大，塑性较差。

3. 熔化温度范围

也就是从熔化开始到熔化结束之间的温度范围；如果温差越大，则脂肪的塑性越大。具有不同熔化温度的甘油酯混合物组成的脂肪一般具有所期望的塑性。

塑性脂肪被应用于烹饪面点加工中，则具有起酥作用；在面团调制过程中加入，可形成较大面积的薄膜和细条，增强面团的延展性，油膜的隔离作用使面筋粒彼此不能黏结成大块面筋，降低了面团的弹性和韧性，同时降低了面团的吸水率，使制品起酥；在调制时能包含和保持一定数量的气泡，使面团体积增大。

六、油脂的乳化性能

油脂是不溶于水的，但可以发生乳化作用，油脂形成乳状液而分散于水，或水分散于油脂中，这在烹饪中有广泛的应用。

（一）乳化和乳状液

1. 乳状液的定义

乳化是指两互不相溶的液体相互分散的过程。乳状液是指两种不互溶的液相组成的分散体系。其中一相以液滴形式分散在另一相中，液滴的直径为 $0.1\sim50\mu m$。其中，被分散的液体构成乳状液的不连续相（内相），分散介质构成连续相（外相）。当液珠直径大于 $0.1\mu m$ 时，为蓝白、乳白不透明分散体系，与牛奶相同，所以称这种分散体系为乳状液。食品中水和油是两种互不相溶的液体，它们能够形成各种乳状液。当内相是油时，称为水包油乳状液（O/W 型），例如，牛奶、奶汤、冰激凌、肉糜等；当内相是水时，称为油包水乳状液（W/O 型），例如，奶油、油碟等。这两种乳状液的性质不同，在烹饪中各自有重要应用。例如，与油包水乳状液相比，水包油乳状液的外相中的水仍然可作为溶剂，因此口感无油腻味。另外，水包油乳状液黏度小，透明度高，能溶解呈味成分，从而在烹饪中可呈现"奶汤"的独特风味。

2. 乳状液的失稳机制

乳状液在热力学上属于不稳定的体系，造成乳状液不稳定的原因如下。

① 由于两相界面具有自由能，它会抵制界面积增加，导致液滴聚结而减少分散相界面积的倾向，从而最终导致两相分层（破乳）。

② 重力作用导致分层。重力作用可导致密度不同的相上浮、沉降或分层。

③ 分散相液滴表面静电荷不足导致聚集。分散相液滴表面静电荷不足则液滴与液滴之间的排斥力不足，液滴与液滴相互接近而聚集，但液滴的界面膜尚未破裂。

④ 两相间界面膜破裂导致聚结。两相间界面膜破裂，液滴与液滴结合，小液

滴变为大液滴，严重时会完全分相。

（二）乳化剂

1. 乳化剂的定义及乳化原理

由于界面张力是沿着界面的方向（即与界面相切）发生作用以阻止界面的增大，所以具有降低界面张力的物质会自动吸附到相界面上，这样能降低体系总的自由能，这一类物质通称为表面活性剂。因此可通过加入乳化剂来稳定乳状液。

乳化剂绝大多数是表面活性剂。乳化剂在分子结构上具有极性亲水基团如—COOH、—SO_3Na、—NH_2 等和非极性疏水基团如脂肪烃链（—R）。因此它是两亲性物质。绝大多数乳化剂既不全溶于水，也不全溶于油，其部分结构处于亲水的环境（如水或某种亲水物质）中，而另一部分结构则处于疏水环境（如油、空气或某种疏水物质）中，即分子位于两相的界面，因此降低了两相间的界面张力，从而提高了乳状液的稳定性。

在蛋糕、面包、饮料、点心制作中经常使用乳化剂，其品种很多，如单甘酯、卵磷脂、硬脂酰乳酸钠（SSL）、蔗糖脂肪酸酯等。其中，卵磷脂是烹饪上用得最多的天然乳化剂，用于西餐凉菜沙拉的调味汁就是利用蛋黄卵磷脂的乳化性制成的，称为马乃司（蛋黄酱）。

2. 乳化剂的选择

HLB 是指一个两亲物质的亲水-亲油平衡值。一般情况下，疏水链越长，HLB 值越低，表面活性剂在油中的溶解性越好；亲水基团的极性越大（尤其是离子型的基团），或者是亲水基团越大，HLB 值就越高，则在水中的溶解性越高。当 HLB 为 7 时，意味着该物质在水中与在油中具有几乎相等的溶解性，表面活性剂的 HLB 值在 1～40 范围内。表面活性剂的 HLB 与溶解性之间的关系对表面活性剂自身是非常有用的，它还关系到一个表面活性剂是否适用于作为乳化剂。HLB＞7 时，表面活性剂一般适于制备 O/W 乳状液；而 HLB＜7 时，则适于制造 W/O 乳状液。在水溶液中，HLB 高的表面活性剂适于做清洗剂。表 5-6 中列出了不同 HLB 值及其适用性。

表 5-6　HLB 值及其适用性

HLB 值	适用性	HLB 值	适用性
1.5～3	消泡剂	8～18	O/W 型乳化剂
3.5～6	W/O 型乳化剂	13～15	洗涤剂
7～9	湿润剂	15～18	溶化剂

表 5-7 列出了一些常见的乳化剂。根据其亲水基团的性质，它们被划分为非离子型、阴离子型和阳离子型。同时，乳化剂也被分为天然的（如一酰基甘油和磷脂

等）和合成的两大类。此外，乳化剂的 HLB 值具有代数加和性，混合乳化剂的 HLB 值可通过计算得到，但这不适合离子型乳化剂。通常混合乳化剂比具有相同 HLB 值的单一乳化剂的乳化效果好。

表 5-7　一些常见乳化剂的 HLB 值

乳化剂类型	乳化剂实例	HLB
非离子型		
脂肪醇	十六醇	1.0
一酰基甘油	甘油单硬脂酸酯	3.8
	双甘油单硬脂酸酯	5.5
	丙醇酰甘油单棕榈酸酯	8.0
一酰基甘油类酯	失水山梨醇三硬脂酸酯(Span15)	2.1
司盘类	失水山梨醇单月桂酸酯(Span20)	8.6
	失水山梨醇单硬脂酸酯(Span60)	4.7
	失水山梨醇单油酸酯(Span80)	7.0
吐温类	聚氧乙烯失水山梨醇单棕榈酸酯(Tween40)	15.6
	聚氧乙烯失水山梨醇单硬脂酸酯(Tween60)	14.9
	聚氧乙烯失水山梨醇单油酸酯(Tween80)	16.0
阴离子型		
肥皂	油酸钠	18.0
乳酸酯	硬脂酰-2-乳酸钠	21.0
磷脂	卵磷脂	比较大
阴离子去垢剂	十二烷基硫酸钠	40.0
阳离子型		大

注：阳离子型不能用于食品，常用于洗涤剂。

3. 烹饪加工中常用的乳化剂

（1）甘油酯及其衍生物　主要是甘油一酯（也叫单甘酯，HLB2～3，图 5-8），甘油二酯乳化能力差，甘油三酯完全没有乳化能力。目前用的有单双混合酯和甘油一酯，为了改善甘油一酯的性能，还可将其制成衍生物，增加亲水性。

（2）蔗糖脂肪酸酯　HLB 值为 1～16，单酯和双酯（图 5-9）产品用得最多，亲水性强，适用于 O/W 型体系，如可用作速溶可可、巧克力的分散剂，防止面包老化等。

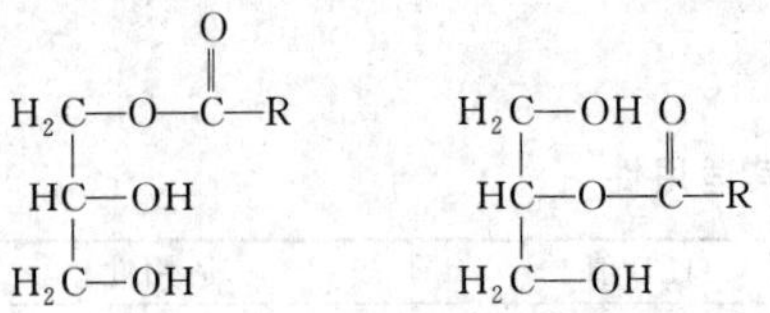

图 5-8　甘油一酯分子结构 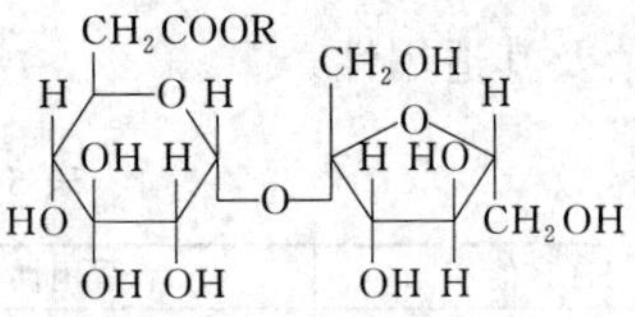　　　　　图 5-9　蔗糖脂肪酸酯

（3）山梨醇酐脂肪酸酯及其衍生物　是一类被称为司盘的产品，HLB 4～8，与环氧乙烷加成得到亲水性好的吐温，HLB 16～18，但有不愉快的气味，用量过多时，口感苦。图 5-10 为山梨醇和山梨醇酐硬脂酸酯的结构。

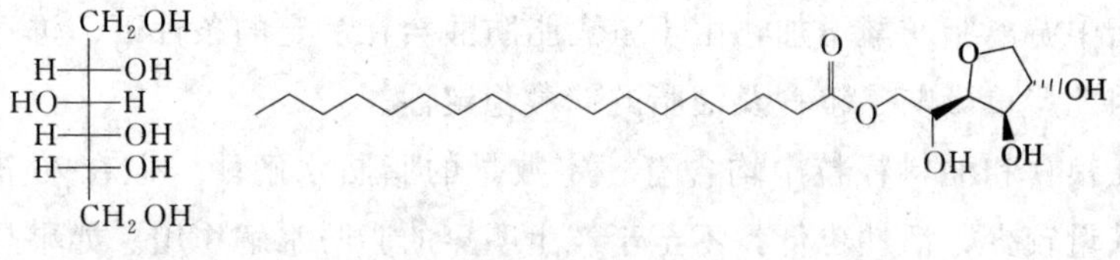

山梨醇　　　　　　　　　　　山梨醇酐硬脂酸酯（Span 60）

图 5-10　山梨醇和山梨醇酐硬脂酸酯的结构

（4）丙二醇脂肪酸酯　丙二醇单酯主要用在蛋糕等西点中，作为发泡剂的主要成分与其他乳化剂配用。

（5）硬脂酰乳酸钠（或钙）　亲水性强，适用于 O/W 型，可与淀粉分子络合，防止面包老化；木糖醇酐单硬脂酸酯，常用于糖果、人造奶油、糕点等食品中。

（6）大豆磷脂　天然食品乳化剂，可用于冰激凌、糖果、蛋糕、人造奶油等食品中。

（7）各种植物胶　各种植物中的水溶性胶，属于 O/W 型乳状液的乳化剂，由于能增大连续相的黏度和（或者）在小油珠周围形成一层稳定的膜，使聚结作用受到抑制。这类物质包括阿拉伯树胶、黄蓍胶、果胶、琼脂、甲基纤维素羧甲基纤维素以及鹿角藻胶。此外，蛋白质也具有较好的乳化功能。

第三节　油脂的酸败

油脂或含油脂较多的食品，在加工储存时，因氧、日光、微生物、酶等作用，发生色泽变暗、黏度变大，产生不愉快的气味，味变苦涩的现象称为油脂的酸败，俗称油脂的哈败。油脂酸败可分为水解型酸败、氧化酸败、酮型酸败。

一、水解型酸败

含低级脂肪酸较多的油脂，其残渣中存在酯酶或微生物所产生的酯酶，在酶的作用下，油脂水解生成游离的低级脂肪酸（C_{10} 以下）和甘油。游离的低级脂肪酸，如丁酸、己酸、辛酸等具有特殊的汗臭味和苦涩味。这种现象称为油脂水解型酸败，如图 5-11 所示。

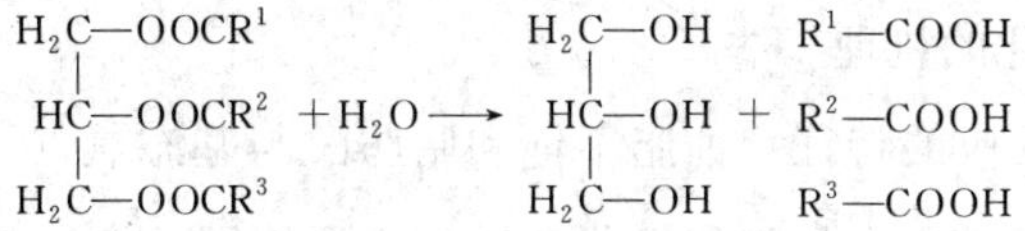

图 5-11　三酰基甘油水解

脂肪的水解酸败是脂肪酸与甘油的酯化反应的逆反应，反应的结果是使粮食、油料或油脂中游离脂肪酸增加，由于游离脂肪酸会在一定的条件下，进一步发生氧化酸败，因此严重影响了粮食及油脂的储藏稳定性。

一般在粮食和油料籽粒中均含有一定数量的脂肪水解酶，但在安全储藏状态下，一般其量较少，活性也低，不至于产生明显的脂肪水解作用。如果是高温高湿环境中，特别是感染霉菌之后，由于大多数霉菌均有大量的脂肪酶，所以会导致水解反应的大量进行。

在食品加工与烹饪加工的过程中，油脂都会程度不同地发生水解反应。如油脂受到某些微生物的污染，这些微生物可分泌出能引起油脂发生水解所需的脂肪酶。含油脂的罐头食品在加热灭菌时油脂也会部分水解，温度越高水解程度越大，加热时间越长水解程度亦越大。在烹饪中常用油锅油炸含水分的食品，一般烹饪原料的含水量都比较大，油锅的温度又常在170℃以上，所以油炸时，油脂都会发生水解反应，产生了甘油和游离脂肪酸；一旦游离脂肪酸的含量达到0.5%～1.0%时，水解速度则加快，所以水解速度往往与游离脂肪酸含量成正比。

如果游离脂肪酸的含量过高，油脂的烟点和表面张力降低，从而影响油炸食品的风味。此外，游离脂肪酸比甘油脂肪酸酯更易氧化。油脂水解反应的程度一般用"酸价"来表示，油脂的酸价越大，说明脂解程度越大。

在大多数情况下，人们采取工艺措施降低油脂的水解，在少数情况下则有意地增加脂解，如为了产生某种典型的"干酪风味"特地加入微生物和乳脂酶，在制造面包和酸奶时也采用有控制和选择性的脂解反应以产生这些食品特有的风味。

二、氧化型酸败

油脂的氧化酸败是指油脂在食品加工和储藏期间，由于空气中的氧、光照、微生物、酶和金属离子等的作用，产生不良风味和气味（氧化哈败）、降低食品营养价值，甚至产生一些有毒性的化合物，使食品不能被消费者接受。油脂氧化是含油食品变质的主要原因之一。因此，脂质氧化对于食品工业的影响是至关重大的。但在某些情况下（如陈化的干酪或一些油炸食品中），油脂的适度氧化对风味的形成是必需的。油脂氧化主要有三条途径：自动氧化、光敏氧化和酶促氧化。

（一）自动氧化

1. 油脂自动氧化的机理

（1）自动氧化反应的特征　油脂不饱和脂肪酸与基态氧（$^3O_2$）发生的游离基反应，是自由基链式反应，是脂质氧化变质的主要原因。自由基反应特征如下：光和产生自由基的物质能催化脂质自动氧化；凡能干扰自由基反应的物质一般都抑制自动氧化反应的速度；当脂质为纯物质时，自动氧化反应存在一较长的诱导期；反应的初期产生大量的氢过氧化物；由光引发的氧化反应量子产额超过 1。

（2）自动氧化反应的主要过程　一般油脂自动氧化主要包括引发（诱导）期、链传递和终止期 3 个阶段。

① 引发（诱导）期　酰基甘油中的不饱和脂肪酸，受到光线、热、金属离子和其他因素的作用，在邻近双键的亚甲基（α-亚甲基）上脱氢，产生自由基（R·），如用 RH 表示酰基甘油，其中的 H 为双键的 α-C 的氢，R· 为烷基自由基，该反应过程一般表示如下：

$$RH \xrightarrow{h\nu} R \cdot + H \cdot$$

由于自由基的引发通常所需活化能较高，必须依靠催化才能生成，所以这一步反应相对较慢。

② 链传递　R·自由基与空气中的氧相结合，形成过氧化自由基（ROO·），而过氧化自由基又从其他脂肪酸分子的 α-亚甲基上夺取氢，形成氢过氧化物（ROOH），同时形成新的 R·自由基，如此循环下去，重复连锁地攻击，使大量的不饱和脂肪酸氧化。由于链传递过程所需活化能较低，故此阶段反应进行很快，油脂氧化进入显著阶段，此时油脂吸氧速度很快，增重加快，并产生大量的氢过氧化物。

$$R \cdot + O_2 \longrightarrow ROO \cdot \tag{1}$$
$$ROO \cdot + RH \longrightarrow ROOH + R \cdot \tag{2}$$
$$ROOH \xrightarrow{\text{分解}} ROH, RCHO, RCOR' \tag{3}$$

③ 终止期　各种自由基和过氧化自由基互相聚合，形成环状或无环的二聚体或多聚体等非自由基产物，至此反应终止。

$$ROO \cdot + ROO \cdot \longrightarrow ROOR + O_2 \tag{4}$$
$$ROO \cdot + R \cdot \longrightarrow ROOR \tag{5}$$
$$R \cdot + R \cdot \longrightarrow R-R \tag{6}$$

2. 氢过氧化物的形成

如前所述，位于脂肪酸烃链上与双键相邻的亚甲基在一定条件下特别容易均裂而形成游离基，由于自由基受到双键的影响，具有不定位性，因而同一种脂肪酸在氧化过程中产生不同的氢过氧化物。下面分别以油酸酯、亚油酸酯和亚麻酸酯的模拟体系说明简单体系中的自动氧化反应氢过氧化物生成机制。

（1）油酸酯　图 5-12 中只画出了油酸中包括双键在内的四个碳原子，氢的脱去先发生在 8 位或 11 位上，故先生成 8 位或 11 位两种烯丙基自由基中间物。由于双键和自由基的相互作用，可导致产生 9 位或 10 位自由基的生成。氧在每个自由基的碳上进攻，生成 8-、9-、10-及 11-烯丙基氢过氧化物的异构混合物。反应在

25℃进行时，8位或11位氢过氧化物反式与顺式的量差不多，但9位与10位异构体主要是反式的。

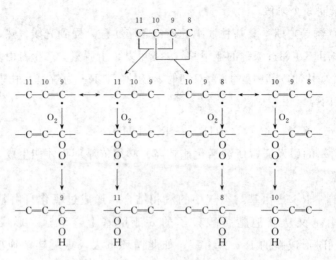

图 5-12 油酸酯氧化产生的氢过氧化物

（2）亚油酸酯 亚油酸酯的自动氧化速度是油酸酯的 10～40 倍，这是因为亚油酸中 1,4-戊二烯结构使它们对氧化的敏感性远远地超过油酸中的丙烯体系（约为 20 倍），两个双键中间（11 位）的亚甲基受到相邻的两个双键双重活化非常活泼，更容易形成自由基，因此油脂中油酸和亚油酸共存时，亚油酸可诱导油酸氧化，使油酸诱导期缩短。亚油酸酯氧化产生的氢过氧化物如图 5-13 所示。

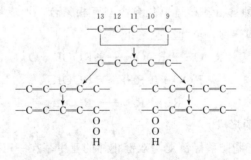

图 5-13 亚油酸酯氧化产生的氢过氧化物

在 11 位碳原子脱氢后产生戊二烯自由基中间物，它与分子氧反应生成等量的 9- 与 13-共轭二烯氢过氧化物的混合物。研究表明 9- 与 13-顺式、反式氢过氧化物通过互变以及一些几何异构化形成反式、反式异构物。这两种氢过氧化物（9- 与 13-）都具顺式、反式以及反式、反式构型。

（3）亚麻酸酯 亚麻酸中存在两个 1,4-戊二烯结构（图 5-14）。碳 11 和碳 14 的两个活化的亚甲基脱氢后生成两个戊二烯自由基。

氧进攻每个戊二烯自由基的端基碳生成 9-、12-、13-和 16-氢过氧化物的混合物。这 4 种氢过氧化物都存在几何异构体，每种具有共轭二烯，或是顺式、反式，或是反式、反式构型，隔离双键总是顺式的。

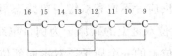

图 5-14　亚麻酸的 1,4-戊二烯结构

生成的 9-和 16-氢过氧化物的量大大超过 12-和 13-异构物，这是因为：第一，氧优先与碳 9 和碳 16 反应；第二，12-和 13-氢过氧化物分解较快。

3. 油脂自动氧化与食品品质的关系

油脂在自动氧化过程中产生的氧化物最终会裂解为低分子的醛、酮、酸，并产生强烈刺激性臭味。已经氧化酸败的油脂，无论其感官性质有无改变，食用价值都会有所降低，甚至完全不能食用，原因如下。

（1）**破坏食品营养价值**　人体所需要的高度不饱和脂肪酸，如亚油酸、亚麻酸等均受到破坏，油脂的自动氧化也破坏了油脂中的脂溶性维生素，如维生素 A、维生素 E、维生素 D 等，当其他食物中的维生素接触已酸败的油脂时，也会发生连锁反应而被破坏，从而引起各种缺乏症。

（2）**产生有害成分**　自动氧化产生的聚合物，特别是二聚体，能够被人体吸收，但人体又不能代谢，在体内聚集，产生中毒。酸败油脂对机体的琥珀酸氧化酶和细胞色素氧化酶等几种重要的酶系统有损害作用。长期食用这种油脂，会出现中毒现象，轻者呕吐、腹泻，重者肝脏肿大。

（3）**使油脂和食品的感官性能劣变**　自动氧化使油脂最终会裂解为低分子的醛、酮、酸，产生强烈刺激性哈味和难以接受的辣、苦、涩的口感，导致食品品质严重降低。

酸败另一个明显的变化是使食物的色泽发生变化。例如，烹调中的油炸原料需现用现炸，炸好的食物若放置几天，表面就会变成红褐色，臭味也明显出现，不宜再食用。

（4）**降低油脂的工艺性能**　自动氧化使油脂酸价上升，而碘价和烟点降低，密度和黏度增大。酸败的油脂，加热时油烟多，油泡多，透明度下降，甚至发生固化。长期摄入酸败的油脂，在动物实验中可以观察到体重减轻和发育障碍等现象。

综上所述，从营养卫生、口感、嗅感及油脂的其他工艺性能上都不应再使用已发生酸败的油脂。

（二）油脂的光敏氧化

1. 光敏氧化机理

单线态氧的电子自旋状态使它本身具有高亲电性，所以，它与电子密集中心的反应活性很高，这就导致单线态氧和双键上电子云密度高的不饱和脂肪酸很容易发生反应。不饱和双键与单线态氧反应时，形成六元环过渡态。以亚油酸酯的第9、10位双键上的碳原子为例，单线态氧进攻双键上的第9、10位的碳原子，得到烯丙位上的一个质子，双键向邻位转移，形成反式的烯丙型氢过氧化物。过渡态的电子发生离域后，形成共轭和非共轭的二烯化合物，这是单线态氧氧化的特点，见图5-15。

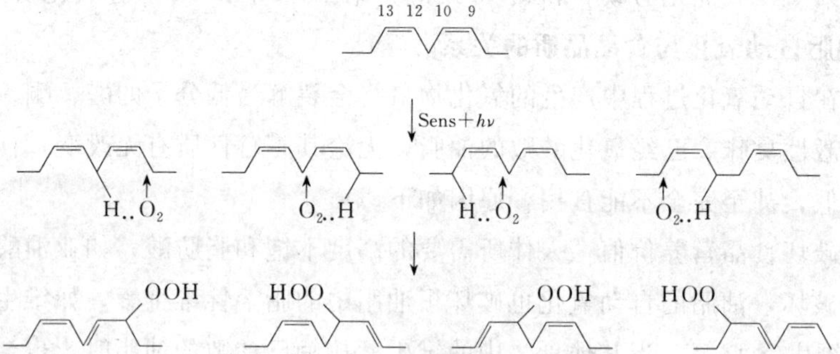

图5-15　亚油酸酯光敏氧化机制

2. 光敏氧化的特征

不产生自由基，不受自由基抑制剂的影响；双键的构型会发生改变，顺式构型变为反式构型；可形成共轭和非共轭的二烯化合物；氧化反应速度很快，一旦发生，千倍于自动氧化，但与双键数目关系不大；氧化反应没有诱导期；光氧化反应受到单重态氧淬灭剂 β-胡萝卜素与生育酚的抑制；产物是氢过氧化物，在金属离子的存在下分解出游离基（R·及ROO·），引发自动氧化。

（三）酶促氧化

脂肪在酶参与下所发生的氧化反应，称为酶促氧化。

脂肪氧合酶（LOX）专一性地作用于具有1,4-顺，顺-戊二烯结构的多不饱和脂肪酸（如18∶2、18∶3、20∶4），在1,4-戊二烯的中心亚甲基处（即 $\omega8$ 位）脱氢形成自由基，然后异构化使双键位置转移，同时转变成反式构型，形成具有共轭双键的 $\omega6$ 和 $\omega10$ 氢过氧化物，见图5-16。

（四）氢过氧化物的分解及聚合

1. 氢过氧化物的分解

各种氧化途径产生的氢过氧化物只是一种反应中间体，本身并无异味，非常不稳定，可裂解产生许多分解产物，其中产生的小分子醛、酮、酸等具有令人不愉快的气味即哈喇味，导致油脂酸败。

一般氢过氧化物的分解首先是在氧-氧键处均裂，生成烷氧自由基和羟基自由基（图5-17）。

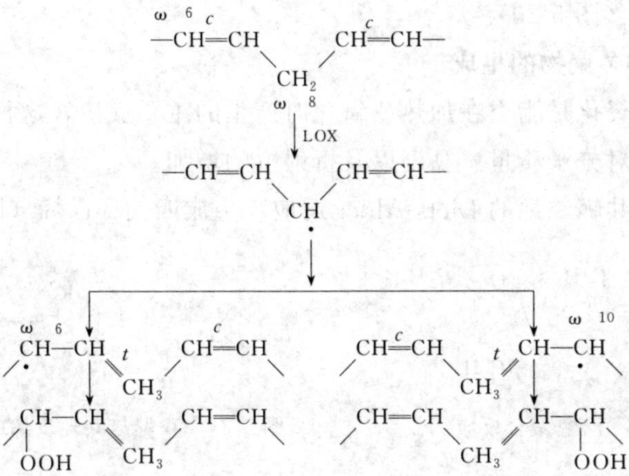

图 5-16 酶促氧化机制

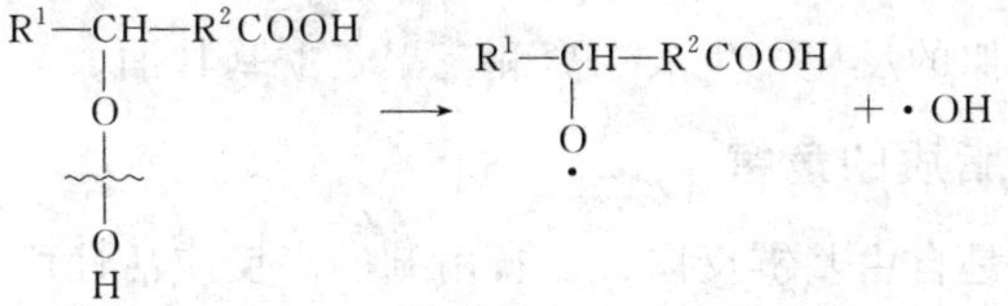

图 5-17 氢过氧化物的分解

其次，烷氧自由基在与氧相连的碳原子两侧发生碳-碳键断裂，生成醛、酸、烃和含氧酸等化合物（图 5-18）。

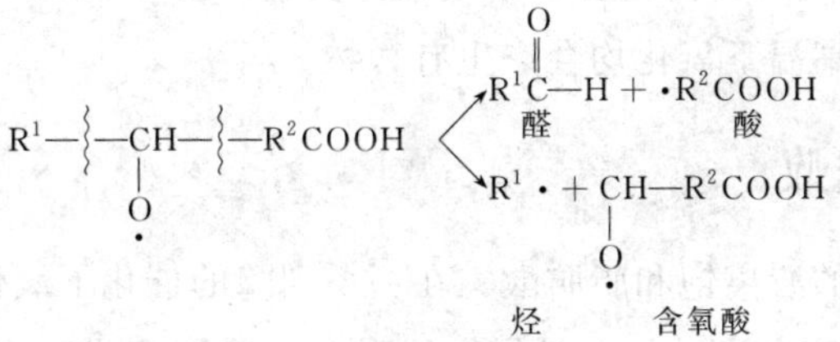

图 5-18 烷氧自由基的碳-碳键断裂

此外，烷氧自由基还可通过下列途径生成酮、醇化合物（图 5-19）。

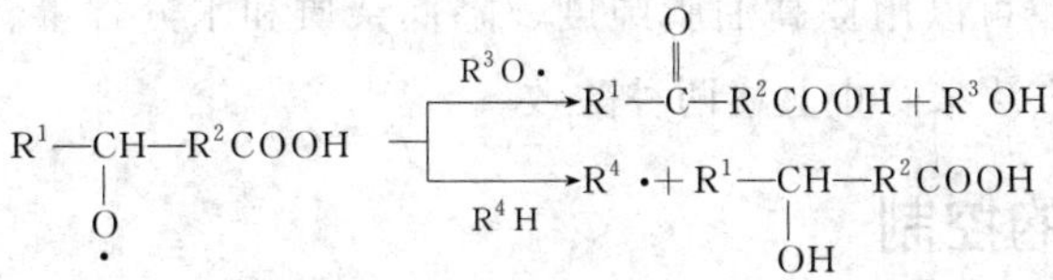

图 5-19 烷氧自由基生成酮、醇

其中生成的醛类物质的反应活性很高，可再分解为分子量更小的醛，典型的产物是丙二醛，小分子醛还可缩合为环状化合物，如己醛可聚合成具有强烈臭味的环状三戊基三噁烷（图 5-20）。

2. 二聚物和多聚物的生成

二聚化和多聚化是脂类在加热或氧化时产生的主要反应，这种变化一般伴随着碘值的减少和相对分子质量、黏度以及折射率的增加。

（1）双键与共轭二烯的 Diels-Alder 反应 生成四代环己烯（图 5-21）。

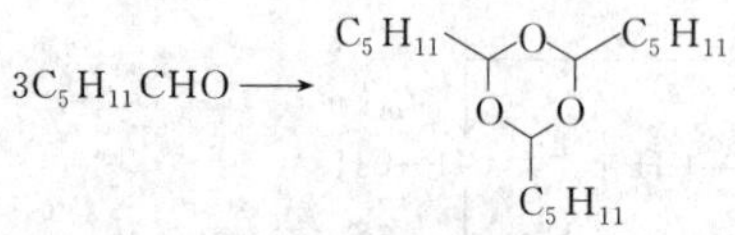

图 5-20 己醛聚合反应 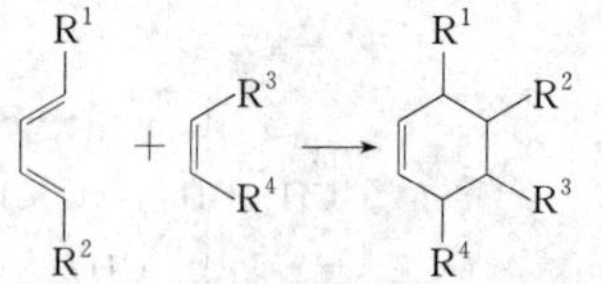　　　　图 5-21 双键与共轭二烯的 Diels-Alder 反应

（2）自由基加成到双键 自由基加成到双键产生二聚自由基，二聚自由基可从另一个分子中取走氢或进攻其他的双键生成无环或环状化合物。不同的酰基甘油的酰基间也能发生类似的反应，生成二聚和三聚三酰基甘油。

（五）过氧化脂质的危害

油脂自动氧化是自由基链反应，而自由基的高反应活性可导致机体损伤、细胞破坏、人体衰老等。油脂氧化过程中产生的过氧化脂质会导致食品的外观、质地和营养质量变劣，甚至产生致突变的物质。

过氧化脂质几乎能和食品中的任何成分反应，使食品品质降低。

ROOH 几乎可与人体内所有分子或细胞反应，破坏 DNA 和细胞结构。

脂质在常温及高温下氧化均会产生有害物。

三、酮型酸败

油脂水解产生的游离饱和脂肪酸，在一系列酶的催化下氧化生成有怪味的酮酸和甲基酮，称为酮型酸败。由于氧化作用引起的降解多发生在饱和脂肪酸的 α- 及 β-碳位之间的键上，所以称为 β-氧化型酸败。

一般含水、蛋白质较多的含油脂食品或油脂易受微生物污染，引起水解型酸败和 β-氧化型酸败。可以用提高油脂纯度、降低杂质和水分含量、保持容器干燥卫生、低温储存等方法来防止上述两种酸败。

四、酸败的控制

（一）影响油脂酸败的因素

1. 油脂中的脂肪酸组成

油脂中的饱和脂肪酸和不饱和脂肪酸都能发生氧化反应，但饱和脂肪酸的氧化必须在特殊条件下才能发生，即有霉菌的繁殖，或有酶存在，或有氢过氧化物存在的情况下，才能使饱和脂肪酸发生 β-氧化作用而形成酮酸和甲基酮。然而饱和脂肪酸的氧化速率往往只有不饱和脂肪酸的 1/10。而不饱和脂肪酸的氧化速率又与其本身双键的数量、位置与几何形状有关。花生四烯酸、亚麻酸、亚油酸与油酸氧化的相对速度约为 40∶20∶10∶1。顺式酸比它们的反式酸易于氧化，而共轭双键比非共轭双键的活性强。游离脂肪酸与酯化脂肪酸相比，氧化速度要高一些。

2. 水

纯净的油脂中要求含水量很低，以确保微生物不能在其中生长，否则会导致氧化。对各种含油食品来说，控制适当的水分活度能有效抑制自动氧化反应，因为研究表明油脂氧化速度主要取决于水分活度。水分活度对脂肪氧化作用的影响很复杂，在水分活度<0.1 的干燥食品中，油脂的氧化速度很快；当水分活度增加到0.3 时，由于水的保护作用，阻止氧进入食品而使脂类氧化减慢，往往达到一个最低速度；当水分活度在此基础上再增高时，可能是由于增加了氧的溶解度，因而提高了存在于体系中的催化剂的流动性和脂类分子的溶胀度而暴露出更多的反应位点，所以氧化速度加快。

3. 氧气

在非常低的氧气压力下，氧化速度与氧压近似成正比，如果氧的供给不受限制，那么氧化速度与氧压力无关。同时氧化速度与油脂暴露于空气中的表面积成正比，如膨松食品（方便面）中的油比纯净的油易氧化。因而可采取排除氧气、采用真空或充氮包装和使用透气性低的包装材料来防止含油脂食品的氧化变质。

4. 金属离子

凡具有合适氧化还原电位的二价或多价过渡金属（如铝、铜、铁、锰与镍等）都可促进自动氧化反应，即使浓度低至 0.1mg/kg，它们仍能缩短诱导期和提高氧化速度。不同金属对油脂氧化反应的催化作用的强弱是铜＞铁＞铬、钴、锌、铅＞钙、镁＞铝、锡＞银。

烹饪食品中的金属离子主要来源于加工、储藏过程中所用的金属设备，因而在油的制取、精制与储藏中，最好选用不锈钢材料或高品质塑料。

5. 光敏化剂

如前所述，这是一类能够接受光能并把该能量转给分子氧的物质，大多数为有色物质，如叶绿素与血红素。与油脂共存的光敏化剂可使其周围产生过量的 $^1O_2$ 而导致氧化加快。动物脂肪中含有较多的血红素，所以促进氧化；植物油中因为含有叶绿素，同样也促进氧化。

6. 温度

一般来说，氧化速度随温度的上升而加快，高温既能促进自由基的产生，也能促进自由基的消失，另外高温也促进氢过氧化物的分解与聚合。因此，氧化速度和温度之间的关系会有一个最高点。温度不仅影响自动氧化速度，而且也影响反应的机理。在常温下，氧化大多发生在与双键相邻的亚甲基上，生成氢过氧化物。但当温度超过 50℃ 时，氧化发生在不饱和脂肪酸的双键上，生成环状过氧化物。

7. 光和射线

可见光线、不可见光线（紫外光线）和 γ 射线是有效的氧化促进剂，这主要是由于光和射线不仅能够促进氢过氧化物分解，而且还能把未氧化的脂肪酸引发为自由基，其中以紫外光线和 γ 射线最强。

8. 抗氧化剂

抗氧化剂能减慢和延缓油脂自动氧化的速率。

（二）防止酸败的措施

为了避免油脂的酸败变质，在实际中可以采取以下措施。

1. 避光

储存油脂时，避免光照。油脂或含油脂丰富的食品，宜用有色或遮光容器包装。

2. 隔氧

储存油脂时，应尽量避免与空气接触。所以，容器应该有盖，开口应该小些；容器宜装满油脂，排出空气。烹饪中提倡油脂分装成小容器，以减少与空气直接接触的机会与时间。

3. 低温

储存油脂时，应尽量避开高温环境。但对未经加工处理的动物脂肪的冷冻时间不宜过长。

4. 选择适当材料的容器和工具

应选择适当材料的容器和工具来处理和加工油脂。特别是不要选铜质材料的容器来储存、加工油脂。

5. 适当炼制生油

对于毛油和生油，适当的加热可以使脂肪氧合酶失去活力，还能把血红素等除去。

6. 添加抗氧化剂

可在油脂中添加香料和合成抗氧化剂来延长油脂的储存期。在一些植物油中存在的酚类衍生物（如米糠油、大豆油、棉子油、小麦胚芽油等油中含有的维生素 E）能有效防止和延缓油脂的自动氧化作用，这类物质称为抗氧化剂。烹饪中常用的香辛料，有很多都具有一定的抗氧化性，如花椒、丁香、芫荽、姜、胡椒、肉桂等。

（三）抗氧化剂的作用机理

如上所述，凡能延缓或减慢油脂自动氧化的物质称为抗氧化剂。抗氧化剂根据其来源可分为天然抗氧化剂和合成抗氧化剂两类。天然抗氧化剂包括生育酚、芝麻酚、谷胱甘肽酶、SOD 酶、抗坏血酸等。合成抗氧化剂包括 3-叔丁基对羟基茴香醚（3-BHA）、2-叔丁基对羟基茴香醚（2-BHA）、2,6-二叔丁基对甲基苯酚（BHT）、没食子酸丙酯（PG）、叔丁基对苯二酚（TBHQ）、2,4,5-三羟基苯丁酮（THBP）。

作为油脂抗氧化剂，要具备以下条件：起抗氧化作用所生成的抗氧化剂游离基必须是稳定的，不具备氧化油脂的能力；无毒或毒性极小；亲油不亲水；无色无味，对水、酸、碱以及高温下均不变色、不分解；挥发性低，高温时损耗不大；低浓度时其抗氧化效率也很高；价格便宜。

抗氧化剂种类繁多，其作用机理也不尽相同，因此按作用机理的不同可分为自由基清除剂（酶与非酶类）、单重态氧淬灭剂、金属离子螯合剂、氧清除剂、酶抑制剂、氢过氧化物分解剂、紫外线吸收剂等。下面分别介绍各类抗氧化剂的作用机理。

1. 非酶类自由基清除剂

非酶类自由基清除剂主要包括天然成分维生素 E、维生素 C、β-胡萝卜素和还原型谷胱甘肽（GSH）以及合成的抗氧化剂 BHA、BHT、PG、TBHQ 等，它们均是优良的氢供体或电子供体。若以 AH 代表抗氧化剂，则它与脂类（RH）的自由基反应如下：

$$R \cdot + AH \longrightarrow RH + A \cdot$$
$$ROO \cdot + AH \longrightarrow ROOH + A \cdot$$
$$ROO \cdot + A \cdot \longrightarrow ROOA$$
$$A \cdot + A \cdot \longrightarrow A_2$$

由上述反应可知，此类抗氧化剂可以与油脂自动氧化反应中产生的自由基反应，将之转变为更稳定的产物，而抗氧化剂自身生成较稳定的自由基中间产物（A·），并可进一步结合成稳定的二聚体（A_2）和其他产物（如 ROOA 等），导致 R·减少，使得油脂的氧化链式反应被阻断，从而阻止了油脂的氧化。须注意的是将此类抗氧化剂加入到尚未严重氧化的油中是有效的，但将它们加入到已严重氧化的体系中则无效，因为高浓度的自由基掩盖了抗氧化剂的抑制作用。

2. 酶类自由基清除剂

酶类自由基清除剂主要有超氧化物歧化酶（superoxide dismutase，SOD）、过氧化氢酶（catalase，CAT）、谷胱甘肽过氧化物酶（GSH-Px）。

在生物体中各种自由基对脂类物质起氧化作用，超氧化物歧化酶（SOD）能清除由脂质氧化酶和过氧化物酶作用产生的超氧化物自由基 $O_2^- \cdot$，同时生成 H_2O_2 和 $^3O_2$，H_2O_2 又可以被过氧化氢酶（CAT）清除生成 H_2O 和 $^3O_2$。除 CAT 外，GSH-Px 也可清除 H_2O_2，还可清除脂类过氧化自由基 ROO · 和 ROOH，从而起到抗氧化作用。反应式如下：

$$O_2^- \cdot + O_2^- \cdot + 2H^+ \xrightarrow{\text{SOD}} H_2O_2 + {}^3O_2$$

$$H_2O_2 \xrightarrow{\text{CAT}} H_2O + {}^3O_2$$

$$ROOH + 2GSH \xrightarrow{\text{GSH-Px}} GSSG + ROH + H_2O$$

注：GSH 为还原型谷胱甘肽，GSSG 为氧化型谷胱甘肽。值得注意的是 GSH-Px 在催化反应中需 GSH 作氢供体。

3. 单重态氧淬灭剂

单重态氧易与同属单重态的双键作用，转变成三重态氧，所以含有许多双键的类胡萝卜素是较好的 $^1O_2$ 淬灭剂。其作用机理是激发态的单重态氧将能量转移到类胡萝卜素上，使类胡萝卜素由基态（^{1} 类胡萝卜素）变为激发态（^{3} 类胡萝卜素），而后者可直接放出能量回复到基态：

$$^1O_2 + {}^1 \text{类胡萝卜素} \longrightarrow {}^3O_2 + {}^3 \text{类胡萝卜素}$$

此外，$^1O_2$ 淬灭剂还可使光敏化剂由激发态回复到基态：

$$^1 \text{类胡萝卜素} + {}^3 Sen^* \longrightarrow {}^3 \text{类胡萝卜素} + {}^1 Sen$$

4. 金属离子螯合剂

食用油脂通常含有微量的金属离子，尤其是那些具有两价或更高价态的重金属离子可缩短自动氧化反应诱导期的时间，加快脂类化合物氧化的速度。金属离子（M^{n+}）作为助氧化剂起作用，一是通过电子转移，二是通过诸如下列反应从脂肪酸或氢过氧化物中释放自由基。超氧化物自由 $O_2^- \cdot$ 也可以通过金属离子催化反应而生成，并由此经各种途径引起脂类化合物氧化。

$$ROOH + M^{(n+1)+} \longrightarrow M^{n+} + H^+ + R \cdot$$

$$ROOH + M^{n+} \longrightarrow RO \cdot + OH^- + M^{(n+1)+}$$

$$ROOH + M^{(n+1)+} \longrightarrow ROO \cdot + M^{n+} + H^+$$

柠檬酸、酒石酸、抗坏血酸、EDTA 和磷酸衍生物等物质对金属具螯合作用而使它们钝化，从而起到抗氧化的作用。

5. 氧清除剂

氧清除剂通过除去食品中的氧而延缓氧化反应的发生，可作为氧清除剂的化合物主要有抗坏血酸、抗坏血酸棕榈酸酯、异抗坏血酸和异抗坏血酸盐等。在清除罐头和瓶装食品的顶隙氧方面，抗坏血酸的活性强一些，而在含油食品中则以抗坏血酸棕榈酸酯的抗氧化活性更强，这是因为其在脂肪层的溶解度较大。此外，抗坏血酸与生育酚结合可以使抗氧化效果更佳，这是因为抗坏血酸能将脂类自动氧化产生的氢过氧化物分解成非自由基产物。

6. 氢过氧化物分解剂

氢过氧化物是油脂氧化的初产物，有些化合物如硫代二丙酸及其月桂酸、硬脂酸的酯可将链反应生成的氢过氧化物转变为非活性物质，从而起到抑制油脂氧化的作用。

7. 抗氧化剂的增效作用

在实际应用抗氧化剂时，常同时使用两种或两种以上的抗氧化剂，几种抗氧化剂之间产生协同效应，导致抗氧化效果优于单独使用一种抗氧化剂，这种效应被称为增效作用。其增效机制通常有两种。

① 两种游离基受体中，其中增效剂的作用是使主抗氧化剂再生，从而引起增效作用。如同属酚类的抗氧剂 BHA 和 BHT，前者为抗氧化剂，它将首先成为氢供体，而 BHT 由于空间阻碍只能与 ROO·缓慢地反应，BHT 的主要作用是使 BHA 再生。

② 增效剂为金属螯合剂。如酚类＋抗坏血酸，其中酚类是主抗氧化剂，抗坏血酸可螯合金属离子，此外抗坏血酸还是氧清除剂，能使酚类抗氧化剂再生，两者联合使用，抗氧化能力更强。

第四节　油脂在高温下的化学反应

油脂加热使用后会出现的不利变化是油脂老化。高温下反复使用过的油脂，会出现色泽变深、黏度变稠、泡沫增加、烟点下降的现象，这种现象称为油脂的老化现象。油脂老化不仅使油脂的味感变劣，营养价值降低，而且也使其风味品质下降，并产生一定量的有毒有害成分，影响人体健康。在高温条件下，油脂中的饱和脂肪酸与不饱和脂肪酸反应情况不一样，二者在有氧和无氧的条件下，大致反应情况如图 5-22 所示。

一、高温氧化

高温氧化作用与自动氧化的产物基本相同，但在高温下，氧化速度远大于常温下的自动氧化反应速度。烹饪中常用的油脂种类不同，在高温条件下发生氧化的难易也不同。一般饱和度较高的油脂，在高温下氧化稍难，如牛油、花生油等，而不饱和度高的油脂相对易于高温氧化，如豆油、菜子油等。

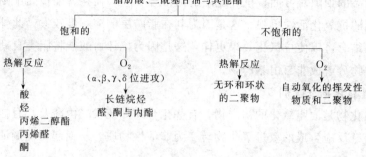

图 5-22　脂类热分解简图

在油脂中加入抗氧化剂后可以较有效地延缓油脂的高温氧化作用。目前国内外比较先进的油炸锅，采用密封装置，并鼓入热水蒸气以赶走空气，避免高温油脂与氧气接触，这无疑可以延长油脂的使用寿命。在我国炸油条时为了使成品不弯曲及节省用油，提高效率，常采用大而浅的平底锅来炸制，由于扩大了高温油与空气的接触面，加速了油脂的高温氧化酸败的速度。

二、热分解

1. 饱和油脂在无氧条件下的热解

一般来说，饱和脂肪酸酯必须在高温条件下加热才产生显著的非氧化反应。通过对同酸三酰基甘油在真空条件下加热的情况分析发现，分解产物中主要为 n 个碳（与原有脂肪酸相同碳数）的脂肪酸、$2n-1$ 个碳的对称酮、n 个碳的脂肪酸羰基丙酯，另外还产生一些丙烯醛、CO 和 CO_2。无氧热解反应是从脱酸酐开始的，主要反应见图 5-23。

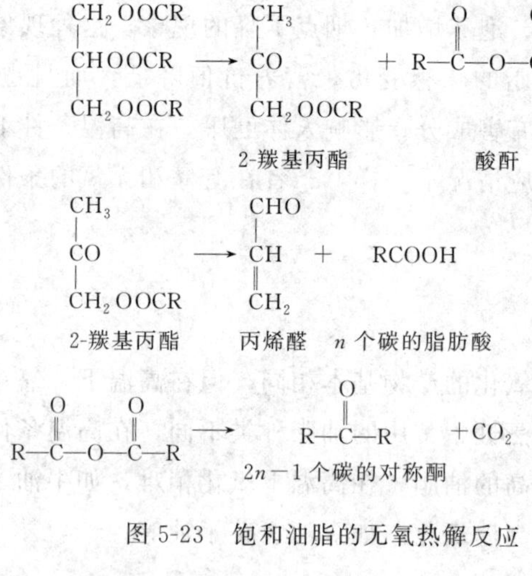

$$
\begin{array}{l}
CH_2OOCR \\
| \\
CHOOCR \\
| \\
CH_2OOCR
\end{array}
\longrightarrow
\begin{array}{l}
CH_3 \\
| \\
CO \\
| \\
CH_2OOCR
\end{array}
+
R-\overset{O}{\underset{}{C}}-O-\overset{O}{\underset{}{C}}-R
$$

2-羰基丙酯　　　　　　　酸酐

$$
\begin{array}{l}
CH_3 \\
| \\
CO \\
| \\
CH_2OOCR
\end{array}
\longrightarrow
\begin{array}{l}
CHO \\
| \\
CH \\
|| \\
CH_2
\end{array}
+ RCOOH
$$

2-羰基丙酯　　　丙烯醛　　n 个碳的脂肪酸

$$
R-\overset{O}{\underset{}{C}}-O-\overset{O}{\underset{}{C}}-R
\longrightarrow
R-\overset{O}{\underset{}{C}}-R + CO_2
$$

$2n-1$ 个碳的对称酮

图 5-23　饱和油脂的无氧热解反应

2. 饱和油脂在有氧条件下的热氧化反应

饱和脂肪酸酯在空气中加热到 150℃ 以上时会发生氧化反应，通过收集其分解产物进行分析，发现绝大多数的产物为不同分子量的醛和甲基酮，也有一定量的烷烃与脂肪酸，少量的醇与 γ-内酯。一般认为在这种条件下，氧优先进攻离羧基较近的 α、β、γ 碳原子，形成氢过氧化物，然后再进一步分解。例如，当氧进攻 β 位碳原子时，生成的产物见图 5-24。

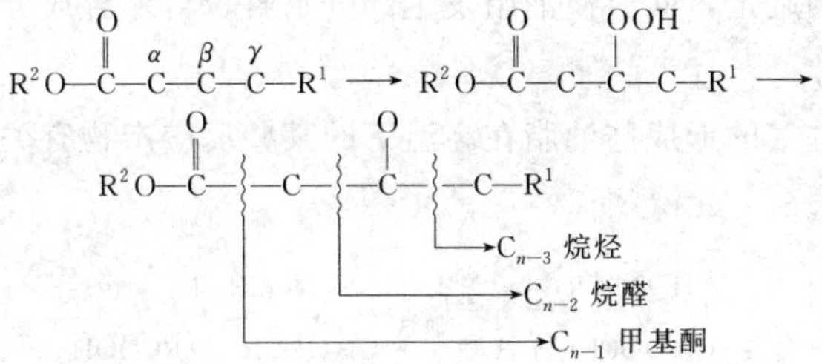

图 5-24　饱和油脂在 β 位的氧化热解

三、热聚合

1. 不饱和油脂在无氧条件下的热聚合

不饱和油脂在隔氧（如真空、二氧化碳或氮气的无氧）条件下加热至高温（低于 220℃），油脂在邻近烯键的亚甲基上脱氢，产生自由基，但是该自由基并不能形成氢过氧化物，它进一步与邻近的双键作用，断开一个双键又生成新的自由基，反应不断进行下去，最终产生环套环的二聚体，如不饱和单环、不饱和二环、饱和三环等化合物。热聚合可发生在一个酰基甘油分子中的两个酰基之间，形成分子内的环状聚合物，也可以发生在两个酰基甘油分子之间。不饱和油脂在高于 220℃，无氧条件下加热时，除了有聚合反应外，还会在烯键附近断开 C—C 键，产生低分子量的物质。

2. 不饱和油脂在有氧条件下的热氧化聚合反应

不饱和油脂在空气中加热至高温时即能引起氧化聚合反应（图 5-25）。其氧

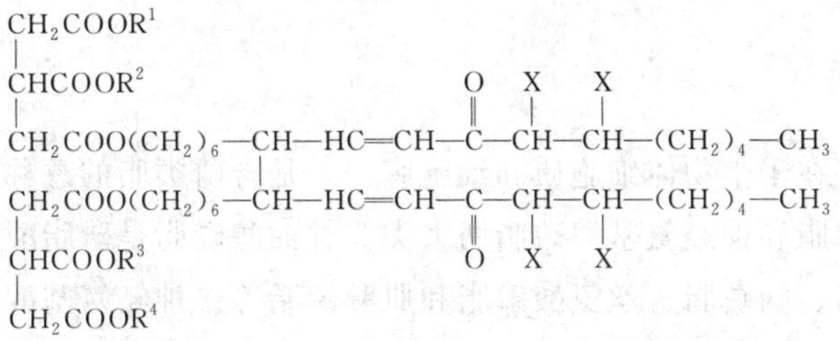

X＝OH 或环氧化合物

图 5-25　不饱和油脂氧化聚合反应生成物

化的主要途径与自动氧化反应相同，只不过反应速度更快，产物更加复杂。根据双键的位置可以推知氢过氧化物的生成和分解，该条件下氧化速率非常高，反应速度更快。

四、缩合

高温特别是在油炸条件下，食品中的水进入到油中，相当于水蒸气蒸馏，将油中的挥发性氧化物赶走，同时使油脂发生部分水解，再缩合成分子量较大的环状化合物，见图 5-26。

油炸食品中香气的形成与油脂在高温下的某些反应产物有关，通常主要是羰基化合物（烯醛类）。

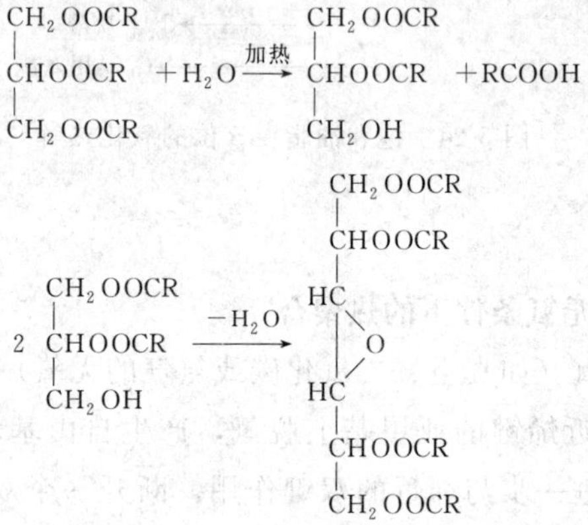

图 5-26　油脂缩合反应

第五节　类　脂

油脂中常常含有少量的类脂。类脂是指一类在某些物理化学性质上和油脂极为相似的化合物，也是食物中比较重要的成分，不仅在生理上对人体的生长发育有作用，而且对菜肴的品质有影响。

一、磷脂

磷脂普遍存在于生物体细胞质和细胞膜中，是含磷类脂的总称。按其分子结构可分为甘油醇磷脂和神经氨基醇磷脂两大类。甘油醇磷脂是磷脂酸的衍生物，常见的主要有卵磷脂、脑磷脂、丝氨酸磷脂和肌醇磷脂等。神经氨基醇磷脂的种类没有甘油醇磷脂多，其典型代表物是分布于细胞膜的神经鞘磷脂。

在食品工业中甘油醇磷脂较重要。所有的甘油醇磷脂含有极性头部（因此称为极性脂类）和 2 条烷烃尾巴。这些化合物的大小、形状以及它们极性头部含有醇的极性程度是彼此不同的，两个脂肪酸取代基也是不相同的，一般一个是饱和脂肪酸，另一个是不饱和脂肪酸，而且主要分布在 Sn-2 位上。

常见的甘油醇磷脂按磷脂酸的衍生物命名，如 Sn-3-磷脂酰胆碱。或者用系统命名，类似于三酰基甘油系统命名，按 Sn 命名法可表达为 Sn-（脂肪酸 1）（脂肪酸 2）（磷脂酰××），如下列化合物（结构见图 5-27）命名为 Sn-1-硬脂酰-2-亚油酰-3-磷脂酰胆碱。

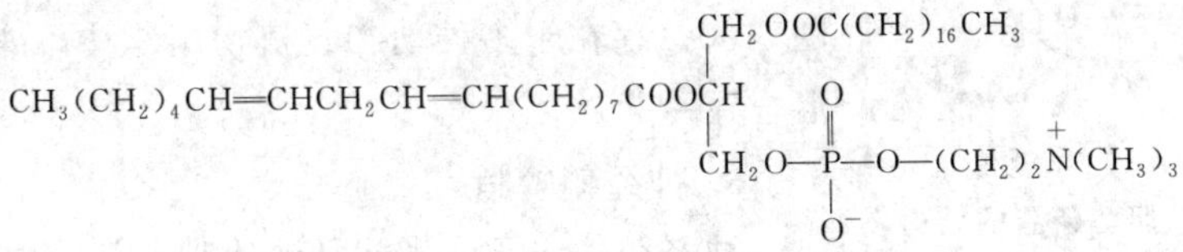

$$CH_3(CH_2)_4CH=CHCH_2CH=CH(CH_2)_7COOCH \quad \begin{array}{c} CH_2OOC(CH_2)_{16}CH_3 \\ | \\ | \quad\quad O \\ | \quad\quad \| \\ CH_2O-P-O-(CH_2)_2N^+(CH_3)_3 \\ | \\ O^- \end{array}$$

图 5-27　一种磷脂酰胆碱（PC）的结构

（一）常见磷脂的结构与性能

磷脂的种类很多，常见磷脂的结构与主要性能如下。

1. 磷脂酰胆碱

俗称卵磷脂，因为磷脂酰胆碱连接在甘油的 α 位上，又称 α-卵磷脂。

卵磷脂广泛存在于动植物体内，在动物的脑、精液、肾上腺及细胞中含量尤多，以禽卵卵黄中的含量最为丰富，达干物质总重的 8%～10%。纯净的卵磷脂为白色膏状物，极易吸湿，氧化稳定性差，氧化后呈棕色，有难闻的气味，可溶于甲醇、苯、乙酸及其他芳香烃、醚、氯仿、四氯化碳等，不溶于丙酮和乙酸乙酯。卵磷脂是双亲性物质，分子中 Sn-3 位为亲水性强的磷酸和胆碱，而 Sn-1、Sn-2 位为亲油性强的脂肪酸，故在食品工业中广泛用作乳化剂。卵磷脂被蛇毒磷酸酶水解，失去一分子脂肪酸后，因其具有溶解红细胞的性质，被称为溶血卵磷脂。

2. 磷脂酰乙醇胺

Sn-3-磷脂酰乙醇胺，俗称脑磷脂，结构见图 5-28。脑磷脂最早是从动物的脑组织和神经组织中提取的，在心、肝及其他组织中也有，常与卵磷脂共存于组织中，以脑组织含量最多，约占脑干物质重的 4%～6%。脑磷脂与卵磷脂结构相似，只是以氨基乙醇代替了胆碱。脑磷脂同样是双亲性物质，但由于分布相对较少，很少用作乳化剂。脑磷脂与血液凝固机制有关，可加速血液凝固。

3. 丝氨酸磷脂

丝氨酸磷脂是动物脑组织和红细胞中的重要类脂物之一，是磷脂酸与丝氨酸构成的磷脂，结构见图 5-29。

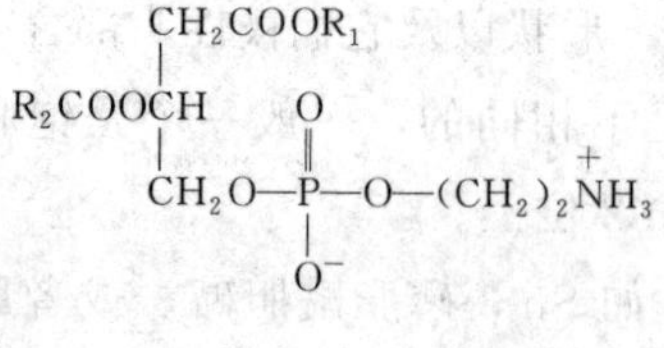

图 5-28　Sn-3-磷脂酰乙醇胺（PE）的结构 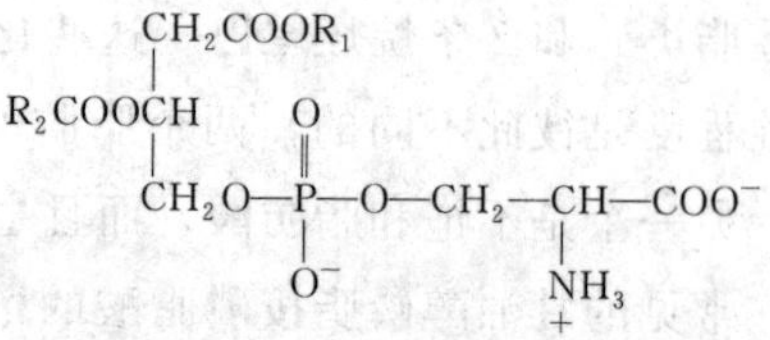　　　图 5-29　丝氨酸磷脂的结构

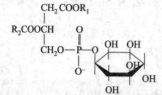

图 5-30　肌醇磷脂的结构

4. 肌醇磷脂

　　肌醇磷脂是磷脂酸与肌醇构成的磷脂，其结构见图 5-30。存在于多种动物、植物组织中，常与脑磷脂混合在一起。

5. 神经鞘磷脂

　　神经鞘磷脂是一类非甘油磷脂，其结构见图 5-31，它是高等动物组织中含量最丰富的鞘脂类，是神经酰胺与磷酸连接，磷酸又与胆碱结合起来的产物。

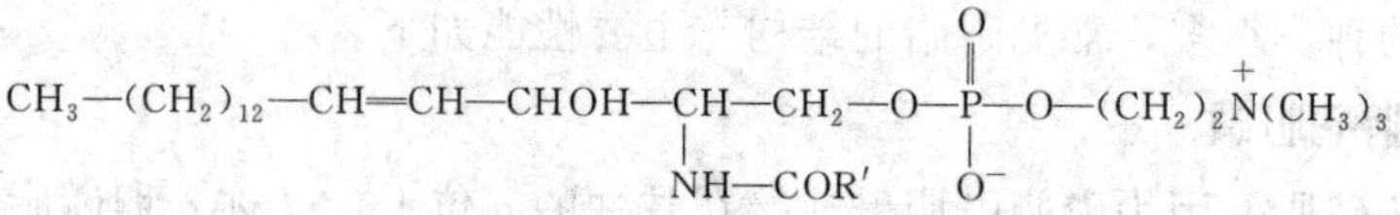

$$CH_3-(CH_2)_{12}-CH=CH-CHOH-CH-CH_2-O-\overset{\overset{\displaystyle O}{\|}}{\underset{\underset{\displaystyle O^-}{|}}{P}}-O-(CH_2)_2\overset{+}{N}(CH_3)_3$$
$$\underset{NH-COR'}{|}$$

图 5-31　神经鞘磷脂的结构

　　鞘脂类是所有的动物组织中重要的复杂脂质，但在植物与微生物中未发现过。分子中的神经氨基醇，不仅有 C_{18} 的，也有 C_{20} 的，脂肪酸是 $C_{16}\sim C_{26}$ 的饱和脂肪酸或顺式—烯酸，个别的还有奇数碳 C_{23} 的，昆虫和淡水无脊椎动物中，存在着不是连接着胆碱而是氨基乙醇的鞘磷脂。

6. 胆碱

　　胆碱（图 5-32）是卵磷脂和鞘磷脂的组成部分，还是神经传递物质乙酰胆碱的前体物质，对细胞的生命活动有重要的调节作用。

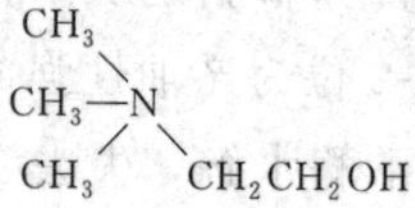

图 5-32　胆碱的结构

（二）磷脂和胆碱的生理功能

　　磷脂是构成生物膜的重要组分，它使膜具有独特的性质和功能。磷脂还能修复自由基对膜造成的损伤，显示出抗衰老的作用。磷脂（特别是卵磷脂）有乳化性，能溶解血清胆固醇，清除血管壁上的沉积物，可防止动脉硬化等心血管病的发生。磷脂还能降低血液黏度，促进血液循环，改善血液供氧情况，延长红细胞的存活时间，加强造血功能，有利于减少贫血症状。

　　各种神经细胞之间依靠乙酰胆碱来传递信息。食物中的磷脂被机体消化吸收后，释放出胆碱，随血液循环送至大脑，与乙酸结合成乙酰胆碱。当大脑中乙酰胆碱含量增加时，大脑细胞之间的信息传递加快，记忆和思维能力得到加强。胆碱对脂肪有亲和力，可促进脂肪以磷脂形式由肝脏输送至血液，因而可预防脂肪肝、肝硬化和肝炎等疾病。胆碱含有三个甲基，是体内甲基的一个重要来源，可促进体内的甲基代谢。

（三）食物中的磷脂

成熟种子含磷脂最多。植物油料含甘油醇磷脂最多的是大豆，其次是棉子、菜子、花生、葵花子等，含量见表5-8。另外一些种子含磷脂极少。据研究发现含蛋白质越丰富的油料，甘油醇磷脂的含量也越高。

表 5-8 各种种子中甘油醇磷脂的含量

种子	甘油醇磷脂(干基)/%	种子	甘油醇磷脂(干基)/%
大豆	1.6~2.5	菜子	0.9~1.5
棉子	1.8	花生	0.7
小麦	1.6~2.2	葵花子	0.6
麦芽	1.3		

动物储存脂肪中，甘油醇磷脂含量极其稀少，而动物器官和肌肉脂肪中，含磷脂甚多，蛋黄中含有很多卵磷脂。表5-9是几种甘油醇磷脂中的磷脂酰胆碱（卵磷脂）与磷脂酰乙醇胺（脑磷脂）的含量。

表 5-9 几种甘油醇磷脂中磷脂酰胆碱与磷脂酰乙醇胺的含量

磷脂来源	磷脂酰胆碱含量/%	磷脂酰乙醇胺含量/%
大豆	35.0	65.0
花生	35.7	64.3
芝麻	52.2	47.8
棉子	28.8	71.2
亚麻子	36.2	63.8
葵花子	38.5	61.5
鸡蛋黄	71.3	28.7
牛肝	49.0	51.0
牛肾	45.6	54.4

大豆磷脂是由卵磷脂、脑磷脂、肌醇磷脂和磷脂酸组成的，大豆毛油水化脱胶时分离出的油脚经进一步精制处理，可制取包括浓缩磷脂、混合磷脂、改性磷脂、分提磷脂和脱油磷脂等不同品种的大豆磷脂产品，属公认安全产品。由于其具有乳化性、润湿性、胶体性质及生理性质而被广泛应用于食品工业、饲料工业、化妆品工业、医药工业、塑料工业和纺织工业作乳化剂、分散剂、润湿剂、抗氧化剂、渗透剂等。

蛋黄磷脂的主要成分为卵磷脂、脑磷脂、溶血卵磷脂和神经鞘磷脂等。与大豆磷脂相比，蛋黄磷脂的特点是卵磷脂含量高，可达 70％～80％。蛋黄磷脂除具有磷脂的一般生理功能外，还能改善肺功能，尤其是新生儿的肺功能。蛋黄磷脂可用乙醇等有机溶剂从蛋黄中提取。

二、胆固醇

胆固醇属于甾醇类。甾醇又叫类固醇，是天然甾族化合物中的一大类，以环戊烷多氢菲为基本结构（图 5-33），环上有羟基的即甾醇。动物、植物组织中都有，对动、植物的生命活动很重要。动物普遍含胆甾醇，胆甾醇（图 5-34）以游离形式或以脂肪酸酯的形式存在，习惯上称为胆固醇，在生物化学中有重要的意义，主要存在于动物组织中，如动物的血液、脂肪、脑、神经组织、肝、肾上腺、细胞膜的脂质混合物和卵黄中。此外，一些软体动物中也有一定的含量。主要食品中胆固醇的含量见表 5-10。

表 5-10　主要食品中胆固醇的含量

食品	含量/(mg/100g)	食品	含量/(mg/100g)	食品	含量/(mg/100g)
海参	0	猪肉(瘦)	77	牛肉(肥)	194
可可	2	甲鱼	77	河蟹	235
脱脂牛奶	2	大黄鱼	79	鱿鱼	265
海蜇头	5	草鱼	81	乌贼	275
奶酪	11	鲤鱼	83	羊肝	323
酸牛奶	12	鲫鱼	93	猪肝	368
牛奶	13	带鱼	97	鸭肝	515
海蜇皮	16	全脂奶粉	104	猪肾	405
脱脂奶粉	28	肥猪肉	107	鸭蛋	634
羊奶	34	猪舌	116	松花蛋	649
炼乳	39	黄鳝	117	鸡蛋	680
牛肉(瘦)	63	牛心	123	鸡蛋黄	1705
鳓鱼	63	羊心	130	咸鸭蛋黄	2110
羊肉(瘦)	65	对虾	150	羊脑	2099
鲳鱼	68	猪心	158	猪脑	3100

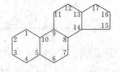

图 5-33　环戊烷多氢菲的结构　　　　　　图 5-34　胆甾醇结构

胆固醇是一类不被皂化的结晶性中性醇，熔点很高，不溶于水、酸或碱，而溶于乙醚、苯、丙酮等脂溶剂中。胆固醇性质稳定，在烹饪及食品加工中几乎不受破坏。胆固醇可在人的胆道中沉积形成结石，并在血管壁上沉积，引起动脉硬化。胆固醇能被动物吸收利用，动物自身也能合成，人体内胆固醇含量太高或太低都对人体健康不利，但其生理功能尚未完全清楚。胆固醇既可从食物中获得，又可以在体内合成。正常人一天可以合成 1.5～2g 的胆固醇。

三、蜡质

蜡在自然界中分布很广，可分为动物蜡、植物蜡和矿物蜡，与食品有关的是动植物蜡。植物的茎、叶及果实的表面，均覆盖有一层薄蜡，起到保护植物，避免水分过分蒸发的作用。许多动物的皮和甲壳以及不少微生物的外壳，也常有蜡质层的保护；水产动物及植物油脂中也常含有一定的蜡。常见蜡的主要组成见表 5-11。

表 5-11　常见蜡的主要组成

名　称	主　要　组　成	存　在
蜂蜡	C_{30} 醇的硬脂酸酯	蜂巢
鲸蜡	C_{16} 醇的软脂酸酯	鲸脑脂中
羊毛蜡	胆固醇的软脂酸酯、硬脂酸酯、油酸酯	羊毛
白蜡	C_{26} 醇及 C_{26} 酸酯	白蜡虫分泌物
苹果果皮蜡	C_{27} 醇及 C_{27} 酸酯	苹果表皮

动植物蜡的组成比较复杂，是多种酯的混合物。它是高级一元醇与高级脂肪酸生成的酯。天然蜡中还混有少量的脂肪酸醇及饱和烃类。

常温下，动植物蜡呈固态，其熔点为 60～90℃，如蜂蜡为 60～70℃，豆油中的蜡为 78～79℃。

蜡仅在碱性条件下水解，反应速度慢且不完全，稳定性高，在人体消化道中不能被消化水解，对人体无任何的营养作用，在油脂精炼中常用冷滤法脱去蜡。

第六节　烹饪常见油脂

一、陆生动物油脂

陆生动物油脂包括陆生温血动物和禽类的油脂，如牛油、羊油、猪油、鸡油等，一般是固体的，其主要的脂肪酸组成特点是 C_{16}～C_{18} 的脂肪酸含量高，脂肪酸的不饱和度中等，不饱酸几乎完全是油酸和亚油酸。这类油脂由于含有大量的完全饱和的三甘油酯，所以熔点高，可塑性好。动物油中深海类的鱼油最好，其次为牛油。前者中老年人可以多服用，它可以降低胆固醇；后者适合青年人食用，它含有人体发育的物质，可以帮助人体正常发育。

陆地动物的油脂主要集中于脂肪组织和内脏中，例如猪脂、牛脂、羊脂等；也有以乳化状态存在于哺乳动物的乳内，例如奶油。还有少量存在于骨髓中，例如骨油。组成三甘油酯的脂肪酸主要是油酸、软脂酸和硬脂酸。其中饱和酸的成分，一般比植物油脂多。

二、植物油脂

植物油脂含不饱和脂肪酸，熔点低，常温下呈液态，消化吸收率高。植物油脂肪含量在 99％以上，此外含有丰富的维生素 E，少量的钾、钠、钙和微量元素。

植物油脂是必需脂肪酸的重要来源，为了满足人体的需要，在膳食中不应低于总脂肪来源的 50％。植物油因含有较多的不饱和脂肪酸，易发生酸败，产生一些对人体有害的物质，因此不宜长时间储存。

常见的植物油脂包括豆油、花生油、菜子油、芝麻油、玉米胚芽油等。

豆油是利用大豆经过溶剂浸出而获得，其主要脂肪酸组成是亚油酸、油酸、棕榈酸、亚麻酸。

菜子油取自油菜子，其脂肪酸的组成受气候、品种等影响较大。传统菜子油的芥酸含量较高，一般为 20％～60％，此外还有芥子苷，曾引起营养学领域的极大争议。有研究发现，用占膳食能量 5％的菜子油（含芥酸 45％）的食物喂养幼鼠，发现其心肌出现脂肪沉积和纤维组织形成。目前已经培育出不含芥酸或低芥酸的菜子品种。

花生油具有独特的花生气味和风味，一般含有较少的非甘油酯成分，色浅质优，可直接用于制造起酥油，也是良好的煎炸油。

棉子油是皮棉加工的副产品，其整籽含油 17％左右，籽仁含油 40％左右。棉子油的主要脂肪酸组成为棕榈酸、油酸、亚油酸。

玉米油又称为玉米胚芽油、粟米油。玉米胚芽占全玉米粒的 7％～14％，胚芽含油 36％～47％。玉米油的脂肪酸组成中饱和脂肪酸占 15％，不饱和脂肪酸占 85％，在不饱和脂肪酸中主要是油酸和亚油酸。玉米油富含维生素 E，热稳定性好。

向日葵油又叫葵花子油，盛产于前苏联、加拿大、美国等地，我国东北和华北地区也有较大量生产。向日葵油富含维生素 E，还含有绿原酸，其氧化稳定性很好。

芝麻油是我国最古老的食用油之一，产量位居世界之首。芝麻油一般不作为煎炒用，通常作为凉拌菜用油。

三、海生动物油脂

海生动物油脂一般为海生哺乳动物和鱼类的油脂，如鲸油、鱼油等，大多是液体的。其油脂的脂肪酸组成特点为，除肉豆蔻酸、棕榈酸、硬脂酸、油酸外，还含有 22～24 个碳和 4～6 个双键的不饱和酸以及含 10～14 个碳的不饱和酸，同时伴有大量的维生素 A 和维生素 D，适量摄入可改善该类维生素的缺乏症，但摄入较多则会引起高脂血症等疾病。这类油脂具有高度的不饱和性，所以稳定性差。

鱼类的油脂大部分存在于肝脏内，例如鱼肝油等。海兽的油脂大部分存在于皮下，例如海豚油。

复习思考题

1. 解释下列名词：脂类、必需脂肪酸、同质多晶、塑性、油脂的改性、定向酯交换、抗氧化剂及增效剂、自动氧化、选择性氢化、聚合作用、酸价、油脂的酸败。

2. 简述脂类的化学组成及分类。

3. 脂肪酸的种类有哪些？命名方法有哪些？天然植物油脂中脂肪酸的分布有何规律？

4. 油脂有哪些物理性质？在烹饪中有什么应用？

5. 不饱和油脂发生氧化的途径有哪些？其机理各是什么？如何妥善保存油脂？

6. 油脂氢化和自动氧化引起碘值下降的原因是否一致？

7. 影响油脂自动氧化速度的因素有哪些？降低油脂自动氧化的措施有哪些？

8. 当油脂无异味时，是否说明油脂尚未被氧化？为什么？可用何指标确定其氧化程度？

9. 反复使用的油炸油品质降低表现在哪些方面？长期食用有何危害？

10. 试述油脂精炼的步骤和原理。

11. 何为 HLB 值？如何根据 HLB 值选用不同食品体系的乳化剂？

12. 为什么猪油的碘值通常比植物油低，但其稳定性通常比植物油差？

13. 油脂的氧化与水分活度的关系如何？用洗净的玻璃瓶装油是否需要将瓶弄干？储存有哪些注意事项？

14. 油脂在高温下会产生哪些化学反应？对油脂的性质有何影响？

第六章　食品中的维生素和矿物质

第一节　维　生　素

一、维生素的概念和分类

（一）维生素的概念

维生素是人和动物维持正常的生理功能所必需的、主要由食物提供的一类低分子有机化合物，由英文 Vitamin 音译而来。维生素不参与机体内各种组织器官的组成，也不能为机体提供能量，它们主要以辅酶形式参与细胞的物质代谢和能量代谢过程，缺乏时会引起机体代谢紊乱，导致特定的缺乏症或综合征。如缺乏维生素 A 时易患夜盲症。维生素除具有重要的生理作用外，有些维生素还可作为自由基的清除剂、风味物质的前体、还原剂以及参与褐变反应，从而影响食品的某些属性。

人体所需的维生素大多数在体内不能合成，或即使能合成但合成的速度很慢，不能满足需要，加之维生素本身也在不断地代谢，所以必须由食物供给。食物中的维生素含量较低，许多维生素稳定性差，在食品加工、储藏过程中常常损失较大。因此，要尽可能最大限度地保存食品中的维生素，避免其损失或与食品中其他组分间发生反应。

（二）维生素的分类与命名

在维生素发现早期，因对其了解甚少，一般按其先后顺序命名如 A、B、C、D、E 等；或根据其生理功能特征或化学结构特点等命名，例如维生素 C 称抗坏血病维生素，维生素 B_1 因分子结构中含有硫和氨基，称为硫胺素。后来人们根据维生素在脂类溶剂或水中溶解性特征将其分为两大类：脂溶性维生素和水溶性维生素。前者包括维生素 A、维生素 D、维生素 E、维生素 K，后者包括 B 族维生素和维生素 C。

二、脂溶性维生素种类及其在烹饪原料中的分布

脂溶性维生素包括维生素 A、维生素 D、维生素 E、维生素 K 四种。

（一）维生素 A

1. 维生素 A 的结构

维生素 A 是指具有视黄醇生物活性的 β-紫罗宁衍生物的统称。通常所说的维生素 A_1 就是指视黄醇［图 6-1（a）］。其羟基可被酯化或转化为醛或酸，也能以游离醇的状态存在。主要有维生素 A_1 及其衍生物（醛、酸、酯）、维生素 A_2（脱氢视黄醇）。

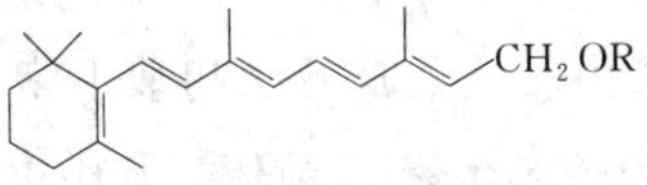

（a）维生素 A_1（视黄醇） 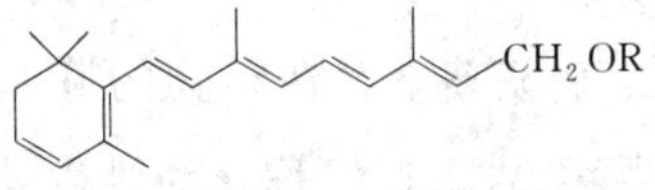　　　　（b）维生素 A_2（脱氢视黄醇）

图 6-1　维生素 A 的化学结构［R＝H 或 COCH$_3$ 醋酸酯或 CO(CH$_2$)$_{14}$CH$_3$ 棕榈酸酯］

维生素 A_1 中有共轭双键，所以它有多种顺反异构体。食品中存在的维生素 A_1 主要是全反式构型，所以生物效价最高。维生素 A_2 的生物效价只有维生素 A_1 的 40％，而 1,3-顺异构体（新维生素 A）的生物效价是维生素 A_1 的 75％。新维生素 A 在天然维生素 A 中占 1/3 左右，而在人工合成的维生素 A 中很少。

2. 维生素 A 的生理作用

（1）对视觉的作用　形成眼睛中的视紫红质，影响到人体对光线的适应能力。

（2）影响上皮组织的生长与分化　视黄醇与磷酸构成的酯类是蛋白多糖和糖蛋白生物合成需要的糖基的载体。

（3）骨骼与牙齿的发育　促进骨细胞的正常分裂。缺乏维生素 A，导致骨骼中的骨质向外增生而不是正常地生长，影响牙齿珐琅质的生长和发育。

（4）生长与生殖　视黄醇与胞浆中特异性受体结合，再与细胞核中的染色体结合，影响与生长发育有关的蛋白质的合成。缺乏维生素 A 会引起儿童生长发育的迟缓。

此外，还有延缓或阻止癌前病变、防止化学致癌等作用。

3. 维生素 A 的缺乏症

人和动物感受暗光的物质是视紫红质，它的形成与生理功能的发挥与维生素 A

有关。当体内缺乏时引起表皮细胞角质、夜盲症等。

（1）夜盲症与干眼病的症状　暗适应能力下降，结膜外部干燥发炎，以致视力减退。会进一步发展为永久性夜盲。

（2）上皮组织角化疾病　在口腔、消化系统、呼吸系统和泌尿系统等黏膜组织，由于角质化变硬、变干，从而失去了作为保护内脏器官的上皮组织所应有的柔软和湿润。易发生呼吸系统的炎症。

此外，缺乏维生素 A 易患肿瘤。

4. 维生素 A 的过多症

过量摄入维生素 A 易患过多症，即中毒症，主要表现为破骨细胞活性增强，皮肤干燥、发痒、皮疹，胎儿先天畸形等。

5. 维生素 A 的食物来源

维生素 A_1 主要存在于高等动物及海产鱼类的体内，尤其以肝、眼球及蛋黄中含量最为丰富。维生素 A_2 主要存在于淡水鱼中。蔬菜中没有维生素 A。维生素 A_1 是 α-、β-、γ-胡萝卜素在动物的肝及肠壁中转化的产物。胡萝卜素进入体内后可转化为维生素 A_1，通常称之为维生素 A 原或维生素 A 前体，其中以 β-胡萝卜素转化效率最高，1 分子的 β-胡萝卜素可转化为 2 个分子的维生素 A。胡萝卜素广泛存在于绿叶蔬菜、胡萝卜、棕榈油等植物性食品中。

食品中维生素 A 的含量以视黄醇当量表示：$1\mu g$ 视黄醇 $=6\mu g$ β-胡萝卜素 $=12\mu g$ 其他具有维生素活性的胡萝卜素。

我国的推荐膳食营养供给量（RDA）为成年人每日摄取 $750\mu g$ 视黄醇当量。

6. 维生素 A 的稳定性

维生素 A 不溶于水，溶于脂肪及大多数有机溶剂，食品在加工、储藏或烹调中不易被破坏。但维生素 A 对光、氧和氧化剂敏感，氧化产物为醛、酸等。高温和金属离子可加速其分解，在碱性和冷冻环境中较稳定，酸性条件下（pH 值低于 4.5 时）不稳定。储藏中的损失主要取决于脱水的方法和避光情况。当食物中含有磷脂、维生素 E 等天然抗氧化剂时，维生素 A 和维生素 A 原较为稳定。

（二）维生素 D

1. 维生素 D 的结构

维生素 D 是一种具有胆钙化醇生物活性的甾醇的统称，它的结构与甾醇类似。天然的维生素 D 主要有维生素 D_2（麦角钙化醇）和维生素 D_3（胆钙化醇），二者的结构式见图 6-2。二者化学结构十分相似，维生素 D_2 比维生素 D_3 在侧链上多一个双键和甲基。

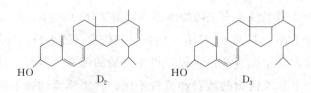

图 6-2　维生素 D 的化学结构

2. 维生素 D 的生理作用

维生素 D 的生理功能是促进钙、磷的吸收，维生素 D 与钙同时食用可增加小肠对钙的吸收率；维持正常血钙水平和磷酸盐水平；促进混溶钙池中的钙沉积在骨骼和牙齿中，促进骨骼和牙齿的生长发育；维持血液中正常的氨基酸浓度；调节柠檬酸的代谢。食品中维生素 D 可激活钙蛋白酶，使牛肉嫩化。

3. 维生素 D 的缺乏症

维生素 D 主要与钙、磷代谢有关。缺乏时，儿童易患佝偻病，骨骼硬度低，下肢长骨变形，颅骨软化等；成年人，以孕妇、乳母、老年人为主易得软骨症，骨质矿物质化低下，低血钙，严重时出现骨质疏松。

4. 过多症

维生素 D 的过量摄取，主要表现为恶心、食欲下降、肾衰竭、心血管系统病变。

5. 维生素 D 的食物来源

维生素 D 也存在维生素 D 原或前体。植物及酵母中的麦角固醇经紫外线照射后转化为维生素 D_2，故麦角固醇可称为维生素 D 原；鱼肝油中也含有少量的维生素 D_2。人和动物皮肤中的 7-脱氢胆固醇经紫外线照射后可转化为维生素 D_3，7-脱氢胆固醇可称为维生素 D_3 原。维生素 D_3 广泛存在于动物性食品中，以鱼肝油中含量最高，鸡蛋、牛乳、黄油、干酪中含量较少。由此可见多晒太阳是防止维生素 D 缺乏的方法之一。$1\mu g$ 的维生素 D_3 相当于 40IU。

6. 维生素 D 的稳定性

维生素 D 很稳定，是所有维生素中稳定性最好的，它能耐高温，且不易氧化。例如在 130℃ 加热 60min 仍有生物活性。但是它对光敏感易受紫外线照射而破坏，通常的储藏、加工或烹调不影响其活性。维生素 D 溶于脂肪及脂溶剂，化学性质稳定，耐热，中性及碱性溶液中能耐高温和氧化，光及酸性条件可使其异构化，脂肪酸败可使其有损失。

（三）维生素 E

1. 维生素 E 的结构

维生素 E 又称生育酚，是所有具有生育酚生物活性化合物的总称。天然存在的维生素 E 分为生育酚及生育三烯酚两类，每类又分为 α、β、γ、δ 四种，它们之间的区别在于分子环上甲基（—CH_3）的数量和位置（图 6-3）。这几种异构体具有相同的生理功能，以 α-生育酚最重要。母生育酚的苯并二氢吡喃环上可有一到多个甲基取代物。甲基取代物的数目和位置不同，其生物活性也不同。其中 α-生育酚活性最大，其他生育酚具有 α-生育酚的 $1\% \sim 50\%$ 的生物活性。通常食物中非 α-生育酚提供的维生素 E 活性相当于各种食品中标明的 α-生育酚总量的 20%。

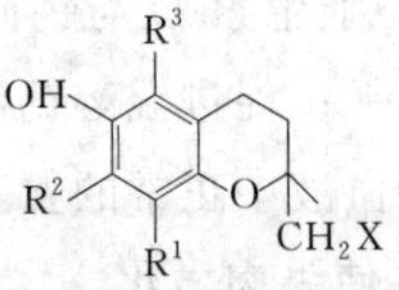

	R^1	R^2	R^3
α	CH_3	CH_3	CH_3
β	CH_3	H	CH_3
γ	H	CH_3	CH_3
δ	H	H	CH_3
生育酚	H	H	H

图 6-3　生育酚异构体的结构

2. 维生素 E 的生理作用

（1）抗氧化的功能　它可保护维生素 A、维生素 C 以及不饱和脂肪酸免受氧化，也可保护细胞结构的完整。近年来有人认为，由于维生素 E 的抗氧化作用而与机体的抗衰老有关。

（2）保持红细胞的完整性　维生素 E 可促进红细胞生物合成，可调节合成过程必需的酶的生成，可防止贫血。

（3）调节体内某些物质的合成　可通过调节嘧啶碱进入核酶的结构而参与 DNA 的生物合成过程，在产生红细胞的骨髓中作用明显。

此外，维生素 E 还具有抗不育症的作用。

3. 维生素 E 的缺乏症

维生素 E 缺乏时，易导致衰老、肿瘤、心血管疾病、贫血等。

4. 维生素 E 的食物来源

维生素 E 广泛分布于动、植物性食品中。人体所需维生素 E 大多来自谷类与植物油、小麦胚油、棉子油中。此外，肉、鱼、禽、蛋、乳、豆类、水果以及几乎所有的绿叶蔬菜也都含有维生素 E。在大多数动物性食品中，α-生育酚是维生素 E 的主要形式，而在植物性食品中却存在多种形式，随品种不同有很大差异。维生素 E 不集中于肝脏，鱼肝油含丰富的维生素 A、维生素 D，但不含维生素 E。

5. 维生素 E 的稳定性

维生素 E 为黄色油状液体，溶于油脂及脂溶剂。维生素 E 在无氧条件下对热稳定，即使加热至 200℃亦不破坏。但它对氧十分敏感，易被氧化破坏。当有过氧自由基和氢过氧化物存在时维生素 E 失活更快。金属离子如铁等可促进其氧化。此外，它对碱和紫外光亦较敏感。维生素 E 在食品加工时可以由于机械作用而受到损失，这主要是谷类碾磨时脱去胚芽的结果。凡引起类脂部分分离、脱除的任何加工、精制，或者进行脂肪氧化都能引起维生素 E 损失。由于维生素 E 对氧敏感、易于氧化，在食品加工中常用作抗氧化剂，尤其是动植物油脂中。它主要通过淬灭单线态氧而保护食品中其他成分。

（四）维生素 K

1. 维生素 K 的结构

维生素 K 是由一系列萘醌类物质组成（图 6-4）。常见的有维生素 K_1（叶绿醌）、维生素 K_2（聚异戊烯基甲基萘醌）、维生素 K_3（2-甲基-1,4 萘醌）和维生素 K_4（2-甲基-1,4-萘二酚双醋酸酯）。维生素 K_1 主要存在于绿色植物及动物肝脏中，维生素 K_2 为人体肠道内细菌代谢产物，维生素 K_3 和维生素 K_4 由人工合成。维生素 K_3 的活性比维生素 K_1 和维生素 K_2 高。

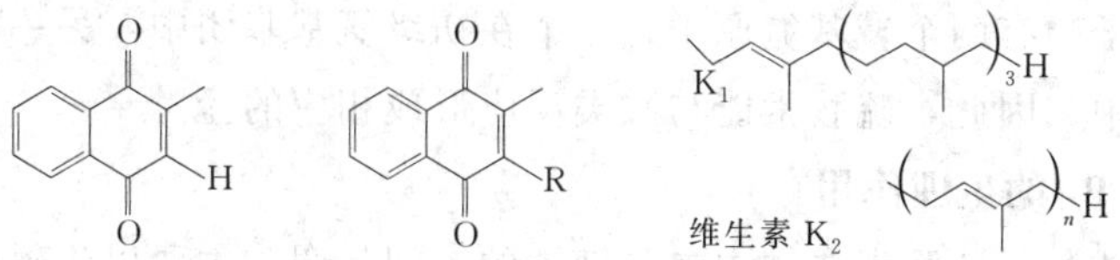

图 6-4　维生素 K 的化学结构式

2. 维生素 K 的生理作用

维生素 K 的作用主要是促进肝脏生成凝血酶原，从而具有促进凝血的作用。故维生素 K 又叫凝血维生素。

3. 维生素 K 的缺乏症

维生素 K 缺乏时，会出现出血不易凝血的症状。

4. 维生素 K 的食物来源

维生素 K 在食物中分布很广，以绿叶蔬菜的含量最为丰富，如菠菜、洋白菜等。鱼肉、蛋黄、大豆油和猪肝等也是维生素 K 的良好来源。但小麦胚芽油、鱼肝油中含量较少。

5. 维生素 K 的稳定性

维生素 K 为亮黄色针状晶体。对热稳定，熔点 107℃。不溶于水，稍溶于醇，可溶于丙酮、苯。可被空气中的氧缓慢氧化而分解，遇光易降解。其萘醌结构可被还原成氢醌，但仍具有生物活性。对碱不稳定。维生素 K 具有还原性，可清除自由基，保护食品中其他成分（如脂类）不被氧化，并减少肉品腌制中亚硝胺的生成。

三、水溶性维生素种类及其在烹饪原料中的分布

水溶性维生素包括 B 族维生素（维生素 B_1、维生素 B_2、维生素 B_5、维生素

B_6、维生素 B_{12} 等）和维生素 C。

（一）维生素 B_1

1. 维生素 B_1 的结构

维生素 B_1 又称硫胺素，由一个嘧啶分子和一个噻唑分子通过一个亚甲基连接而成（图 6-5）。

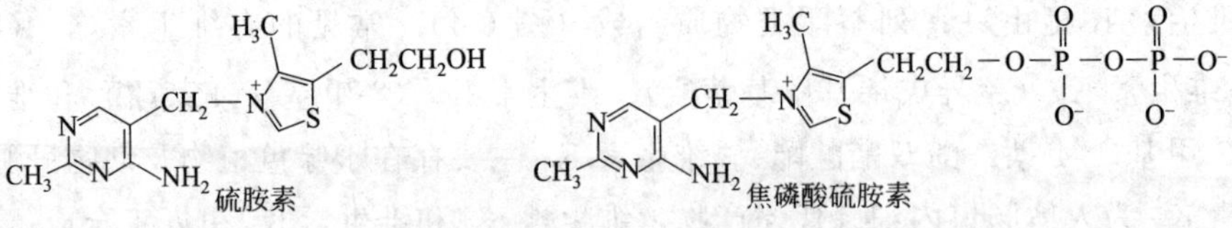

图 6-5　各种形式硫胺素的结构

硫胺素分子中有两个碱基氮原子，一个在初级氨基基团中，另一个在具有强碱性质的四级胺中。因此，硫胺素能与酸类反应形成相应的盐。

2. 维生素 B_1 的生理作用

（1）作用辅酶　硫胺素在体内参与糖类的中间代谢。主要以焦磷酸硫胺素的形式参与脱羧。若机体硫胺素不足，则羧化酶活性下降、糖代谢受障碍，并影响整个机体代谢过程。其中丙酮酸脱羧受阻，不能进入三羧酸循环，不继续氧化，在组织中堆积。此时神经组织供能不足，因而可出现相应的神经肌肉症状如多发性神经炎、肌肉萎缩及水肿，严重时还可影响心肌和脑组织的结构和功能。这也表明硫胺素还与肌体的氮代谢和水盐代谢有关。

（2）促进肠胃蠕动　硫胺素与神经递质的合成有关，可促进肠胃蠕动和消化液的分泌，缺乏后出现消化不良。

3. 维生素 B_1 的缺乏症

脚气病，包括湿性脚气病、干性脚气病和婴儿脚气病。以多发性神经症状为主，其次为水肿、食欲下降等。

4. 维生素 B_1 的食物来源

硫胺素广泛分布于动植物食品中，动物内脏、瘦肉、鸡蛋中含量丰富，植物性食品中以豆类含量较多，而谷物中的维生素 B_1 多含在胚芽和外皮部分，所以谷类食物中，整粒杂粮、米糠和麦麸的含量最丰富，而精细碾磨的白米和面粉中维生素 B_1 含量较少。

5. 维生素 B_1 的稳定性

硫胺素已由人工合成，为白色针状结晶。硫胺素是 B 族维生素中最不稳定的一种。其稳定性易受 pH 值、温度、离子强度、缓冲液以及其他反应物的影响。

水溶液在空气中被缓慢分解，在酸性溶液中对热较稳定，但在中性尤其是碱性溶液中对热不稳定，对热和光不敏感。食品中其他组分也会影响硫胺素的降解，例如单宁能与硫胺素形成加成物而使之失活；SO_2 或亚硫酸盐对其有破坏作用；胆碱使其分子裂开，加速其降解；蛋白质与硫胺素的硫醇形式形成二硫化物阻止其降解。

在低水分活度和室温时，硫胺素相当稳定。例如早餐谷物制品在水分活度为 0.1～0.65 和 37℃以下储存时，硫胺素的损失几乎为零。在高水分活度和高温下长期储藏损失较大。温度上升到 45℃且 a_w 高于 0.4 时，硫胺素损失加快，尤其 a_w 在 0.5～0.65 之间；当 a_w 高于 0.65 时硫胺素的损失又降低。因此，储藏温度是影响硫胺素稳定性的一个重要因素，温度越高，硫胺素的损失越大。

鲜鱼和甲壳类体内有一种能破坏硫胺素的酶——硫胺素酶，此酶可被热钝化。

食品在加工和储藏中硫胺素有不同程度的损失。例如，面包焙烤破坏 20% 的硫胺素；牛奶巴氏消毒损失 3%～20%；高温消毒损失 30%～50%；喷雾干燥损失 10%；滚筒干燥损失 20%～30%。部分食品在加工后和储藏中硫胺素的保留率见表 6-1 和表 6-2。

表 6-1　食品加工后硫胺素的保留率

食品	加工方法	硫胺素的保留率/%
谷物	膨化	48～90
马铃薯	浸没水中 16h 后炒制	55～60
	浸没亚硫酸盐中 16h 后炒制	19～24
大豆	水中浸泡后在水中或碳酸盐中煮沸	23～52
蔬菜	各种热处理	80～95
肉	各种热处理	83～94
冷冻鱼	各种热处理	77～100

表 6-2　食品储藏中硫胺素的保留率

食品	储藏 12 个月后的保留率/%	
	38℃	1.5℃
杏	35	72
青豆	8	76
利马豆	48	92
番茄汁	60	100
豌豆	68	100
橙汁	78	100

（二）维生素 B_2

1. 维生素 B_2 的结构

维生素 B_2 又称核黄素，是具有糖醇结构的异咯嗪衍生物（图 6-6）。食品中核黄素往往与磷酸和蛋白质结合而形成复合物。通常医用的核黄素为人工合成品。

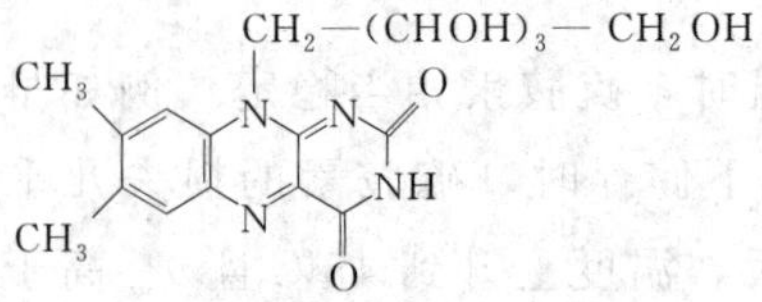

图 6-6　核黄素结构

2. 维生素 B_2 的生理作用

维生素 B_2 对机体糖、蛋白质及脂肪代谢过程起着重要作用，并有保护眼睛、皮肤、口舌及神经系统的功能。核黄素是体内黄酶的辅酶（FMN 和 FAD）的重要组成成分，并具有氧化还原特性，故在生物氧化即组织呼吸中具有很重要的意义，是脱氢酶的辅酶，呼吸链的起点。FMN 和 FAD 以辅基的形式与黄素蛋白结合，其结合比较牢固，使核黄素在体内有一定的稳定性且不易耗尽。但是当氮代谢呈负平衡时，尿中核黄素排出量增加。

3. 维生素 B_2 的缺乏症

主要是出现黏膜的炎症，如结膜炎、口角炎、舌炎，还易出现贫血等症状。核黄素一般有过多症。

4. 维生素 B_2 的食物来源

动物性食品富含核黄素，尤其是肝、肾和心脏；奶类和蛋类中含量较丰富；豆类和绿色蔬菜中也有一定量的核黄素，如雪里蕻、油菜、菠菜等。有些野菜中也含有丰富的维生素 B_2。

5. 维生素 B_2 稳定性

核黄素为橙黄色结晶，故可用作食用着色剂。可溶于水，极易溶于碱性溶液和氯化钠溶液。在中性和酸性溶液中对热较稳定，即使在 120℃ 加热 6h 亦仅少量被破坏，且不受大气中氧的影响。但在碱性溶液中对热不稳定，易被破坏。游离核黄素对光敏感，对紫外线尤为敏感，在中性和碱性介质中光分解较为显著，但结合型核黄素对光比较稳定。在碱性溶液中辐照可引起光化学裂解，产生光黄素。光黄素是一种比核黄素更强的氧化剂，可破坏许多其他的维生素，特别是抗坏血酸。当牛奶放在透明的玻璃瓶内销售就会产生光黄素，它不仅使牛奶的营养价值受损，而且还产生"日光异味"。

（三）维生素 B_3

1. 维生素 B_3 的结构

维生素 B_3 又称维生素 PP，包括烟酸和烟酰胺两种化合物，也可称为尼克酸和尼克酰胺。其结构式如图 6-7 所示。两者结构上有一定的差异，但生物效价却相同。

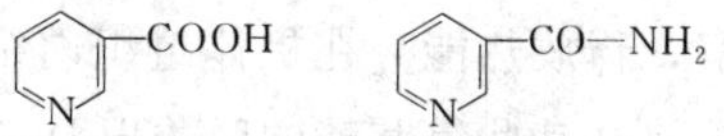

烟酸　　烟酰胺

图 6-7　烟酸和烟酰胺的结构

2. 维生素 B_3 的生理作用

在生物体内维生素 B_3 的活性形式是烟酰胺腺嘌呤二核苷酸（NAD）和烟酰胺腺嘌呤二核苷酸磷酸（NADP）。它们是许多脱氢酶的辅酶，在糖酵解、脂肪合成及呼吸作用中发挥重要的生理功能。

3. 维生素 B_3 的缺乏症

维生素 PP 缺乏时，易患癞皮病，主要是三种症状：皮炎、腹泻、痴呆。这种情况常发生在以玉米为主食的地区，因为玉米中的烟酸与糖或蛋白质形成复合物，是结合型的，阻碍了在人体内的吸收和利用，碱处理可以使烟酸游离出来。

4. 维生素 B_3 的食物来源

烟酸广泛存在于动植物体内，动物性食物中以烟酰胺为主，植物性食物中主要存在烟酸。酵母、肝脏、瘦肉、牛乳、花生、黄豆中含量丰富，谷物皮层和胚芽中含量也较高。

5. 维生素 B_3 的稳定性

维生素 B_3 为白色针状结晶体，是最稳定性的维生素之一。耐热性好，即使在120℃加热 20min 也几乎不被破坏，在光、氧、酸、碱条件下很稳定。烟酸的损失主要与加工中原料的清洗、烫漂和修整等有关。

（四）维生素 B_6

1. 维生素 B_6 的结构

维生素 B_6 指的是在性质上紧密相关，具有潜在维生素 B_6 活性的三种天然存在的化合物，包括吡哆醛、吡哆醇和吡哆胺（图 6-8）。三者均可在 5′-羟甲基位置上发生磷酸化，三种形式在体内可相互转化。其生物活性形式以磷酸吡哆醛为主，也有少量的磷酸吡哆胺。

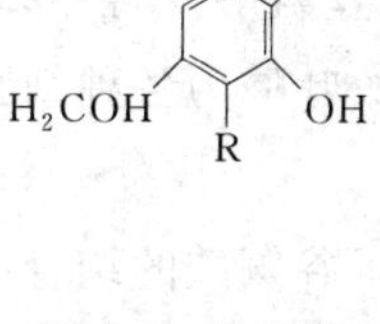

吡哆醛：R=CHO
吡哆醇：R=CH_2OH
吡哆胺：R=CH_2NH_2

图 6-8　维生素 B_6 的化学结构

2. 维生素 B_6 的生理作用

维生素 B_6 是人体内很多酶的辅酶，其中包括转氨酶、脱羧酶、消旋酶、脱氢酶、合成酶和羟化酶等。它可促进碳水化合物、脂肪和蛋白质的分解、利用，也帮助糖原由肝脏或肌肉中水解，释放热能。在机体组织内维生素 B₆ 多以其磷酸酯的形式存在，参与氨基酸的转氨、某些氨基酸的脱羧以及半胱氨酸的脱巯基作用。

3. 维生素 B₆ 的缺乏症

使用抗结核药异烟肼可与维生素 B₆ 产生拮抗作用，从而使维生素 B₆ 缺乏，主要出现脂溢性皮炎、神经系统病变等。大量服用维生素 B₆ 一般无毒。

4. 维生素 B₆ 的食用来源

维生素 B₆ 在蛋黄、肉、鱼、奶、全谷、白菜和豆类中含量丰富。其中，谷物中主要是吡哆醇，动物产品中主要是吡哆醛和吡哆胺，牛奶中主要是吡哆醛，在乳粉中也同样如此。

5. 维生素 B₆ 的稳定性

三种维生素 B₆ 都是白色结晶，易溶于水和乙醇。维生素 B₆ 的各种形式对光敏感。对热很稳定，其中吡哆醇最稳定，并常用于食品的营养强化。但是，易被碱分解，尤其易被紫外线分解，在有氧时可被紫外线照射转变成生物学上无活性的产物。

（五）维生素 B₁₁

1. 维生素 B₁₁ 的结构

维生素 B₁₁ 又称叶酸，辅酶形式为四氢叶酸。叶酸包括一系列结构相似、生物活性相同的化合物，分子结构中含有蝶呤、对氨基苯甲酸和谷氨酸三部分（图 6-9）。其商品形式中含有一个谷氨酸残基称蝶酰谷氨酸，天然存在的蝶酰谷氨酸有 3～7 个谷氨酸残基。

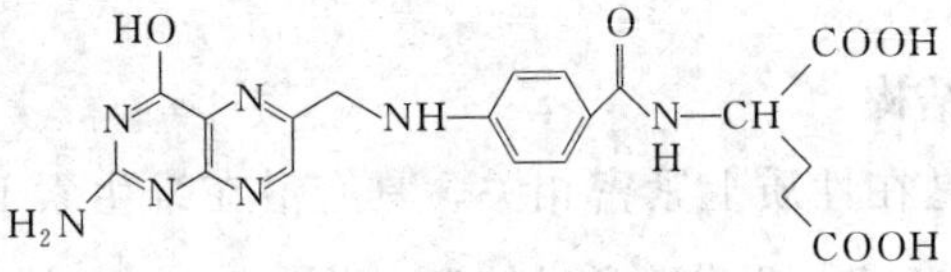

图 6-9　叶酸化学结构

2. 维生素 B₁₁ 的生理作用

四氢叶酸参与一碳单位的转移，是体内一碳转移系统的辅酶。此一碳单位可来自氨基酸，如组氨酸、蛋氨酸（甲基）、丝氨酸（羟甲基）和甘氨酸等。进而对核酸和蛋白质的生物合成都有重要作用，故叶酸为各种细胞生长所必需。

3. 维生素 B₁₁ 的缺乏症

食物中的叶酸多以含 5 分子或 7 分子谷氨酸的结合型存在，在肠道中受消化酶的作用水解为游离型而被吸收。若缺乏此种消化酶则可因吸收障碍而致叶酸缺乏。

缺乏症主要是巨红细胞贫血，又称为恶性贫血。孕妇缺乏叶酸易导致胎儿畸形，主要是脊柱裂等。

4. 维生素 B_{11} 的食物来源

维生素 B_{11} 在叶类蔬菜中较为丰富，动物肝脏中含量也较高，谷物、肉类、蛋类中含量一般，乳中含量较低。人体肠道中微生物可以合成一些叶酸，并且为人体所利用。食品中叶酸分为两类：游离型叶酸盐，无需酶的处理即能被干酪乳杆菌利用，肝中的叶酸呈游离态；结合型叶酸盐，不能被干酪乳杆菌利用，蔬菜中的叶酸主要为结合型。

5. 维生素 B_{11} 的稳定性

叶酸对热、酸比较稳定，但在中性和碱性条件下很快被破坏，光照更易分解，对氧、氧化剂不稳定。各种叶酸的衍生物以叶酸最稳定，四氢叶酸最不稳定，当被氧化后失去活性。亚硫酸盐使叶酸还原裂解，硝酸盐可与叶酸作用生成 N-10-硝基衍生物，对小白鼠有致癌作用。Cu^{2+} 和 Fe^{3+} 催化叶酸氧化，且 Cu^{2+} 作用大于 Fe^{3+}；柠檬酸等螯合剂可抑制金属离子的催化作用；维生素 C、硫醇等还原性物质对叶酸具有稳定作用。

（六）维生素 B_{12}

1. 维生素 B_{12} 的结构

维生素 B_{12} 由几种密切相关的具有相似活性的化合物组成，这些化合物都含有钴，又称钴胺素，是一种红色的结晶物质。维生素 B_{12} 是一共轭复合体，中心为钴原子（图 6-10）。维生素 B_{12} 分子中的钴能与—CN、—OH、—CH_3 或 5′-脱氧腺苷等基团相连，分别称为氰钴胺、羟钴胺、甲基钴胺和 5′-脱氧腺苷钴胺，后者又称为辅酶 B_{12}。

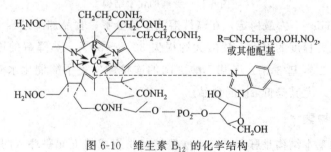

图 6-10　维生素 B_{12} 的化学结构

2. 维生素 B_{12} 的生理作用

维生素 B_{12} 参与体内一碳单位的代谢，例如，维生素$_{12}$可将 5-甲基四氢叶酸的甲基移去形成四氢叶酸。所以维生素 B_{12} 可以通过增加叶酸的利用率来影响核酸和蛋白质的合成，从而促进红细胞的发育和成熟。

3. 维生素 B_{12} 的缺乏症

维生素 B_{12} 供给量太少，人体会发生恶性贫血。机体的维生素 B_{12} 含量降至

0.5mg 左右便会出现贫血现象，即所谓恶性贫血。

4. 维生素 B₁₂ 的食物来源

植物性食品中维生素 B_{12} 很少，其主要来源是菌类食品、发酵食品以及动物性食品如肝脏、瘦肉、肾脏、牛奶、鱼、蛋黄等。人体肠道中的微生物也可合成一部分供人体利用。

5. 维生素 B₁₂ 的稳定性

维生素 B_{12} 对碱不稳定，其最稳定 pH 值范围是 4～7；在碱性溶液中加热时维生素 B_{12} 发生水解反应生成无生物活性的羧酸衍生物，在强酸性介质中维生素 B_{12} 的核苷类似成分发生水解。抗坏血酸、亚硫酸盐、Fe^{2+}、硫胺素和烟酸可促进维生素 B_{12} 的降解。辅酶形式的维生素 B_{12} 可发生光化学降解生成水钴胺素，但生物活性不变。食品加工过程中热处理对维生素 B_{12} 影响不大，例如肝脏在 100℃ 水中煮制 5min 维生素 B_{12} 只损失 8％；牛奶巴氏消毒只破坏很少的维生素 B_{12}；冷冻方便食品如鱼、炸鸡和牛肉加热时可保留 79％～100％ 的维生素 B_{12}。

（七）泛酸

泛酸的命名为 2,4-二羟基-3,3-二甲基丁酰-β-丙氨酸（图 6-11），它是辅酶 A 的重要组成部分。泛酸在肉、肝脏、肾脏、水果、蔬菜、牛奶、鸡蛋、酵母、全麦和核果中含量丰富，动物性食品中的泛酸大多呈结合态。

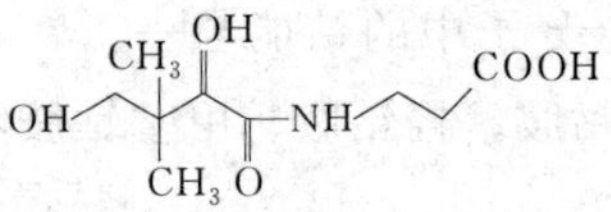

图 6-11　泛酸的化学结构

泛酸在 pH5～7 内最稳定，在碱性溶液中易分解。食品加工过程中，随温度的升高和水溶流失程度的增大，泛酸大约损失 30％～80％。热降解的原因可能是 β-丙氨酸和 2,4-二羟基-3,3-二甲基丁酸之间的连接键发生了酸催化水解。食品储藏中泛酸较稳定，尤其是低 a_w 的食品。

（八）生物素

生物素的基本结构是脲和带有戊酸侧链噻吩组成的五元骈环（图 6-12），有八种异构体，天然存在的为具有活性的 D-生物素。

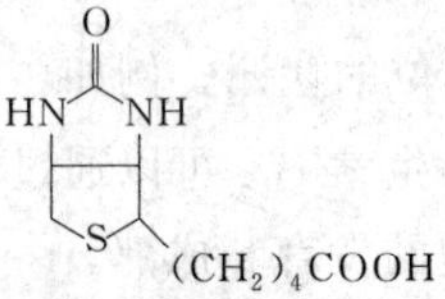

图 6-12　生物素分子的化学结构

生物素广泛存在于动植物食品中，以肉、肝、肾、牛奶、蛋黄、酵母、蔬菜和蘑菇中含量丰富。生物素在牛奶、水果和蔬菜中呈游离态，而在动物内脏和酵母等物质中与蛋白质结合。人体肠道细菌可合成相当部分的生物素。生物素可因食用生鸡蛋清而失活，这是由一种抗生物素的糖蛋白引起的，加热后就可破坏这种拮抗作用。

生物素对光、氧和热非常稳定，但强酸、强碱会导致其降解。某些氧化剂如过氧化氢使生物素分子中的硫氧化，生成无活性的生物素或生物素硫氧化物。此外，生物素环上的羰基也可与氨基发生反应。食品加工和储藏中生物素的损失较小，所引起的损失主要是溶水流失，也有部分是由于酸碱处理和氧化造成。

（九）维生素 C

1. 维生素 C 的结构

维生素 C 又名抗坏血酸。抗坏血酸没有羧基，它的酸性来自烯二醇的羟基，是一个羟基羧酸的内酯（图 6-13），有较强的还原性。维生素 C 有四种异构体：D-抗坏血酸、D-异抗坏血酸、L-抗坏血酸和 L-脱氢抗坏血酸。其中以 L-抗坏血酸生物活性最高。其他抗坏血酸无生物活性，通常所指的维生素 C 即指 L-抗坏血酸。

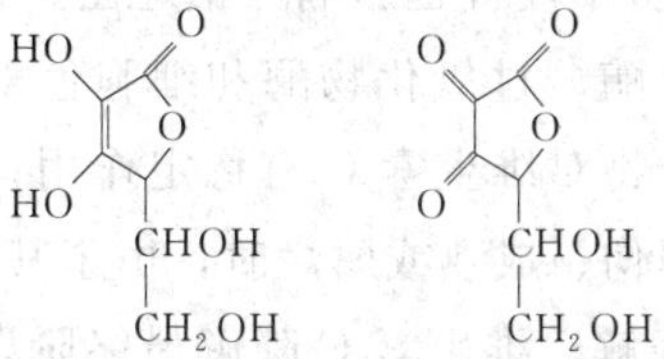

图 6-13　L-抗坏血酸（左）及 L-脱氢抗坏血酸（右）的结构

2. 维生素 C 的生理作用

抗坏血酸因具有抗坏血病的作用而得名。

（1）抗坏血酸的作用与其激活羟化酶，促进组织中胶原蛋白的形成密切有关。胶原蛋白中含大量羟脯氨酸与羟赖氨酸。脯氨酸与赖氨酸要被羟化，必须有抗坏血酸参与。否则，胶原蛋白合成受阻。这已由维生素 C 不足或缺乏时伤口愈合减慢所证明。由外，色氨酸合成 5-羟色氨酸，其中的羟化作用也需维生素 C 参与。此外它还参与类固醇化合物的羟化以及酪氨酸的代谢等。

（2）抗坏血酸可参与体内的氧化还原反应。这与谷胱甘肽的氧化和还原密切相关，体内的氧化型谷胱甘肽可使还原型抗坏血酸氧化成脱氢抗坏血酸，而后者又可被还原型谷胱甘肽还原，变成还原型抗坏血酸。

（3）促进胆固醇代谢。参与胆固醇的羟基化反应，促进代谢活动，促进胆固醇转化成胆汁酸、皮质激素及性激素，减少胆固醇在血液中的浓度。

（4）促进铁和叶酸的代谢。抗坏血酸可将运铁蛋白中的 Fe^{3+} 还原为 Fe^{2+}，促进铁的吸收，对缺铁性贫血有一定的辅助治疗作用。它还可提高机体应激性，对大剂量维生素 C 预防疾病的观点尚有争论，故对大剂量长时期服用应当慎重。

（5）提高肌体的应激能力。存在于肾上腺中的维生素 C 与类固醇激素的合成有关，维生素 C 还可促进一些神经递质的合成。

3. 维生素 C 的缺乏症

维生素 C 的缺乏症主要是坏血病。维生素 C 毒性很小，不会造成中毒，主要的副作用是其代谢产物草酸在尿液中排出时易引起泌尿系统的结石。

4. 维生素 C 的食物来源

维生素 C 主要存在于水果和蔬菜中。猕猴桃、刺梨和番石榴中含量高；柑橘、番茄、辣椒及某些浆果中也较丰富。动物性食品中只有牛奶和肝脏中含有少量维生素 C。

5. 维生素 C 的性质及稳定性

维生素 C 是一种无色无臭的晶体，熔点 192℃，易溶于水，微溶于乙醇和甘油，不溶于大多数有机溶剂。

维生素 C 是最不稳定的维生素，对氧化非常敏感。光、Cu^{2+} 和 Fe^{2+} 等加速其氧化；pH 值、氧浓度和水分活度等也影响其稳定性。此外，含有 Fe 和 Cu 的酶如抗坏血酸氧化酶、多酚氧化酶、过氧化物酶和细胞色素氧化酶对维生素 C 也有破坏作用。某些金属离子螯合物对维生素 C 有稳定作用；亚硫酸盐对维生素 C 具有保护作用。水果受到机械损伤、成熟或腐烂时，由于其细胞组织被破坏，导致酶促反应的发生，使维生素 C 降解。维生素 C 降解最终阶段中的许多物质参与风味物质的形成或非酶褐变。降解过程中生成的 L-脱氢抗坏血酸和二羰基化合物与氨基酸共同作用生成糖胺类物质，形成二聚体、三聚体和四聚体。维生素 C 降解形成风味物质和褐色物质的主要原因是二羰基化合物及其他降解产物按糖类非酶褐变的方式转化为风味物和类黑素。

维生素 C 可保护食品中其他成分不被氧化；可有效地抑制酶促褐变和脱色；在腌制肉品中促进发色并抑制亚硝胺的形成；在啤酒工业中作为抗氧化剂；在焙烤工业中作面团改良剂；对维生素 E 或其他酚类抗氧化剂有良好的增效作用；能捕获单线态氧和自由基，抑制脂类氧化；作为营养添加剂有抗应激、加速伤口愈合、参与体内氧化还原反应和促进铁的吸收等。

四、烹饪过程中维生素的损失及控制

食品中的维生素在加工与储藏中受各种因素的影响，其损失程度取决于各种维生素的稳定性。食品中维生素损失的因素主要有食品原料本身如品种和成熟度、加工前预处理、加工方式、储藏的时间和温度等。此外，维生素的损失与原料栽培的环境、植物采后或动物宰后的生理也有一定的关系。因此，在食品加工与储藏过程中应最大限度地减少维生素的损失，并提高产品的安全性。

（一）烹饪过程中维生素的损失

1. 预处理对维生素的影响

加工前的预处理与维生素的损失程度关系很大。水果和蔬菜的去皮和修整造成浓集于茎皮中的维生素的损失。据报道，苹果皮中维生素 C 的含量比果肉高 3～10 倍；柑橘皮中的维生素 C 比汁液高；莴苣和菠菜外层叶中维生素 B 和维生素 C 比内层叶中高。清洗和在盐水中烧煮时，水溶性维生素容易从植物或动物产品的切口或损伤组织流出。因此，蔬菜应洗后再切。对于化学性质较稳定的水溶性维生素如泛酸、烟酸、叶酸、核黄素等，溶水流失是最主要的损失途径。

2. 谷物加工对维生素的影响

碾磨是谷物所特有的加工方式。谷物在磨碎后其中的维生素比完整的谷粒中含量有所降低，并且与种子的胚乳和胚、种皮的分离程度有关。因此，粉碎对各种谷物种子中维生素的影响不一样。此外，不同的加工方式对维生素损失的影响也有差异，谷物精制程度越高，维生素损失越严重。例如，小麦在碾磨成面粉时，出粉率不同，维生素的存留也不同。磨粉时去除麸皮和胚芽，会造成谷物中烟酸、视黄醇、硫胺素等维生素的损失。图 6-14 所示是小麦出粉率与维生素保留率之间的关系。

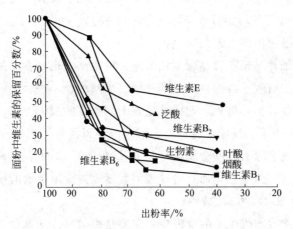

图 6-14　小麦出粉率与维生素保留率之间的关系

3. 热处理对维生素的影响

（1）烫漂　烫漂是水果和蔬菜加工中不可缺少的一种温和的处理方法。目的在于使有害的酶失活、减少微生物污染、排除空隙中的空气，有利于食品储存时维生素的稳定。烫漂会造成水溶性维生素的大量损失，其损失程度与 pH 值、烫漂的时间和温度、含水量、切口表面积、烫漂类型及成熟度有关。通常，高温短时烫漂处理能有效保留热敏感性维生素。产品成熟度越高，烫漂时维生素 C 和维生素 B$_1$ 损失越少；食品切分越细，单位质量表面积越大，维生素损失越多。不同烫漂类型对维生素影响的顺序为沸水＞蒸汽＞微波。因此，烹饪中快炒快烫是保存热敏感性维生素的好方法。表 6-3 所示是青豆烫漂后储存维生素的损失率。

表 6-3　青豆烫漂后储存维生素的损失率

处理方式	维生素的损失率/％		
	维生素 C	维生素 B$_1$	维生素 B$_2$
烫漂	90	70	40
未烫漂	50	20	30

（2）干燥　食品中水分活度若低于 0.2～0.3（相当于单分子水合状态），水溶性维生素一般只有轻微分解，脂溶性维生素分解达到极小值。若水分活度上升则维生素分解增加，这是因为维生素、反应物和催化剂的溶解度增加。脂溶性维生素的降解速度在相当于单分子层水分的水分活度时达到最低，而无论水分活度升高或降低都会增加此类维生素的降解。

脱水干燥是保藏食品的主要方法之一。具体方法有日光干燥、烘房干燥、隧道式干燥、滚筒干燥、喷雾干燥和冷冻干燥。维生素 C 对热不稳定，干燥损失分别为 10％～15％，但冷冻干燥对其影响很小。喷雾干燥和滚筒干燥时乳中硫胺素的损失分别为 10％和 15％，而维生素 A 和维生素 D 几乎没有损失。蔬菜烫漂后空气干燥时硫胺素的损失平均为豆类 5％、马铃薯 25％、胡萝卜 29％。但食品的过分干燥会造成对氧敏感的维生素的明显损失。

（3）加热　加热是延长食品保藏期最重要的方法，也是食品加工中应用最多的方法之一。热加工有利于改善食品的某些感官性状如色、香、味等，提高营养素在体内的消化和吸收，但热处理会造成维生素不同程度的损失。高温加快维生素的降解，pH 值、金属离子、反应活性物质、溶氧浓度以及维生素的存在形式影响降解的速度。隔绝氧气、除去某些金属离子可提高维生素 C 的存留率。高温短时杀菌不仅能有效杀死有害微生物，而且可以较大程度地减少维生素的损失。

4. 冷却或冷冻对维生素的影响

空气冷却比水冷却维生素的损失少，主要是因为水冷却时会造成大量水溶性维生素的流失。冷冻通常认为是保持食品的感官性状、营养及长期保藏的最好方法。冷冻一般包括预冻结、冻结、冻藏和解冻。预冻结前的蔬菜烫漂会造成水溶性维生素的损失；预冻结期间只要食品原料在冻结前储存时间不长，维生素的损失就小。

冻藏期间维生素损失较多，损失量取决于原料、预冻结处理、包装类型、包装材料及贮藏条件等。冻藏温度对维生素 C 的影响很大。据报道，温度在 −18～−7℃之间，温度上升 10℃可引起蔬菜如青豆、菠菜中的维生素 C 以 6～20 倍速度加速降解；水果如桃和草莓中的维生素 C 以 30～70 倍速度快速降解。动物性食品如猪肉在冻藏期间维生素损失大。解冻对维生素的影响主要表现在水溶性维生素，动物性食品损失的主要是 B 族维生素。总之，冷冻对食品中维生素的影响通常较小，但水溶性维生素由于冻前的烫漂或肉类解冻时汁液的流失损失 10％～14％。

5. 辐照对维生素的影响

辐照是利用原子能射线对食品原料及其制品进行灭菌、杀虫、抑制发芽和延期后熟等以延长食品的保存期，尽量减少食品中营养的损失。

辐照对维生素有一定的影响。水溶性维生素对辐照的敏感性主要取决于它们是处在水溶液中还是食品中或是否受到其他组分的保护等。维生素 C 对辐照很敏感，其损失随辐照剂量的增大而增加。这主要是水辐照后产生自由基破坏的结果。B 族维生素中维生素 B_1 最易受到辐照的破坏。其破坏程度与热加工相当，大约为 63％。辐照对烟酸的破坏较小，经过辐照的面粉烤制面包时烟酸的含量有所增高，这可能是因为面粉经辐照加热后烟酸从结合型转变成游离型造成的。脂溶性维生素对辐照的敏感程度大小依次为维生素 E＞维生素 A＞维生素 D＞维生素 K。

6. 加工中使用的化学物质和食品的其他组分对维生素的影响

在食品加工中为防止食品腐败变质及提高其感官性状，通常加入一些添加剂，其中有些对维生素有一定的破坏作用。例如，维生素 A、维生素 C 和维生素 E 易被氧化剂破坏。因此，在面粉中使用漂白剂会降低这些维生素的含量或使它们失去活性；SO_2 或亚硫酸盐等还原剂对维生素 C 有保护作用，但因其亲核性会导致维生素 B_1 的失活；亚硝酸盐常用于肉类的发色与保藏，但它作为氧化剂引起类胡萝卜素、维生素 B_1 和叶酸的损失；果蔬加工中添加的有机酸可减少维生素 C 和硫胺素的损失；碱性物质会增加维生素 C、硫胺素和叶酸等的损失。

不同维生素间也相互影响。例如，辐照时烟酸对活化水分子的竞争、破坏增大，保护了维生素 C。此外，维生素 C 对维生素 B_2 也有保护作用。食品中添加维生素 C 和维生素 E 可降低胡萝卜素的损失。

7. 储藏对维生素的影响

食品在储藏期间，维生素的损失与储藏温度关系密切。罐头食品冷藏保存一年后，维生素 B_1 的损失低于室温保存。包装材料对储存食品维生素的含量有一定的影响。例如透明包装的乳制品在储藏期间会发生维生素 B_2 和维生素 D 的损失。

食品中脂类的氧化作用产生的氢过氧化物、过氧化物和环过氧化物会引起胡萝卜素、维生素 E 和维生素 C 等的氧化，也能破坏叶酸、生物素、维生素 B_{12} 和生素 D 等；过氧化物与活化的羰基反应导致维生素 B_1、维生素 B_6 和泛酸等的破坏；碳水化合物非酶褐变产生的高度活化的羰基对维生素同样有破坏作用。

（二）维生素的生物利用率

维生素的生物利用率是指人体摄入的维生素经肠道吸收并在体内被利用的程度。生物利用率包括了摄入维生素的吸收和利用两个方面，但与摄入之前维生素的损失无关。

影响维生素生物利用率的因素如下。

① 消费者本身的年龄、健康以及生理状况等。

② 膳食的组成影响维生素在肠道内运输的时间、黏度、pH 值及乳化特性等。

③ 同一种维生素构型不同对其在体内的吸收速率、吸收程度、能否转变成活性形式以及生理作用的大小产生影响。

④ 维生素与其他的组分的反应如维生素与蛋白质、淀粉、膳食纤维、脂肪等发生反应均会影响到其在体内的吸收与利用。

⑤ 维生素的拮抗物也影响维生素的活性，从而降低维生素的生物可利用性。例如，硫胺素酶可切断硫胺素代谢分子，使其丧失活性；抗生物素蛋白与代谢物结合，使生物素失去活性；双香豆素具有与维生素 K 相似的结构，可占据维生素 K 代谢物的作用位点而降低维生素 K 的生物可利用性。

⑥ 食品加工和储存也影响到维生素的生物可利用性。

第二节 矿 物 质

一、矿物质的功能及分类

矿物质是指食品中各种无机化合物，大多数相当于食品灰化后剩余的成分，故又称粗灰分。矿物质在食品中的含量较少，但具有重要的营养生理功能，有些对人体具有一定的毒性。因此，研究食品中的矿物质目的在于提供建立合理膳食结构的依据，保证适量有益矿物质，减少有毒矿物质，维持生命体系处于最佳平衡状态。

食物中的矿物质可以离子状态、可溶性盐和不溶性盐的形式存在；有些矿物质在食品中往往以螯合物或复合物的形式存在。

（一）矿物质的功能

1. 机体的构成成分

食品中许多矿物质是构成机体必不可少的部分，例如钙、磷、镁、氟和硅等是构成牙齿和骨骼的主要成分；磷和硫存在于肌肉和蛋白质中；铁为血红蛋白的重要组成成分。

2. 维持内环境的稳定

作为体内的主要调节物质，矿物质不仅可以调节渗透压，保持渗透压的恒定以维持组织细胞的正常功能和形态；而且可以维持体内的酸碱平衡和神经肌肉的兴奋性。

3. 某些特殊功能

某些矿物质在体内作为酶的构成成分或激活剂。在这些酶中，特定的金属与酶蛋白分子牢固地结合，使整个酶系具有一定的活性，例如血红蛋白和细胞色素酶系中的铁，谷胱苷肽过氧化物酶中的硒等。有些矿物质是构成激素或维生素的原料，例如碘是甲状腺素不可缺少的元素，钴是维生素 B_{12} 的组成成分等。

4. 改善食品的品质

许多矿物质是非常重要的食品添加剂，它们对改善食品的品质意义重大。例如，Ca^{2+} 是豆腐的凝固剂，还可保持食品的质构；磷酸盐有利于增加肉制品的持水性和结着性；食盐是典型的风味改良剂等。

(二) 矿物质的分类

1. 按生理作用分类

(1) 必需元素　必需元素是指存在于机体的正常组织中，且含量比较固定，缺乏时能发生组织上和生理上的异常，常见的必需元素有 20 余种。例如，缺铁导致贫血；缺硒出现白肌病；缺碘易患甲状腺肿等。但必需元素摄入过多会对人体造成危害，引起中毒。这类元素主要包括 Ca、Mg、K、Na、P、S、Cl、Fe、Zn、Cu、I 等。

(2) 非必需元素　非必需元素又称辅助营养元素，主要包括 Rb、Br、Al、B、Ti。普遍存在于组织中，有时摄入量很大，但对人的生物效应和作用目前还不清楚。

(3) 有毒元素

通常为显著毒害机体的元素，主要有 Pb、Cd、Hg、As 等。

2. 按在体内含量或摄入量分类

(1) 常量元素　是指其在人体内含量在 0.01% 以上的元素，或日需量大于 100mg/d 的元素，包括 K、Na、Ca、Mg、Cl、S、P 等，是机体必需的组成部分。

(2) 微量元素　是指其在人体内含量在 0.01% 以下的元素，或日需量小于 100mg/d 的元素。

二、矿物质的理化性质

(一) 溶解性

大多数营养元素的传递和代谢都是在水溶液中进行的。因此，矿物质的生物利用率和活性在很大程度上依赖于它们在水中的溶解性。然而，食品中的矿物质有的是以溶解状态存在，如钾和钠；有的则是不溶物，如镁、钙、钡的氢氧化物、碳酸盐、磷酸盐、硫酸盐、草酸盐和植酸盐；甚至是与其他物质复合的不溶状态存在，如多数植物性食品中的铁和钙。

食物中的一些有机物质可以与矿物质络合或结合，生成可溶性的复合物或螯合物，从而可以促进矿物质的吸收利用，如蛋白质、氨基酸、有机酸、核酸、核苷酸、肽和糖等形成不同类型的化合物等；食品营养强化时，往往选用可溶性的盐类，以保证其生物利用率。在食品生产中，也往往使用某种添加剂的钠盐或钾盐形式，以便提高其溶解度，改善其在食品中的分散性。

（二）酸碱性

矿物质所呈现出的酸碱性质可以改变食品的化学环境，从而对食品中的其他组分产生重要的影响。人体各种体液的酸碱度并不都是一样的，这些酸碱条件正是不同生化反应的必需条件，能够对这些酸碱条件起调节作用的物质主要是矿物质。

按照 Bronsted 酸碱质子理论，能够提供质子的物质是酸，能够接受质子的物质是碱。矿物质正离子或负离子在食品中往往影响到食品的酸碱性和人体的酸碱平衡，特别是含量较大的元素，如钙、钾、镁为呈碱性元素，磷、硫、氯为呈酸性元素。在不同的酸碱性条件下，矿物质的溶解度和化学反应性的差异也很大。

根据 Lewis 酸碱电子理论，获得电子对者为酸，给出电子对者为碱。因此，具有低能空轨道的过渡金属离子具有酸性，而有孤对电子的化合物具有碱性。给出电子的物质称为配位体，主要配位原子是 O、N、S，它们在蛋白质、碳水化合物、磷脂和有机酸中存在较多。铁离子、铜离子等金属离子在食品中是维生素 C 氧化反应、脂肪氧化反应的催化剂。在金属离子存在的情况下，反应的速度以数十倍地增长。

（三）氧化还原性

食品中的矿物质往往可以多种价态存在，因而表现出不同的氧化还原性质。其中一些矿物质以氧化剂的状态出现，如碘酸盐、溴酸盐等；也有一些矿物质以还原剂的形式出现，如含硫氨基酸中的硫醇基。一些金属离子具有多种氧化价态，如铁可以是二价或三价，铬可以是三价或六价。这些价态的变化，不仅可能影响到食品的物理和感官性质，也会影响到它们在人体中所发挥的生理作用，甚至是营养物质或有毒物质的差别。

（四）螯合效应

矿物质在食品中往往以螯合物或复合物形式存在。所谓螯合物，就是由一种多合配位体以多个配位键与一个金属离子相结合，在空间上能够形成以金属离子为中心的环状结构。螯合物的稳定性高于一般的配位复合物，呈现五元环和六元环的螯合物最为稳定，碱性较强的金属离子形成的螯合物也更加稳定。

许多金属离子都以螯合物的形式发挥生理作用，如血红素中的铁、叶绿素中的镁、维生素 B_{12} 中的钴、葡萄糖耐量因子中的铬，以及许多酶当中的锌。在这些螯合物当中，提供电子的往往是氮、氧等元素，来自于有机酸、氨基酸或其他含氮物质。在食品系统中，螯合物可以发挥十分重要的作用。例如，为了防止脂肪氧化，常常在食品中加入柠檬酸等螯合剂与铁、铜等金属离子结合；又如，为了在食品中补充铁，常常选用 EDTA 铁钠进行营养强化。

三、食品中重要的矿物质元素

（一）常量元素

1. 钠和钾

钠和钾的作用与功能关系密切，二者均是人体的必需营养素。钠作为血浆和其他细胞外液的主要阳离子，在保持体液的酸碱平衡、渗透压和水的平衡方面起重要作用，并和细胞内的主要阳离子钾共同维持细胞内外的渗透平衡，参与细胞的生物活动，在机体内循环稳定的控制机制中起重要作用；在肾小管中参与氢离子交换和再吸收；参与细胞的新陈代谢。在食品工业中钠可激活某些酶如淀粉酶；诱发食品中典型咸味；降低食品的 a_w，抑制微生物生长，起到防腐的作用；作为膨松剂改善食品的质构。钾可作为食盐的替代品及膨松剂。

钠的主要来源是食盐和味精，钾的主要食物来源是水果、蔬菜和肉类。人们一般很少出现钠、钾缺乏症，但当钠摄入过多时会造成高血压。

2. 钙和磷

钙和磷也是人体必需的营养素之一。正常成年人的骨骼中钙约为 1.2kg，总磷含量约为 700g。体内 99% 的钙和 80% 的磷以羟基磷灰石的形式存在于骨骼和牙齿中。

钙对血液凝固、神经肌肉的兴奋性、细胞的黏着、神经冲动的传递、细胞膜功能的维持、酶反应的激活以及激素的分泌都起着决定性的作用。磷作为核酸、磷脂、辅酶的组成部分，参与碳水化合物和脂肪的吸收与代谢。磷主要的生理功能有构成骨质、核酸的基本组成、代谢中的重要储能物质、细胞内主要缓冲物质。

由于钙能与带负电荷的大分子形成凝胶如低甲氧基果胶、大豆蛋白、酪蛋白等，加入罐用配汤可提高罐装蔬菜的坚硬性，因此，在食品工业中广泛用作质构改良剂。磷在软饮料中用作酸化剂；三聚磷酸钠有助于改善肉的持水性；在剁碎肉和加工奶酪时使用磷可起到乳化助剂的作用。此外，磷还可充当膨松剂。

人对钙的日需要量，推荐值为 0.8～1.0g。食品中钙的来源以奶及奶制品最好，奶中钙含量丰富，易于吸收，是理想的钙源。蛋制品、水产品（如虾皮）、肉类含钙也较多。很多植物性食品中的钙吸收率较低，70%～80%的钙与植酸、草酸、脂肪酸等阳离子形成不溶性的盐而不被吸收。钙强化食品通常采用乳酸钙、碳酸钙、葡萄糖酸钙等作为钙源。

人体对磷的日需量为 0.8～1.2g，正常的膳食结构一般无缺磷现象。含磷丰富的食物是豆类、肉类、花生、核桃、蛋黄等，食物中的磷主要以有机磷酸酯及磷脂的形式存在，较易消化吸收，吸收率在 70% 以上。强化磷的添加剂有正磷酸盐、焦磷酸盐、三聚磷酸盐、骨粉等。

人体缺钙时，幼年易患佝偻病，成年或老年易患骨质疏松症。一般很少出现磷缺乏症。

3. 镁

人体内 70% 的镁以磷酸镁存在于骨骼及牙齿中，其余分布在软组织与体液中，是细胞中主要阳离子之一。镁与钙、磷构成骨盐，与钙在功能上既协同又对抗。当钙不足时镁可部分替代；当镁摄入过多时，又阻止骨骼的正常钙化。

镁是许多酶所必需的激活剂。镁是维持心肌功能所必需的。缺镁的症状有情绪不安易激动，手足抽搐，长期缺镁使骨质变脆，牙齿生长不良。在蔬菜加工中常因叶绿素中的镁脱去生成脱镁叶绿素，使色泽变暗。膳食中的镁来源于全谷、坚果、豆类和绿色蔬菜中。一般很少出现缺乏症。

4. 硫

硫对机体的生命活动起着非常重要的作用，在体内主要作为合成含硫氨基酸如胱氨酸、半胱氨酸和蛋氨酸的原料。食品工业中常利用 SO_2 和亚硫酸盐作为褐变反应的抑制剂；在制酒工业中广泛用于防止和控制微生物生长。硫分布广，富含含硫氨基酸的动植物食品是硫的主要膳食来源。

（二）微量元素

1. 锌

锌在人体中的总量约为 2～4g，主要以锌蛋白及含锌酶的形式分布在各种组织器官中，30% 储藏在骨骼和皮肤中。锌是人体 70 多种酶的组成成分，如 Cu/Zn 超氧化物歧化酶、RNA 聚合酶；锌参与蛋白质和核酸的合成；锌与胰岛素、前列腺素、促性腺素等激素的活性有关；锌具有提高机体免疫力的功能，与人的视力及暗适应能力关系密切。

如果膳食中长期缺锌会导致异食癖、厌食症。成年男子对锌的实际需要量约 2.2mg/d，考虑到人对食物中锌的吸收率为 10％左右，推荐量为 22mg/d。

动物性食品中锌的生物有效性优于植物性食品。动物性食品是锌的可靠来源，如牛、猪、羊肉每千克含锌 20～60mg，而且肉中的锌与肌球蛋白紧密连接在一起，提高肉的持水性。鱼类等海产品含锌 15～20mg/kg。除谷类的胚芽外，植物性食品中锌含量较低，如小麦含 20～30mg/kg，且大多与植酸结合，不易被吸收与利用。水果和蔬菜中含锌量很低，大约 2mg/kg。有机锌的生物利用率高于无机锌。

2. 铁

铁是人体必需的微量元素，也是体内含量最多的微量元素。成年人体内含有 3～4g 铁，其中有 2/3 存在于血红蛋白与肌红蛋白中，是构成血红素的成分。其余的部分主要储存于肝中，其他器官（肾、脾）中也有少量分布，是多种酶（细胞色素氧化酶、过氧化物酶、过氧化氢酶）的成分。机体内的铁都以结合态存在，没有游离的铁离子存在。人体中缺铁（血浆中铁的含量低于 400mg/L）导致缺铁性贫血，使人感到体虚无力。铁在人体中的损失途径主要为尿、粪、表皮与头发脱落的损失，成年人损失量大致为 0.8～1.0mg/d。人对铁的需要量因人而异，男性一般为 5～10mg/d，女性在青春期及妊育期为 12～28mg/d。

肉中铁的吸收利用率最高为 20％～30％，猪肝中铁的吸收利用率为 6％，植物中铁的吸收利用率很低，为 1％～1.5％。

铁在食品中主要以三价铁、二价铁、元素铁以及血色素型铁的形式存在。三价铁存在于植物性食品中，与有机物结合，它们必须解离并还原为二价铁离子后，才能被有效利用。血红素型铁存在于血红蛋白和肌红蛋白中，这种铁吸收率比二价铁离子要高，且不受植酸和磷酸的影响，所以动物性食品中的铁比植物性食品中的铁易于吸收。

动物性食品如肝脏、肌肉、蛋黄中富含铁，植物性食品如豆类、菠菜、苋菜等中含铁量稍高，其他含铁较低，且大多数与植酸结合难以被吸收与利用。常用于强化铁的化合物有硫酸亚铁、正磷酸铁、卟啉铁等。

铁的缺乏症主要是缺铁性贫血。具体症状为皮肤、黏膜苍白，易疲劳，心慌气短，口内发酸，指甲脆薄反甲，抵抗力下降。

3. 铜

人体中的铜大多数以结合状态存在，如血浆中大约有 90％的铜以铜蓝蛋白的形式存在。铜通过影响铁的吸收、释放、运送和利用来参与造血过程。铜能加速血红蛋白及卟啉的合成，促使幼红细胞成熟并释放。铜是体内许多酶的组成成分，如超氧化物歧化酶（SOD）；对结缔组织的形成和功能具有重要作用；与毛发的生长和色素的沉着有关；促进体内释放许多激素如促甲状腺激素、促黄体激素、促肾上腺皮质激素和垂体释放生长激素等；影响肾上腺皮质类固醇和儿茶酚胺的合成，并与机体的免疫有关。

食品加工中铜可催化脂质过氧化、抗坏血酸氧化和非酶氧化褐变；作为多酚氧化酶的组成成分催化酶促褐变，影响食品的色泽。但在蛋白质加工中，铜可改善蛋白质的功能特性，稳定蛋白质的起泡性。绿色蔬菜、鱼类和动物肝脏中含铜丰富，牛奶、肉、面包中含量较低。食品中锌过量时会影响铜的利用。

4. 碘

碘是人体必需的微量元素之一，人体含 $20\sim50mg$，其中 $20\%\sim30\%$ 集中在甲状腺中。碘的主要生理功能为构成甲状腺素与三碘甲状腺素，该类物质在人体内参与能量转移、蛋白质与脂肪代谢、调节神经与肌肉功能、调控皮肤与毛发生长等功能。成人缺碘则出现甲状腺功能亢进症（大脖子病）；胎儿或婴幼儿严重缺碘导致中枢神经损伤，引起表现为智力低下、生长发育停滞的克汀病（呆小症）。碘过多也可引起"高碘性甲状腺肿"。碘的供给量标准为成人 $150\mu g/d$。

海带及各类海产品是碘的丰富来源。乳及乳制品中含碘量为 $200\sim400\mu g/kg$，植物中含碘量较低。全球缺碘人数约 2 亿以上，内陆地区常会出现缺碘症状，沿海地区很少缺碘。缺碘的原因是长期食用在低碘或缺碘地区种植的农产品。因为海藻类、海鱼、贝壳类食物中含有丰富的碘，但其他地区饮食中需要补碘，一般食物中含碘低于 $10\mu g/kg$，而且在热加工、淋洗和浸泡中损失量大。一般采用在盐中加入碘化钾或碘酸钾的方法补碘，每克碘盐含碘约 $70\mu g$。因此碘盐是最为方便有效的补碘途径。

5. 硒

硒是 1837 年由瑞典科学家 Berzelius 发现的一种非金属元素。1957 年研究发现硒是机体重要的必需微量元素。硒是一种过氧化物歧化酶（SOD）的组分，也是构成谷胱甘肽过氧化物酶的成分，参与辅酶 Q 与辅酶 A 的合成。缺硒可导致克山病的发生。硒能加强维生素 E 的抗氧化作用。硒还具有促进免疫球蛋白生成和保护吞噬细胞完整的作用。硒可能通过诱发神经细胞凋亡而降低细胞存活率。补硒还在预防肿瘤和心血管病、延缓衰老方面有重要的作用。

我国绝大部分地处于缺硒带，也有个别高硒区。硒缺乏与中毒与地理环境有关。我国黑龙江克山县一带是严重缺硒地区，土壤中的含硒量仅为 $0.06mg/kg$，该地区的人易患白肌病或大骨节病；而陕西的紫阳和湖北的恩施部分地区为高硒区，硒的含量变化为 $0.08\sim45.5mg/kg$，平均为 $9.7mg/kg$，常会出现硒中毒现象，表现为牙齿变色、皮肤出疹、头发脱落、指甲发脆、肠胃不适等症状。

硒含量最多的是动物的肝、肾、肌肉、海产品；其次为粮谷类，含量最少的是果蔬类。但硒在烹饪加热中易挥发。

6. 铬

铬是机体内葡萄糖耐量因子（GTF）的组成成分，可提高胰岛素的效能，并能降低血清胆固醇水平，对预防和治疗糖尿病以及冠心病有明显的功效。

铬的最丰富来源是啤酒酵母，动物肝脏、胡萝卜、红辣椒等食物中含铬较多。有机铬易被吸收。膳食中缺铬时导致一系列的代谢紊乱。例如，缺铬时血清胆固醇及血糖均升高，产生动脉粥样硬化。

7. 钴

钴可增强机体的造血功能，可能的途径如下。

（1）直接刺激作用　钴促进铁的吸收和储存铁的动员，使铁易进入骨髓被利用。

（2）间接刺激作用　钴能抑制细胞内许多重要的呼吸酶的活性，引起细胞缺氧，从而使促红细胞生成素的合成量增加，产生代偿性造血机能亢进。钴通过维生素 B_{12} 参与体内甲基的转移和糖代谢；钴还可以提高锌的生物利用率。

食物中钴的含量变化较大。豆类中含量稍高，大约在 1.0mg/kg，玉米和其他谷物中含量很低，大约在 0.1mg/kg。

8. 氟

人体骨骼中含氟量大致为 2.6g，主要分布在骨骼与牙齿上，适量的摄入氟主要作用是防止龋齿与牙质损坏。适量的氟可促进铁的吸收，有利于体内钙、磷的利用，增强钙、磷在骨中的沉积，加强骨骼的形成，增强骨骼的硬度。此外，适量的氟能被牙釉质中的羟磷灰石吸附，形成坚硬质密的氟磷灰石表面保护层，具防龋齿作用。

海产品与茶叶是含氟量高的食品，海鱼中氟的含量高达 5～10mg/kg，干旱地区茶叶中含氟量为 100mg/kg。缺氟的地区采取在自来水中加入氟 1mg/L，能满足人对氟的需要量。过量的氟会损害牙齿和骨骼，典型症状为"牙氟中毒"，补充时一定要注意浓度不能高，长期饮用 2～7mg/L 的氟会出现牙斑，饮用 8～201mg/L 的氟会导致骨脆，易发生骨折。因此，氟含量高的地区，应通过离子交换去除过量的氟。

四、食品中矿物质的分布

不同食物中的矿物质分布有所不同。这种差异不仅仅表现在品种之间的差异上，还表现在不同产地、不同栽培方式、不同饲养方式带来的差异。此外，烹调和加工处理也会带来矿物质含量的变化。

（一）植物性食品中的矿物质

植物性食品的共同特点是含钾和镁丰富，而钠的含量较低。由于植物中富含有机酸，矿物质多以有机酸盐的形式存在。

1. 谷类

谷类中含量最高的矿物质是钾，镁和锰的含量也较高，但钙的含量不高。谷类食品中含有一定量的蛋白质，因而磷比较丰富，也含有一定量的硫元素。谷类食品中的钾、镁等矿物质主要集中在麸皮或米糠中，胚乳中含量很低（表6-4）。例如，全麦面粉的矿物质含量可达1.5%。而胚乳部分仅为0.3%。当谷物精加工时会造成矿物质的大量损失。

谷类中的铁以三价铁复合物存在，必须经还原成为亚铁离子后才能为人体吸收利用，生物有效性较低。谷类外层中的矿物质虽然丰富，植酸含量也较高，妨碍了锌、铁、钙等矿物质的吸收利用，更进一步降低了这些矿物质的生物有效性。

表6-4　小麦不同部位中矿物质含量

部位	P/%	K/%	Na/%	Ca/%	Mg/%	Mn/(mg/kg)	Fe/(mg/kg)	Cu/(mg/kg)
全胚乳	0.10	0.13	0.0029	0.017	0.016	24	13	8
全麦麸	0.38	0.35	0.0067	0.032	0.11	32	31	11
中心部分	0.35	0.34	0.0051	0.025	0.086	29	40	7
胚尖	0.55	0.52	0.0036	0.051	0.13	77	81	8
残余部分	0.41	0.41	0.0057	0.036	0.13	44	46	12
整麦粒	0.44	0.42	0.0064	0.037	0.11	49	54	8

2. 豆类、坚果和含油种子

在植物食品中，以豆类、坚果和含油种子的矿物质含量最为丰富。这几类食品是钾、磷等矿物质的优质来源，铁、镁、锌、锰等矿物质含量也很高。但大豆中的磷70%～80%与植酸结合，影响了人体对其他矿物质如钙、锌等的吸收，因而生物利用率低于动物性食品。然而，豆类和谷类经过发酵之后，植酸被植酸酶所水解，使矿物质的生物有效性提高。因而，发酵豆制品是钙、镁、铁、锌等多种矿物质的好来源。

3. 蔬菜和水果

虽然蔬菜和水果中水分高，矿物质含量低，但蔬菜与水果是膳食中钾、镁等元素的主要来源之一（表6-5和表6-6）。绿叶蔬菜中的叶绿素中含有镁，因而是镁元素的良好来源。水果中的矿物质含量略低于蔬菜。蔬菜中往往含有较高水平的硝酸盐，在采后储藏过程中可能转变成亚硝酸盐。蔬菜中来源的亚硝酸盐约占人体亚硝酸盐摄入的80%左右。

表 6-5　部分蔬菜中矿物质含量

蔬菜	钙/(mg/100g)	磷/(mg/100g)	铁/(mg/100g)	钾/(mg/100g)
菠菜	72	53	1.8	502
莴笋	7	31	2.0	318
茭白	4	43	0.3	284
苋菜(青)	180	46	3.4	577
苋菜(红)	200	46	4.8	473
芹菜(茎)	160	61	8.5	163
韭菜	48	46	1.7	290
毛豆	100	219	6.4	579

表 6-6　部分水果中矿物质含量

水果	镁/(mg/100g)	磷/(mg/100g)	钾/(mg/100g)
橘子	10.2	15.8	175
苹果	3.6	5.4	96
葡萄	5.8	12.8	200
樱桃	16.2	13.3	250
梨	6.5	9.3	129
香蕉	25.4	16.4	373
菠萝	3.9	3.0	142

（二）动物性食品中的矿物质

动物性食品主要包括肉类、水产类、蛋类和乳类。肉类、水产和蛋类是磷的良好来源，而乳类是钙的良好来源。

1. 肉类

肉类是矿物质的良好来源。钠、钾、磷、硫、氯等元素的含量较多，铁、铜、锰、锌、锰、钴等元素也较丰富，但钙含量极低。可溶性矿物质（如钾和钠）在肉的冻融过程中容易随汁液而流失；铁、铜、锌等矿物质与蛋白质相结合而存在，在加工中不易受到损失。肉类中的铁主要以血红素铁的形式存在，其生物利用率不受膳食中其他成分的影响，仅由人体对铁的需要程度决定。富含肌红蛋白和血红蛋白的红肌中铁含量较高，白肌中铁含量较低。肌肉的色泽由血红素中铁的化合态决定，与肉的食用品质密切相关。

肉类中的矿物质主要存在于肌肉和血液中，脂肪部分蛋白质和水分含量很低，因而矿物质含量甚少。几种动物肌肉中的矿物质含量见表 6-7。

表 6-7　几种动物肌肉中的矿物质含量　　　　单位：mg/100g

肌肉种类	钙	磷	镁	钾	钠	锌	铁
鸡腿肉(6周龄)	3.90	181	20.2	252	72.7	1.44	1.06
鸡胸肉(6周龄)	2.83	200	15.9	265	42.8	0.62	0.64
牛肉(半腱性)	4.28	216	27	417	55.2	2.92	2.00
猪肉(半腱性)	5.87	190	21.5	341	88.7	5.47	3.00

2. 水产品

水产包括鱼类、甲壳类、软体动物类等。它们和肉类一样富含钠、磷、硫和氯元素，但钙含量明显高于肉类，而锌、硒、碘等元素含量也高于肉类。这是由于海水中这几种元素的含量较高。

3. 牛乳

牛乳中的矿物质含量约为 0.7%，其中钠、钾、钙、磷、硫、氯等含量较高（表 6-8）。牛乳是贫铁食品，铁、铜、锌等含量较低，其中微量的铁和铜离子与牛乳加工储藏中产生的异味有关。

牛乳中的矿物质分布分为水相和胶体相两部分。钾、钠、氯等存在于水相，钙和磷则分布在乳清和酪蛋白胶束之间。

牛乳以富含钙而在膳食中起着重要的作用，其钙与磷的比例较高，钙的生物有效性为各种食品中最高的。乳清中的钙占总钙含量的 30%，以溶解态存在；剩余70% 的钙大部分与酪蛋白相结合，以磷酸钙胶体形式存在，少量与 α-乳清蛋白和β-乳球蛋白结合存在。钙之所以能维持酪蛋白的稳定主要是钙在磷酸根和酪蛋白磷酸基团之间形成钙桥。牛奶加热时钙、磷从溶解态转变为胶体态。

牛乳中的钙在水相、胶体相中的分布与温度和 pH 值等因素有关。在 pH 值降低时，磷酸钙的溶解度增大，使得胶体态钙转移入水相；温度升高时，磷酸钙溶解度降低而由水相转移入胶体相。牛乳加热时，可溶性盐转化为溶解性低的磷酸钙而发生沉淀。柠檬酸钙溶解度很高。

表 6-8   牛乳中主要矿物质的含量

组分	平均值/（mg/100g）	含量范围/（mg/100g）	溶解相分布/%	胶体相分布/%
总钙	117.7	110.9~120.3	33	67
离子钙	11.4	10.5~12.8	100	0
镁	12.1	11.4~13.0	67	33
钠	58	47~77	94	6
钾	140	113~171	93	7
磷	95.1	79.8~101.7	45	55
氯	104.5	89.8~127.0	100	0

4. 蛋类

蛋类中含有人体所需的各种矿物质，钙主要存在于蛋壳中，其他矿物质主要存在于蛋黄中。除了钾元素之外，蛋清中的矿物质含量较低。

蛋黄富含磷、硫、钠、钾、镁、铁等多种元素。由于蛋黄的脂类组分中 1/3 左右为磷脂，蛋黄是磷元素的极佳来源。蛋黄含铁虽较为丰富，但因为其中卵黄磷蛋白的存在，使蛋黄铁的生物利用率仅有 3%。卵黄磷蛋白含磷达 9.7%，在鸡蛋黄中的含量约 10%。鸡蛋中的伴清蛋白也称卵铁蛋白，能够与 2 个金属离子结合。

伴清蛋白与金属离子亲和性排序是 $Fe^{3+} > Cu^{2+} > Mn^{2+} > Zn^{2+} > Ni^{2+}$。

五、矿物质在食品加工和储藏过程中的变化

（一）遗传因素和环境因素

食品中矿物质在很大程度上受遗传因素和环境因素的影响。有些植物具有富集特定元素的能力；植物生长的环境如水、土壤、肥料、农药等也会影响食品中的矿物质。内地与沿海地区比较，食品碘的含量低。动物种类不同，其矿物质组成有差异。例如，牛肉中铁含量比鸡肉高。同一品种不同部位矿物质含量也不同，如动物肝脏比其他器官和组织更易沉积矿物质。

（二）食品加工中变化

食品中矿物质的损失与维生素不同。在食品加工过程中不会因光、热、氧等因素分解，而是通过物理作用除去或形成另外一种不易被人体吸收与利用的形式。

1. 预加工

食品加工最初的整理和清洗会直接带来矿物质的大量损失，如水果的去皮、蔬菜的去叶等。

2. 精制

精制是造成谷物中矿物质损失的主要因素，因为谷物中的矿物质主要分布在糊粉层和胚组织中，碾磨时使矿物质含量减少。碾磨越精，损失越大（表6-9）。需要指出的是由于某些谷物如小麦外层所含的抗营养因子在一定程度上妨碍矿物质在体内的吸收。因此，需要适当进行加工，以提高矿物质的生物可利用性。

表 6-9   碾磨对小麦矿物质含量的影响

矿物质	含量/（mg/kg）				相对损失率/%
	全麦	面粉	麦胚	麦麸	
铁	43	10.5	67	47～78	76
锌	35	8	101	54～130	77
锰	46	6.5	137	64～119	86
铜	5	2	7	7～17	60
硒	0.6	0.5	1.1	0.5～0.8	17

3. 烹调过程中食物间的搭配

溶水流失是矿物质在加工过程中的主要损失途径。食品在烫漂或蒸煮等烹调过程中，遇水引起矿物质的流失，其损失多少与矿物质的溶解度有关（表6-10）。烹调方式不同，对于同一种矿物质的损失影响也不同（表6-11）。

烹调中食物间的搭配对矿物质也有一定的影响。若搭配不当时会降低矿物质的生物可利用性。例如，含钙丰富的食物与含草酸盐较高的食物共同煮制，就会形成

螯合物，大大降低钙在人体中的利用率。

表 6-10 菠菜烫漂后矿物质的损失

矿物质	含量/(g/100g)		损失率/%
	未烫漂	烫漂	
钾	6.9	3.0	57
钠	0.5	0.3	40
钙	2.2	2.2	0
镁	0.3	0.2	33
磷	0.6	0.4	33
硝酸盐	2.5	0.8	68

表 6-11 不同烹调方式对马铃薯中铜含量的影响

烹调方式	含量/(mg/100g 鲜重)	烹调方式	含量/(mg/100g 鲜重)
生鲜	0.21±0.10	油炸薄片	0.29
煮熟	0.10	马铃薯泥	0.10
烤熟	0.18	法式油炸	0.27

4. 加工设备和包装材料

食品加工中设备、用水和包装都会影响食品中的矿物质。例如，牛乳中镍含量很低，但经过不锈钢设备处理后镍的含量明显上升；罐头食品中的酸与金属器壁反应，生产氢气和金属盐，则食品中的铁和锡离子的浓度明显上升，但这类反应严重时会产生"胀罐"和出现硫化黑斑。

六、矿物质的生物有效性与合理烹饪

（一）矿物质的生物有效性

1. 生物有效性的概念

所谓生物有效性，是指食物中的某种营养素在经过消化吸收过程之后在人体内的利用率，包括吸收率、转化成活性形式的比例以及在代谢中的功能。对于矿物元素来说，生物有效性主要是指某种矿物质从小肠被吸收入血的效率。食物中某种营养素的含量高，未必说明它是这种营养素的良好来源。由于矿物质在食品中的化学存在形式多样，并受到多种膳食因素的影响，在食品中的功能和在人体内的生物可利用性不同。对于某些矿物质，如植物性食品中的铁来说，生物有效性可以低至1%；而某些矿物质则高达 90% 以上，如钾、钠等。

2. 影响矿物质生物有效性的因素

影响矿物质生物有效性的因素很多，主要有以下方面。

（1）矿物质在食物中的化学存在形式　矿物质在食物中可以以多种形式存在，

如自由离子、化合物、螯合物、与大分子的复合物等，其化合状态各异，并可能与其他物质相结合。

不同化合状态可能直接影响其生理作用（表 6-12）。如 Cr^{3+} 是人体所需的营养物质，而 Cr^{6+} 则对人体有害；Fe^{3+} 无法被人体吸收，而 Fe^{2+} 容易被人体利用。

矿物质在食物中的溶解性对其作用影响很大，因为绝大多数生物化学反应是在水溶性体系中进行，而消化吸收也需要水作为介质。总的来说，溶解性好则生物利用率较高。例如，三价铁盐在水中难以溶解，因而在体内利用率甚低。钠、钾、氯等元素的化合物具有良好的溶解性，吸收率较高；多价离子的磷酸盐、碳酸盐的溶解度低，则难以吸收。

矿物质往往以螯合物形式存在，如果一种矿物质复合物的稳定常数过高，甚至高于人体内该元素复合物的稳定常数，则这种矿物元素难以被人体吸收利用。

如果矿物质与大分子结合存在的形态与体内所需要的形式相符合，则会提高矿物质的生物利用率。例如，血红素铁的生物利用率远高于无机铁离子，与酶蛋白结合的锌也较易吸收。

表 6-12　不同化学形式铁的相对生物有效性

化学形式	相对生物有效性/%	化学形式	相对生物有效性/%
硫酸亚铁	100	焦磷酸铁	45
柠檬酸铁铵	107	还原铁	37
硫酸铁铵	99	氧化铁	4
葡萄糖酸亚铁	97	碳酸亚铁	2
柠檬酸铁	73		

（2）食物中充当配位体的物质　充当配位体的物质如果能使矿物质的溶解性提高，往往会促进它的吸收。例如，添加 EDTA 可以促进铁的吸收。然而，一些难以被人体消化吸收的大分子物质与矿物质形成螯合物会使矿物质的吸收率下降，如许多非淀粉多糖类物质会影响铁、锌、钙等矿物质的吸收。

如果配位体与金属离子形成螯合物后溶解度降低，则会妨碍吸收。例如，多价阳离子与草酸、植酸、磷酸等所形成的螯合物溶解性小，是铁、锌、钙等矿物质吸收的障碍。

（3）食物成分的氧化还原性质和 pH 值　抗坏血酸等还原性物质可将三价铁还原成人体能够利用的二价铁，使之从复合物中游离出来，从而显著地促进膳食中非血红素铁的吸收，但对其他矿物质的吸收没有影响。反之，氧化剂则会降低铁的吸收。铁的氧化还原电位与 pH 值关系甚大，如果 pH 值过高，即使存在充足的还原性物质也无法使之还原。

（4）金属离子之间的相互作用　同价金属元素之间往往会发生吸收中的拮抗作用，这可能是由于它们竞争同一跨膜载体或离子通道而产生的。如果食品中一种金属元素含量过高，往往会使其他同价金属元素的吸收受到抑制。例如，过多的铁可抑制锌、锰等元素的吸收。

（5）其他营养素摄入量的影响　蛋白质、脂类、维生素等的摄入量都可能影响到矿物质的吸收效率。例如，目前已经发现，维生素 C 和核黄素的摄入量与铁的吸收有关；蛋白质摄入不足时钙的吸收不足，磷过多、脂类吸收过量影响钙的吸收，而乳糖和某些肽类促进钙的吸收等。

（6）人体的生理状态　为维持体内环境的稳定，人体对矿物质的吸收具有调节能力。在缺乏某种矿物质时，它的吸收率会提高。如果食物中某种营养素的供应过量，则吸收率会自动降低。消化吸收器官的疾病会影响矿物质吸收，如胃酸分泌不足时会引起铁和钙的吸收障碍。

此外，年龄、性别等也会对某些矿物质的吸收效率造成影响，如雄性激素可促进钙的吸收，年龄大则对矿物质的吸收效率降低。

由于以上影响矿物质生物有效性的因素，不能简单地从某种食物的矿物质含量来推断其是否是某种矿物质的良好膳食来源。例如，小麦、大豆中铁的含量较高，但吸收利用率很低，难以起到补充铁的作用；而牛肉中铁的含量并不很高，但因为所含的是人体可以直接利用的血红素铁，其吸收利用率很高。

（二）合理烹饪和搭配促进矿物质的吸收

为了促进人体对矿物质的吸收，配膳时，应注意以下几个方面的问题。

1. 避免食物中各种成分的不良化学反应

不良化学反应会影响矿物质的吸收，特别要注意各种物质间的沉淀反应。

草酸、植酸、单宁、膳食纤维来自植物性食物，因此植物性食物中的钙，人体吸收率低。抗胃酸药物会抑制铁的吸收，所以抗胃酸药不能连续长期服用，否则导致缺铁性贫血。在食物配伍中，避免富含人体容易吸收优质钙、铁的动物性食物与含有抑制因素的食物相遇而阻碍人体对钙、铁的吸收。钙的吸收率与年龄有关，随年龄增长而下降。如婴儿吸收率为 60%，青少年为 35%～40%，成年人为 15%～20%，老年人则更低。身体不佳如腹泻、消化不良也会降低钙的吸收。植酸、膳食纤维、高钙、高铜、高亚铁离子会抑制锌的吸收。

排骨、带骨肘子等含有丰富的钙和铁等矿物质，在配菜过程中，如果配以含草酸高的蔬菜类，如菠菜、苋菜和春笋等，往往使菜中的草酸在烹调时和肉中的钙、铁结合成难消化吸收的草酸钙、草酸铁，从而降低了钙、铁利用率，降低了肉的食用价值。所以在烹制前，应先将这些含草酸多的蔬菜焯一下水，除去草酸，这样钙、铁都可以充分吸收。

2. 利用各种有利的化学反应

一些有利的化学反应可生成可溶性盐，以促进人体对矿物质的吸收。

维生素 D、乳糖、乳酸、氨基酸、醋酸、柠檬酸等有机酸能促进钙的吸收，从代谢机理方面考虑，维生素 D 是影响钙吸收的重要因素，维生素 D 不足，钙的吸收过程受阻。另外，也有报道食物中钙的含量与磷含量之比（Ca/P）在 $1\sim1.5$ 较好。

维生素 C、维生素 B_2、胱氨酸、半胱氨酸、赖氨酸、柠檬酸、琥珀酸、葡萄糖、果糖可促进铁的吸收。补铁要选择富含人体容易吸收的二价血红素铁的动物全血、肝脏、瘦肉、鱼类等动物性食物，同时要与富含促进铁吸收因素的食物搭配食用。

维生素 D、氨基酸、还原性谷胱甘肽、柠檬酸盐可促进锌的吸收。

在炒菜时，荤素搭配，蔬菜中的钙、铁与瘦肉中的氨基酸结合，可使钙、铁的吸收率成倍提高。蔬菜、水果中含维生素 C 多，蛋白质肝、动物血等含铁丰富，烹调在一起，维生素 C 可使不易吸收的有机铁还原为便于吸收的铁。孕妇、儿童、青少年机体容易缺钙、铁，主要是吸收率低。因此，通过合理烹调，促进食物中钙、铁的吸收颇为重要。烹调某些菜肴时加点醋，可以提高钙的消化吸收率，如醋熘鱼、糖醋排骨等。据有关资料报道，加醋后菜肴的游离钙增加 35％。又如，动物肝脏、牛奶、酸奶、食醋、柠檬汁配伍，并同时食用时可大大提高食物钙被人体的吸收率。

3. 注意碱性与酸性食品的搭配，维持人体酸碱平衡

饮食中各种食物如果搭配不当，容易引起人体生理上酸碱平衡失调。一般情况下，在饮食中酸性食品容易超过需要（因为人们的主食都属于酸性食品），导致血液偏酸。这不仅会增加钙、镁等碱性元素的消耗引起人体缺钙症，而且会使血液的色泽加深，黏度增大，引起酸中毒。儿童发生中毒时，容易患皮肤症、神经衰弱、疲劳倦怠、胃酸过多、便秘、软骨、龋齿等病。中老年人发生酸中毒时，容易患神经痛、血压增高和动脉硬化、胃溃疡、脑溢血等病。所以，在饮食中必须注意酸性食品和碱性食品的适当搭配，尤其应该控制酸性食品的比例。这样，才能保持生理上的酸碱平衡，防止酸中毒。同时，也有利于食品中各种营养成分的充分利用，达到提高食品营养价值的目的。

猪肉是含硫、磷、氯较高的食物，在体内代谢产生酸性物质。因此，食用时要配以含钙、钾、钠、镁等碱性离子较高的蔬菜，如韭菜、萝卜、芹菜、白菜和菠菜等。这样可以达到食品酸碱平衡。如若配以硬果食品，如花生、核桃、黑枣等，酸性食品和猪肉一起进入体内，会产生更多的酸性物质，而对人体健康不利。

211

复习思考题

1. 解释下列名词：维生素、维生素的生物利用率、矿物质、必需元素、非必需元素、常量元素、微量元素、螯合物、矿物质的生物有效性。

2. 维生素按其溶解性分成哪几类？

3. 在食品加工过程中，热处理对维生素的影响如何？

4. 影响维生素 C 降解的因素有哪些？

5. 分析维生素 C 的降解途径及其影响因素，并说明维生素 C 为什么不稳定。

6. 简述维生素 A 的稳定性和功能以及在功能食品中的应用。

7. 简述维生素 D 的功能及稳定性。

8. 烹饪中维生素的损失途径有哪些？

9. 试述矿物质的分类及依据，各举几个例子说明。

10. 简述植物性食物中钙的生物有效性。

11. 简述微量元素铁在人体内的利用情况和缺乏症，以及功能作用和来源分布。

12. 简述动物性食品和植物性食品中矿物质的来源及存在状态。

13. 简述矿物质的理化性质。

14. 如何合理烹饪和搭配以促进矿物质的吸收？

第七章　食品原料中的酶

在生物体内，酶控制着所有的生物大分子和小分子的合成与分解。食品原料含有种类繁多的内源酶。这些酶对生物体的生长发育具有特殊的作用，另外，它们在食品加工和储藏过程中也具有不可替代的积极和消极作用。例如牛乳中的蛋白酶，在奶酪成熟过程中能催化酪蛋白水解而赋予奶酪特殊风味；而番茄中的果胶酶在番茄酱加工中能催化果胶物质的降解而使番茄酱产品的黏度下降。在食品加工和保藏过程中还使用不同的外源酶，用以提高产品的产量和质量。例如使用淀粉酶和葡萄糖异构酶生产高果糖浆，又如在牛乳中加入乳糖酶，将乳糖转化成葡萄糖和半乳糖，制备适合于有乳糖缺乏症的人群饮用的牛乳。因此，酶对食品工业的重要性是显而易见的。

食品原料中酶的分布是不均匀的。所有动植物源性食品的组织和器官中都含有一定量的酶。大部分酶与细胞膜或细胞器的膜结合在一起，只有在不正常的环境条件下，酶才会从生物膜溶解出来。一般来说，不同的酶存在于不同的细胞中，而且在食品的不同部位酶的分布与种类也不尽相同，甚至随生长期不同也会有所差异。

第一节　酶 的 概 述

一、酶的概念和特性

（一）酶的概念

酶是由生物体活细胞产生，在细胞内、外均能起催化作用，并且具有高度专一性的特殊蛋白质。酶所催化的反应称为酶促反应。

（二）酶的催化特性

酶和一般化学催化剂相比，酶具有下列的共性和个性。

1. 共性

酶与一般催化剂相比，具有下面几个共性。

（1）具有很高的催化效率　酶与一般催化剂一样，在反应前后并无变化，用量少，催化效率高，甚至比一般催化剂高 $10^6 \sim 10^{13}$ 倍。

（2）不改变化学反应的平衡常数　酶对一个正向反应和其逆向反应速度的影响是相同的，即反应的平衡常数在有酶和无酶的情况下是相同的，酶的作用仅是缩短反应达到平衡所需的时间。

（3）降低反应的活化能　酶作为催化剂能降低反应所需的活化能，因为酶与底物结合形成复合物后改变了反应历程，而在新的反应历程中过渡态所需要的自由能低于非酶反应的能量，增加反应中活化分子数，促进了由底物到产物的转变，从而加快了反应速度。

2. 个性

酶作为生物催化剂，还具有以下不同于化学催化剂的特点。

（1）专一性　酶与化学催化剂之间最大的区别就是酶具有专一性，即酶只能催化一种化学反应或一类相似的化学反应，酶对底物有严格的选择。根据专一程度的不同可分为以下 4 种类型。

① 键专一性　这种酶只要求底物分子上有合适的化学键就可以起催化作用，而对键两端的基团结构要求不严。

② 基团专一性　有些酶除了要求有合适的化学键外，对作用键两端的基团也具有不同专一性要求。如胰蛋白酶仅对精氨酸或赖氨酸的羧基形成的肽键起作用。

③ 绝对专一性　这类酶只能对一种底物起催化作用，如脲酶，它只能作用于底物尿素。大多数酶属于这一类。

④ 立体化学专一性　很多酶只对某种特殊的旋光或立体异构物起催化作用，而对其对映体则完全没有作用。如 D-氨基酸氧化酶与 DL-氨基酸作用时，D 型氨基酸被分解，剩下 L-氨基酸。因此，可以此法来分离消旋化合物。酶的专一性在食品加工和食品分析上极为重要。

（2）反应条件温和　大多数酶的本质是蛋白质，由蛋白质的性质所决定，酶的作用条件一般应在温和的条件下，如中性 pH 值、常温和常压下进行。故强酸、强碱、高温、高压、紫外线、重金属盐等一切导致蛋白质不可逆变性的因素，都能使酶受到破坏而丧失其催化活性。

（3）酶的催化活性是可调控的　酶作为生物催化剂，它的活性受到严格的调控。调控的方式有许多种，包括反馈抑制、别构调节、共价修饰调节、激活剂和抑制剂的作用。

二、酶的命名

酶的命名有习惯命名和系统命名两种方法。

（一）习惯命名

绝大多数酶是根据其所催化的底物命名的，如催化水解淀粉的称为淀粉酶，催化水解蛋白质的称为蛋白酶等。

某些酶根据其所催化的反应性质来命名，如水解酶、脱氢酶、氧化酶、转移酶、异构酶等。

有的酶结合上述两个原则来命名，例如琥珀酸脱氢酶是根据其作用底物是琥珀酸和所催化的反应为脱氢反应而命名的。

在这些命名的基础上有时还加上酶的来源和其他特点以区别同一类酶。如胃蛋白酶和胰蛋白酶，指明其来源不同。碱性磷酸酶和酸性磷酸酶则指出这两种磷酸酶所要求的酸碱度不同等。

（二）系统命名

习惯命名比较简单，应用历史较长，但缺乏系统性，随着被认识的酶的数目日益增多，而出现许多问题，也有些酶命名不甚合理。为了适应酶学发展的新情况，避免命名的重复和混乱，国际酶学委员会于 1961 年提出了一个新的系统命名及系统分类的原则，已为国际生化协会所采用。

按照国际系统命名法原则，每一种酶有一个系统名称和习惯名称。习惯名称应简单，便于使用，系统名称应明确标明酶的底物及催化反应的性质。

1. 系统命名原则

① 列出底物，并用"："隔开。

② 指明反应性质。如 L-丙氨酸：α-酮戊二酸氨基转移酶，应将两个底物 L-丙氨酸及 α-酮戊二酸同时列出，并用"："将它们隔开。它所催化的反应性质为氨基转移，也需要指明。

③ 若底物之一是水时，可将水略去不写。

如乙酰辅酶 A 水解酶（习惯命名），可以写成乙酰辅酶 A：水解酶（系统命名），而不必写成乙酰辅酶 A：水水解酶。

④ 底物的名称必须确切。若有不同构型，则必须注明 L-、D-型及 α-、β-型等。例如，谷丙转氨酶的系统名称是 L-丙氨酸：α-酮戊二酸氨基转移酶，其催化的反

应为：L-丙氨酸＋α-酮戊二酸→丙酮酸＋L-谷氨酸。

2. 系统命名法举例

己糖激酶的系统名称是 ATP：己糖磷酸基转移酶，表示该酶催化从 ATP 中转移一个磷酸到葡萄糖分子上的反应。其催化的反应为：ATP＋葡萄糖→6-磷酸葡萄糖＋ADP。它系统命名是：E. C. 2. 7. 1. 1，第 1 个数字"2"代表酶的分类名称（转移酶类），第 2 个数字"7"代表亚类（转移磷酸基），第 3 个数字"1"代表次亚类（以羟基作为受体的磷酸转移酶类），第 4 个数字"1"代表该酶在次亚类中的排号（D-葡萄糖作为磷酸基的受体）。

三、酶的分类

（一）蛋白酶类的分类

根据催化反应的类型将酶分成 6 大类。

1. 氧化还原酶类

指催化底物进行氧化还原反应的酶类。例如乳酸脱氢酶、琥珀酸脱氢酶、细胞色素氧化酶、过氧化氢酶等。

2. 转移酶类

指催化底物之间进行某些基团的转移或交换的酶类。如转甲基酶、转氨酶、己糖激酶、磷酸化酶等。

3. 水解酶类

指催化底物发生水解反应的酶类。例如淀粉酶、蛋白酶、脂肪酶、磷酸酶等。

4. 裂解酶类

指催化一个底物分解为两个化合物，催化 C—C、C—O、C—N 的裂解或消去某一小的原子团形成双键，或加入某原子团而消去双键的反应。例如半乳糖醛酸裂解酶、天冬氨酸酶等。

5. 异构酶类

指催化各种同分异构体之间相互转化的酶类。例如磷酸丙糖异构酶、消旋酶等。

6. 连接酶类

指催化两分子底物合成为一分子化合物，同时还必须偶联有 ATP 的磷酸键断裂的酶类。例如谷氨酰胺合成酶、氨基酸-tRNA 连接酶等。

（二）核酶的分类

迄今为止，被发现的核酸类酶（R 酶）越来越多，根据 R 酶催化反应的类型，区分为分子内催化 R 酶和分子间催化 R 酶，根据作用方式将 R 酶分为 3 类：剪切酶、剪接酶和多功能酶。

1. 分子内催化 R 酶

分子内催化的 R 酶是指催化本身 RNA 分子进行反应的一类核酸类酶。这类酶是最早发现的 R 酶。该大类酶均为 RNA 前体，是催化本身 RNA 分子反应。

根据酶所催化的反应类型，可以将该大类酶分为自我剪切和自我剪接两个亚类。

（1）自我剪切酶　自我剪切酶是指催化本身 RNA 进行剪切反应的 R 酶。具有自我剪切功能的 R 酶是 RNA 的前体。它可以在一定条件下催化本身 RNA 进行剪切反应，使 RNA 前体生成成熟的 RNA 分子和另一个 RNA 片段。

（2）自我剪接酶　自我剪接酶是在一定条件下催化本身 RNA 分子同时进行剪切和连接反应的 R 酶。自我剪接酶是 RNA 前体。它可以同时催化 RNA 前体本身的剪切和连接两种类型的反应。

2. 分子间催化 R 酶

分子间催化 R 酶是催化其他分子进行反应的核酸类酶。根据所作用的底物分子的不同，可以分为若干亚类。

（1）作用于其他 RNA 分子的 R 酶　该亚类的酶可催化其他 RNA 分子进行反应。根据反应的类型不同，可以分为若干小类，如 RNA 剪切酶、多功能 R 酶等。多功能 R 酶是指能够催化其他 RNA 分子进行多种反应的核酸类酶。

（2）作用于 DNA 的 R 酶　该亚类的酶是催化 DNA 分子进行反应的 R 酶。有些 R 酶还可以 DNA 为底物，在一定条件下催化 DNA 分子进行剪切反应。例如，DNA 剪切酶。

（3）作用于多糖的 R 酶　该亚类的酶是能够催化多糖分子进行反应的核酸类酶。

（4）作用于氨基酸酯的 R 酶　以催化氨基酸酯为底物的核酸类酶。该酶同时具有氨基酸酯的剪切作用、氨酰基-tRNA 的连接作用和多肽的剪接作用等功能。

由于蛋白类酶和核酸类酶的组成和结构不同，命名和分类原则有所区别。为了便于区分两大类别的酶，有时催化的反应相同，在蛋白类酶和核酸类酶中的命名却有所不同。例如，催化大分子水解生成较小分子的酶，在核酸类酶中的称为剪切酶，在蛋白类酶中则称为水解酶；在核酸类酶中的剪接酶，与蛋白类酶中的转移酶亦催化相似的反应等。

四、酶的化学本质及组成

（一）酶的化学本质

酶的化学本质是蛋白质。关于酶是否为蛋白质，曾有过争论，自 20 世纪 30 年代科学家获得了蛋白酶的结晶以后，并证明它具有蛋白质的性质，提出酶的本质是蛋白质的观点。20 世纪 80 年代，一种具有催化功能的 RNA 分子即通常所说的核酶被发现，后来又陆续发现了不少 RNA 具有催化活性。1995 年，有些 DNA 分子亦被发现具有催化活性。因此，人们对酶的本质又有了新的认识，认为酶是由活生命机体产生的具有催化活性的生物大分子物质。但是，在生物体内，除少数几种酶为核酸分子外，大多数的酶都是蛋白质。

酶是蛋白质的证据归纳如下。

（1）酶的元素组成和含氮量与蛋白质相同　一般蛋白质的元素组成是 C、H、O、N 四大主要元素，它们的含量依次是 50%～52%，6.8%～7.7%，22%～28%，15%～18%。酶的元素组成与含量与其相似，特别是含氮量。

（2）化学结构和空间构象与蛋白质相同　酶同蛋白质一样，都是由氨基酸以肽键形成肽链，并且有二级、三级或四级的空间构象。维持构象的次级键也与蛋白质一样容易受到理化因素的影响而使酶变性，酶变性后活性消失。

（3）酶两性离子的性质与蛋白质相同　酶与蛋白质一样，在不同的酸碱溶液中呈现不同的离子状态。在电场中，这些大分子常聚集于电极的一端，当不移向任何一端时则为等电点，溶解度此时表现为最低。

（4）酶的胶体性质与蛋白质相同　酶与蛋白质一样是大分子胶体化合物，不能透过半透膜。

（5）酶的其他性质也与蛋白质相同　酶所具有的酸碱性质、降解作用、颜色反应（如双缩脲反应等）、变性反应等理化性质与蛋白质相同。

（二）酶的组成

1. 单成分酶

从酶的组成来看，有些酶仅由蛋白质或核糖核酸组成，这种酶称为单成分酶。例如，单纯蛋白酶水解时的产物只有氨基酸，无其他物质。大多数水解酶都是单纯蛋白酶，如胃蛋白酶、脲酶、木瓜蛋白酶等。

2. 双成分酶

有些酶结构中除了蛋白质或核糖核酸以外，还需要有其他非生物大分子成分，这种酶称为双成分酶。蛋白类酶中的纯蛋白质部分称为酶蛋白。核酸类酶中的核糖核酸部分称为酶 RNA。其他非生物大分子部分称为酶的辅助因子。

双成分酶需要有辅助因子存在才具有催化功能。单纯的酶蛋白或酶 RNA 不呈现酶活力，单纯的辅助因子也不呈现酶活力，只有两者结合在一起形成全酶才能显示出酶活力。

辅助因子可以是无机金属离子，也可以是小分子有机化合物。

（1）无机辅助因子　无机辅助因子主要是指各种金属离子，尤其是各种二价金属离子。

① 镁离子　镁离子是多种酶的辅助因子，在酶的催化中起重要作用。例如，各种激酶、柠檬酸裂合酶、异柠檬酸脱氢酶、碱性磷酸酶、酸性磷酸酶、各种自我剪接的核酸类酶等都需要镁离子作为辅助因子。

② 锌离子　锌离子是各种金属蛋白酶，如木瓜蛋白酶、菠萝蛋白酶、中性蛋白酶等的辅助因子，也是铜锌-超氧化物歧化酶、碳酸酐酶、羧肽酶、醇脱氢酶、胶原酶等的辅助因子。

③ 铁离子　铁离子与卟啉环结合成铁卟啉，是过氧化物酶、过氧化氢酶、色氨酸双加氧酶、细胞色素 B 等的辅助因子。铁离子也是铁-超氧化物歧化酶、固氮酶、黄嘌呤氧化酶、琥珀酸脱氢酶、脯氨酸羧化酶的辅助因子。

④ 铜离子　铜离子是铜锌-超氧化物歧化酶、抗坏血酸氧化酶、细胞色素氧化酶、赖氨酸氧化酶、酪氨酸酶等的辅助因子。

⑤ 锰离子　锰离子是锰-超氧化物歧化酶、丙酮酸羧化酶、精氨酸酶等的辅助因子。

⑥ 钙离子　钙离子是 α-淀粉酶、脂肪酶、胰蛋白酶、胰凝乳蛋白酶等的辅助因子。

（2）有机辅助因子　有机辅助因子是指双成分酶中相对分子质量较小的有机化合物。它们在酶催化过程中起着传递电子、原子或基团的作用。

① 烟酰胺核苷酸（NAD^+ 和 $NADP^+$）　烟酰胺是 B 族维生素的一员，烟酰胺核苷酸是许多脱氢酶的辅助因子，如乳酸脱氢酶、醇脱氢酶、谷氨酸脱氢酶、异柠檬酸脱氢酶等。起辅助因子作用的烟酰胺核苷酸主要有烟酰胺腺嘌呤二核苷酸（NAD^+，辅酶 I）和烟酰胺腺嘌呤二核苷酸磷酸（$NADP^+$，辅酶 II）。

NAD^+ 和 $NADP^+$ 在脱氢酶的催化过程中参与传递氢的作用。例如，醇脱氢酶催化伯醇脱氢生成醛，需要 NAD^+ 参与氢的传递。

$$R—CH_2CHOH+NAD^+ \longrightarrow R—CHO+NADH+H^+$$

NAD^+ 和 $NADP^+$ 属于氧化型，NADH 和 NADPH 属于还原型。其氧化还原作用体现在烟酰胺第 4 位碳原子上的加氢和脱氢。

② 黄素核苷酸（FMN 和 FAD）黄素核苷酸为维生素 B_2（核黄素）的衍生物，是各种黄素酶（氨基酸氧化酶、琥珀酸脱氢酶等）的辅助因子，主要有黄素单核苷酸（FMN）和黄素腺嘌呤二核苷酸（FAD）。

在酶的催化过程中，FMN 和 FAD 的主要作用是传递氢。其氧化还原体系主要体现在异咯嗪基团的第 1 位和第 10 位 N 原子的加氢和脱氧。

③ 铁卟啉　铁卟啉是一些氧化酶，如过氧化氢酶、过氧化物酶等的辅助因子。它通过共价键与酶蛋白牢固结合。

④ 硫辛酸（6，8-二硫辛酸）　硫辛酸全称为 6，8-二硫辛酸。它在氧化还原酶的催化作用过程中，通过氧化型和还原型的互相转变，起传递氢的作用。此外，硫辛酸在酮酸的氧化脱羧反应中，也作为辅酶起酰基传递作用。

⑤ 核苷三磷酸（NTP）　核苷三磷酸主要包括腺嘌呤核苷三磷酸（ATP）、鸟苷三磷酸（GTP）、胞苷三磷酸（CTP）、尿苷三磷酸（UTP）等。它们是磷酸转移酶的辅助因子。

在酶的催化过程中，核苷三磷酸的磷酸基或焦磷酸被转移到底物分子上，同时生成核苷二磷酸（NDP）或核苷酸（NMP）。

⑥ 鸟苷　鸟苷是含 I 型层间序列（IVS）的自我剪接酶的辅助因子。

⑦ 辅酶 Q　辅酶 Q 是一些氧化还原酶的辅助因子，是一系列苯醌衍生物。分子中含有的侧链由若干个异戊烯单位组成（$n = 6 \sim 10$），其中短侧链的辅酶 Q 主要存在于微生物中，而长侧链的辅酶 Q 则存在于哺乳动物中。

⑧ 谷胱甘肽（GSH）　谷胱甘肽是由 L-谷氨酸、半胱氨酸和甘氨酸组成的三肽，是 L-谷氨酰-L-半胱氨酸-甘氨酸的简称。

⑨ 辅酶 A　辅酶 A 是各种酰基化酶的辅酶，由一分子腺苷二磷酸、一分子泛酸和一分子巯基乙胺组成。

⑩ 生物素　生物素是羧化酶的辅助因子，在酶催化反应中，起 CO_2 的掺入作用。

⑪ 硫胺素焦磷酸　硫胺素焦磷酸（TPP）是酮酸脱羧酶的辅助因子。

⑫ 磷酸吡哆醛和磷酸吡哆胺　磷酸吡哆醛和磷酸吡哆胺又称为维生素 B_6，是各种转氨酶的辅助因子。在酶催化氨基酸和酮酸的转氨过程中，维生素 B_6 通过磷酸吡哆醛和磷酸吡哆胺的互相转变，起氨基转移作用。

第二节　酶的结构和作用机制

一、酶的活性

(一) 酶活性中心的概念

酶分子中的一定区域即可产生酶的催化活性，因为一些酶经过微弱的水解处理除去一部分肽链后，残余部分仍然保留一定的催化活性。从表面上看，被除去的肽链部分与酶活性关系不大，剩余的特定部分肽链与酶催化作用能力有关，这部分肽链就是酶活性中心。

对于不需要辅酶或辅基的酶分子，活性中心是在空间结构上比较靠近的几个氨基酸残基或者是残基上的某些基团，这些基团在一级结构上相距甚远，但由于蛋白质肽链的折叠、螺旋结构使得其在空间构象上相互接近而形成一个特殊的区域。而对于需要辅酶和辅基的酶分子，辅酶和辅基就是活性中心的一部分，辅酶和辅基的除去就会导致酶活性的损失或彻底丧失。酶分子活性部位一般位于分子的表面空隙或裂缝处，以便底物分子接近或进入。

存在于酶的活性中心的，直接参与化学键的形成与断裂的，与酶的催化活性密切相关基团，称为酶的必需基团。根据与底物作用时的功能不同必需基团又分为两种：与反应底物结合的必需基团称结合基团，一般由一个或几个氨基酸残基组成；促进底物发生化学变化的必需基团称催化基团，一般由 2～3 个氨基酸残基组成。构成结合基团的氨基酸残基不同，能与之结合的底物当然就不同，因此，结合基团决定酶的专一性。构成催化基团的氨基酸残基不同，就会影响不同底物化学键的稳定性，从而影响底物转化为产物，因此，催化基团决定酶所催化反应的性质。但在有些酶中，构成酶必需基团的氨基酸残基同时具有特异性和催化性。

生物体分泌的某些酶，最初合成或分泌时并不具有活性，必须经过激活才具有催化能力，这种酶的前体物质称酶原。酶原的激活实际上就是经过一定的化学反应，使酶原切去某些部分促使活性中心暴露，或者重新产生某种新的构象而形成活性中心。例如胰蛋白酶原激活为胰蛋白酶，就是在酶原肽链的 N 端切下一个六肽段，然后发生一定的构象变化，使组氨酸、丝氨酸、缬氨酸、异亮氨酸等残基的活性基聚集在一起，形成一定构型的活性中心，这样原来的胰蛋白酶原就变成了有催化活性的胰蛋白酶。胰蛋白酶原的激活，实际上是酶的活性中心形成或暴露的过程。

（二）酶活力单位

1. 国际单位

1961 年国际生物化学与分子生物学联合会规定：在特定条件下（温度可采用 25℃或其他选用的温度，pH 值等条件均采用最适条件），每 1min 催化 $1\mu mol$ 的底物转化为产物的酶量定义为 1 个酶活力单位。

2. 比活力

比活力是酶纯度的一个指标，是指在特定的条件下，每毫克蛋白或 RNA 所具有的酶活力单位数。即：

$$酶比活力＝酶活力（单位）/mg（蛋白或 RNA）$$

3. 酶的转换数与催化周期

酶的转换数 K_{cat} 是指每个酶分子每分钟催化底物转化的分子数，即每摩尔酶每分钟催化底物转变为产物的摩尔数，是酶的一个指标。一般酶的转换数在 $10^3 \, \text{min}^{-1}$。转换数的倒数称为酶的催化周期。催化周期是指酶进行一次催化所需的时间，单位为毫秒（ms）或微秒（μs）。

4. 酶活力测定的方法

酶活力测定的方法很多，如化学测定法、光学测定法、气体测定法等。酶活力测定均包括两个阶段：首先是在一定条件下，酶与底物反应一段时间，然后再测定反应体系中底物或产物的变化量。一般经过以下几个步骤。

（1）根据酶催化的专一性，选择适宜的底物，并配制成一定浓度的底物溶液。所用的底物必须均匀一致，达到酶催化反应所要求的纯度。

（2）根据酶的动力学性质，确定酶催化反应的 pH 值、温度、底物浓度、激活剂浓度等反应条件，底物浓度应该大于 $5K_m$。

（3）在一定条件下，将一定量的酶液和底物溶液混合均匀，适时记录反应开始的时间。

（4）反应到一定的时间，取出适量的反应液，运用各种检测技术，测定产物的生成量或底物的减少量。

二、酶和底物的结合

在底物分子未被结合到酶分子以前，底物可能具有各种异构体（几何异构体、光学异构体等），底物同酶分子结合时，由于在酶的结合位点存在识别区域，底物通过识别后才能够结合到酶分子中。

（一）活化能及活化分子

酶为什么具有很高的催化效率呢？一般认为是酶降低了化学反应所需的活化能。所谓活化能，就是指一般分子成为能参加化学反应的活化分子所需要的能量。然而在一个化学反应中并不是所有底物分子都能参加反应的，因为它们并不一定都是活化分子。活化分子是指那些具备足够能量、能够参加化学反应的分子。要使化学反应迅速进行，毫无疑问就是要想办法增加活化分子。增加活化分子的途径有两条：第一，外加能量，对进行中的化学反应加热或者光照，增加底物分子的能量，从而达到增加活化分子的目的；第二，降低活化能，使本来不具活化水平的分子成为活化分子，从而增加了反应的活化分子数目。催化剂就是起了降低活化能增加活化分子的作用。例如，过氧化氢的分解，当无催化剂时，每摩尔的活化能为75.3kJ，而过氧化氢酶存在时，每摩尔的活化能仅为 8.36kJ，反应速度可提高 1亿倍。酶这种生物催化剂，就是降低了反应的活化能，并比无机催化剂降低的幅度要大许多倍。活化能愈低，活化分子的数目愈多，反应进行愈快。

（二）中间产物理论

在研究酶促反应的机理时，生物化学家 Michaelis 和 Menten 在 1913 年提出了酶中间产物理论，认为酶降低活化能的原因是酶参加了反应而形成了酶-底物复合物。这个中间产物不但容易生成（也就是只要较少的活化能就可生成），而且容易分解出产物，释放出原来的酶，这样就把原来能阈较高的一步反应变成了能阈较低的两步反应。由于活化能降低，所以活化分子大大增加，反应速度因此迅速提高。以 E 表示酶，S 表示底物，ES 表示中间产物，P 表示反应终产物，其反应过程可表示如下：

$$S + E \Longleftrightarrow ES \rightarrow E + P$$

这个理论的关键是认为酶参与了底物的反应，生成了不稳定的中间主产物，因而使反应沿着活化能较低的途径迅速进行。事实上，中间产物理论已经被许多实验所证实，中间产物确实存在。已经提出了两种模型解释酶如何结合它的底物。

1. 锁钥学说

1894 年 Emil Fischer 提出锁和钥匙模型。该模型认为，底物的形状和酶的活性部位被认为是彼此相适合，像钥匙插入锁孔中[图 7-1(a)]，认为两种形状是刚性的和固定的，当正确组合在一起时，正好互相补充。葡萄糖氧化酶催化葡萄糖转化为葡萄糖酸，该酶对葡萄糖的专一性是很容易证实的，这是因为当采用结构上类似于葡萄糖的物质作为该底物时酶的活力显著下降。例如以 2-脱氧-D-葡萄糖为底物时，葡萄糖氧化酶的活力仅为原来的 25%，以 6-甲基-D-葡萄糖底物时活力仅为 2%，以木糖、半乳糖和纤维二糖为底物时活力低于 1%。

2. 诱导-契合学说

但是，许多酶的催化反应并不符合经典的锁和钥匙模型。1958 年 Daniel E. Koshland Jr. 提出了诱导契合模型，底物的结合在酶的活性部位诱导出构象的变化[图 7-1(b)]。该模型的要点是，当底物与酶的活性部位结合，酶蛋白的几何形状有相当大的改变；催化基团的精确定向对于底物转变成产物是必需的；底物诱导酶蛋白几何形状的改变使得催化基团能精确地定向结合到酶的活性部位上去。

酶的专一性或特异性也可扩展到键的类型上。例如，α-淀粉酶选择性地作用于淀粉中连接葡萄糖基的 α-1,4 糖苷键，而纤维素酶选择性作用于纤维素分子中连接于葡萄糖基的 β-1,4 糖苷键。这两种酶作用于不同类型的键，然而，键所连接的糖基都是葡萄糖。但是，并非所有的酶分子都具有上述的高度专一性。例如，在食品工业中使用的某些蛋白酶虽然选择性地作用于蛋白质，然而对于被水解的肽键都显示相对较低的专一性。当然，也有一些蛋白酶显示较高的专一性，例如胰凝乳蛋白酶优先选择水解含有芳香族氨基酸残基的肽键。

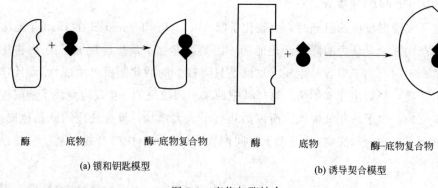

酶 底物   酶-底物复合物 酶   底物   酶-底物复合物

(a) 锁和钥匙模型   (b) 诱导契合模型

图 7-1 底物与酶结合

三、酶的作用机制

酶作用机制可以归纳为以下的几个方面，对于具体的一种酶，何种机制起主要作用是不同的。

(一) 共价催化

共价催化是指在酶催化反应时，通过不稳定的共价键形成酶与底物的过渡态络合物，因此反应的活化能被大大地降低，底物分子可以较容易地越过能量障碍而形成产物，因此相比于没有酶催化的反应，酶催化反应的速度大大增加。酶-底物共价连接中间物实例见表 7-1。

表 7-1 酶-底物共价连接中间物实例

酶	涉及的官能团	中间物	酶	涉及的官能团	中间物
胰凝乳蛋白酶	丝氨酸—OH	酰化酶	醛缩酶	赖氨酸 ε-NH_2	Schiff 碱
木瓜蛋白酶	半胱氨酸—SH	酰化酶	碱性磷酸酶	丝氨酸—OH	磷酸酯酶
β-淀粉酶	半胱氨酸—SH	麦芽糖基酶	葡萄糖-6-磷酸酶	组氨酸咪唑基	磷酸酯酶

分析上面例子可以看出，酶催化底物反应时与底物发生亲核取代反应，因为各例均涉及具有孤对电子的—OH、—NH、—SH，表明亲核催化机制的存在。但这并不意味着不涉及亲电反应，如果涉及的官能团是羰基，从机制上就是亲电催化反应。一些肽酶和酯酶在催化反应时发生亲核取代反应并生成共价产物，碳水化合物的酶水解过程也认为与亲核催化反应机制有关。而对于组氨酸脱羧酶，催化反应机制中涉及酶分子的 N 端氨基酸残基结合丙酮酸，通过底物与酶分子间形成 Schiff碱的机制，使得组氨酸分子发生脱羧反应，生成对人有害的组胺。

(二) 酸碱催化

当酶促反应被水合 H^+ 或 OH^- 所影响时，反应被认为是酸碱催化的。酸碱催化作用有两种类型，即一般的酸碱催化和 Lewis 酸碱催化，它们对研究酶促反应的机制都很重要。在 Lewis 酸碱催化作用中，酶活性中心基团被分为 Lewis 酸或 Lewis 碱，活性中心的金属离子（如 Mg^{2+}、Mn^{2+}、Fe^{3+}、Zn^{2+} 等）具有空的轨道，是 Lewis 酸，一些基团（如羟基、咪唑基、羧基、巯基）等具有孤对电子，能够与底物分子上缺电子中心作用，是 Lewis 碱。组氨酸在酸碱催化中就可以发挥多种作用，它的咪唑基具有强的亲核性，可以充当 Lewis 碱，咪唑基在被质子化后就变成一个 Lewis 酸，所以咪唑基在酸碱催化反应中的重要性不言而喻。

酶催化反应与一般化学反应的不同。在酶分子酸碱催化反应中，酶分子的氨基酸残基可同时作为酸、碱作用于底物分子，作用发生于特殊位点，并且由于作用位点位置对底物的特殊性，使得酸碱浓度较高。在一般化学反应中，根据碰撞理论，底物分子的反应基团同时受到酸、碱作用的概率相对较低，因此反应速度也就相对降低。

（三）邻位效应和定向效应

邻位效应是指酶与底物结合形成络合物后，底物分子与底物分子（对双分子反应以及更高级的反应而言）结合于同一分子的活性部位而相互靠近，使得活性部位上的底物有效浓度提高，从而使反应速度提高；或者是酶分子催化基团与底物分子间由于底物分子在酶分子上定位而接近，活性部位基团有效地参与反应，其有效浓度比分子间的催化剂浓度高得多，导致反应速度增加。

但是，酶反应中仅有邻位效应还不够。酶要提高底物的反应速度，它同底物的结合要有利于过渡态，即产生定向效应。定向效应是指底物反应基团之间、酶催化基团与底物反应基团之间所产生的定向作用。在一般反应体系中，由于分子碰撞和分子轨道交叉的随机性，所以反应速度较低；在酶促反应体系中，由于底物结合与酶分子专一活性部位，为分子轨道交叉提供有利的条件，不仅反应条件有利于反应进行，而且由于底物的敏感基团接近酶分子催化基团，所以酶催化的反应条件较一般反应不同。酶与底物分子形成中间络合物，既是一个专一性识别过程，又是实际反应过程由原来的分子间反应转化为分子内反应的过程。在酶分子与底物分子结合的基础上，反应基团对催化部位的定向、分子间反应转化为分子内反应以及催化基团对反应基团的靠近，是酶催化反应速度增加的重要原因。

（四）过渡态结构互补和底物变形

如图 7-2 所示，酶活性部位与底物结合后，活性部位的一些关键基团使得底物分子中敏感化学键发生形变（张力、扭曲），底物分子构象发生改变，底物分子容易从基态过渡到激发态，容易形成过渡态中间体，从而加快了化学反应的速度，这就是酶催化反应的底物变形机制。在这个机制中，底物与酶分子结合时的作用力，直接用于底物分子由基态转化为过渡态。

底物分子被结合于酶活性部位以后，由于结合位点的距离比底物分子大0.05nm，所以结合后底物分子被拉伸，底物分子产生张力，敏感基团A、B之间的距离拉长0.05nm，使得结合后的底物分子接近于过渡态，A、B之间更容易发生断裂，反应速度随之增加。如果酶分子结合位点的空间大小处于底物分子与产物分子之间，酶可对底物与产物同时产生形变作用（拉伸或压缩），这样酶对两个反应方向均可以产生速度提高作用。

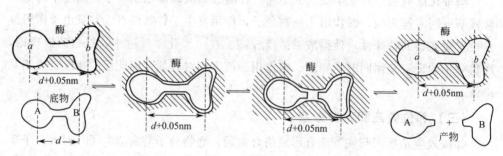

图7-2 酶催化反应的底物变形机制示意图

（五）熵效应

这是从热力学角度对酶反应过渡态形成的一种解释。由于反应物的运动自由度降低，在酶-底物络合物形成时体系的熵减少。

第三节 酶催化反应动力学

酶催化反应动力学是指研究酶催化反应的速率以及影响此速率的各种因素。各种化学反应的速率可以相差很大，同一反应由于进行时的条件不同，反应速率也有很大的差别。因此，可通过改变条件来控制反应速率。另外，有的反应还伴随副反应的发生，要设法降低副反应的速率。通过化学动力学的研究，可以在理论上阐明化学反应的机制，了解化学反应的具体过程和途径。

一、影响酶促反应的因素

影响酶活力的因素包括底物的浓度、酶的浓度、pH值、温度、水分活度、抑制剂和其他重要的环境条件等，控制这些因素对于在食品加工和保藏过程中控制酶的活力是非常重要的。

（一）底物浓度对酶活力的影响

所有的酶反应，如果其他条件恒定，则反应速度取决于酶浓度和底物浓度；如果酶的浓度保持不变，当底物浓度增加时，反应速度随着增加，并以双曲线形式达到最大速度，见图7-3。

从图7-3可以看出，在底物浓度很低时，反应速度随底物浓度的增加而急骤增加，两者呈正比关系，表现为一级反应。随着底物浓度的升高，反应速度不再呈正比例加快，反应速度增加的幅度不断下降，如果继续加大底物浓度，反应速度不再增加，表现为零级反应。此时，所有的酶分子已被底物所饱和，即酶分子与底物结合的部位已被占据，速度不再增加。

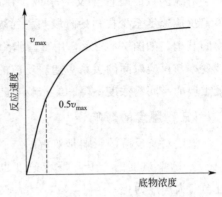

图7-3　反应速度-底物浓度关系曲线

解释酶促反应中底物浓度和反应速度关系的最合理学说是中间产物学说。酶首先与底物结合生成酶-底物中间产物，此复合物再分解为产物和游离的酶。Michaelis 和 Menten 在前人工作的基础上，经过大量的实验，1913年前后提出了反应速度和底物浓度关系的数学方程式，即著名的米-曼氏方程。

$$v = \frac{v_{max}[S]}{K_m + [S]}$$

式中，v_{max} 为指该酶促反应的最大速度；$[S]$ 为底物浓度；K_m 为米氏常数；v 是在某一底物浓度时相应的反应速度。

当 $v = v_{max}/2$ 时，则上式可写为：

$$\frac{v_{max}}{2} = \frac{v_{max}[S]}{K_m + [S]}$$

将上式推导可得到：$[S] + K_m = 2[S]$，即 $K_m = [S]$。所以米氏常数 K_m 为反应速度达到最大反应速度一半时的底物浓度（mol/L）。米氏常数 K_m 与酶的性质、酶的底物种类和酶作用时的 pH 值、温度有关，而与酶的浓度无关。米氏常数值的测定有许多方法，最常用的是 Lineweaver-Burk 的双倒数作图法。酶的 K_m 值范围很广，大多数酶的 K_m 值在 $10^{-6} \sim 10^{-1}$ mol/L 之间，对大多数酶来说，K_m 可表示酶与底物的亲和力，K_m 值大表示亲和力小，K_m 值小表示亲和力大。一些酶的 K_m 值见表7-2。

表7-2　一些酶的 K_m 值

酶	底物	K_m	酶	底物	K_m
溶菌酶	6-N-乙酰葡糖胺	6×10^{-6}	碳酸酐酶	CO_2	8×10^{-3}
β-半乳糖苷酶	半乳糖	5×10^{-3}	丙酮酸胶羧酶	丙酮酸	4×10^{-4}

（二）酶浓度的影响

对大多数的酶催化反应来说，在适宜的温度、pH 值和底物浓度一定的条件下，反应速度至少在初始阶段与酶的浓度成正比，这个关系是测定未知试样中酶浓度的基础。如图 7-4 所示，用霉菌脂酶水解橄榄油时，在 40h 的反应过程中底物的转变率与反应时间的关系。随着反应的进行，反应速度下降的原因可能很多，其中最重要的是底物浓度下降和终产物对酶的抑制。

（三）温度的影响

温度对酶反应的影响是双重的。

① 随着温度的上升，反应速度也增加，直至最大速度为止。

② 在酶促反应达到最大速度时再升温，反应速度随温度的增高而减小，高温时酶反应速度减小，这是酶本身变性所致。

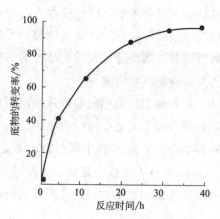

图 7-4　底物的转变率与反应时间的关系

在一定条件下每一种酶在某一温度下才表现出最大的活力，这个温度称为该酶的最适温度。一般来说，动物细胞的酶的最适温度通常在 37～50℃，而植物细胞的酶的最适温度较高，在 50～60℃。

影响最适温度的因素包括反应时间的长短、酶浓度以及 pH 等。例如，作用时间长，最适温度降低；反之则较高。

低温也使酶的活性降低，但不破坏酶。当温度回升时，酶的催化活性又可随之恢复。例如在 8～12min 内将活鱼速冻至 −50℃ 后运到较远的市场，售卖时解冻复活，这就从根本上保证了鱼的鲜度。这就是应用了低温不破坏酶活性的原理。

当温度较高，酶变性以后，一般不会再恢复活性。食品生产中的巴氏消毒、煮沸、高压蒸汽灭菌、烹饪加工中蔬菜的焯水处理等，就是利用高温使食品或原料内的酶或微生物酶受热变性，从而达到食物加工的目的。

（四）pH 值的影响

pH 值的变化对酶的反应速度则影响较大，即酶的活性随着介质的 pH 值变化而变化。每一种酶只能在一定 pH 值范围内表现出它的活性。使酶的活性达到最高 pH 值称为最适 pH 值。在最适 pH 值的两侧酶活性都骤然下降，所以一般酶促反应速度的 pH 值曲线呈钟形（图 7-5）。

因此，在酶的研究和使用时，必须先了解其最适 pH 值范围，酶促反应混合液必须用缓冲液来控制 pH 值的稳定。不同酶的最适 pH 值有较大差异，有些酶的最大活性是在极端 pH 值处，如胃蛋白酶的最适 pH 值为 1.5～3，精氨酸酶的最适 pH 值为 10.6。由于食品成分非常多而且复杂，在食品的加工与储藏过程中，对 pH 值的控制很重要。如果某种酶的作用是必需的，则可将 pH 值调节至某酶的最适 pH 值处，使其活性达到最高；反之，如果要避免某种酶的作用，也可以改变 pH 值而抑制此酶的活性。例如，酚酶能产生酶褐变，其最适

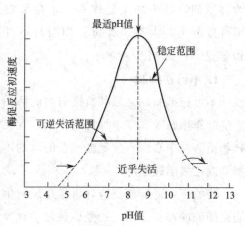

图 7-5　pH 值对酶促反应速度的影响

pH 值为 6.5，若将 pH 值降低到 3.0 时就可防止褐变产生。如在水果加工时常添加酸化剂，如柠檬酸、苹果酸和磷酸等防止褐变。

（五）水分活度的影响

酶在含水量相当低的条件下仍具有活性。例如，脱水蔬菜要在干燥前进行热烫，否则将会很快产生干草味而不宜储藏。干燥的燕麦食品，如果不用加热法使酶失活，则经过储藏后会产生苦味。面粉在低水分（14％以下）时，脂酶能很快使脂肪分解成脂肪酸和醇类。水分活度对酶促反应的影响是不一致的，不同的反应，其影响也不相同。

二、酶的激活剂和抑制剂

（一）酶的激活剂

凡是能提高酶活性的物质均称为激活剂。激活剂对酶的作用具有一定的选择性。有时一种酶激活剂对某种酶能起激活作用，而对另一种酶则可能不起作用。酶的激活剂多为无机离子或简单有机化合物。无机离子如 K^+、Na^+、Mg^{2+}、Zn^{2+}、Fe^{2+}、Ca^{2+}、Cl^-、I^-、Br^-、NO^- 等。氯离子能使唾液淀粉酶的活力增强，它是唾液淀粉酶的激活剂。镁离子是多种激酶和合成酶的激活剂。简单的有机化合物有抗坏血酸、半胱氨酸、谷胱甘肽等，对酶也有一定的激活作用。

（二）酶的抑制剂

许多化合物能与一定的酶进行可逆或不可逆的结合，使酶的催化作用受到抑制。凡是能降低酶活性的物质，称之为抑制剂。如药物、抗生素、毒物、抗生代谢物等都是酶的抑制剂。一些动物、植物组织和微生物能产生多种水解酶

的抑制剂，如果加工处理不当，会影响其食用安全性和营养价值。酶的抑制作用可以分为两大类，即可逆抑制与不可逆抑制。可逆抑制主要包括竞争性抑制和非竞争性抑制。

1. 不可逆抑制

不可逆抑制剂是靠共价键与酶的活性部位相结合而抑制酶的作用。过去将不可逆抑制作用归入非竞争性抑制作用，现在认为它是抑制作用的不同类型。有机磷化合物是活性中心含有丝氨酸残基的酶的不可逆抑制剂，例如，二异丙基氟磷酸，它能抑制乙酰胆碱酯酶。

酶的不可逆抑制反应，常常造成对生物体的损害，譬如，有机磷化合物对乙酰胆碱酯酶的抑制作用。乙酰胆碱是动物神经系统传导冲动刺激的一种化学物质，正常机体当神经兴奋时，神经末梢放出乙酰胆碱，进行刺激传导，然后被体内的乙酰胆碱酯酶分解而失去作用。但当有机磷物质进入动物体后，即与体内的乙酰胆碱酯酶结合生成磷酸化胆碱酯酶，从而抑制酶的活性，使乙酰胆碱不能分解，在体内大量积累，使神经处于过度兴奋状态，引起功能失调而中毒。

2. 可逆抑制

（1）竞争性抑制　有些化合物特别是那些在结构上与底物相似的化合物可以与酶的活性中心可逆地结合，所以在反应中抑制剂可与底物竞争同一部位。在酶反应中，酶与底物形成酶底物复合物 ES，再由 ES 分解生成产物与酶。抑制剂则与酶结合成酶-抑制剂复合物 EI，如下式所示：

$$
\begin{array}{c}
E+S \rightleftharpoons ES \rightarrow P+E \\
+ \\
I \\
\Updownarrow \\
EI \not\rightarrow P+E
\end{array}
$$

式中，I 为抑制剂，EI 为酶-抑制剂复合物。酶-抑制剂复合物 EI 不能与底物反应生成 EIS，也不能分解生成产物与酶，因为 EI 的形成是可逆的，并且底物和抑制剂不断竞争酶分子上的活性中心，这种情况称为竞争性抑制作用。

竞争性抑制作用的典型例子为琥珀酸脱氢酶的催化作用。当有适当的氢受体（A）时，此酶催化下列反应：

$$琥珀酸＋受体 \rightleftharpoons 反丁烯二酸＋还原性受体$$

许多结构与琥珀酸结构相似的化合物都能与琥珀酸脱氢酶结合，但不脱氢，这些化合物阻塞了酶的活性中心，因而抑制正常反应的进行。抑制琥珀脱氢酶的化合物有乙二酸、丙二酸、戊二酸等，其中最强的是丙二酸，当抑制剂和底物的浓度比为 1∶50 时，酶被抑制 50%。

竞争性抑制剂对酶活性抑制程度与下面的因素有关。

① 底物浓度　若底物浓度很大时，则抑制剂的浓度相对就小，酶与底物结合的机会相应就很大，无疑削弱了竞争性抑制剂对酶的作用。

② 抑制剂浓度　若抑制剂浓度很大，则抑制剂与酶结合的机会就大，酶促反应就会很弱。

③ 酶-抑制剂与酶-底物复合物的相对稳定性　若酶-抑制剂复合物稳定性大，则抑制剂对酶的竞争性大于底物，酶促反应就会很弱。

从以上因素的讨论看来，要削弱或消除竞争性抑制剂对酶促反应的影响，最好的途径是增大底物浓度。

（2）非竞争性抑制　有些化合物既能与酶结合，也能与酶-底物复合物结合，称为非竞争性抑制剂。非竞争性抑制剂与竞争性抑制剂不同之处在于非竞争性抑制剂能与 ES 结合，而 S 又能与 EI 结合，都形成 EIS。高浓度的底物不能使这种类型的抑制作用完全逆转，因为底物并不能阻止抑制剂与酶相结合，这是由于该种抑制剂和酶的结合部位与酶的活性部位不同，EI 的形成发生在酶分子的不被底物作用的部位。如下式所示：

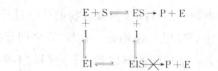

许多酶能被重金属离子如 Ag^+、Hg^{2+} 或 Pb^{2+} 等抑制，这些都是非竞争性抑制的例子。例如脲酶对这些离子极为敏感，微量重金属离子即起抑制作用。

重金属离子与酶的巯基（—SH）形成硫醇盐：

$$E-SH + Ag^+ \Longleftrightarrow E-S-Ag + H^+$$

因为巯基对酶的活性是必需的，故形成硫醇盐后即失去酶的活性。由于硫醇盐形成的可逆性，这种抑制作用可以用加适当的巯基化合物（如半胱氨酸、谷胱甘肽）的办法去掉重金属而得到解除。通常用碘代乙酸胺检查酶分子的巯基：

$$RSH + ICH_2CONH_2 \longrightarrow RS-CH_2CONH_2 + HI$$

各种有机汞化合物、各种砷化合物，以及 N-乙基顺丁烯二酸亚胺也可以和巯基进行反应，抑制酶的作用。

（3）反竞争性抑制　反竞争性抑制剂不能与酶直接结合，而只能与 ES 可逆结合成 EIS，其抑制原因是 EIS 不能分解成产物。反竞争抑制剂对酶促反应的抑制程度随底物浓度的增加而增加。反竞争抑制剂不是一种完全意义上的抑制剂，它之所以造成对酶促反应的抑制作用，完全是因为它使 υ_{max} 降低而引起。当酶促反应为一级反应，则抑制剂对 υ_{max} 的影响几乎完全被对 K_m 的相反影响所抵消，这时几乎看不到抑制作用。

第四节　酶促褐变

褐变是指食品在加工和储藏等过程中发生褐色变化而比原有色泽加深的现象。褐变按其发生机制分为酶促褐变及非酶褐变两大类。酶促褐变常发生在水果、蔬菜等新鲜植物性食物中。水果和蔬菜在采后仍在进行活跃的代谢活动。在正常情况下，完整的果蔬组织中氧化还原反应是偶联进行的，但当发生机械性的损伤（如削皮、切开、压伤、虫咬、磨浆等）及处于异常的环境条件下（如受冻、受热等），便会影响氧化还原作用的平衡，发生氧化产物的积累，造成变色。这类变色作用非常迅速，并需要和氧接触，由酶所催化，称为"酶促褐变"。一般情况下，酶促褐变是一种不希望出现于食物中的变化，例如香蕉、苹果、梨、茄子、马铃薯等都很容易在削皮切开后褐变，应尽可能避免。而茶叶、可可豆等食品，适当的褐变则是形成良好的风味与色泽所必需的。

一、酶促褐变的机理

酶促褐变是酚酶催化酚类物质形成醌及其聚合物的反应过程。植物组织中含有酚类物质，在完整的细胞中作为呼吸传递物质，在酚-醌之间保持着动态平衡，当细胞破坏以后，氧就大量侵入，造成醌的形成和还原之间的不平衡，醌的积累进一步氧化聚合形成褐色色素。

酚酶的系统名称是邻二酚：氧-氧化还原酶（E.C.1.10.3.1）。此酶以 Cu 为辅基，必须以氧为受氢体，是一种末端氧化酶。酚酶可以用一元酚或二元酚作为底物。有些人认为酚酶是兼能作用于一元酚及二元酚的一种酶；但有的人则认为是两种酚酶的复合体，一种是酚羟化酶，又称甲酚酶，另一种是多元酚氧化酶，又叫儿茶酚酶。酚酶的最适 pH 值接近 7.0，耐热性好，在 100℃下钝化此酶需 2～8min。下面以马铃薯切开后的褐变为例来说明酚酶的作用（图 7-6）。酚酶作用的底物是马铃薯中最丰富的酚类化合物酪氨酸。

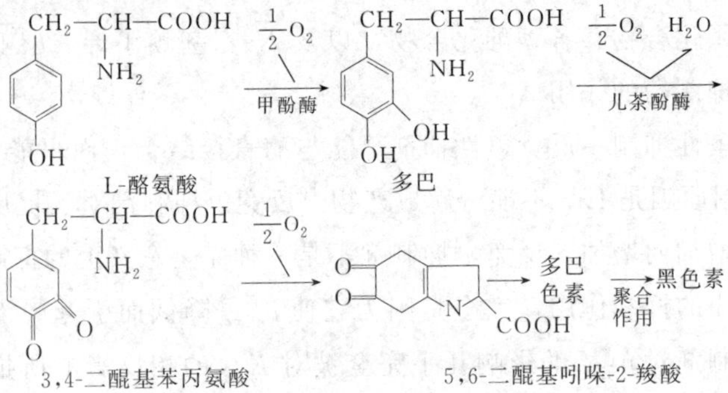

图 7-6　酪氨酸形成黑色素的过程

这一机制也是动物皮肤、毛发中黑色素形成的机制。

在水果中，儿茶酚是分布非常广泛的酚类，在儿茶酚酶的作用下，较容易氧化成醌。

醌的形成是需要氧气和酶催化的，但醌一旦形成以后，进一步形成羟醌的反应则是非酶促的自动反应，羟醌进行聚合，依聚合程度增大而由红变褐最后成黑褐色物质。

水果蔬菜中的酚酶底物以邻二酚类及一元酚类最丰富。一般说来，酚酶对邻羟基酚型结构的作用快于一元酚，对位二酚也可被利用，但间位二酚则不能作为底物，甚至还对酚酶有抑制作用。邻二酚的取代衍生物也不能为酚酶所催化，例如愈疮木酚及阿魏酸。一些酚类物质结构见图 7-7。

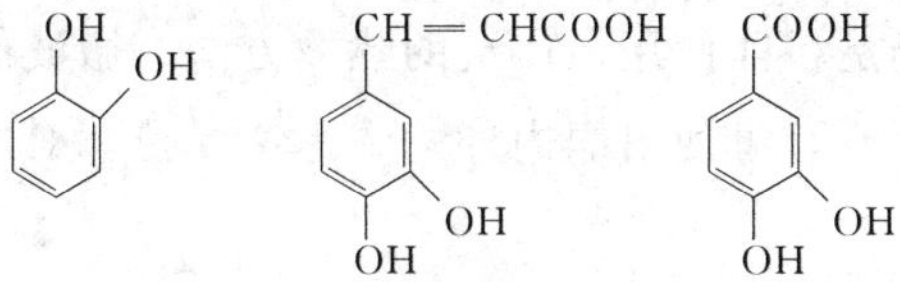

图 7-7　一些酚类物质的结构

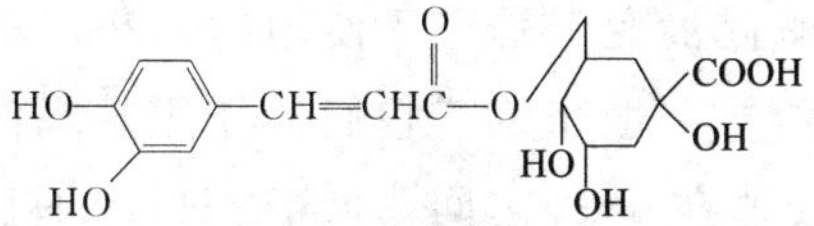

绿原酸是许多水果特别是桃、苹果等褐变的关键物质。

在香蕉中，主要的褐变底物也是一种含氮的酚类衍生物即 3,4 二羟基苯乙胺。

氨基酸及类似的含氮化合物与邻二酚作用可产生颜色很深的复合物，其机理大概是酚先经酶促氧化成为相应的醌，然后醌和氨基发生非酶的缩合反应。

作为酚酶底物的还有其他一些结构比较复杂的酚类衍生物，例如花青素、黄酮类、鞣质等，它们都具有邻二酚型或一元酚型的结构。

红茶发酵时，新鲜茶叶中多酚氧化酶的活性增大，催化儿茶素形成儿茶黄素和茶红素等有色物质，它们是构成红茶色泽的主要成分。红茶加工是多酚氧化酶在食品加工中发生酶促褐变的有利应用。

另外，存在于水果、蔬菜中的抗坏血酸氧化酶和过氧化物酶也可引起酶促褐变。

二、酶促褐变的控制

由酶促褐变机理可知，酶促褐变的发生需要三个条件，即酚类底物、酚氧化酶和氧。在控制酶促褐变的实践中，除去底物的途径可能性极小。实践中控制酶促褐变的方法主要从控制酶和氧两方面入手，主要途径包括钝化酶的活性（热烫、抑制剂等），改变酶作用的条件（pH 值、水分活度等），隔绝氧气的接触，使用抗氧化剂（抗坏血酸、SO_2 等）。

常用的控制酶促褐变的方法如下。

（一）热处理法

在适当的温度和时间条件下加热新鲜果蔬，使酚酶及其他相关的酶都失活，是最广泛使用的控制酶促褐变的方法。加热处理的关键是在最短时间内达到钝化酶的要求，否则过度加热会影响质量；相反，如果热处理不彻底，热烫虽破坏了细胞结构，但未钝化酶，反而会加强酶和底物的接触而促进褐变。像白洋葱、韭葱如果热烫不足，变粉红色的程度比未热烫的还要厉害。

水煮和蒸汽处理仍是目前使用最广泛的热烫方法。微波能的应用为热力钝化酶活性提供了新的有力手段，可使组织内外一致迅速受热，对质地和风味的保持极为有利。

（二）酸处理法

利用酸的作用控制酶促褐变也是广泛使用的方法。常用的酸有柠檬酸、苹果酸、磷酸以及抗坏血酸等。一般来说，它们的作用是降低 pH 值以控制酚酶的活力，因为酚酶的最适 pH 值在 6～7 之间，低于 pH3.0 时已无活性。

柠檬酸是使用最广泛的食用酸，对酚酶有降低 pH 值和螯合酚酶的 Cu^{2+} 辅基的作用，但作为褐变抑制剂来说，单独使用的效果不大，通常需与抗坏血酸或亚硫酸联用，切开后的水果常浸在这类酸的稀溶液中。对于碱法去皮的水果，还有中和残碱的作用。

苹果酸是苹果汁中的主要有机酸，在苹果汁中对酚酶的抑制作用要比柠檬酸强得多。

抗坏血酸是更加有效的酚酶抑制剂，即使浓度极大也无异味，对金属无腐蚀作用，而且作为一种维生素，其营养价值也是尽人皆知的。也有人认为，抗坏血酸能使酚酶本身失活。抗坏血酸在果汁中的抗褐变作用还可能是作为抗坏血酸氧化酶的底物，在酶的催化下把溶解在果汁中的氧消耗掉了。据报道，在每千克水果制品中，加入 660mg 抗坏血酸，即可有效控制褐变并减少苹果罐头顶隙中的含氧量。

（三）二氧化硫及亚硫酸盐处理

二氧化硫及常用的亚硫酸盐如亚硫酸钠、亚硫酸氢钠、焦亚硫酸钠、连二亚硫酸钠即低亚硫酸钠等都是广泛使用于食品工业中的酚酶抑制剂。在蘑菇、马铃薯、桃、苹果等加工中已应用。

用直接燃烧硫黄的方法产生 SO_2 气体处理水果蔬菜，SO_2 渗入组织较快，但亚硫酸盐溶液的优点是使用方便。不管采取什么形式，只有游离的 SO_2 才能起作用。SO_2 及亚硫酸盐溶液在微偏酸性（pH＝6）的条件下对酚酶抑制的效果最好。

实验条件下，$10mg/kg$ SO_2 即可几乎完全抑制酚酶，但在实践中因有挥发损失和与其他物质（如醛类）反应等原因，实际使用量较大，常达 $300\sim600mg/kg$。1974 年我国食品添加剂协会规定使用量以 SO_2 计不得超过 $300mg/kg$，成品食品中最大残留量不得超过 $20mg/kg$。SO_2 对酶促褐变的控制机制现在尚无定论，有的学者认为是抑制了酶活性，有人则认为是由于 SO_2 把醌还原为酚，还有人认为是 SO_2 和醌加合而防止了醌的聚合作用，很可能这三种机制都是存在的。

二氧化硫法的优点是使用方便、效力可靠、成本低，有利于维生素 C 的保存，残存的 SO_2 可用抽真空、炊煮或使用 H_2O_2 等方法除去。缺点是使食品失去原色而被漂白（花青素破坏），腐蚀铁罐的内壁，有不愉快的嗅感与味感，残留浓度超过 0.064% 即可感觉出来，并且破坏维生素 B_1。

（四）驱除或隔绝氧气

具体措施包括将去皮切开的水果蔬菜浸没在清水、糖水或盐水中；浸涂抗坏血酸液，使在表面上生成一层氧化态抗坏血酸隔离层；用真空渗入法把糖水或盐水渗入组织内部，驱出空气。苹果、梨等果肉组织间隙中具有较多气体的水果最适宜用此法。一般在 1.0×10^5Pa 真空度下保持 $5\sim15min$，突然破除真空，即可将汤汁强行渗入组织内部，从而驱出细胞间隙中的气体。

（五）加酚酶底物类似物

用酚酶底物类似物如肉桂酸、对位香豆酸及阿魏酸（图 7-8）等酚酸可以有效地控制苹果汁的酶促褐变。在这三种同系物中，以肉桂酸的效率最高，浓度大于 $0.5mmol/L$ 时即可有效控制处于大气中的苹果汁的褐变达 $7h$ 之久。

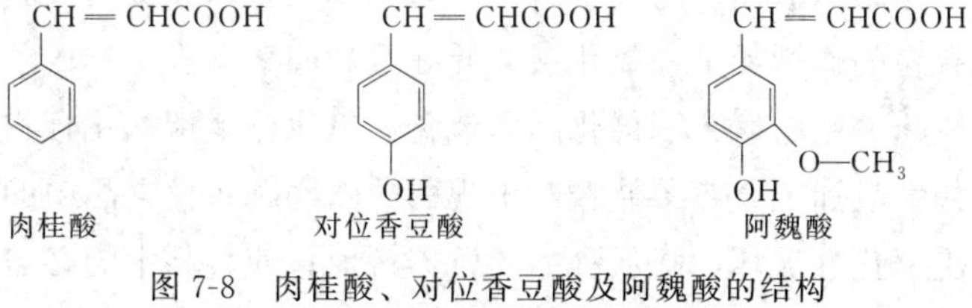

图 7-8　肉桂酸、对位香豆酸及阿魏酸的结构

由于这三种酸都是水果蔬菜中天然存在的芳香族有机酸，在安全上无多大问题。肉桂酸钠盐的溶解性好，售价也便宜，控制褐变的时间长。

第五节　内源性酶对食品品质的影响

酶对食品品质的影响是非常重要的。食品原料的生长和成熟依赖于酶的作用，而在生物生长期间的环境条件影响着植物性食品原料的成分，其中也包括酶。食品原料的收获、储藏和加工过程中，各类酶催化的化学变化可能会产生两类不同的结果：加快食品变质的速度或提高食品的质量。除了存在于食品原料的内源酶外，因微生物污染而引入的酶也参与催化食品原料中的反应。因此，酶的控制对于提高食品质量是至关重要的。

一、色泽

食品能否被消费者接受取决于它的质量，颜色是消费者首先关注的质量指标，因为食品的内在质量在一般情况下很难判断。例如，新鲜肌肉的颜色必须是红色的，而不是褐色或紫色的。肌肉呈现红色是由于其中的氧合肌红蛋白所致。当氧合肌红蛋白转变成肌红蛋白时瘦肉就呈紫色。当氧合肌红蛋白和肌红蛋白中的 Fe^{2+} 被氧化成 Fe^{3+} 时，生成高铁肌红蛋白时，瘦肉呈褐色。因此，反应产生的化合物能改变肌肉组织色泽，影响肉的感官质量。

绿色是许多新鲜蔬菜和水果的质量指标。有些水果当成熟时绿色减少，代之以红色、橘色、黄色和黑色。随着成熟度的提高，青刀豆和其他一些蔬菜中的叶绿素的含量下降。上述食品材料颜色的变化都与酶的作用有关。导致水果和蔬菜中色素变化的 3 个关键性的酶是脂肪氧合酶、叶绿素酶和多酚氧化酶。

（一）脂肪氧合酶

脂肪氧合酶广泛存在于植物性食品原料中，尤其是豆类植物中。

脂肪氧合酶对于食品有六个方面的作用。其中，对食品加工的两个有益的作用如下：小麦粉和大豆粉中的漂白（氧化/分解色素），比如，在面粉中加入一些大豆粉进行漂白；在面团形成过程中氧化面筋蛋白，促使其形成二硫键，提高面团品质，同时面粉中脂肪的氧化产物及分解产物有利于面包风味提高。脂肪氧合酶对食品加工的四个有害的作用如下：氧化破坏叶绿素和胡萝卜素，造成色泽异常；导致食品产生不良风味，脂肪氧合酶催化脂肪氧化，氧化分解羰基化合物，产生青草味或豆腥味，比如大豆加工、蔬菜储藏时出现的异味问题；使食品中的维生素和蛋白质类化合物遭受氧化性破坏，降低食品的营养价值；使食品中的必需脂肪酸，如亚油酸、亚麻酸和花生四烯酸遭受氧化性破坏，不仅造成营养价值降低，同时产生哈败味等异味。这 6 个方面的作用都与脂肪氧合酶作用于不饱和脂肪酸时产生的自由基和中间物有关。

（二）叶绿素酶

叶绿素酶存在于植物和含叶绿素的微生物。它水解叶绿素产生植醇和脱植醇基叶绿素。尽管将果蔬失去绿色归之于这个反应，然而，由于脱植醇基叶绿素呈绿色，因此没有证据支持该观点。相反，有证据显示脱植醇基叶绿素在保持绿色的稳定性上优于叶绿素。

（三）多酚氧化酶

多酚氧化酶又称为酪氨酸酶、多酚酶、酚酶、儿茶酚氧化酶、甲酚酶和儿茶酚酶。它主要存在于植物、动物和一些微生物（主要是霉菌）中，Cu^{2+} 是其重的辅基。多酚氧化酶能够催化两类不同的氧化反应，即羟基化反应和氧化反应，是食品发生酶促褐变的原因。

二、质构

质构是决定食品品质的一个重要指标。水果和蔬菜的质构主要取决于所含有的一些碳水化合物，如果胶物质、纤维素、半纤维素、淀粉和木质素等。自然界存在着能作用于这些物质的酶类，因此，酶的作用会影响果蔬的质构。而对于动物组织和高蛋白质植物性食品，蛋白酶作用会导致质构的软化。

（一）果胶酶

作用于果胶物质的果胶酶主要包括三类，其中果胶甲酯酶和聚半乳糖醛酸酶存在于高等植物和微生物中，果胶酸裂解酶存在于微生物中，尤其是某些能够感染植物的微生物中。

1. 果胶甲酯酶

果胶甲酯酶能水解果胶分子中的甲酯基，生成果胶酸和甲醇，也被称为果胶酯酶、果胶酶。有二价金属离子 Ca^{2+} 存在时，生成的果胶酸通过 Ca^{2+} 在分子中羧基之间形成化学键（盐桥），提高了食品的质构强度，这种性质已被应用于果蔬食品的脆化处理。

2. 聚半乳糖醛酸酶

聚半乳糖醛酸酶水解果胶分子中脱水半乳糖醛酸单位之间的 α-1,4-糖苷键。聚半乳糖醛酸酶包括内切和端解两种类型，内切型从果胶分子内部水解果胶的糖苷键，而端解型水解果胶分子末端的糖苷键。聚半乳糖醛酸酶能够水解果胶酸，从而影响果胶的分子量，这个反应会导致一些食品原料（如番茄）的质构显著降低。

3. 果胶酸裂解酶

果胶酸裂解酶（聚 1,4-半乳糖醛酸苷裂解酶）存在于微生物中，高等植物中不存在。果胶酸裂解酶也能作用于果胶、果胶酸分子的糖苷键，但它不是水解反应，而是一个分解反应（裂解）。聚半乳糖醛酸酶和果胶酸裂解酶作用于果胶时都能产生还原基团，使果胶分子降解，所以只根据反应体系还原基团的增加或黏度下降，是不能用于区分这两种酶的。果胶酸裂解酶包括内切和端解两种类型，也可以据底物专一性将其区分为作用于底物果胶或果胶酸两种类型。对于果胶酸裂解酶来讲，Ca^{2+} 的存在有利于其活性，其他的一些离子例如. Mg^{2+}、Sr^{2+}、Mn^{2+} 等虽然也有利于裂解酶的活性，但其程度不如 Ca^{2+}，因此，加入螯合剂如 EDTA 将会彻底抑制裂解酶的活性。

另外，还有果胶降解酶，就是所谓的原果胶酶，存在于少数几种微生物中。原果胶酶水解原果胶产生果胶。然而，植物中的原果胶酶活力是果胶甲酯酶和聚半乳糖醛酸酶共同作用的结果还是由一个真实存在的原果胶酶产生的，这一问题仍然没有搞清楚。

（二）纤维素酶

水果和蔬菜中含有少量纤维素，影响着细胞的结构和食品质地。并且由于其结构特点，它对大多数的水解酶（纤维素酶除外）呈现出惰性。纤维素酶是否在植物性食品原料（例如青刀豆）软化过程中起着重要作用仍然有着争议。微生物纤维素酶由于它能将不溶性纤维素转化成葡萄糖，从而可以提高碳水化合物的生物利用率。

作用于纤维素或其衍生物的纤维素酶可分为四类：内切型糖苷酶、纤维二糖水解酶、端切型葡萄糖水解酶、β-葡萄糖苷酶。

（三）戊聚糖酶

半纤维素是木糖、阿拉伯糖或木糖和阿拉伯糖（还含有少量其他的戊糖和己糖）的聚合物，它存在于高等植物中。戊聚糖酶存在于微生物和一些高等植物中，它能水解木聚糖、阿拉伯聚糖和阿拉伯木聚糖，产生相对分子质量较低的化合物。

（四）淀粉酶

能够催化淀粉水解的淀粉酶存在于动物、高等植物和微生物中。由于淀粉是决定食品黏度和质构的一个主要成分，因此，在食品保藏和加工期间淀粉的水解是一个重要的质地变化因素。淀粉酶包括 3 个主要类型。

1. α-淀粉酶

α-淀粉酶存在于所有的生物，它从淀粉（直链和支链淀粉）、糖原和环糊精分子的内部水解 α-1,4-糖苷键，水解产物中异头碳的构型保持不变。由于 α-淀粉酶是内切酶，因此它的作用能显著地影响含淀粉食品的黏度，这些食品包括布丁和奶油酱等。唾液和胰 α-淀粉酶对于消化食品中的淀粉是非常重要的。一些微生物含有高浓度的 α-淀粉酶。一些微生物 α-淀粉酶在高温下才会失活，它们对于以淀粉为基料的食品的稳定性会产生不良的影响。

2. β-淀粉酶

β-淀粉酶存在于高等植物，它从淀粉分子的非还原性末端水解 α-1,4-糖苷键，

产生 β-麦芽糖。由于 β-淀粉酶是端解酶，因此仅当淀粉中许多糖苷键被水解时，淀粉糊的黏度才会发生显著的改变。β-淀粉酶作用于支链淀粉时不能越过所遭遇的第一个 α-1,6-糖苷键，而作用于直链淀粉时能将它完全水解。如果直链淀粉分子含偶数葡萄糖基，产物中都是麦芽糖；如果淀粉分子含奇数葡萄糖基，产物中除麦芽糖外，还含有葡萄糖。因此 β-淀粉酶单独作用于支链淀粉时，它被水解的程度是有限的。聚合度 10 左右的麦芽糖浆在食品工业中是一种很重要的配料。

3. 葡萄糖淀粉酶

葡萄糖淀粉酶对淀粉的作用与 α-淀粉酶和 β-淀粉酶不同，葡萄糖淀粉酶能水解 α-1,4-糖苷键和 α-1,6-糖苷键，最终产物是 β-葡萄糖。

（五）蛋白酶

对于动物性食品原料，决定其质构的生物大分子主要是蛋白质。蛋白质在天然存在的蛋白酶作用下所产生的结构上的改变会导致这些食品原料质构上的变化；如果这些变化是适度的，食品会具有理想的质构。

1. 组织蛋白酶

组织蛋白酶存在于动物组织的细胞内，在酸性 pH 值具有活性。这类酶位于细胞的溶菌体内，它们区别于由细胞分泌出来的蛋白酶（胰蛋白酶和胰凝乳蛋白酶），已经发现五种组织蛋白酶，它们分别用字母 A、B、C、D 和 E 表示。此外，还分离出一种组织羧肽酶。

组织蛋白酶参与了肉成熟期间的变化。当动物组织的 pH 值在宰后下降时，这些酶从肌肉细胞的溶菌体粒子中释放出来。据推测，这些蛋白酶透过组织，导致肌肉细胞中的肌原纤维以及胞外结缔组织例如胶原分解；它们在 pH2.5～4.5 范围内具有最高的活力。

2. 钙活化中性蛋白酶（CANPs）

钙活化中性蛋白酶或许是已被鉴定的最重要的蛋白酶。已经证实存在着两种钙活化中性蛋白酶，即 CANP Ⅰ 和 CANP Ⅱ，它们都是二聚体。两种酶含有相同的较小的亚基，相对分子质量约为 30000；都含有不同的较大的亚基，相对分子质量约为 80000，在免疫特性方面有所不同，它们在结构上相符的程度约 50%。尽管钙离子对于酶的作用是必需的，然而酶的活性部位中含有半胱氨酸残基的巯基，因此它归属于半胱氨酸（巯基）蛋白酶。

50～100pmol/L Ca^{2+} 可使纯的 CANPI 完全激活，而 CANP Ⅱ 的激活需要 1～2mmol/L Ca^{2+}，在 CANPI 被完全激活的条件下，CANP Ⅱ 实际上是处在失活的状态。肌肉 CANP 以低浓度存在，它在 pH 值低至约 6 时还具有作用。肌肉 CANP 可能通过分裂特定的肌原纤维蛋白质而影响肉的嫩化。这些酶很有可能是在宰后的肌肉组织中被激活，它们可能在肌肉改变成肉的过程中同溶菌体蛋白酶协同作用。

与其他组织相比，肌肉组织中蛋白酶的活力是很低的，兔的心脏、肺、肝和胃组织蛋白酶活力分别是腰肌的 13 倍、60 倍、64 倍和 76 倍。正是由于肌肉组织中的低蛋白酶活力才会导致成熟期间死后僵直体肌肉以缓慢地有节制和有控制的方式松弛，这样产生的肉具有良好的质构。如果在成熟期间肌肉中存在激烈的蛋白酶作用，那么不可能产生理想的肉的质构。

3. 乳蛋白酶

牛乳中主要的蛋白酶是一种碱性丝氨酸蛋白酶，它的专一性类似于胰蛋白酶。此酶水解 β-酪蛋白产生疏水性更强的 γ-酪蛋白，也能水解 α_s-酪蛋白，但不能水解 κ-酪蛋白。在奶酪成熟过程中乳蛋白酶参与蛋白质的水解作用。由于乳蛋白酶对热较稳定，因此，它的作用对于经超高温处理的乳的凝胶作用也有贡献。乳蛋白酶将 β-酪蛋白转变成 γ-酪蛋白这一过程对于各种食品中乳蛋白质的物理性质有着重要的影响。

在牛乳中还存在着一种最适 pH 值在 4 左右的酸性蛋白酶，然而，此酶较易热失活。

三、风味

对食品的风味作出贡献的化合物不知其数，风味成分的分析也是有难度的。正确地鉴定哪些酶在食品风味物质的生物合成和不良风味物质的形成中起重要作用，同样是非常困难的。

在食品保藏期间由于酶的作用会导致不良风味的形成。例如，有些食品材料，像青刀豆、豌豆、玉米和花椰菜因热烫处理的条件不适当，在随后的保藏期间会形成显著的不良风味。

在讨论脂肪氧合酶对食品颜色的影响时也提到它能产生氧化性的不良风味。脂肪氧合酶的作用是青刀豆和玉米产生不良风味的主要原因，而胱氨酸裂解酶的作用是花椰菜产生不良风味的主要原因。下面介绍几种影响食品风味的酶。

（一）硫代葡萄糖苷酶

在芥菜和辣根中存在着芥子苷。在这类硫代葡萄糖苷中，葡萄糖基与糖苷配基之间有一个硫原子，其中 R 为烯丙基、3-丁烯基、4-戊烯基、苯基或其他的有机基团，烯丙基芥子苷最为重要。硫代葡萄糖苷在天然存在的硫代葡萄糖苷酶作用下，导致糖苷配基的裂解和分子重排。生成的产物中异硫氰酸酯是含硫的挥发性化合物，它与葱的风味有关。人们熟悉的芥子油即为异硫氰酸烯丙酯，它是由烯丙基芥子苷经硫代葡萄糖苷酶的作用而产生的。

（二）过氧化物酶

过氧化物酶普遍存在于植物和动物组织中。在植物的过氧化物酶中，对辣根的过氧化物酶研究得最为彻底。如果不采取适当的措施使食品原料（例如蔬菜）中的过氧化物酶失活，那么在随后的加工和保藏过程中，过氧化物酶的活力会损害食品的质量。未经热烫的冷冻蔬菜所具有的不良风味被认为是与酶的活力有关，这些酶包括过氧化物酶、脂肪氧合酶、过氧化氢酶、α-氧化酶和十六烷酸-辅酶 A 脱氢酶。然而，从线性回归分析未能发现上述酶中任何两种酶活力之间的关系或任何一种酶活力与抗坏血酸浓度之间的关系。

各种不同来源的过氧化物酶通常含有一个血色素（铁卟啉Ⅸ）作为辅基。过氧化物酶催化下列反应

$$ROOH + AH_2 \longrightarrow H_2O + ROH + A$$

反应物中的过氧化物（ROOH）可以是过氧化氢或一种有机过氧化物，例如过氧化甲基（CH_3OOH）或过氧化乙基（CH_3CH_2OOH）。在反应中过氧化物被还原，而一种电子给予体（AH_2）被氧化。电子给予体可以是抗坏血酸、酚、胺或其他有机化合物。在过氧化物酶催化下，电子给予体被氧化成有色化合物，根据反应的这个特点可以设计分光光度法测定过氧化物酶的活力。

目前对过氧化物酶导致食品不良风味形成的机制还不十分清楚。然而，由于过氧化物酶普遍存在于植物中，并且可以采用简便的方法较准确地测定它的活力，尤其是热处理后果蔬中残存的过氧化物酶的活力，因此它仍然广泛地被采用为果蔬热处理是否充分的指标。

过氧化物酶在生物原料中的作用可能还包括下列几方面：作为过氧化氢的去除剂；参与木质素的生物合成；参与乙烯的生物合成；作为成熟的促进剂。虽然上述酶的作用如何影响食品质量还不十分清楚，但是过氧化物酶活力的变化与一些果蔬的成熟和衰老有关已经得到证实。

从前面的讨论中可以看出，食品原料中的一些内源酶的作用除了影响食品的风味外，同时还影响食品的其他质量，例如脂肪氧合酶的作用就同时影响食品的颜色、风味、质构和营养质量。在一些情况下几种酶的协同作用对食品的风味会产生显著的影响。

四、营养价值

有关酶对食品营养质量影响的研究结果的报道相对来说较少见。脂肪氧合酶氧化不饱和脂肪酸会导致食品中亚油酸、亚麻酸和花生四烯酸这些必需脂肪酸含量的

下降。脂肪氧合酶催化多不饱和脂肪酸氧化过程中产生的自由基能降低类胡萝卜素（维生素 A 的前体）、生育酚（维生素 E）、维生素 C 和叶酸在食品中的含量。自由基也会破坏蛋白质中半胱氨酸、酪氨酸、色氨酸和组氨酸残基。在一些蔬菜中抗坏血酸氧化酶会导致抗坏血酸的破坏。硫胺素酶会破坏硫胺素。存在于一些维生素中的核黄素水解酶能降解核黄素。多酚氧化酶引起褐变的同时也降低了蛋白质中有效的赖氨酸量，影响蛋白质的消化、吸收。

食品中存在的内源性酶会对食品品质产生各种影响，这也是对食品原料进行适当加工处理的一个重要原因。

复习思考题

1. 解释下列名词：酶、键专一性、基团专一性、绝对专一性、立体化学专一性、单成分酶、双成分酶、酶活性中心、酶的国际单位、比活力、活化能、活化分子、米氏常数、酶的激活剂、酶的抑制剂、不可逆抑制、竞争性抑制、非竞争性抑制、酶促褐变。

2. 简述酶诱导契合学说和锁-钥匙学说的内容及两者的不同点。

3. 简述酶与一般化学催化剂的共性和特点。

4. 简述酶促褐变机理及其控制措施。

5. 简述温度、底物浓度对酶促反应速度的影响。

6. 举例说明酶在食品加工中的应用。

7. 简述内源性酶对食品品质的影响

8. 简述果胶酶和纤维素酶对食品质地的影响。

第八章　食品的感官特性

烹饪食品的感官功能是对色、香、味、形的享受，从而引起人们食欲上的满足。这也是食品的心理功能。对于中国烹饪而言，对食物色、香、味、形的追求超过了营养追求。虽然赋予食物色、香、味、形的大多数成分没有直接的营养功效，但因它们能够增进食欲，刺激消化，提高人体对食物的利用率，所以食品的感官功能不是可有可无的，而是要认真研究、科学对待的重要课题。

任何食品都有一定的特征，如形态、色泽、气味、口味、组织结构、质地、口感等。每一种特征，通过刺激人的某一感觉器官，引起兴奋，经神经传导反映到大脑皮层的神经中枢，从而产生了感觉。食品感官特性是人的各种感觉器官（视觉、嗅觉、味觉、触觉、痛觉、温度觉和听觉等）对食品的外观形态、颜色、亮度、气味、滋味、硬度、稠度、冷暖等属性的认识，不同地区和民族的饮食习惯不同，在很大程度上是指食品的感官特性。

食品感官特性对食品的可食用性具有决定作用。它直接影响了人们的饮食习惯、摄食活动和食欲。烹调加工实质上是通过控制、调节食品感官特性来达到美食的目的。烹调中所有操作几乎都是为了改善食材的感官特性。但个体对食品感官特性可能表现出嗜好性，尤其是对烹调菜肴的风味，这种嗜好和偏爱表现得特别明显。人们对感官特性的偏好不是一成不变的，它不是天生的，而是可以通过后天培养而形成。

第一节　食品的颜色

一、概述

（一）食品颜色的形成

自然光是由不同波长的光组成的，波长在 $380\sim770nm$ 之间的电磁波叫可见光，波长小于 380nm 的紫外区域的光和波长大于 770nm 的红外区域的光均为不可见光。在可见光区内，不同波长的光能显示不同的颜色。

烹饪食品的颜色是通过色素对自然光中的可见光的选择吸收及反射而产生的。因此，食品所显示出的颜色，不是吸收光自身的颜色，而是食品反射光（或透射光）中可见光的颜色。若光源为自然光，食品吸收光的颜色与反射光的颜色互为补色。例如，食品呈现紫色，是其吸收绿色光所致，紫色和绿色互为补色。食品将可见光全部吸收时呈黑色，食品将可见光全部通过时无色。

能够吸收可见光激发而发生电子跃迁，使食物呈色的食物成分称为食品色素。烹饪食品原料中天然存在的色素叫食品固有色素，专门用于食品染色的添加剂称为食品着色剂。

烹饪食品的色泽是构成烹饪食品感官质量的一个重要因素，是人们通过视觉对烹饪食品进行评估的一个主要方面。颜色是更重要的视觉因素，食品色泽及其变化，直接反映了食品的物质组成及变化。可以说，烹饪的一个主要目的就是怎样能使菜肴的色泽更加诱人。食品几乎所有的理化变化都可能给食品带来颜色、光泽方面的变化。人们会根据红烧肉颜色的深浅来判断它的油腻程度，根据葡萄酒粉红色的程度来判断它的风味，根据咖啡颜色的深浅来判断苦味的差异大小。

食品的颜色会影响感官感觉。一般来说，红色可以使人解馋，黄色可以止渴，绿色则使人清凉。更细微的感受是，粉红颜色的酒比淡红色、深红色、白色、棕色酒的感觉更甜，咖啡颜色的深浅差异会使人感觉苦味的差异较大，颜色浅的红烧肥肉比颜色深的肥肉更有油腻感。从生理角度看，红色可促进血压升高，表现为呼吸和肌肉紧张；蓝色比较缓和；黄色则使人心情舒畅；紫色或绿色则导致情绪低落。不同的色泽可以给人不同的温度感觉，如一般称红、红黄和黄色为暖色，蓝和蓝绿色为冷色，黄绿、绿、紫色为中性色。乳黄色的墙壁会增加人们的食欲。

中国烹饪对色彩技术的运用具有很高艺术水平。例如，利用原材料的本色，把绿色蔬菜经沸水焯过，再放凉开水浸透，其色翠绿，比原材料本色还美；此外，还擅长配色（分同色配和异色配两种），特别注意主色和辅色的关系和协调，却不是利用色素增色和变色，而是通过上浆、挂糊、添加调料、烘烤、硝腌等方法达到增色变色目的。

（二）物质呈色机理

物体吸收什么波长的光、吸收程度的大小都是由其分子结构决定的。当分子结构中含有多个共轭双键或—N＝N—等基团，便可以在紫外及可见光区域内（200～700nm）中显色，这些基团叫发色团，如—C＝C—、—C＝O、—CHO、—COOH、—N＝N—、—N＝O、—NO$_2$、—C＝S 等。发色基团吸收光能时，电子就会从能量较低的 π 轨道或 n 轨道（非共用电子轨道）跃迁至 π^* 轨道，然后再从高能轨道以放热的形式回到基态，从而完成了吸光和光能转化。能发生 $n \rightarrow \pi^*$ 电子跃迁的色素，其发色基团中至少有一个—C＝O、—N＝N—、—N＝O、—C＝S 等含有杂原子的双键与 3～4 个以上的—C＝C—双键共轭体系；能发生 $\pi \rightarrow \pi^*$ 电子跃迁的色素，其发色基团至少是由 5～6 个—C＝C—双键共轭体系。随着共轭双键数目的增多，吸收光波长向长波方向移动，每增加 1 个—C＝C—双键，吸收光波长约增加 30nm。与发色基团直接相连接的—OH、—OR、—NH$_2$、—NR$_2$、—SH、—Cl、—Br 等官能团也可使色素的吸收光向长波方向移动，它们被称为助色基团。不同色素的颜色差异和变化主要取决于发色基团和助色基团。

化学反应能够改变物体的分子组成，由此能够使分子结构中的发色团产生变化，从而从根本上改变物体的颜色。

（三）天然色素的分类

1. 按化学结构不同分类

（1）四吡咯衍生物　如叶绿素、血红素。

（2）异戊二烯衍生物　如类胡萝卜素。

（3）多酚类衍生物　如花青素、花黄素（黄酮类）、儿茶素、单宁等。

（4）酮类衍生物　如红曲色素、姜黄素等。

（5）醌类衍生物　如虫胶色素、胭脂虫红等。

2. 按来源不同分类

（1）植物色素　如蔬菜的绿色（叶绿素）、胡萝卜的橙红色（胡萝卜素）、草莓及苹果的红色（花青素）等。

（2）动物色素　如牛肉、猪肉的红色色素（血红素）及虾、蟹的表皮颜色（类胡萝卜素）等。

（3）微生物色素　如红曲色素。

食品中主要天然色素的来源及特征见表 8-1。

表 8-1　食品中主要天然色素的来源及特征

色素类别	色素名称	颜色	来源	结构特征
植物色素	叶绿素	绿色	绿色蔬菜	四吡咯衍生物
	类胡萝卜素	黄色到红色	蔬菜、水果	异戊二烯衍生物
	花青素	红、紫、蓝色	水果等	多酚类衍生物
	花黄素（黄酮类）	黄色	植物	多酚类衍生物
	儿茶素（黄烷醇）	反应型	茶叶	多酚类衍生物
	鞣质	反应型	植物	多酚类衍生物
	红花色素	黄色到红色	红花	醌类衍生物
	甜菜红	黄色到红色	红甜菜	醌类衍生物
	姜黄素	黄色	姜黄、芥末	酮类衍生物

色素类别	色素名称	颜色	来源	结构特征
动物色素	血红素	红色	禽畜肉	卟啉类衍生物
	虫胶色素	橙黄到紫色	紫胶虫	醌类衍生物
	胭脂虫红	红色	胭脂虫	醌类衍生物
	黑色素	黑色	动物	醌类衍生物
	虾青素	红色到蓝色	虾、蟹	异戊二烯衍生物
微生物色素	红曲色素	红色	红曲	酮类衍生物
	藻红素	红色到绿色	海藻	色素蛋白

3. 按溶解性质不同分类

（1）水溶性色素　如血红素、花青素等。

（2）脂溶性色素　如叶绿素、胡萝卜素等。

（四）烹饪产品的色

色彩与饮食的关系建立在条件反射的基础上，良好的色彩搭配，自然触发对菜肴的联想，仿佛醇香之味溢于口鼻，故而食欲大增。尤其是冷盘菜肴制作过程中，其原料色彩搭配的恰当与否，直接关系着宴席及菜肴品质的高低。

1. 色彩的味觉联系及内涵

色彩引起的感觉，有冷暖感、重量感、距离感、运动感、胀缩感。味感是其中的一种色彩与味的联动作用。在人们的生活经验积累中，很多食品的色彩与味觉联系起来。

2. 色的搭配

自然界中的色彩不能完全生搬硬套地运用在烹饪上，在烹饪中，不同色彩的原料经过合理搭配，能使菜肴色彩艳丽、淡雅或色彩平和、清晰，达到刺激食欲、美化菜肴、悦人精神的效果，使饮食活动达到实用性与艺术性结合的双重效果。菜肴主辅料的色彩搭配要求协调、美观、大方，有层次感。色彩搭配的一般原则是配料衬托主料。具体配色的方法如下。

（1）顺色菜　组成菜肴的主料与辅料色泽基本一致。此类多为白色，所用调料，也是盐、味精和浅色的料酒、白酱油等。这类保持原料本色的菜肴，色泽嫩白，给人以清爽之感，食之亦利口。鱼翅、鱼骨、鱼肚等都适宜配顺色菜。

（2）异色菜　这种将不同颜色的主料辅料搭配一起的菜肴极为普遍。为了突出主料，使菜品色泽层次分明，应使主料与配料的颜色差异明显些，例如，以绿的青笋、黑的木耳配红的肉片炒；用碧色豌豆与玉色虾仁同烹等，色泽效果令人赏心悦目。

二、四吡咯色素

（一）叶绿素

叶绿素是存在于植物体内的一种绿色色素，它使蔬菜和未成熟的果实呈现绿色；叶绿素也是植物进行光合作用所必需的催化剂。

1. 叶绿素的结构

叶绿素是一种镁卟啉衍生物，其结构见图 8-1。它的化学名称可以叫镁卟啉二羧酸叶绿醇甲醇二酯。

叶绿素有两种，即叶绿素 a 和叶绿素 b。不同的叶绿素分子只是在卟吩环上 R 取代基不同。叶绿素 a 上 R 取代基为甲基；叶绿素 b 上 R 取代基为甲醛基。叶绿素 a、叶绿素 b 常一同存在，并以 $3:1$ 的比例互相一起构成叶绿体中的复合体。

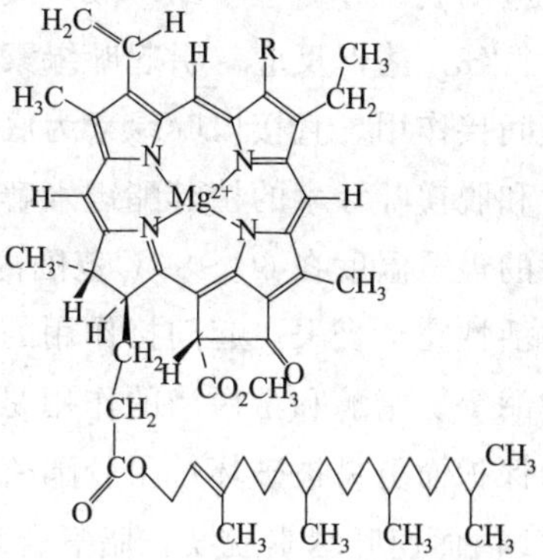

2. 性质

叶绿素 a 和脱镁叶绿素 a（去掉镁原子的叶绿素 a）均可溶于乙醇、乙醚、苯和丙酮等溶剂，不溶于水。叶绿素 b 和脱镁叶绿素 b 也易溶于乙醇、乙醚、丙酮和苯，也不溶于水。

图 8-1　叶绿素的分子结构

叶绿素 a 纯品是具有金属光泽的黑蓝色粉末状物质，熔点为 117～120℃，在乙醇溶液中呈蓝绿色，并有深红色荧光。叶绿素 b 为深绿色粉末，熔点 120～130℃，其乙醇溶液呈绿色或黄绿色，有红色荧光。叶绿素 a 和叶绿素 b 都有旋光活性。

3. 烹饪加工过程中的化学变化

（1）取代反应　叶绿素用稀酸（草酸或盐酸）处理，镁被两个氢原子所取代，生成褐色的脱镁叶绿素 a 或脱镁叶绿素 b，从而使原有的绿色消失。加热可促进此反应，因此烹调绿叶蔬菜时添加过量醋，将很快使菜的绿色失去。

pH 值是决定叶绿素脱镁速度的一个重要因素，pH 值在 3.0 时，叶绿素的稳定性很差。pH 值的降低诱发了植物细胞中脱镁叶绿素的生成，并进一步生成焦脱镁叶绿素，致使食品的绿色明显地向橄榄绿色到褐色转变，而且这种转变在水溶液中是不可逆的。叶绿素 a 比叶绿素 b 发生脱镁反应的速度更快，因为叶绿素 b 的卟啉环内的正电荷相对更多，从而增加了脱镁的困难，因此，叶绿素 b 比叶绿素 a 更稳定。

植物组织受热后，细胞膜被破坏，增加了氢离子的通透性和扩散速率，于是由于组织中有机酸的释放导致 pH 值降低，从而加速了叶绿素的降解。盐的加入可以部分抑制叶绿素的降解，有试验表明，在烟叶中添加盐（如 $NaCl$、$MgCl_2$ 和 $CaCl_2$）后加热至 90℃，脱镁叶绿素的生成分别降低 47%，70% 和 77%，这是由于盐的静电屏蔽效果所致。

在适当的条件下，叶绿素分子中的镁原子可为其他金属如铜、铁、锌等取代，其中以铜叶绿素的色泽最为鲜亮，对光和热均较稳定，在食品工业中作染色剂用。

（2）水解反应　叶绿素在稀碱溶液中水解，除去植醇部分，生成颜色仍为鲜绿色的脱植基叶绿素。植醇和甲醇，加热可使水解反应加快。脱植基叶绿素的光谱性质和叶绿素基本相同，但比叶绿素更易溶于水。如果脱植基叶绿素除去镁，则形成对应的脱镁叶绿素甲酯一酸，其颜色和光谱性质与脱镁叶绿素相同。

（3）酶促反应　引起叶绿素破坏的酶促反应有两类，一类是直接作用，另一类是间接作用。直接以叶绿素为底物的酶只有叶绿素酶，它是一种酯酶，能催化叶绿素和脱镁叶绿素的植醇酯键水解而分别产生脱植叶绿素和脱镁脱植叶绿素。叶绿素酶的最适温度在 $60\sim80℃$ 范围内，$80℃$ 以上其活性下降，达到 $100℃$ 时，叶绿素酶的活性完全丧失。起间接作用的酶有脂酶、蛋白酶、果胶酯酶、脂氧合酶和过氧化物酶等。脂酶和蛋白酶的作用是破坏叶绿素-脂蛋白复合体，使叶绿素失去脂蛋白的保护而更易被破坏；果胶酯酶的作用是将果胶水解为果胶酸，从而降低了体系的pH 值而使叶绿素脱镁；脂氧合酶和过氧化物酶的作用是催化它们的底物氧化，氧化过程中产生的一些物质会引起叶绿素的氧化分解。

（4）加氧作用与光降解　叶绿素溶解在乙醇或其他溶剂后并暴露于空气中会发生氧化，将此过程称为加氧作用。当叶绿素吸收等摩尔氧后，生成的加氧叶绿素呈现蓝绿色。

植物正常细胞进行光合作用时，叶绿素由于受到周围的类胡萝卜素和其他脂类的保护，而避免了光的破坏作用。然而一旦植物衰老或从组织中提取出色素，或者是在加工过程中导致细胞损伤而丧失这种保护，叶绿素则容易发生降解。当有上述条件中任何一种情况和光、氧同时存在时，叶绿素将发生不可逆的褪色。

叶绿素的光降解是四吡咯环开环并降解为小分子量化合物的过程。叶绿素及类似的卟啉在光和氧的作用下可产生单重态氧和羟基自由基。一旦单重态氧和羟基自由基形成，即会与四吡咯进一步反应，生成过氧化物及更多的自由基，最终导致卟啉降解及颜色完全消失。

（5）在食品处理、加工和储藏过程中的变化　食品在加工或储藏过程中都会引起叶绿素不同程度的变化。如用透明容器包装的脱水食品容易发生光氧化和变色。食品在脱水过程中叶绿素转变成脱镁叶绿素的速率与食品在脱水前的热烫程度有直接关系。菠菜经热烫、冷冻干燥，叶绿素 a 转变成脱镁叶绿素 a，比对应的叶绿素 b 的转化快 2.5 倍，并且这种变化是水分活度的函数。

许多因素都会影响叶绿素的含量。绿色蔬菜在冷冻和冻藏时颜色均会发生变化，这种变化受冷冻前热烫温度和时间的影响。有人发现豌豆和菜豆中的叶绿素由于脂肪氧合酶的作用而降解生成非叶绿素化合物，脂肪氧合酶还会使叶绿素降解产生自由基。食品在 γ 射线辐照及辐照后的储藏过程中叶绿素和脱镁叶绿素均发生降解。黄瓜在乳酸发酵过程中，叶绿素降解成为脱镁叶绿素、脱植基叶绿素和脱镁叶绿酸甲酯。

绿色蔬菜在酸作用下的加热过程中，叶绿素转变成脱镁叶绿素，因而颜色从鲜绿色很快变为橄榄褐色。在热加上菠菜、豌豆和青豆时，发现有 10 种有机酸存在，色素降解产生的主要酸是醋酸和吡咯烷酮羧酸。

4. 绿色蔬菜的护绿方法

关于绿色蔬菜的变色，其影响因素主要有 pH 值、加热时间和食盐。pH 值越低，变色越容易。一般在 pH 值 4 以下时，变色很快，所以加醋烹调的蔬菜很快变为黄绿色；pH 值 8.6 以上时，蔬菜呈青绿色，所以，炒菜时稍加点碱对保持菜色有利。因为稀碱能中和有机酸，能防止叶绿素脱镁，保持叶绿素原有的鲜绿色，这就是经常谈到的稀碱定绿的原理。又如，泡菜一般呈黄绿色，因为泡菜发酵产生了乳酸，使 pH 值降低，从而加速叶绿素脱镁变色；开锅盖或加锅盖炒菜，其变色速度不一，前者慢，后者快，这种现象亦和 pH 值有关。因为开盖煮，使菜中部分有机酸挥发，菜汤的 pH 值较大，所以变色速度慢；煮菜时间对变色程度也有影响，长则变色程度大，短则小。

对于蔬菜在热加工时如何保持绿色的问题曾有过大量的研究，但没有一种方法真正能够获得理想的效果。通常护绿方法有以下几种。

（1）加碱护绿　绿色蔬菜在加工前，用石灰水或氢氧化镁处理以提高 pH 值，使叶绿素分子中的镁离子不被氢原子所置换，能减少脱镁叶绿素的形成，但这种方法虽然在加工后产品可以保持绿色，但经过储藏后仍然变成褐色。

（2）热烫　热烫是护绿常用的方法。叶绿素分解酶可以在 $60\sim75℃$ 的热水中失活，并排除蔬菜组织中的氧气及有机酸，即通过高温处理，由于氧化机会少，酸的减少，减少了脱镁叶绿素的形成，基本可保持其菜肴的鲜绿色。

（3）加入铜盐和锌盐　稀硫酸铜溶液处理，能形成较稳定的铜叶绿素。但添加剂中 Cu^{2+} 的添加量受到一定限制，并且长期食用会对健康带来损害。

目前较好的蔬菜护绿方法还有多种技术联合使用，如选用高质量的原料，采用高温短时间处理，并辅以碱式盐、脱植醇的处理方法和低温储藏产品。

（二）血红素

血红素是高等动物血液和肌肉中的红色色素，存在于肌肉胞浆和血液的红细胞中，以复合蛋白质的形式存在，分别称肌红蛋白（Mb）和血红蛋白（Hb）。肌红蛋白和血红蛋白都是血红素与球状蛋白结合而成的结合蛋白，因此，肉的色素化学实际上是血红素色素化学。肌红蛋白是球状蛋白，多肽链和血红素结合的摩尔比为1∶1，而血红蛋白所结合的血红素为肌红蛋白的 4 倍。血红素在活的机体中，是呼

吸过程中 O_2 和 CO_2 的载体，是血红蛋白和肌红蛋白的辅基。血红蛋白可粗略地看成是由四个肌红蛋白分子连接在一起构成的 4 聚体。肌红蛋白的分子量为 17000U，血红蛋白为 68000U。

1. 结构

血红素是一原子铁和卟啉构成的铁卟啉化合物，其结构如图 8-2 所示。卟啉是

图 8-2　血红素的结构

由 4 个吡咯通过亚甲桥连接构成的平面环，在色素中起发色基团的作用。中心铁原子以配位键与 4 个吡咯环的氮原子连接，第 5 个连接位点是与珠蛋白的组氨酸残基键合，剩下的第 6 个连接位点与各种配位体中带负荷的原子相结合。

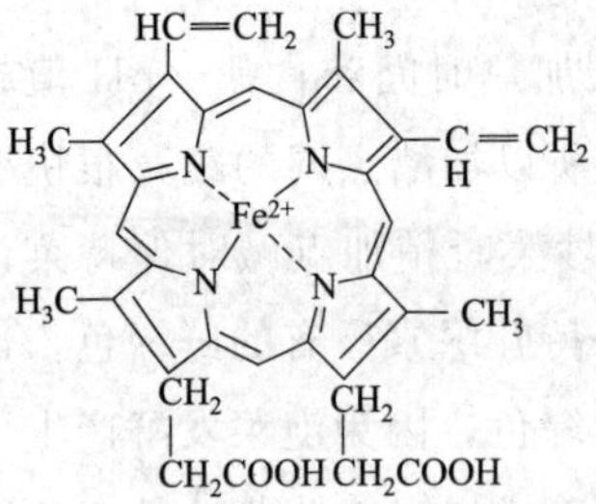

2. 理化性质

（1）**氧合作用**　动物屠宰放血后，由于对肌肉组织供氧停止，所以新鲜肉中的肌红蛋白保持为还原状态，使肌肉的颜色呈稍暗的紫红色。当鲜肉存放在空气中，肌红蛋白和血红蛋白与氧结合形成鲜红的氧合肌红蛋白和氧合血红蛋白，称为血红素的氧合作用。氧合肌红蛋白和氧合血红蛋白是血红素中亚铁原子和 1 分子氧以配位键络合而成的。这个反应是可逆的。

$$Mb+O_2 \rightleftharpoons MbO_2$$
$$Hb+O_2 \rightleftharpoons HbO_2$$

（2）**氧化作用**　当氧合肌红蛋白或氧合血红蛋白在氧或氧化剂存在下，亚铁血红素能被氧化成高铁血红素，形成棕褐色的变肌红蛋白（MetMb），称为血红素的氧化作用。鲜红色消失形成褐色需经过两个阶段：

在缺氧条件下储存时，则因珠蛋白的作用将 Fe^{3+} 又还原为 Fe^{2+}，因而又变成粉红色，称为（亚铁）血色原。

3. 肉类烹饪原料在储存、加工中的色泽变化

（1）**鲜肉的色泽**　动物屠宰放血后，由于血液循环的停止，中断了对肌肉氧的供给，所以肌肉蛋白中铁仍保持具有还原性，故肉的色泽由血色原所决定，呈稍暗的紫红色。但当切口处表面与空气接触时，则肌红蛋白立刻结合分子状态的氧络合成鲜红色的氧合肌红蛋白，或氧化成变肌红蛋白，产生褐色。氧合肌红蛋白、肌红蛋白、变肌红蛋白这三种色素处在动态平衡中，它们的变化取决于氧压。在高氧压时，肌红

蛋白（Mb）向着形成氧合肌红蛋白（MbO_2）的方向进行反应，MbO_2 是比较稳定的，这是因为肌红蛋中的珠蛋白部分具有防止血红素被氧化的作用，因此，MbO_2 的鲜红色可以保持相当时间；在低氧分压时，肌红蛋白被氧化成为变肌红蛋白（Fe^{3+}），但鲜肉中有还原性物质存在，不断使变肌红蛋白又还原为肌红蛋白。只要有氧存在，这种循环过程即可以连续进行，当还原物耗尽则褐色的变肌红蛋白将占优势。如果新鲜肉放置在空气中过久时，由于细菌的繁殖生长，降低部分氧分压，致使肉表面氧合肌红蛋白最终氧化形成棕褐色的变肌红蛋白而呈现陈肉的颜色。

（2）肉类原料在加热过程中色泽的变化　未经腌制的肉加热时，肌红蛋白中的珠蛋白部分发生变性，结果失去了防止血红素氧化的能力，因此血色原很快被氧化成高铁血色质而呈灰褐色。

（3）腌制肉的色泽　在某些肉类制品中为了促进发色或保持色泽稳定加入维生素 C 或其钠盐，肉类腌制过程中加入亚硝酸盐或硝酸盐起呈色作用，是利用了肌红蛋白与 NO 反应生成亚硝酰基肌红蛋白（MbNO），呈鲜红色。亚硝酰基肌红蛋白对于氧和热的作用远比氧合肌红蛋白稳定，根据这一原理肉制品加工中常使用硝酸盐或亚硝酸盐作为发色剂来赋予肌肉制品鲜红的颜色。加入抗坏血酸能加速 NO 的形成，由亚硝酸直接生成 NO。

抗坏血酸存在时，可以防止 MbNO 进一步与空气中的氧发生氧化作用，使其形成的色泽更稳定。但 MbNO 对可见光线的照射不稳定，因此经腌制后的肉类制品的切口暴露于光线下，MbNO 发生分解，由鲜红色变成褐色的高铁血色原。

实验证明，氧合肌红蛋白（MbO_2）中的 O_2 可以被 NO 等置换生成亚硝酰基肌红蛋白（MbNO），它较 Mb 和 MbO_2 更稳定，难于解离，并且有鲜艳明亮的红色。加热时，尽管珠蛋白部分发生变性，但由于 NO 与血红素难离解，生成变性珠蛋白 NO 血色原。此时 NO 血色原仍保持鲜红色，保证了腌制肉的鲜红色。腌制后的肉类热加工时，颜色不发生变化的原因就在于此。

（4）腐败肉的颜色　当肉经过久存后，肉中过氧化氢酶的活性消失，过氧化氢的积累使血红素氧化而变绿，这是肉类偶尔会发生变绿现象的原因。另外，细菌活动产生的硫化氢与肌红蛋白作用产生硫代胆绿蛋白，也会使肉产生绿色。腐败变质的肉中还存在血红素的分解产物，如各种胆色素，从而出现非常不好的黄色或绿色。

腌制肉常有绿色物质生成，目前认为造成绿变的原因可能有两方面：一方面是由于亚硝酸盐的过量，另一方面是细菌的污染。

三、多酚类色素

多酚类色素是植物中水溶性色素的主要成分，自然界中最常见的可分为花青素、花黄素和鞣质（又称单宁）三大类，其中花黄素和鞣质还与呈味有关。花青素、花黄素及鞣质中的一些成分其基本结构为苯并吡喃，结构如图8-3所示。

另外，这类色素还包括儿茶素、一些羟基酚酸和无色花青素等在内。

（一）花青素类

花青素是酚类色素中的一大类，许多水果、蔬菜和花卉原料之所以显鲜艳的颜色，就是由于细胞汁液中存在着这类水溶性化合物。花青素的颜色随结构及介质酸碱性的改变而改变，其色泽有红色、紫色和蓝色。花青素多与糖形成糖苷，故又称为花青苷。

1. 花青素的结构及种类

所有花青素的基本母核结构是2-苯基苯并吡喃，即花色基元，如图8-4所示。

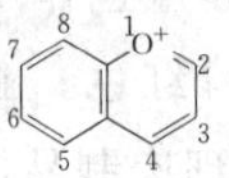

图 8-3　苯并吡喃阳离子结构 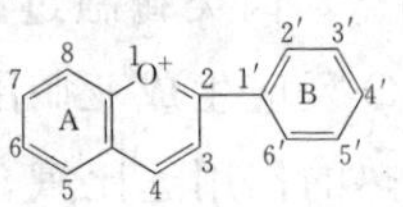　　　　　图 8-4　花青素的基本母核结构

烹饪原料中的花青素主要是那些花、叶、果类蔬菜和水果，如菜薹的紫色、茄子皮的蓝紫色、苹果的红色等色素。另外，植物中广泛存在一种叫无色花青素的成分，它通过脱水反应能变成有色花青素。许多未熟水果变成有色的成熟水果时，这种物质起了很大作用。罐头中也存在这类现象。

2. 花青素的性质及在烹饪加工中变化

花青素的母核环1位是一个缺电子体，它使得花青素有高度的反应活性，哪怕是在基本没有受到损伤的植物组织中，其色泽的稳定性都是十分有限的。花青素的稳定性主要受以下因素的影响。

（1）pH值　花青素是酸碱两性物质，受介质pH值的影响很大，随pH值变化而发生可逆的结构变化与颜色变化，多种花青素都有这种性质，如矢车菊色素在pH值等于3时为红色，pH值等于8.5时为紫色，pH值等于11时为蓝色。pH值较高时，花青素苷的化学结构被破坏速度也较快。

（2）SO_2　花青素很容易与SO_2或亚硫酸作用，反应一般发生在母核的2、4位，形成稳定的无色化合物。该反应可用于果蔬的护色，因为当酸化与加热时，加入到花色素中去的SO_2又可游离出来，再次呈现原花青素的色泽。

（3）金属离子　Al、K、Fe、Cu、Ca、Sn等的阳离子易与花青素作用形成络合物，使之改变原有颜色，因而果蔬加工与罐装时，应尽可能避免与以上离子接触。

（4）其他　花青素对温度和光照也很敏感，长时间加热或光照会使其退色。另外，研究表明抗坏血酸能引起某些果汁、果酒等食品中的花青素苷降解，聚合生成沉淀，同时抗坏血酸本身也被破坏。因为花青素色素是水溶性色素，加工中淋洗会造成色素流失。花青素在氧或氧化剂存在下极不稳定，可能是由于酚羟基氧化成醌型结构的原因。

（二）花黄素类

花黄素又叫黄酮类色素，广泛分布于植物界，是一大类水溶性天然色素，呈浅黄色或橙黄色，现在已发现 400 多种。食用植物的黄橙与橙红颜色主要是由类胡萝卜素赋予的，花黄素类的重要性仅在于它在加工条件下会因 pH 值和金属离子的存在而产生难看的颜色，影响食品的外观质量。

1. 花黄素类的结构及种类

花黄素类的母体结构是 2-苯基苯并吡喃酮，如图 8-5 所示，与花青素的母体结构相似。

由于 A 环和 B 环的取代基数量、种类、吡喃环的饱和程度、是否开环等不同，形成不同类的黄酮类化合物。

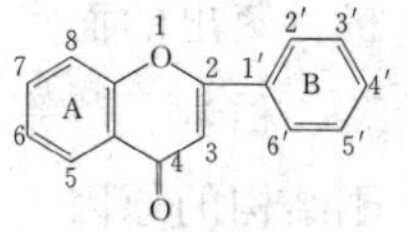

图 8-5　2-苯基苯并吡喃酮的结构

在自然界中含有这类色素成分者甚多，如高粱苞叶、种子及叶中所含芹菜苷，属于黄酮，在蔬菜中分布最广的槲皮苷，以及柑橘中的芸香苷都属于黄酮醇。

2. 花黄素的性质

花黄素（黄酮类）多带有酸性羟基，因此具有酚类化合物的通性，分子中的吡喃酮环和羰基，构成了生色团的基本结构，分子中酚羟基的数目和结合的位置对色素颜色有很大影响。一般羟基在 5、7 碳位置上对显色影响较小，在 $3'$ 或 $4'$ 碳位上有羟基（或甲氧基）多呈深黄色，在 3 碳位上有羟基显灰黄色，并且 3 碳位上的羟基还能使 $3'$ 或 $4'$ 碳位上有羟基的化合物颜色加深。

黄酮醇类（如槲皮酚）在紫外光下，由于 3 碳位上的羟基的影响，多带有显著的荧光，且显亮黄色或黄绿色，而黄酮类 3 碳位上缺羟基，在紫外光下，呈棕色。

黄酮类化合物遇到三氯化铁，呈现蓝、蓝黑、紫、棕等不同颜色，这和分子中 $3'$，$4'$，$5'$ 碳位上带有的羟基数目不同有关。3 位碳上羟基与三氯化铁作用通常呈棕色。在烹调时，常用铁锅和含铁自来水时，菜肴有时会呈现蓝色和褐色就是这个道理。

铝盐、铅盐、铬盐等试剂能与许多黄酮类化合物反应，生成颜色较深的络合物，黄酮类化合物的部分颜色反应见表 8-2。

表 8-2　黄酮类化合物的颜色反应

反应条件		组成部分	
		黄酮类	黄酮醇类
	可见光下	灰黄色	灰黄色
	紫外光下	棕色、红棕色或黄棕色	亮黄色或黄绿色
氨	可见光下	黄色	黄色
	紫外光下	黄绿色或暗紫色	亮黄色
三氯化铝	可见光下	灰黄色	黄色
	紫外光下	灰黄色荧光	黄或绿色荧光
	浓硫酸	深黄至橙色,有时显荧光	深黄至橙色,有时显荧光

　　作为一种色素物质,花黄素对食品感官性质的作用远不如其潜在的影响。在自然情况下,黄酮类的颜色自浅黄以至白色,鲜见明显黄色,但在遇碱时却会变成明显的黄色,其机制是黄酮类物质在碱性条件下其苯并吡喃酮的 1、2 碳位间的 C—O 键打开成查耳酮型结构所致,各种查耳酮的颜色自浅黄以至深黄不等,见图 8-6。在酸性条件下,查耳酮又恢复为闭环结构,于是颜色消失。例如,做点心时,面粉中加碱过量,蒸出的面点外皮呈黄色,就是黄酮类色素在碱性溶液中呈黄色的缘故。马铃薯、稻米、芦笋、荸荠等在碱性水中烹煮变黄,也是黄酮物质在碱作用下形成查耳酮结构的原因,洋葱特别是黄皮种,这种现象尤为突出。硬水的 pH 值往往高达 8,用 NaHCO$_3$ 软化的水质为碱性,葱头因黄酮物质溶出呈浅黄色,汤汁则因而呈鲜明的黄色。在水果蔬菜加工中用柠檬酸调整预煮水的 pH 值目的之一就在于控制黄酮色素的变黄现象。

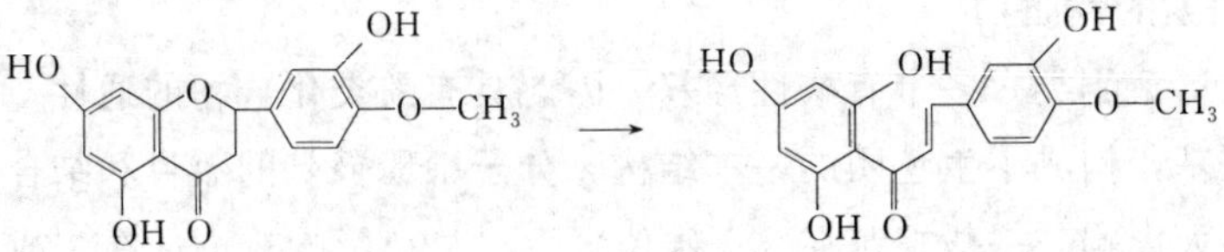

橙皮素(白色)　　　　　　　橙皮素查耳酮(金黄色)

图 8-6　黄酮类物质在碱性条件下反应

　　类黄酮色素在空气中放置容易氧化产生褐色沉淀,因此一些含类黄酮化合物的果汁存放过久便有褐色沉淀生成。

(三) 植物鞣质

　　在植物中含有一种具有鞣革性能的物质,称为植物鞣质,简称鞣质或单宁质,在食用植物中,如石榴、咖啡、茶叶、柿子等都存在,它们的水溶液具有收敛性和鞣皮性,因此称为鞣质。其化学结构属于高分子多元酚衍生物,易氧化,易与金属离子反应生成褐黑色物质。鞣质有涩味,是植物可食部分涩味的主要来源。在食品化学中,食物鞣质是指一切有涩味,能与金属离子反应或因氧化而产生黑色的物质。鞣质类从外观上显无色到黄色或棕黄色，作为呈色物质，鞣质主要是在植物组织受损及加工过程中起作用。

鞣质的颜色较浅，一般为淡黄、褐色。它们都是无定形粉末，除儿茶素外，都具有收敛性，能使蛋白质变性凝固，所以果汁脱涩可用此方法。鞣质对烹饪加工食品的重要性主要表现在它具有涩味和易被氧化，发生褐变作用，在空气中还能自动氧化变黑。酶、金属离子、碱性及加热都促进它褐变，所以对含鞣质多的果蔬，加热、储放时要特别注意这一现象。

四、异戊二烯衍生物类色素

这类色素是由异戊二烯残基为单元组成的共轭双键长链为基础的一类色素，是一类从浅黄到深红色的脂溶性色素，使动植物食品呈现黄色和红色。例如，番茄中的番茄红素，胡萝卜中的胡萝卜素等。其中最早发现的是存在于胡萝卜肉质根中的红橙色色素即胡萝卜素，因此，这类色素又总称为类胡萝卜素。已知的类胡萝卜素已达300种以上，颜色从黄、橙、红以至紫色都有。

类胡萝卜素可按其结构与溶解性分为两大类。

① 胡萝卜素类　结构特征为共轭多烯烃，溶于石油醚，但仅微溶于甲醇、乙醇。

② 叶黄素类　结构特征为共轭多烯烃的含氧衍生物，可以醇、醛、酮、酸的形式存在，溶于甲醇、乙醇和石油醚。

1. 结构

大多数的天然类胡萝卜素都可以看作是番茄红素的衍生物，几种天然类胡萝卜素的结构式如图8-7所示。

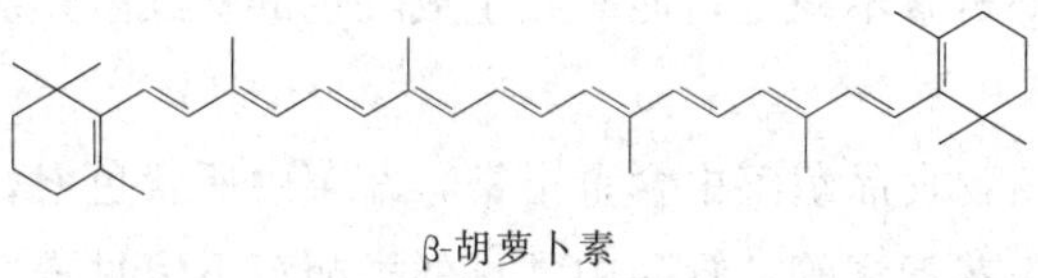

β-胡萝卜素

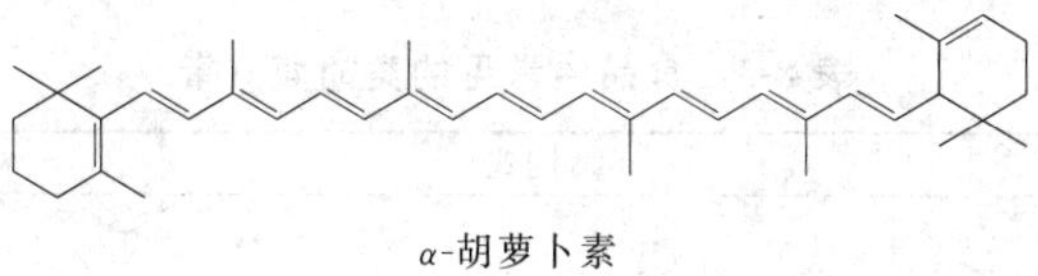

α-胡萝卜素

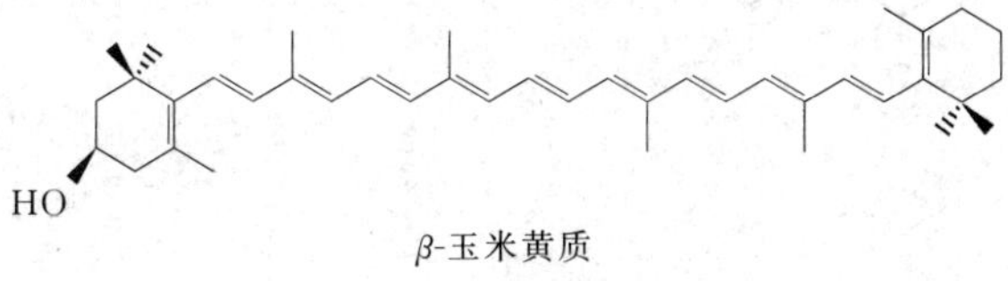

β-玉米黄质

图 8-7

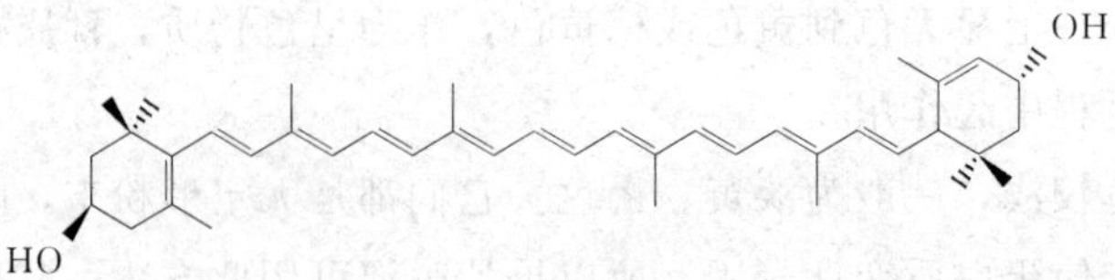

叶黄素

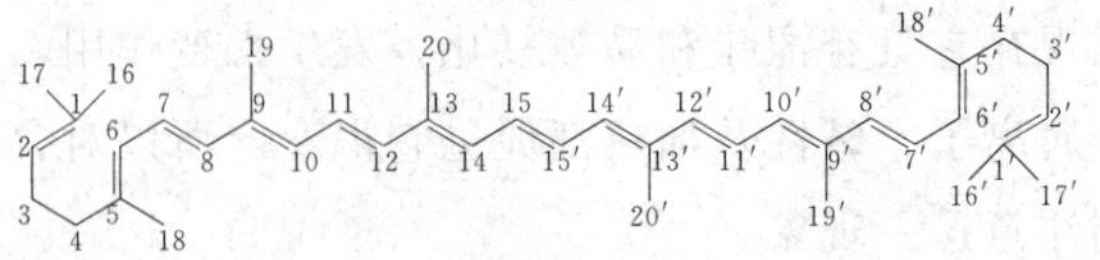

番茄红素

图 8-7　几种天然类胡萝卜素的结构

2. 动植物原料体内的类胡萝卜素

由于大多数天然类胡萝卜素可看作是番茄红素的衍生物。番茄红素是番茄的主要色素，也广泛存在于西瓜、南瓜、柑橘、杏和桃等水果中。带有黄色的还有叶黄素等很多色素，如玉米黄质存在于玉米、辣椒、桃、柑橘和蘑菇等植物中，它也是一种常用食用色素。

类胡萝卜素能以游离态（结晶或无定形）存在于植物组织或脂类介质溶液中，也可以与糖或蛋白质结合，或与脂肪酸结合以酯类的形式存在。例如，蔬菜、黄色和红色水果及其他绿色植物中大多存在类胡萝卜素色素；辣椒中辣椒红素以月桂酸酯存在；类胡萝卜素酯在花、果实、细菌体中均已发现；在动物体中亦有存在，如蛋黄、部分羽毛和甲壳中；金鱼和鲑鱼的颜色也是由这类色素产生的。近来，对各种无脊椎动物中的色素研究表明，类胡萝卜素与蛋白质结合不仅可以保持色素稳定，而且可以改变颜色。例如，红色类胡萝卜素、虾黄素与蛋白质配位时使龙虾壳显蓝色，在加热烹饪过程中，由于与虾黄素结合的蛋白质变性凝固，从而使虾黄素游离出来，游离型虾黄素不稳定，能氧化生成红色的虾红素，从而使虾的表皮呈现出诱人的红色。

类胡萝卜素在植物食品蔬菜中含量丰富，蔬菜中所含色素，主要是叶绿素、类胡萝卜素、黄酮素、花青素等。食品中常见的类胡萝卜素见表 8-3。

表 8-3　食品中常见的类胡萝卜素

颜色	名称	结构式	存在
橙黄色类	β-胡萝卜素	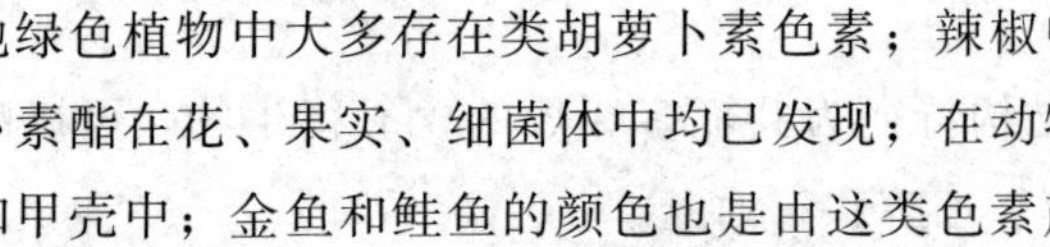	胡萝卜、柑橘、南瓜、蛋黄、绿色植物
	叶黄素	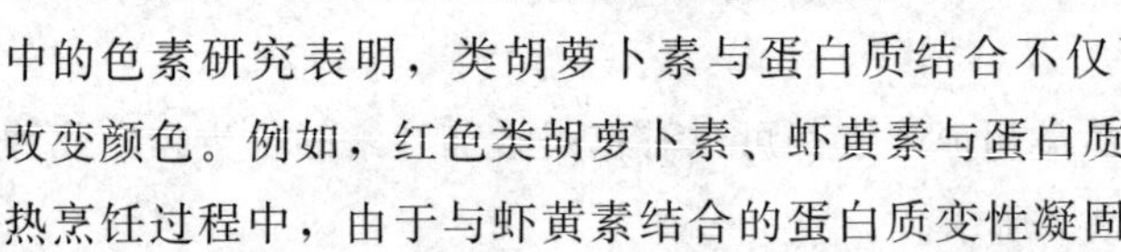	柑橘、南瓜、蛋黄、绿色植物

颜色	名称	结构式	存在
橙黄色类	玉米黄质		玉米、肝脏、蛋黄、柑橘
	姜黄素		杏、辣椒
	隐黄素		柿子、玉米、柑橘、蛋黄
	番茄红素		番茄、西瓜
	虾黄素		虾、蟹、鲑鱼
红色素	辣椒红素		辣椒
	辣椒玉红素		辣椒
	杏菌红素		洋菇、细菌

3. 性质及烹饪加工中的变化

所有的类胡萝卜素都是脂溶性色素，易溶于氯仿、丙酮等有机溶剂，几乎不溶于水和酒精。类胡萝卜素热稳定性较好，pH 值对其影响不大，但抗氧化、抗光照性能较差，易被酶分解退色。因此在加工或储藏中，pH 值、温度、加热时间对类胡萝卜素影响很小，但有时类胡萝卜素颜色会发生变化，如胡萝卜加热后，从金黄色变为黄色，西红柿的红色也会减退。

值得注意的是，类胡萝卜素的氧化破坏与其所处状态有很大关系：在未损伤的活体组织中，与蛋白质成结合态的类胡萝卜素相当稳定，色素的稳定性很可能与细胞的渗透性和起保护作用的成分存在有关。提取后的类胡萝卜素对光、热、氧较敏感；又比如番茄红素在番茄果实中非常稳定，但提取分离得到的纯品色素不稳定。

五、酮类衍生物色素

这类色素主要有由红曲霉菌丝所分泌的红曲色素，及在姜黄植物中提取出的黄色的姜黄素，前者为脂溶性，后者为水溶性，也作为人工天然色素广泛使用。

1. 红曲色素

红曲，古称丹曲，是我国传统产品。红曲性温，味甘，无毒，入脾胃二经，可健脾、燥胃，有活血的功能。红曲是由红色红曲霉、紫红红曲霉和变红红曲霉等菌种接种于蒸熟的大米，经培育所得。红曲霉是我国生产红曲色素的主要菌种。菌体在培养初期无色，以后逐渐产生鲜红色。

红曲色素中有六种不同成分，其中有橙色红曲色素（红斑红曲素、红曲玉红素）、黄色红曲色素（红曲素、黄红曲素）、紫色红曲色素（红斑红曲胺、红曲玉红胺）。

上述这些色素成分的物理化学性质互不相同，具有实际应用价值的是醇溶性的橙色红曲色素中的红斑红曲素和红曲玉红素，化学结构如图8-8。

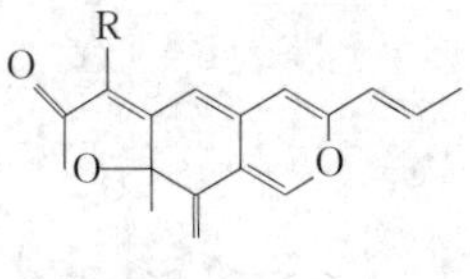

R＝COC$_5$H$_{11}$，红斑红曲素
R＝COC$_7$H$_{15}$，红曲玉红素

图8-8　红曲色素结构

红曲色素性质稳定，色调不像其他天然色素那样易随pH值的改变而发生显著的变化，耐热性强，加热时颜色变化小，耐光性好，不受金属离子的影响，基本上也不受氧化剂和还原剂的影响，着色性能好，特别是对蛋白质着色，一经染色后水洗也不退色。它与人工合成的色素相比，安全性很高。

自古以来，我国就已用红曲米着色于各种食品。例如用它酿造红酒，着色于红香肠、红腐乳、酱肉和粉蒸肉等。现在还用它着色各种酱菜、糕点、禽类、火腿等食品。上过红曲色素的食品，油炸时由于高温而变暗。

2. 姜黄素

姜黄素是姜黄根茎中含有的黄色色素的主要成分，为姜黄的3％～6％。姜黄素是一种二酮类化合物，它的化学结构如图 8-9 所示。

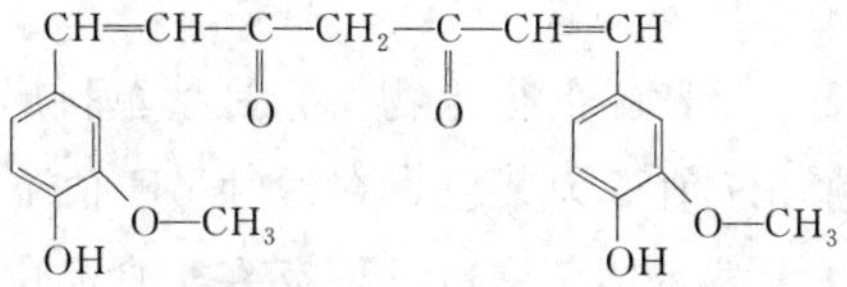

$$CH=CH-C-CH_2-C-CH=CH$$

图 8-9　姜黄素结构

姜黄素为橙黄结晶粉末，不溶于水，溶于乙醇、丙二醇，易溶于冰醋酸和碱溶液。具有胡椒的香，稍有苦味。在碱液中呈红色，在中性或酸性溶液中呈黄色；不易被还原，易与铁离子结合而变色；对光、热稳定性差；着色好，特别对蛋白质的着色力强。

我国食品添加剂使用卫生标准规定，姜黄的使用范围可根据正常生产需要加入。姜黄粉是我国民间传统的食用天然色素，可作为咖喱粉及黄色咸萝卜等食品的增香及着色用，亦常用于龙眼的外皮着色。但姜黄粉的辛辣气味甚浓，除用于咖喱粉等以外，不大适宜直接添加于其他食品中；而姜黄素则不受此限。

六、醌类衍生物色素

这类色素有属于动物色素的虫胶色素（也叫紫草茸色素）、胭脂虫色素和植物中存在的紫草色素。前两类为蒽醌类物质，后一种为萘醌类物质。它们均可作为食品添加剂。

1. 虫胶色素（紫草茸色素）

虫胶色素是紫胶虫寄生在梧桐科、芒木属等寄生植物上所分泌的紫胶原胶（连胶带枝条一并砍下称为紫梗）中的一种色素，产于我国云南、四川等地。虫胶色素有溶于水和不溶于水的两大类，均为蒽醌衍生物。溶于水者被命名为虫胶红酸。虫胶红酸为鲜红色粉末，在水、丙二醇、乙醇中溶解度不大，而且纯度愈高其在水中的溶解度愈小，能溶于碳酸氢钠、碳酸钠、氢氧化钠等碱性溶液中，在酸性时对光和热稳定；色调随溶液的 pH 值而变化：pH 值在 4.5 以下为橙黄色，pH 值在 4.5~5.5 时为橙红色，pH 值大于 5.5 时为紫红色，在强碱性溶液（pH 值在 12 以上）放置后退色。其最大用量为 100mg/kg。常用于果汁、果子露、汽水、配制酒及糖果等食品的着色。

2. 胭脂虫色素

胭脂虫是一种寄生于仙人掌上的昆虫，胭脂虫红色素是从雌虫干粉中，用水提取出来的红色素。其主要成分为胭脂红酸，属于蒽醌衍生物。目前国内外均认为胭脂虫红是一种安全的天然色素，一般用于饮料、果酱及番茄酱等着色，一般用量为 0.005%。

3. 紫草色素

紫草色素又名碱蓝素，是萘醌的衍生物。它是紫草科属一些植物根中所含的紫红色素。紫草色素在中性 pH 值下为紫色，在碱性 pH 值下为蓝色，在酸性 pH 值下为红紫色。除了上述几大类主要色素以外，存在于食品中的天然色素还有甜菜色素、玫瑰茄色素等多种。

目前天然色素按规定允许使用的有虫胶色素、姜黄素、叶绿素铜钠盐、辣椒红素、红曲色素、甜菜红、β-胡萝卜素、胭脂树抽提物、焦糖色。其中焦糖色、辣椒红素等在烹饪中经常使用。

天然色素虽在安全性方面较有保障，但其着色效力较差，易变色，价格高，在实用方面受到一定限制，所以合成色素也在大量使用。

七、人工合成色素

人工合成色素一般较天然色素色彩鲜艳，坚牢度大，性质稳定，着色力强，并且可以任意调色，使用方便，成本低。但合成色素很多属于煤焦油染料，它们的化学性质直接危害人体健康，或在代谢中产生有害物质。因此，我国食品中使用色素在食品卫生标准中有严格要求。

（一）我国允许使用的食用合成色素

目前，我国允许使用的食用合成色素有苋菜红、胭脂红、柠檬黄、日落黄、靛蓝、亮蓝、赤藓红、新红、赤藓红铝色淀、新红铝色淀，以及合成的 β-胡萝卜素和叶绿素铜钠盐等。这些人工合成色素按化学结构可分为偶氮化合物和非偶氮化合物两大类。偶氮化合物，可分油溶性与水溶性两类。油溶性色素不溶于水，进入人体后不易排出体外，因此，它们的毒性较大，现在各国都基本上不再用它作为食品着色剂了；水溶性色素，一般认为磺酸基越多，排出体外越快，则毒性越低。

1. 苋菜红

苋菜红是胭脂红的异构体，又名食用红色 2 号，属于单偶氮类色素。

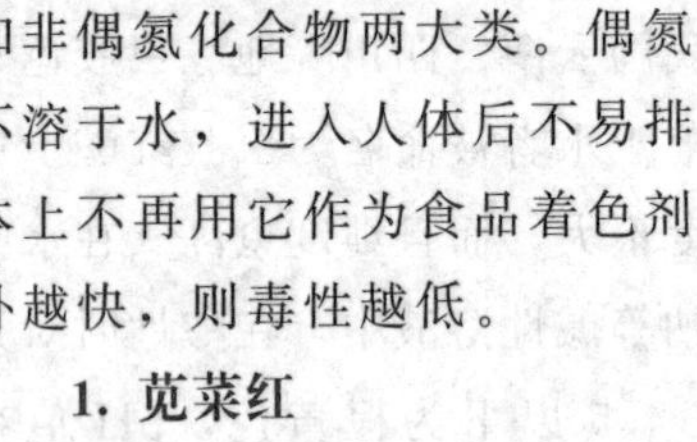

苋菜红的分子式 $C_{20}H_{11}O_{10}N_2S_3Na_3$，化学名称为：1-(4′-磺酸基-1′-萘偶氮)-2-萘酚-3,6-二磺酸三钠盐。其结构见图 8-10。

苋菜红是红褐色或暗红褐色均匀粉末或颗粒。对光、热、盐均比较稳定，耐酸性良好，对氧化还原作用敏感，易溶于水成为带蓝光的红色溶液，可

图 8-10　苋菜红结构

溶于甘油，微溶于乙醇，不溶于油脂，不宜用于发酵食品着色。

我国食品添加剂使用卫生标准规定苋菜红最大使用量为 0.05g/kg。使用范围包括果味水、果味粉、果子露、汽水、配制酒、糖果、糕点上彩装、红绿丝及罐头。苋菜红如若与其他食用合成色素混合使用，则应根据最大使用量按比例折算。婴儿代乳食品不得使用该色素着色。

2. 胭脂红

胭脂红的分子式为 $C_{20}H_{11}O_{10}N_2S_3Na_2$，化学名称为 1-(4′-磺基-1′-萘偶氮)-2-萘酚-6,8-二磺酸三钠盐，属于单偶氮类色素，其结构见图 8-11。

胭脂红是红色至深红色均匀粉末或颗粒，耐光、耐热（105℃），对柠檬酸、酒石酸稳定，耐还原性差，遇碱变为褐色粒，易溶于水，呈红色，溶于甘油，难溶于乙醇，不溶于油脂。用于饮料、配制酒、糖果等最大使用量 0.05g/kg。其使用方法参照苋菜红。

3. 柠檬黄

柠檬黄又称肼黄或酒石黄，亦为单偶氮色素，分子式为 $Cl_6H_9O_9N_4S_2Na_2$，其化学名称为 3-羧基-5-羟基-1-(对-磺苯基)-4-(对-磺苯基偶氮)-邻氮茂三钠盐。其结构见图 8-12。

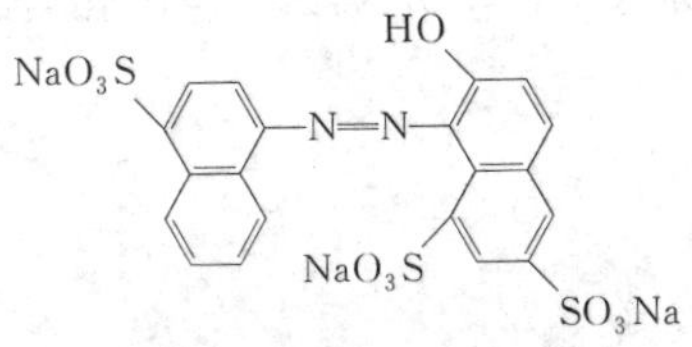

图 8-11 胭脂红结构

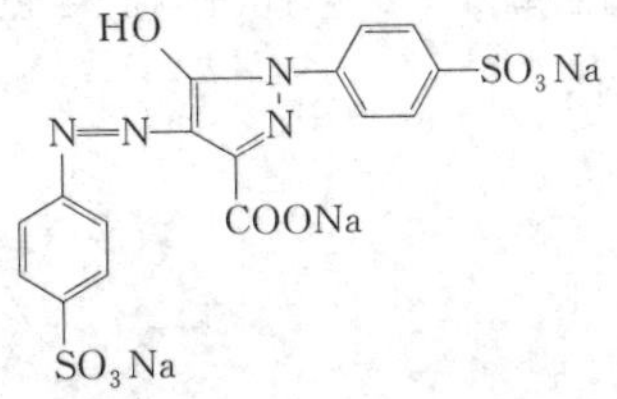

图 8-12 柠檬黄结构

柠檬黄是橙黄色至橙色均匀粉末或颗粒，耐光、耐热（105℃），易溶于水、甘油、乙二醇，微溶于乙醇、油脂，在柠檬酸、酒石酸中稳定，遇碱稍变红，是安全性较高的食用合成色素。我国规定其最大用量为 100mg/kg。

4. 日落黄

日落黄又称橘黄，分子式为 $Cl_6H_{10}O_7N_2S_2Na_2$，化学名称是 1-(对-磺苯基偶氮)-2-萘酚-6-磺酸二钠盐，属单偶氮色素。其结构见图 8-13。

日落黄是橙红色均匀粉末或颗粒，耐光、耐酸、耐热性非常强，易溶于水、甘油，微溶于乙醇，不溶于油脂。在酒石酸、柠檬酸中稳定，遇碱变红褐色。日落黄安全性较高，用于饮料、配制酒、糖果等，最大使用量为 0.10g/kg。

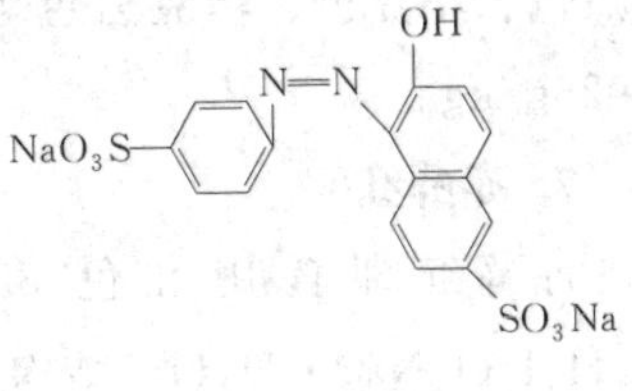

图 8-13 日落黄结构

5. 靛蓝

靛蓝又名酸性靛蓝，是世界上最广泛使用的食用色素之一。靛蓝属靛类色素。靛蓝分子式为 $Cl_6H_8O_8N_2S_2Na_2$，化学名称为 $5,5'$-靛蓝素二磺酸二钠盐。其结构见图 8-14。

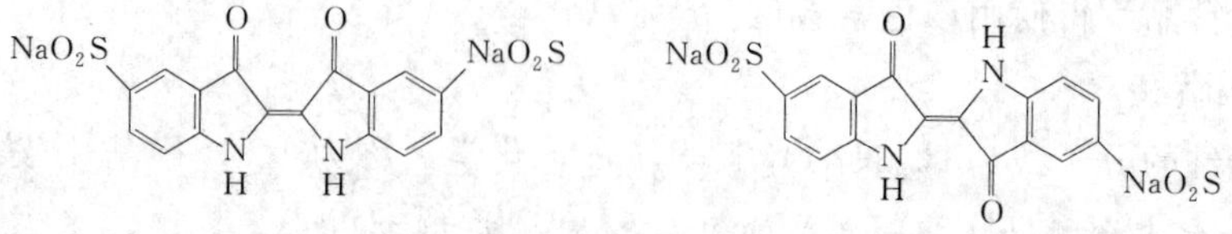

顺式　　　　　　　　　　　　反式

图 8-14　靛蓝结构

靛蓝为蓝色均匀粉末，无臭，0.05％水溶液呈深蓝色。在水中溶解度较低，溶于甘油、丙二醇，稍溶于乙醇，不溶于油脂。对光、热、酸、碱、氧化作用都很敏感，耐盐性较弱，易为细菌分解，还原后褐色，但染着力好。

靛蓝很少单独使用，多与其他色素混合使用。我国规定其最大使用量为 0.1g/kg。该色素对水的溶解度较其他食用合成色素低，在使用时应加以注意。

6. 亮蓝

亮蓝属于三苯代甲烷类色素，分子式为 $C_{37}H_{34}O_9N_2S_3Na_2$，化学结构见图 8-15。

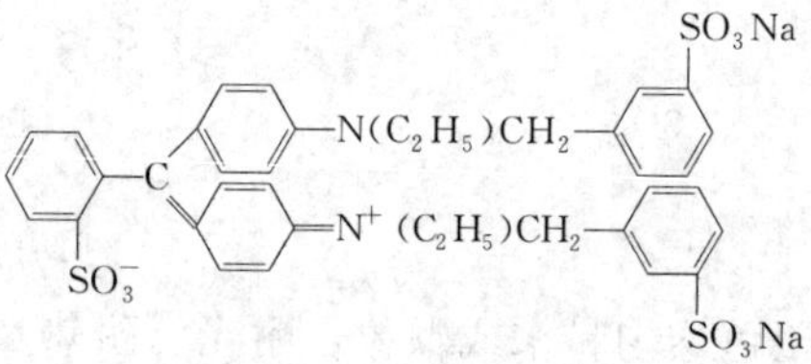

图 8-15　亮蓝结构

亮蓝为具有金属光泽的红紫色粉末，溶于水呈蓝色，可溶于甘油及乙醇，21℃时在水中的溶解度为 18.7％。耐光性、耐酸性、耐碱性均好。适用于糕点、糖果、清凉饮料及豆酱等的着色，用量 5～10mg/kg，使用时可以单独或与其他色素配合成黑色、小豆色、巧克力色等应用。本品安全性较高，无致癌性，最大使用量为 0.025g/kg。

7. 赤藓红

赤藓红即食用红色 3 号，又名樱桃红或新酸性品红。其分子式为 $C_{20}H_6I_4O_5Na_2 \cdot H_2O$，结构见图 8-16。

赤藓红是红至红褐色均匀粉末或颗粒，耐光性、耐酸性、耐碱性均好，对蛋白质着色性好，可溶于乙醇、甘油和甘二醇，不溶于油脂，安全性较高。用于饮料、配制酒、糖果等，最大使用量为 0.05g/kg。

8. 新红

新红的分子式为 $C_{18}H_{12}O_{11}N_3S_3Na_3$，其化学名称是 2-(4′-磺基-1′-苯氮)-1-羟基-8-乙酰氨基-3,6-二磺酸三钠盐。其结构见图 8-17。

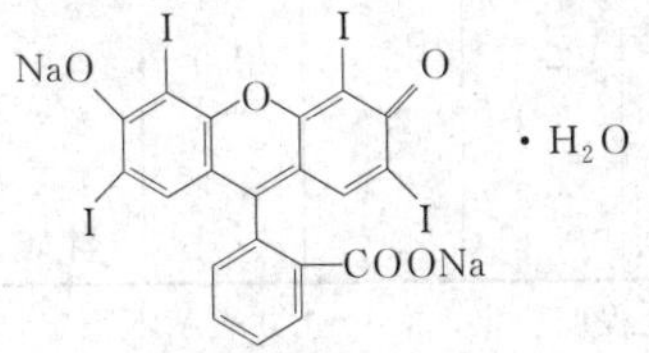

图 8-16 赤藓红结构

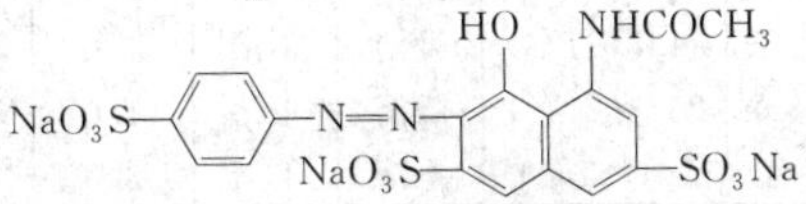

图 8-17 新红结构

新红属单偶氮类色素，系一种新的食用合成色素，为红色均匀粉末，易溶于水，呈红色澄清溶液，微溶于乙醇而不溶于油脂，具有酸性染料特性。适用于糖果、糕点、饮料等的着色。毒理学实验证明安全性较高，最大的使用量为 0.05g/kg。

(二) 食用合成色素的一般性质

选用合成色素，首先应考虑无害。此外，通常需要考虑的是在水、乙醇或其他混合介质中有较高的溶解度，坚牢度好，不易受食品加工中的某些成分，如酸、碱、盐、膨松剂及防腐剂等的影响，不易被细菌侵蚀，对光和热稳定，以及具有令人满意的色彩。现将我国准许使用的几种食用合成色素的一般性质扼要概括如下。

1. 溶解度

最重要的溶剂是水、醇（特别是乙醇和甘油）以及植物油。油溶性合成色素一般毒性较大，现在很少作食用，在实际应用时可以用非油溶性食用合成色素与之乳化、分散来达到着色的目的。温度对水溶性色素的溶解度影响很大，一般是溶解度随温度的上升而增加。水的 pH 值及食盐等盐类亦对溶解度有影响。此外，水的硬度高则易变成难溶解的色淀。

2. 染着性

食品的着色可以分成两种情况，一种是使之在液体或酱状的食品基质中溶解、混合成分散状态，另一种是染着在食品的表面。

3. 坚牢度

坚牢度是衡量食用色素品质的重要指标，系指其在所染着的物质上对周围环境（或介质）抵抗程度的一种量度，色素的坚牢度主要决定于它们自己的化学结构及所染着的基质等因素，衡量色素的坚牢度主要包括耐热性、耐酸性、耐碱性、耐氧化性、耐还原性、耐紫外线（日光）性、耐盐性、耐细菌性。

不同色素对细菌的稳定性不同。柠檬黄耐细菌性较强，而靛蓝则较弱。几种食用合成色素使用性质的比较见表 8-4。

表 8-4　几种食用合成色素使用性质的比较

名称	溶解度			坚牢度							
	水/%	乙醇	植物油	耐热性	耐酸性	耐碱性	耐氧化性	耐还原性	耐光性	耐食盐性	耐细菌性
苋菜红	17.2(21℃)	极微	不溶	1.4	1.6	1.6	4.0	4.2	2.0	1.5	3.0
胭脂红	23(20℃)	微溶	不溶	3.4	2.2	1.0	2.5	3.8	2.0	2.0	3.0
柠檬黄	11.8(21℃)	微溶	不溶	1.0	1.0	1.2	3.4	2.6	1.3	1.6	2.0
日落黄	25.3(21℃)	微溶	不溶	1.0	1.0	1.0	2.5	3.6	1.3	1.6	2.0
靛蓝	1.1(21℃)	不溶	不溶	3.0	2.6	3.6	5.0	3.7	2.5	34.0	4.0

注：坚牢度项内，1.0～2.0 表示稳定，2.1～2.9 表示中等程度稳定，3.0～4.0 表示不稳定，4.0 以上表示很不稳定。

（三）着色中的注意事项

1. 安全问题

食品着色剂作为食品添加剂之一，安全问题非常重要。理想的添加剂应该是有益无害的物质。有些添加剂，特别是化学合成着色剂往往都有一定的潜在风险或毒性，必须严格控制使用，包括食用对象、使用对象、色素规格和用量。原则上菜肴和主食中不可使用合成色素。因此，必须严格控制使用合成色素。

2. 色素溶液的配置

使用时，一般可分为混合与涂刷两种，混合法适用于液态与酱状或膏状食品，即将欲着色的食品与色素混合并搅拌均匀。涂刷法主要对不可搅拌的固态食品应用，可将色素预先溶于一定的溶剂（如水）中，而后再涂刷于欲着色的食品表面，糕点装饰可用此法。

直接使用色素粉末不易使之在食品中分布均匀，可能形成色素斑点，所以最好用适当的溶剂溶解，配制成溶液应用。一般使用的浓度为 1%～10%，过浓则难于调节色调。配制时溶液应该按每次的用量配制，因为配好的溶液久置后易析出沉淀。另外，配制水溶液所使用的水，通常应将其煮沸，冷却后再用，或者使用纯净水。配制溶液时应尽量避免使用金属器具。

3. 色调的选择与拼色

色调的选择应考虑消费者对食品色泽方面的爱好和认同，应选择与食品原有色彩相似，或与食品名称一致的色调。为丰富食用合成色素的色谱，可将色素按不同的比例混合拼配。理论上由红、黄、蓝三种基本色即可拼配各种不同的色谱。

各种食用合成色素溶解于不同溶剂中，可能产生不同的色调和强度，尤其是在使用两种或数种食用合成色素拼色时，情况更为显著。例如各种酒类因酒精含量的不同，溶解后的色调也各不相同，故需要按照其酒精含量及色调强度的需要进行拼色。此外，食品干燥时，色素亦会随之集中于表层，造成所谓"浓缩影响"。拼色中各种色素对日光的稳定性不同，退色快慢也各不相同，如靛蓝退色较快，柠檬黄则不易退色。

我国规定允许使用的合成色素仅有苋菜红等数种。为丰富食用合成色素的色谱，以满足食品加工生产着色的需要，可将色素按不同的比例混合拼配。理论上由红、黄、蓝三种基本色即可拼配各种不同的色谱。具体配法如下：

由于影响色调的因素很多，在应用时必须通过具体实践，灵活掌握。

4. 遵循先调色后调味的程序

添加色素时，要遵循先调色后调味的基本程序。这是因为绝大多数调色料也是调味料，若先调味再调色，势必使菜肴口味变化不定，难以掌握。

5. 加热的菜肴要注意分次调色

一般合成色素难以耐受105℃以上高温，所以应避免长时间置于105℃以上的高温下。需要长时间加热烹制的菜肴（如红烧肉等）时，要注意运用分次调色的方法。因为菜肴汤汁在加热过程中会逐渐减少，颜色会自动加深，如酱油在长时间加热时会发生糖分减少、酸度增加、颜色加深的现象，若一开始就将色调好，菜肴成熟时，色泽必会过深。所以在开始调色阶段只宜调至七八成，在成菜前，再来一次定色调制，使成菜色泽深浅适宜。

第二节　食品的滋味及呈味物质

一、味感基础

（一）味感的形成

食物进入口腔引起的所有感觉总称为口味或口感，包括舌头和口腔的各种感觉，如味觉、触觉、痛觉、温度觉等对食品的感受。在这些感觉中，味觉是一种独特的感觉，因为它是物质在口腔内给予舌头上的特定味感受器的刺激。例如，把盐和糖放在嘴唇上，人们都有一定的感觉，却不能区别它们，因为嘴唇没有味觉器官，但把它们放在舌头上，就能通过味觉所形成的"咸"和"甜"的感受来区别它们。所以，滋味或称味感是指由舌头上的特定的感觉器所感受到的感觉。

滋味的形成需要两个基本条件：一是要有味觉生理感觉器官；二是要有适当的

刺激——呈味分子的存在。

口腔内的味觉感受器主要是味蕾。味蕾是由40～150个味觉细胞成蕾状聚集构成，10～14天更换一次。味蕾大致深度为 $50～60\mu m$，宽 $30～70\mu m$，嵌入舌面的乳突中，顶部有味觉孔，敏感细胞连接着神经末梢，呈味物质刺激敏感细胞，产生兴奋作用，由味觉神经传入神经中枢，进入大脑皮质，产生味觉。味觉一般在 $1.5～4.0ms$ 内完成。一般成年人只有9000多个味蕾，婴儿可能超过10000个味蕾。说明人的味蕾数目随着年龄的增长而减少，对味的敏感也随之降低。味蕾在舌头上的分布是不均匀的，大部分分布在舌头表面的乳状突起中，尤其是舌黏膜皱褶处的乳状突起中最密集。

（二）味觉的种类

味觉也有四种原味的说法，从生理的角度出发，把甜、酸、咸、苦四种基本味觉称之为"四原味"。目前认为，其他味，特别是复合味是四个基本味相互作用产生的。四个基本味在舌头上都有与之对应的、专一性较强的味感受器。另外，在烹饪食品调味中，鲜味也常作为基本味。

在日本除了四种基本味觉外，加了辣味。在欧美，在四种味觉的基础上又加进金属味和碱味而为六种味觉。而印度则加进涩味、辣味、淡味、不正常味而为八种味觉。化学味觉通常包括酸、甜、咸、苦、辣、鲜、涩等基本味和由此派生出来的咸鲜、酸甜、麻辣等各种复合味。具体有以下种类。

1. 单一味

单一味有甜、酸、咸、苦、鲜、辣、涩、碱、清凉及金属味等。

2. 复合味

复合味是由两种或两种以上的单一味所组成的新的味，如咸鲜、酸甜、麻辣、甜辣、怪味等。丰富多样的菜肴所呈现的味绝大多数都是复合味。各种单味物质以不同的比例，不同的加入次序，不同的烹调方法混合就能产生众多的各种复合味。单一味可数，复合味无穷。不同的单一味混合在一起，各种味之间可以相互影响，使其中每一种味的强度都会发生一定程度上的改变。如咸味中加入微量的食醋，可使咸味增强；酸味中加入甜味的食糖，可使酸味变得柔和。

我国菜肴的口味丰富多彩，变化很大。烹调中常见的复合味有酸甜味、甜咸味、鲜咸味、麻辣味、酸辣味、香辣味、辣咸味、糟香味、鲜香味和怪味等。这些复合味的产生有些是在加工厂制好的，如甜面酱、山楂酱、豆瓣辣酱、虾籽酱等；有些是烹调前预先配制好的，如椒盐、香糟汁、糖醋汁、花椒油、芥末汁等。但复合味主要是在烹制过程中产生的。当原料下锅后，选择适当时机，按照菜肴口味的要求，加入咸、酸、甜、鲜、辣等呈味物质（也可用汁加），在锅内调和而成各种复合味。

（三）舌头对各种味觉的感受能力

舌头的不同部位对味觉的分辨敏感性有一定的差异，一般来讲，舌尖对甜味最敏感，舌根对苦味、辣味最敏感，舌的两侧中部对酸味最敏感，舌尖和两侧前部对咸味最敏感。如图 8-18 所示。

（四）味的阈值

通常人们用阈值来表示味的敏感程度。所谓味觉阈值即是人能品尝出呈味物质味道的最稀的水溶液浓度。阈值是心理学和生理学上的术语，系指获得感觉上的不同而必须越过的最小刺激值。阈值的"阈"意味着味觉刺激的划分点或临界值的概念。例如，我们感到食盐水是咸的，可

图 8-18　舌头各部味
感区域示意图

是把它稀释至极淡就与清水感受不到区别了，也就是说，感到食盐水咸味的浓度一般必须在 0.2% 以上，这种浓度在不同的人和不同的试验条件下，也存在着差别。阈值的获得就是在许多人参加评味的条件下半数以上的人感到有咸味的浓度，称之为食盐的阈值，也称最低呈味浓度。几种原味的阈值见表 8-5。

表 8-5　几种基本味感物质的阈值

物质	食盐	砂糖	柠檬酸	奎宁
味道	咸	甜	酸	苦
阈值/%	0.08	0.5	0.0012	0.00005

从表 8-5 中可以看出，食盐、砂糖等呈味阈值大，而酸味、苦味等阈值小。阈值小的物质即使浓度稀仍能感到其味，即味觉范围大，人对这种物质的味敏感。

（五）影响味感的主要因素

1. 呈味物质的结构

不同呈味物质的结构决定了所呈味感的不同。味感与物质结构有以下对应关系。

甜味——糖类，能形成氢键的低分子水溶性有机物。

苦味——生物碱，与甜味相似。

酸味——酸类，电解质物质。

咸味——盐类，电解质物质，主要是无机物。

2. 温度

温度对味觉的灵敏度有显著的影响。一般说来，最能刺激味觉的温度是 10～40℃，最敏感的温度是 30℃。温度过高或过低都会导致味觉的减弱，例如在 50℃

以上或 0℃ 以下，味觉便显著迟钝。

在 4 种原味中，甜味和酸味的最佳感觉温度在 35～50℃，咸味的最适感觉温度为 18～35℃，而苦味则是 10℃。各种味感阈值会随温度的变化而变化。表 8-6 列举了上述 4 种味觉在不同温度时的实验结果。

表 8-6   不同温度对味觉阈值的影响

呈味物质	味道	常温阈值/%	0℃阈值/%
盐酸奎宁	苦	0.0001	0.0003
食盐	咸	0.05	0.25
柠檬酸	酸	0.0025	0.003
蔗糖	甜	0.1	0.4

3. 味感物质的浓度和溶解度

味感物质在适当浓度时通常会使人有愉快的感觉，而不适当的浓度则会使人产生不愉快的感觉。人们对各种味道的反应是不同的。一般来说，甜味在任何被感觉到的浓度下都会给人带来愉快的感受；单纯的苦味差不多总是令人不快的；而酸味和咸味在低浓度时使人有愉快感，在高浓度时则会使人感到不愉快。这说明呈味物质的种类和浓度、味觉以及人的心理作用的关系是非常微妙的。

呈味物质只有在溶解后才能刺激味蕾。因此，其溶解度大小及溶解速度快慢，也会使味感产生的时间有快有慢，维持时间有长有短。例如，蔗糖易溶解，产生甜味快，消失也快；而糖精较难溶解，则味觉产生慢，维持时间也长。

4. 各种呈味物质间的相互作用

(1) 味的对比现象   两种或两种以上的呈味物质适当调配，使其中一种呈味物质的味觉变得更协调可口，称为对比现象。如 10% 的蔗糖水溶液中加入 1.5% 的食盐，使蔗糖的甜味更甜爽；味精中加入少量的食盐，使鲜味更饱满。

(2) 味的相乘现象   两种具有相同味感的物质共同作用，其味感强度几倍于两者分别使用时的味感强度，叫相乘作用，也称协同作用。如味精与 5″-肌苷酸（5″-IMP）共同使用，能相互增强鲜味；甘草苷本身的甜度为蔗糖的 50 倍，但与蔗糖共同使用时，其甜度为蔗糖的 100 倍。

(3) 味的消杀现象   一种呈味物质能抑制或减弱另一种物质的味感叫消杀现象。例如，砂糖、柠檬酸、食盐和奎宁之间，若将任何两种物质以适当比例混合时，都会使其中的一种味感比单独存在时减弱，如在 1%～2% 的食盐水溶液中，添加 7%～10% 的蔗糖溶液，则咸味的强度会减弱，甚至消失。

(4) 味的变调现象   如刚吃过中药，接着喝白开水，感到水有些甜味，这就称为变调现象。先吃甜食，接着饮酒，感到酒似乎有点苦味，所以，宴席在安排菜肴的顺序上，总是先清淡，再味道稍重，最后安排甜食。这样可使人能充分感受美味佳肴的味道。

（5）味的疲劳现象　连续长时间受同一呈味物质刺激（或同一强度的刺激），味感觉器对此味会迟钝，这种现象称为味的疲劳现象。此时对其他味的感受不受影响，或影响甚小，甚至反而更灵敏。例如，在咸味已变得迟钝时，吃甜食会感觉更甜。正是为了防止连续品尝出现味觉疲劳现象，菜肴搭配和食用的时候要避免单味菜，还要搭配一定的饮料和汤水，用之来漱口和改换口味，以免生腻。

（六）烹饪产品的味

1. 调味注意事项

烹调调味实质上就是利用味觉间的相互作用来产生复合味。调味时要注意以下几点，方能够烹调出美味的菜肴。

（1）烹调调味要遵从三大原则：服从食品主味的原则；突出刺激性小、减弱刺激性大的味的原则；以味促摄取和进食的原则。

（2）呈味物质在食品和菜肴中是不均匀的，而且很多时候也不需要某种呈味物质平均分布在食品或菜肴的各处。例如，挂糊、上浆的菜肴、含馅的各类点心等，正是利用了其呈味物质的非均匀性，才能在品尝食品、咀嚼食品时产生不断变化的味感刺激。

（3）如果希望呈味物质尽量平均分布，那么不仅要利用调味料分子的扩散作用，而且还应该通过加热、搅拌或增大调味料的接触面积等方式来加速分子的扩散。烹调中的翻锅和勺功就有这个作用。溶液或流动的食品，其呈味成分更容易溶解、扩散，所以加水、加热都有利于调味物质向食品内部渗透和迁移。

（4）呈味物质在一般的烹调条件下是稳定的，因此其呈味性改变不大，虽然有机酸、一些糖类等会有一定变化，但总体影响不大。在加热或酶的作用下，原料和调味料中的某些成分会发生一定化学反应，产生新的呈味成分。例如，蛋白质水解生成肽和氨基酸，鲜味增强；淀粉水解产生麦芽糖，点心甜味增强；腌渍能产生有机酸，产生酸味。

（5）烹调调味，要采用多种方法和手段，可在烹前、烹中和烹后调味。例如，烹调前的腌渍、码味、上浆、挂糊，烹调中的掺和、灌汤、收汁、拔丝、蜜汁，烹调后的蘸食法等。

2. 味的搭配

烹饪产品味的搭配主要有以下几种方式。

（1）浓淡相配　以配料味之清淡衬托主料味之浓厚，例如三圆扒鸭（三圆即胡萝卜、青笋、土豆）等。

（2）淡淡相配　此类菜以清淡取胜，例如烧双冬（冬菇、冬笋）、鲜蘑烧豆腐等。

（3）异香相配　主料、辅料各具不同特殊香味，使鱼、肉的醇香与某些菜蔬的异样清香融和，便觉别有风味，例如芹黄炒鱼丝、芫爆里脊、青蒜炒肉片等。

（4）一味独用　有些烹饪原料不宜多用杂料，味太浓重者，只宜独用，不可搭配，如鳗、鳖、蟹、鲥鱼等。此外，北京烤鸭、广州烤乳猪等，都是一味独用的菜例。

二、甜味与甜味物质

甜味是人们最喜欢的基本味感，常作为饮料、糕点、饼干等焙烤食品的原料，用于改进食品的可口性。

（一）呈甜机理（夏氏学说）

在提出甜味学说以前，一般认为甜味与羟基有关，因为糖分子中含有羟基。但有很多的物质中并不含羟基，也具有甜味。如糖精、某些氨基酸，甚至氯仿分子也具有甜味。因此，要确定一个化合物是否具有甜味，还需要从甜味化合物结构共性上寻找联系，因此发展出从物质分子结构上解释物质与甜味关系的相关理论。

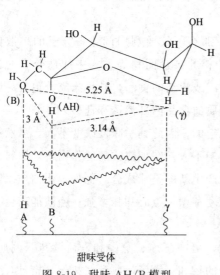

图 8-19　甜味 AH/B 模型

1967 年，夏伦贝格尔（Shallenberger）和 Acree 等人在总结前人对糖和氨基酸的研究成果的基础上，提出了有关甜味物质的甜味及其结构之间关系的甜味学说。该学说认为：甜味物质的分子中都含有一个电负性的 A 原子（可能是 O、N 原子），与氢原子以共价键形成 AH 基团（如 —OH、=NH、—NH$_2$），在距氢 0.25～0.4nm 的范围内，必须有另外一个电负性原子 B（也可以是 O、N 原子），在甜味受体上也有 AH 和 B 基团，两者之间通过一双氢键偶合，产生甜味感觉。甜味的强弱与这种氢键的强度有关，见图 8-19。

但夏氏学说不能解释具有相同 AH-B 结构的糖或 D-氨基酸为什么它们的甜度相差数千倍。后来克伊尔（Kier）又对 Shallenberger 理论进行了补充。他认为在距 A 基团 0.35nm 和 B 基团 0.55nm 处，若有疏水基团 γ 存在，能增强甜度。因为此疏水基易与甜味感受器的疏水部位结合，加强了甜味物质与感受器的结合。甜味理论为寻找新的甜味物质提供了方向和依据。

（二）甜味的强度

1. 甜味强度概念

甜味的强度可用甜度来表示，这是甜味剂的重要指标。通常是以在水中较稳定的非还原糖——蔗糖为基准物（如以 5％或 10％的蔗糖水溶液在 20℃时的甜度为 1.0 或 100），用以比较其他甜味剂在同温度、同浓度下的甜度。这种相对甜度（甜度倍数）称为比甜度。一些甜味剂的比甜度如表 8-7 所示。

表 8-7　某些甜味剂的比甜度（以蔗糖的甜度定为 100 作为标准）

甜味剂	比甜度	甜味剂	比甜度	甜味剂	比甜度
α-D-葡萄糖	40～79	蔗糖	100	木糖醇	90～140
β-D-吡喃果糖	100～175	β-D-麦芽糖	46～52	山梨醇	50～70
α-D-半乳糖	27	β-D-乳糖	48	甘露醇	68
α-D-甘露糖	59	棉子糖	23	麦芽糖醇	75～95
α-D-木糖	40～70	转化糖浆	80～130	半乳糖醇	58

2. 影响甜度的因素

糖的甜度受若干外来因素的影响，主要有以下几方面。

（1）浓度　总的来说，糖的浓度愈大，相对甜度愈大。但是各种糖的甜度提高的程度不一样，大多数糖其甜度随浓度增高的程度都比蔗糖大，尤其以葡萄糖最为明显。如当蔗糖与葡萄糖的浓度小于 40％时，蔗糖的甜度大；但是当两者的浓度大于 40％时，其甜度却相差无几。

（2）温度　温度对物质的相对甜度有影响，但并没有统一的变量关系。

在较低的温度范围内，温度对大多数糖的甜度影响不大，尤其对蔗糖和葡萄糖的影响很小；但果糖的甜度受温度的影响却十分显著。在浓度相同的情况下，当温度低于 40℃时，果糖的甜度较蔗糖大，而在大于 50℃时，其甜度反而比蔗糖小。这是因为在果糖溶液的平衡体系中，随着温度升高，甜度大的 β-D-吡喃果糖的百分含量下降，而甜度很小的 α-D-呋喃果糖的百分含量升高所致。D-果糖的甜度为 $\alpha:\beta=1:3$。糖的环形结构对甜度也有影响。例如 β-D-吡喃果糖的甜度较高，而 β-D-呋喃果糖的甜度却很低，甚至可能没有甜味。

（3）结晶颗粒　结晶颗粒大小能影响甜味剂的溶解速度，所以只能影响产生甜味感的速度，而不影响真正的甜度。

（4）调味料的影响　在烹饪过程中，菜肴的调味总是糖、食盐和食醋一起使用的，共同作用的结果可以改善菜肴的风味，同时这些调味料对糖的甜度也有影响。在不同浓度的情况下，食盐既能使蔗糖的甜度增高，又能使蔗糖的甜度下降，没有一定的函数关系。食醋中的醋酸对蔗糖液的甜度也有影响。

（三）常用甜味剂

1. 天然甜味剂

糖类是最有代表性的天然甜味物质，但并不是所有的糖类都有甜味，甚至有的还具有苦味。多糖和许多寡糖，如淀粉、麦芽低聚糖都无甜味感。

（1）糖类甜味剂　蔗糖、果糖、葡萄糖、麦芽糖、乳糖等都是甜味物，但一般不作为添加剂看待。食用糖及糖果制品几乎全是这些糖。常见的白砂糖、红砂糖、冰糖、绵白糖实际上都是蔗糖，蜂蜜中以葡萄糖、果糖为主，糖果中有蔗糖、果糖及转化糖等。蔗糖是用量最大的甜味剂，它本身就是热量相当大的营养素。

麦芽糖是淀粉在淀粉酶存在下水解的中间产物，其甜度仅为蔗糖1/3强。通常用作调味品的麦芽糖制品称为饴糖，是糊精和麦芽糖的混合物，其中糊精占2/3，麦芽糖占1/3。在菜肴制作（如烤乳猪、北京烤鸭）和面点制作中，常用饴糖作为调料。

蜂蜜是一种淡黄色至红黄色的半透明的黏稠浆状物，当温度较低时，会有部分结晶而呈浊白色。可溶于水及乙醇中，略带酸味。其组成为葡萄糖36.2%，果糖37.1%，蔗糖2.6%，糊精3.0%，水分19.0%，含氮化合物1.1%，花粉及蜡0.7%，甲酸0.1%，此外，还含有一定量的铁、磷、钙等矿物质。蜂蜜是各种花蜜在甲酸的作用下转变而来的，即花蜜中的蔗糖转化为葡萄糖和果糖。两者的比例接近1∶1，所以蜂蜜实际上就是转化糖。

蜂蜜在烹调中是常用甜味剂，应用于糕点和风味菜肴的制作中。它不但有高雅的甜度，而且营养价值也很高，还是传统的保健食品。由于蜂蜜中转化糖有较大的吸湿性，所以用蜂蜜制作的糕点质地柔软均匀，不易龟裂，而且富有弹性。但在酥点中不宜多用，否则制品很快吸湿而失酥。

（2）非糖天然甜味剂　在一些植物中常含有某些非糖结构的甜味物质，如甘草苷或甘草酸二钠、甘草酸三钠（钾）（比甜度为100～300）、甜叶菊苷（比甜度为200～300）、甘茶素（又称甜茶素，比甜度为400），以及中国的罗汉果和非洲竹芋甜素等。

（3）天然衍生物甜味剂　由一些本来不甜的非糖天然物经过改性加工，成为高甜度的安全甜味剂。主要有氨基酸衍生物、二肽衍生物、果葡糖浆、淀粉糖浆和二氢查耳酮衍生物等。例如，D-色氨酸、天冬氨酰苯丙氨酸甲酯（APM，甜味素，商品名为Aspartame，阿斯巴甜）、纽甜{N-[N-(3,3-二甲基丁基)-L-α-天冬氨酰]-L-苯丙氨酸-1-甲酯}。

2. 合成甜味剂

合成甜味剂主要有糖醇、糖精、甜蜜素（化学名称为环己胺磺酸钠）、安赛蜜

（乙酰磺胺酸钾盐、AK 糖）、三氯蔗糖（TGS）等。

（1）糖醇　糖醇类甜味剂多由人工合成，其甜度与蔗糖差不多，其热值较低，为非营养性或低热值甜味剂。糖醇类甜味剂主要有 D-木糖醇、D-山梨醇、D-甘露醇、麦芽糖醇、异麦芽酮糖醇和氢化淀粉水解物等，它们是一类不使人血糖升高的甜味剂，为糖尿病人的理想甜味剂。

（2）糖精　糖精的学名为邻苯甲酰磺酰亚胺钠，其甜度是蔗糖的 500～700 倍，溶液中只要含有 10～6mol/L 浓度的糖精，人们立刻就有甜味感。但当它的浓度超过 0.5％时，就会产生苦味。加热煮沸也会使糖精溶液产生苦味。酸能催化这些反应。

我国规定的最大用量为 0.15g/kg 食物，人们大量食用的主食（如馒头）、婴幼儿食物、病人食物中不得使用。糖精主要用于糕点、糖果、调味酱等食物中，以取代部分蔗糖。应当指出：在街头炸炒的食品（如米花、蚕豆等）中添加糖精的做法是不妥当的，因炸炒的温度过高。

糖精没有任何营养价值，在食入体内后 16～48h 全部排出体外，且化学结构无任何变化。排出的主要途径是尿液，少量在粪便中。

（3）蛋白糖　蛋白糖是安赛蜜、阿斯巴甜、糖精等与糖浆搅打成膨松如蛋白状的复合甜味物，所以又称蛋白膏、蛋白糖膏，主要用途是添加在饼干、糕点中，增加其甜度及改善口感。

三、苦味与苦味物质

苦味是分布最广泛的味感。单纯的苦味并不令人愉快，但它在调味和在生理上都有重要意义。当它与甜、酸或其他味感调配得当时，能起着某种丰富和改进食品风味的特殊作用。如苦瓜、白果、莲子的苦味被人们视为美味，啤酒、咖啡、茶叶的苦味也广泛受到人们的欢迎。四种基本味感中（苦、酸、咸、甜），苦味是最易感知的一种。一些消化活动障碍、味觉出现减弱或衰退的人，常需要强烈刺激味感受器来恢复正常。在这方面由于苦味阈值小，也最易达到目的。

（一）苦味机理

迄今为止，苦味理论可谓不少，现概述如下。

1. 夏伦贝格尔（Shallenberger）的空间位阻理论

他认为氨基酸和糖之所以会产生苦味是由于其分子在受体上遇到了阻力。

2. 内氢键理论

该理论认为在苦味分子中，首先必须有分子内氢键存在，即分子中存在有氢原子供给基和氢原子接受基，它们相互间的距离为 1.5Å 以内（分子内氢键的距离）。

分子内氢键的形成，使整个分子的疏水性增加，是产生苦味的主要原因。

3. 诱导适应模型理论

该理论认为，苦味受体是以多烯磷脂构成的，成口袋状，内层为与表蛋白粘贴的一面，外部为与脂质块接触的一面，最外层即口袋入口处有相互排列的金属离子 Ca^{2+}、Zn^{2+}、Ni^{2+} 等形成盐桥，它们对进入口袋的分子起识别监护作用，凡能进入受体任何部位的物质，都能改变其磷脂的构象，产生苦味信息。改变磷脂构象的作用方式有三种，即盐桥置换、氢键的破坏和疏水键的生成。

（二）常见苦味物质

植物性食品中常见的苦味物质是生物碱类、糖苷类、萜类、苦味肽等；动物性食品常见的苦味物质是胆汁和蛋白质的水解产物等；其他苦味物有无机盐（钙、镁离子）、含氮有机物等。

苦味物质的结构特点如下：生物碱碱性越强越苦；糖苷类碳/羟比值大于 2 为苦味［其中—$N(CH_3)_3$ 和—SO_3 可视为 2 个羟基］；D 型氨基酸大多为甜味，L 型氨基酸有苦有甜，当 R 基大（碳数大于 3）并带有碱基时以苦味为主；多肽的疏水值大于 $6.85kJ \cdot mol^{-1}$ 时有苦味；盐的离子半径之和大于 $0.658nm$ 时具有苦味。

苦味的基准物质是奎宁。不少苦味物质是对动物体有害的物质，所以，苦味实际上提醒了动物不可吃进有害的毒物，起到保护的作用。盐酸奎宁（图 8-20）一般作为苦味物质的标准。

1. 生物碱

生物碱是分子中含氮的有机碱，碱性越强则越苦，成盐后仍苦。已知约有 6000 种，几乎都具有苦味，有的苦且辛辣，能刺激唇舌。其中的番木鳖碱是目前已知的最苦物质。黄连是季铵盐，离解后能与金属离子以双配基螯合，成为有名的苦剂。茶叶的苦味是由咖啡碱、茶碱及可可碱组成的。

生物碱类苦味物质，属于嘌呤类的衍生物（图 8-21）。

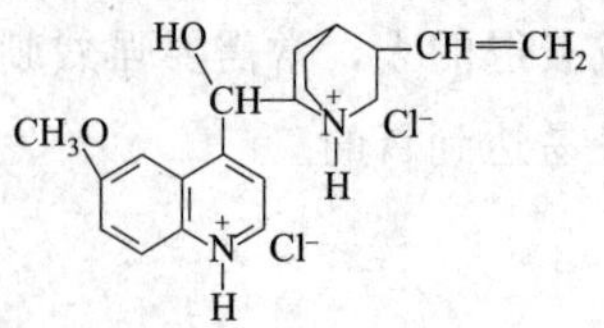

图 8-20　盐酸奎宁 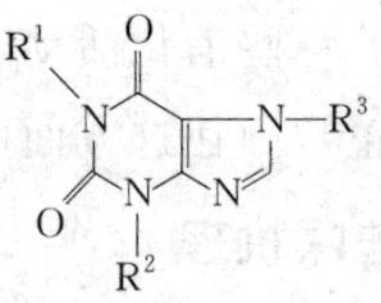　　　　　　　　图 8-21　生物碱类苦味物质

在图 8-21 中，咖啡碱为 $R^1 = R^2 = R^3 = CH_3$；可可碱为 $R^1 = H$，$R^2 = R^3 = CH_3$；茶碱为 $R^1 = R^2 = CH_3$，$R^3 = H$。咖啡碱主要存在于咖啡和茶叶中，在茶叶中含量为 1‰～5‰。纯品为白色具有丝绢光泽的结晶，含一分子结晶水，易溶于热水，能溶于冷水、乙醇、乙醚、氯仿等。熔点 235～238℃，120℃升华。

茶碱主要存在于茶叶中，含量极微，在茶叶中的含量约 0.002％，与可可碱是同分异构体，具有丝光的针状结晶，熔点 273℃，易溶于热水，微溶于冷水。

可可碱主要存在于可可和茶叶中，在茶叶中的含量约为 0.05％，纯品为白色粉末结晶，熔点 342～343℃，290℃升华，溶于热水，难溶于冷水、乙醇和乙醚等。

2. 啤酒中的苦味物质

啤酒中的苦味物质主要来源于啤酒花和在酿造中产生的苦味物质，约有 30 多种，其中主要是 α 酸和异 α 酸等。α 酸，又名甲种苦味酸，它是多种物质的混合物，有葎草酮、副葎草酮、蛇麻酮等（图 8-22）。主要存在于制造啤酒的重要原料啤酒花中，它在新鲜啤酒花中含量 2％～8％，有很强的苦味和防腐能力，在啤酒的苦味物质中约占 85％。

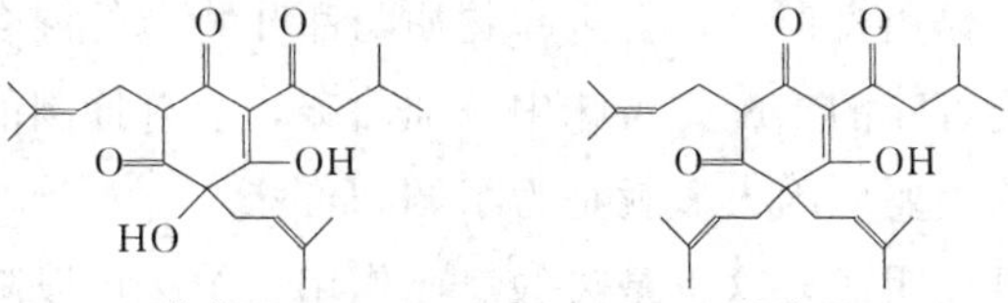

图 8-22　葎草酮、蛇麻酮结构

异 α 酸是啤酒花与麦芽在煮沸过程中，由 40％～60％的 α 酸异构化而形成的。在啤酒中异 α 酸是重要的苦味物质。当啤酒花煮沸超过 2h 或在稀碱溶液中煮沸 3min，α 酸则水解为葎草酸和异己烯-3-酸，使苦味完全消失。

3. 糖苷类

苦杏仁苷、水杨苷都是糖苷类物质，一般都有苦味。在蔬菜中，也有苦味带毒的糖苷，特别是如苦杏仁苷这类生氰苷类。存在于中草药中的糖苷类物质，也有苦味，可以治病。存在于柑橘、柠檬、柚子中的苦味物质主要是新橙皮苷和柚皮苷，在未成熟的水果中含量很多。柚皮苷的化学结构属于黄烷酮苷类（图 8-23）。

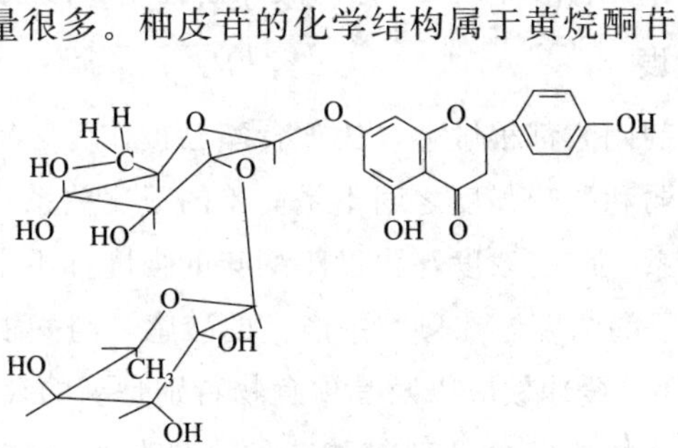

图 8-23　柚皮苷的结构

柚皮苷的苦味与它连接的双糖有关，该糖为芸香糖，由鼠李糖和葡萄糖通过

1→2苷键结合而成，柚苷酶能切断柚皮苷中的鼠李糖和葡萄糖之间的 1→2 糖苷键，可脱除柚皮苷的苦味。在工业上制备柑橘果胶时可以提取柚皮苷酶，并采用酶的固定化技术分解柚皮苷，脱除葡萄柚果汁中的苦味。

4. 氨基酸和肽类中的苦味物质

一部分氨基酸如亮氨酸、异亮氨酸、苯丙氨酸、酪氨酸、色氨酸、组氨酸、赖氨酸和精氨酸都有苦味。水解蛋白质和发酵成熟的干酪常有明显的令人厌恶的苦味。氨基酸苦味的强弱与分子中的疏水基团有关；小肽的苦味与相对分子质量有关，相对分子质量低于 6000 的肽才可能有苦味。动物胆汁是一种色浓而味极苦的有色液体。胆汁中的苦味成分主要有三种，即胆酸、鹅胆酸和脱氧胆酸。

（三）苦味与其他味的关系

在 15％砂糖溶液中添加 0.001％奎宁，与未添加者相比较，出现强烈的甜味感，这是很好的对比作用。但是，在苦味物质与甜味物质的混合物中，如果苦味物质的量过多，口味受苦味的支配。苦味中添加甜味，会有抑制的效果，使苦味变得柔和。咖啡等加糖的主要原因大概就是为了调和苦味。

苦味可使酸味更加明显，这也是味的对比作用。鲜味可以降低苦味。例如，糖精为甜味物质，其后味苦，但是加入少量谷氨酸钠等可使其后味变得相当柔和。使用时可添加谷氨酸钠的量为糖精的 1％～5％，肌苷酸钠为谷氨酸钠的 1％～3％。

四、酸味与酸味物质

酸味物质是食品和饮料中的重要成分或调味料。酸味能促进消化，防止腐败，增加食欲，改良风味。在食品中酸味比甜味的分布还广泛。

（一）酸味的机理

酸味是舌黏膜受到 H^+ 刺激而引起的一种化学味感。因此，凡是在溶液中能电离产生 H^+ 的化合物都具有酸味。H^+ 称为酸味定位基，酸根为助味基。

（二）酸味的强度

许多动物对酸味剂刺激都很敏感，比如食醋已被作为区别食品味道的代表物和基准物之一。酸的强弱和酸味强度之间不是简单的正比关系，酸味强度与舌黏膜的生理状态有很大的关系。酸的浓度与强度跟酸味的强度都不是一个概念。因为各种酸的酸感，不等于 H^+ 的浓度。在口腔中产生的酸感，与酸根的结构和种类、唾液 pH 值、可滴定的酸度、缓冲效应以及其他食物特别是糖的存在有关。

并不是所有含酸性物质的食品都是酸味的，只有当食物进入口腔后使溶液的 pH 值低于人的酸味阈值时才可能产生酸味。人体对无机酸的酸味阈值为 pH3.4～3.5，有机酸的酸味阈值多在 pH 值 3.7～4.9 之间。

（三）影响酸味强度的因素

1. 酸根的结构

一般有机酸比无机酸有更强的酸味感。而且多数有机酸具有爽口的酸味，而无机酸一般都具有不愉快的苦涩味，所以人们多不用无机酸作为食品酸味剂。其原因是舌黏膜对有机酸的阴离子比对无机酸的阴离子更容易吸附，因为有机酸阴离子的负电荷能够中和舌黏膜中的正电荷，从而使得溶液中的 H^+ 更容易和舌黏膜结合。相比之下，无机酸的这种作用就要差一些。

若将柠檬酸作为酸味标准，则醋酸最强，盐酸最弱。酸感强度顺序为醋酸＞甲酸＞乳酸＞草酸＞盐酸。

2. 可滴定酸度

在可滴定酸度相等的情况下，有机酸的酸感比无机酸更长久。原因有机酸在溶液中的离解速度一般都比较慢，且有相当多的未离解的酸分子存在。所以当它们进入口腔以后，能够持续地在口腔中产生 H^+，使酸味维持长久。

3. 唾液 pH 值

自然界食物的 pH 值一般在 $1.0 \sim 8.4$ 之间。常见的大多数食物的 pH 值在 $5.0 \sim 6.5$ 之间，而人的唾液的 pH 值在 $6.7 \sim 6.9$ 之间，后两者的 pH 值大体相近。所以人们对常见的大多数食物不觉得有酸感，只有当食物的 pH 值在 5.0 之下时，才会产生酸感。但如食物的 pH 值在 3.0 以下时，强烈的酸感便会使人适应不了，从而拒食。因此，酸性食物溶解于唾液时，便离解产生 H^+，但只有其 pH 值低于唾液的 pH 值时，才会产生酸感。

4. 缓冲溶液及其他食物

这些因素的存在对酸感的强弱都会产生影响。一般的酸味阈值在 $pH＝4.2 \sim 4.6$ 之间，若在其中加入 3％的砂糖（或等甜度的糖精）时，其 pH 值不变而酸强度降低了 15％。

另外乙醇和食盐都能减弱酸味。甜味和酸味的组合是构成水果和饮料风味的重要因素，至于糖醋调制的酸甜口味亦为烹调实践所常用口味。

5. 温度

这与酸味形成中要保持有连续不断的 H^+ 与味受体反复作用有关。当温度升高时，能促使酸的离解，能使与味受体已结合的 H^+ 解脱下来，重新产生作用，增强了 H^+ 与味受体的作用次数，味感便大增，所以温度对酸味感的影响大。

（四）酸味与其他味的关系

首先，酸味物质之间有相乘作用和相加作用，同时，不同酸的酸根阴离子还会相互补充，产生一种复合的酸味。例如食醋中除有醋酸外，还有乳酸、氨基酸、琥珀酸等其他有机酸，食醋的风味是多种成分的综合效果。

其次，酸味和甜味的相消作用，构成了特定的复合味。

另外，少量咸味能与酸味产生对比，所以烹调中说"盐咸醋才酸"。苦味物质往往使酸味增强，形成不可口的酸苦味，在食品中要避免这种现象产生。

（五）常用酸味物质

1. 食醋

食醋是我国最常用的酸味料。其成分除含 3%～5% 的乙酸外，还含有少量的其他有机酸、氨基酸、糖、醇、酯等。它的酸味温和，在烹调中除用作调味外，还有防腐败、去腥臭等作用。各种食醋由于制作的方法和用料不同，从而产生风味各异的食醋。但总的制作原理大致相同，即用含糖或含淀粉原料发酵、氧化制成：

$$糖或淀粉 \xrightarrow{发酵} 酒精 \xrightarrow{氧化} 醋酸$$

由工业生产的乙酸为无色的刺激性液体，能与水任意混合，可用于调配合成醋，但缺乏食醋风味。

2. 柠檬酸

柠檬酸又名枸橼酸，因在柠檬、枸橼和柑橘中含量较多而得名。化学名称为 3-羟基-3-羧基-戊二酸，见图 8-24。

柠檬酸的纯品为白色透明结晶，熔点 153℃，可溶于水、酒精和醚类，性质稳定。柠檬酸的酸味纯正、爽口，阈值 0.0019%，入口即可达到酸味高峰，余味较短，广泛用于清凉饮料、水果罐头、糖果、果酱和合成酒等之中，通常用量为 0.1%～1.0%。它还可用于配制果汁，作油脂抗氧剂的增强剂，防止酶促褐变等。

值得注意的是，柠檬酸和其他有机酸不同，它有一种奇异的特性，即在冷水中比热水中更容易溶解。

3. 苹果酸

苹果酸几乎在一切果实中都含有，在苹果中含量较多，苹果的酸味就是由它所形成。苹果酸的酸味是略带刺激性的爽快酸味。酸味强度比柠檬酸大，微有涩苦感，后味持续时间也较柠檬酸长。

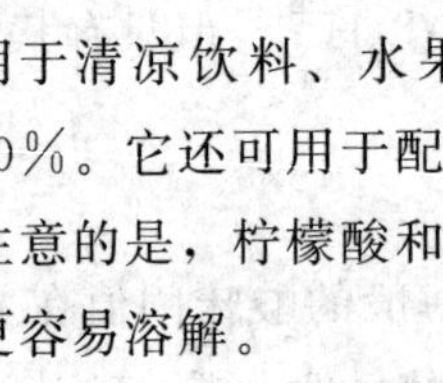

$$
\begin{array}{c}
CH_2-COOH \\
| \\
HOOC-C-OH \\
| \\
CH_2-COOH
\end{array}
\qquad\qquad
\begin{array}{c}
HO-CH-COOH \\
| \\
H-CH-COOH
\end{array}
$$

图 8-24　柠檬酸 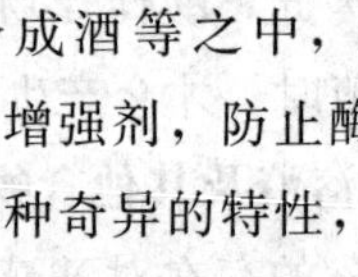　　　　　　　　　　　　图 8-25　苹果酸

苹果酸的化学名称叫作 α-羟基丁二酸（图 8-25），是一种无色结晶的二元酸。晶体为白色针状，无臭有酸味。易溶于水，微溶于乙醇和醚类，吸湿性强，在 20℃ 的水中溶解度为 55.5%。在烹饪行业中制作略带甜酸味的糕点时可用苹果酸

作为酸味剂。在食品行业中可用作果冻、饮料等的酸味剂。一般苹果酸在食品中的添加量为 0.05%～0.5%。

4. 乳酸

我国人民所喜爱的泡菜、酸菜、酸奶是利用乳酸发酵制成的。另外合成醋、辣酱油、酱菜的制作过程中也需加入乳酸作为酸味料。

乳酸的化学名称叫 α-羟基丙酸（图 8-26），因最初从酸奶中发现，故称为乳酸。

乳酸的熔点为 18℃，沸点 122℃。能溶于水、酒精、乙醚等中，有防腐作用。在食物中添加适量的乳酸，酸味较醋酸柔和，有爽口的功效，对人体无害。

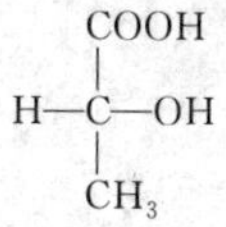

```
    COOH
     |
H—C—OH
     |
    CH₃
```

图 8-26　乳酸

泡菜、酸菜制作中乳酸的产生主要是由于植物组织中所存在的乳酸杆菌，经由糖酵解途径而产生乳酸。

葡萄糖→1,6-二磷酸果糖→3-磷酸甘油醛→2-磷酸甘油酸→丙酮酸→乳酸

泡菜之所以有脆嫩的口感，就是因为乳酸菌体内缺少分解蛋白质的蛋白酶，所以，它不会消化植物组织细胞内的原生质，而只利用蔬菜渗出汁液中的糖分及氨基酸等可溶性物质作为乳酸菌繁殖、活动的营养来源，致使泡菜组织仍保持挺脆状态，并具有特殊的风味。在制作泡菜的过程中，由于乳酸的积累，泡菜汁中的 pH 值可降至 4 以下，在这样的酸性环境下，分解蛋白质的腐败细菌和产生不良风味的丁酸菌的活动及繁殖会受到一定程度的抑制，从而起到防止杂菌的作用。

5. 酒石酸

酒石酸化学名称为 2,3-二羟基丁二酸，见图 8-27。

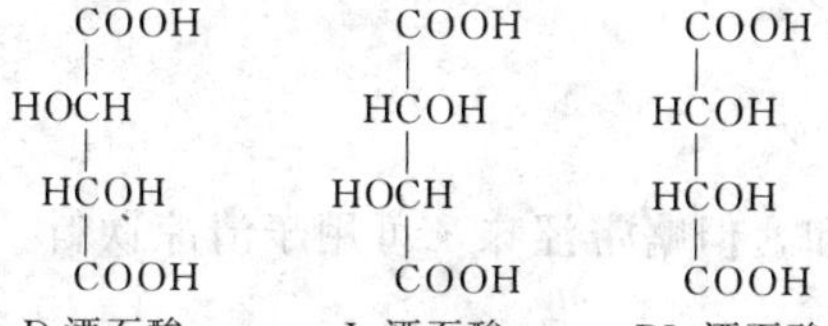

```
  COOH          COOH          COOH
   |             |             |
 HOCH          HCOH          HCOH
   |             |             |
 HCOH          HOCH          HCOH
   |             |             |
  COOH          COOH          COOH
 D-酒石酸       L-酒石酸      DL-酒石酸
```

图 8-27　酒石酸

酒石酸存在于多种水果中，以葡萄中含量最多。酒石酸是由酿造葡萄酒时形成的沉淀物——酒石（成分是酒石酸氢钾），用硫酸溶液处理，再经精制而制成的。酒石酸为透明棱柱状结晶或粉末，易溶于水，它的酸味是柠檬酸的 1.3 倍，稍有涩感，葡萄酒的酸味与酒石酸的酸味有关。其用途和柠檬酸相似，还适用于作发泡饮料和复合膨松剂的原料。

6. 抗坏血酸

抗坏血酸也称维生素 C。它主要来源于新鲜的蔬菜和水果之中，水果中以橙类

含量最多，蔬菜中以辣椒含量最多。抗坏血酸是一种无色无臭的片状晶体，有显著的酸味，并且酸味爽快，无苦涩之感。在水溶液中，抗坏血酸显示出其特有的酸性，由于抗坏血酸分子结构中没有羧基，它的酸性来自分子结构中与羰基比邻的烯二醇基，反应式见图 8-28。

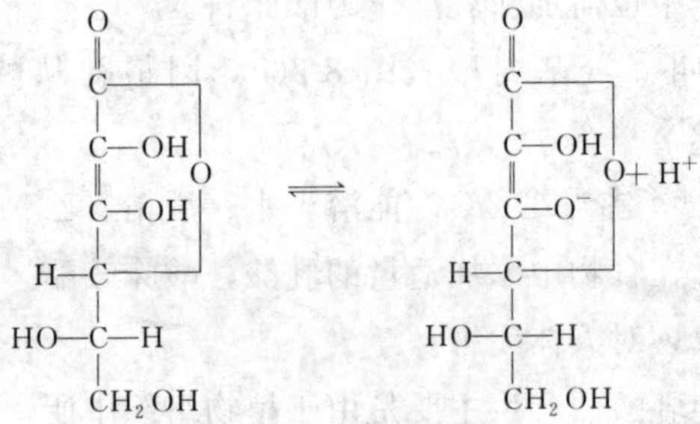

图 8-28　抗坏血酸脱氢

在烹饪中，抗坏血酸可以作为一种酸味剂，同时在切削某些蔬菜水果时，为了防止由于酶促褐变而引起的"锈色"，常常可以添加抗坏血酸以防色变，使原料保持新鲜的色泽。

7. 葡萄糖酸

葡萄糖酸为无色液体，易溶于水，干燥时易脱水生成γ-或δ-葡萄糖酸内酯，反应可逆。利用这一特性可将其用于某些最初不能有酸性而在水中受热后又需要酸性的食品中。例如将葡萄糖酸内酯加入豆腐粉内，遇热即会生成葡萄糖酸而使大豆蛋白凝固，得到嫩豆腐。此外，将其内酯加入饼干中，烘烤时即成为膨胀剂。葡萄糖酸也可直接用于调配清凉饮料、食醋等，可作方便面的防腐调味剂，或在营养食品中代替乳酸。

8. 磷酸

磷酸的酸味爽快温和，但略带涩味，可用于清凉饮料，但用量过多时会影响人体对钙的吸收。

9. 其他

果蔬中还有琥珀酸、延胡索酸、水杨酸、苯甲酸、草酸等，它们的结构式见图 8-29。

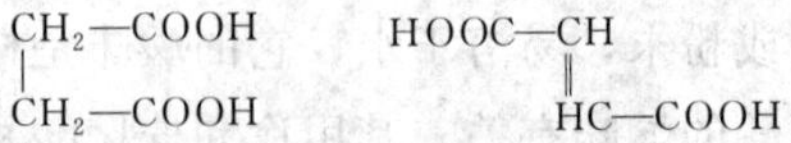

琥珀酸　　　　　　　延胡索酸
（丁二酸）　　　　　（反丁烯二酸）

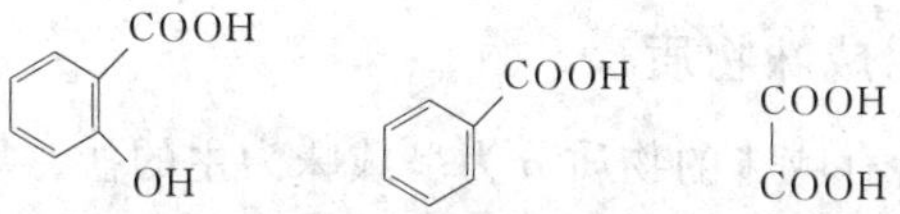

水杨酸
（邻羟基苯甲酸）　　　苯甲酸　　　草酸
（乙二酸）

图 8-29　其他的有机酸

五、咸味与咸味物质

咸味是中性盐呈现的味道，咸味是人类的最基本味感。没有咸味就没有美味佳肴，我国烹饪中把咸味作为调味的主味，也称"百味之主"。通常有"无盐不成味"之说，可见咸味在调味中的作用。

（一）咸味的机理

中性盐溶于水后，离解出阳离子和阴离子，这些离子与味受体相互作用，改变了味受体原有的状态，从而产生咸味感觉。离子与味受体之间的作用力主要是静电作用力。另外阳离子水化后的水合阳离子，还能以氢键及一定的空间取向与味受体作用。目前认为味受体为味细胞膜上的脂蛋白。与酸味形成一样，主要为带正电荷的阳离子产生咸味，同时阴离子影响咸味并产生副味。这种由离子所产生的味，其形成和消失都很快。氯化钠是最为理想的咸味物，其氯离子产生的副味最小，同时它对钠离子影响也最小，所以 NaCl 咸味纯正。随着阴离子的变化，副味便开始产生，除卤素元素的阴离子外，其他阴离子都有明显的副味。

阳离子的变化对咸味影响更大，咸味一般随着其离子半径增大向苦味变化，Na^+，K^+ 的咸味较纯，NH_4^+、Mg^{2+}、Ba^{2+}、Ca^{2+} 等开始出现苦味、涩味。非中性盐因其水解而可能导致酸味或碱味。

（二）咸味物质的呈味特性

与其他味相比，咸味有许多特点。首先，咸味刺激性小，形成快，延续短，消失快，强弱对比明显，所以咸食不易使人生腻，它是调味中最重要的基本味。其次，咸味能与其他味产生多种相互作用，这是在其他味明显呈味时也需要加一定食盐的原因，也是咸味常作主味的另外一个原因。许多食品都或多或少具咸味，其他味仿佛是建立在咸味之上的。

咸味呈味物的阈值和差阈都小，咸味强度随呈味物浓度的变化而迅速变化。人可接受咸味的浓度范围小，而味感强度变化范围较大，因此咸味是一种灵敏性高的味感，这与甜味不一样；不同人对咸味的敏感性差异大，同一人在不同生理状态下对咸味的敏感性也不同，所以咸味比其他味更难调准。

（三）食品中常用咸味物质

根据其味感特征，有咸味的物质分为呈咸味为主的盐、呈咸味同时兼有苦味的盐和以呈苦味为主兼有咸味的盐三类。第一类有 NaCl、KCl、NH_4Cl、LiCl、NaBr、LiBr、NaI 等；第二类有 KBr、NH_4I、$BaBr_2$ 等；第三类有 $MgCl_2$、$MgSO_4$、KI、$CaCl_2$、$CaCO_3$ 等。粗盐因含 KCl、$MgCl_2$ 等较多，而带苦涩味。只有 NaCl 的咸味最纯正，其他盐都很难代替它。成人每日摄盐量一般不超过 15g。过多的盐对体内渗透压不利。盐的阈值大约为 0.05%，温度低时阈值升高。浓度在 0.8%～1.2%时，入口适宜。一般食品的食盐用量应在 0.5%～2.0%之内较好。但一些用盐来保藏的食品，其含盐量较高，往往超过 15%。一般酱油中含盐量大约为 18%左右。煮、炖食品的食盐浓度一般为 1.5%～2.0%。因为这些食品要同不含食盐的主食类一起吃，所以食盐的浓度要高一些。除食盐以外，还有一些咸味剂，例如苹果酸钠，它与食盐的咸味接近。从前，治疗肾脏病的食疗法是用无盐酱油，也用苹果酸钠来代替食盐的咸味。所以用苹果酸钠是考虑食盐中的氯离子有害，给肾脏病人带来浮肿。具有类似食盐咸味的有机酸盐有苹果酸钠、谷氨酸钾、葡萄糖酸钠等，但同食盐的味并不相同。

现在我国咸味剂主要是采用碘盐。这是为了防止因缺碘引起甲状腺肿大而添加碘制成的一种食用盐。为了利用好碘，烹调方法很重要。菜肴的温度、酸度对碘挥发有影响，一般应提倡成菜装盘前放盐，以减少因加热带来的碘损失。

（四）咸味与其他味的关系

1. 咸味与甜味

甜味为主时，咸味对甜味有对比作用。例如在蔗糖液中，添加食盐的量是蔗糖量的1‰～1.5‰时，甜味都增加。愈稀的糖液中，相对于浓的糖液，更应添加较多的食盐，才能产生对比作用。当食盐之咸味逐渐呈味显著后，甜味又下降，这是相消作用；并且咸味甚至占主要，或者甜味几乎被掩盖。咸味为主时，甜味与之是相消关系，不过20%的 NaCl 的咸味不能被甜味完全遮掩。烹饪中，在咸味中加入甜味的目的并非是为了得到甜味，而是改变咸味，或减弱咸味。

2. 咸味与酸味

咸味与酸味能产生相互对比现象。即在咸味中加少量醋酸，咸味会加强。例如在1%～2%的食盐水中加入 0.01%的醋酸，或在 10%～20%的食盐水中加入 0.1%的醋酸，咸味都增加。而在酸味中加少量盐，酸味也会增强。

咸味与酸味彼此相当时，相互产生相消作用，彼此抵消。但咸味、酸味不能完全掩蔽对方，会产生变味现象。

3. 咸味与苦味

咸味与苦味是相消作用。咸味溶液中加入苦味物质可导致咸味减弱，如在食盐溶液中加入适量的苦味物质咖啡因则使咸味降低。苦味溶液中由于加入咸味物质而使苦味减弱，如在 0.05% 的咖啡因溶液（相当于泡茶时的苦味），随着加入食盐量的增加而苦味减弱，加入的食盐量超过 2% 时则咸味增强。

4. 咸味与鲜味

咸味与鲜味是相辅相成的，咸味因鲜味而趋缓柔和，鲜味因咸味而更突出。食盐在这里起着助鲜剂的作用。咸味溶液中适当加入味精（谷氨酸钠）后，可使咸味变得柔和。在味精溶液中加入适量的食盐时，则可使鲜味突出。

5. 咸味与辣味

咸味使辣味减弱。在调味中，咸味好似起着控制其他味的作用。

六、鲜味与鲜味物质

肉类、鱼贝类、可食菌类及一些植物原料的鲜味尤为突出和特别。烹调中常用这些原料制汤，用来提高菜肴的鲜美可口程度。鲜味可认为是这些原料制成的汤的味感，或其浸出物的味感。从化学组成来看，这些原料一般都富含蛋白质，所以其浸出物也与蛋白质有关。目前已证实，鲜的呈味成分有氨基酸、核苷酸、酰胺、三甲基胺、肽、有机酸、有机碱等物质。

鲜味在烹饪中非常重要。鲜味能使苦味减弱，酸味缓和；也能使甜、咸平缓并复杂化，减少甜腻味的作用，使滋味增添丰厚感觉，使菜肴的风味变得柔和、诱人，入口后使人产生舒适感，促使唾液分泌，增强食欲。在烹调中常常利用富含上述呈鲜成分的鸡、鸭、蹄膀、冬笋、蘑菇等制成高浓度的鲜汤，用以烹制鲜味不足的某些高档原料（如鱼翅、鱼肚、海参等），形成营养价值高，滋味鲜美的高档菜肴。

（一）鲜味的机理

鲜味的产生机制还未弄清，主要是因鲜味在呈味物、呈味性质上的情况太复杂所致。不过，可以认为鲜味与食品中蛋白质、核苷酸的含量和状态有关。

从分子的结构上来看，某些氨基酸类所以能显出鲜味，是由于分子两端带有负电的基团，即分子能电离。并且鲜味氨基酸需要有一条相当于 $3\sim9$ 个碳原子数的脂肪链，尤以 n 在 $4\sim6$ 之间鲜味为最强。谷氨酸钠的碳原子数是 5，正好在 $4\sim6$ 之间，故属鲜品最强之列。另外，这条脂肪链不只限于直链，也可以是脂环的一部分，其中的 C 还可以用 O、N、S、P 等元素取代，取代后仍具有鲜味。

(二) 烹饪中常用鲜味剂

中国烹饪传统的增鲜手段是利用"高汤"，并且因此发明了一些高汤技术。所谓"高汤"，是指利用各种动物原料的下脚（主要为畜禽和鱼类的骨头）经长时间熬煮的汤汁；讲究的"高汤"是用整鸡、火腿和鲜猪蹄肘炖制的汤汁。在素菜制作中所用的鲜汤，是用黄豆芽、鲜竹笋、蚕豆瓣或鲜蘑菇等熬制的汤汁。即使是西餐，也讲究制汤技术，例如取砸碎的牛腿骨用洋葱煸香后熬汤，也是常见的。至于商品鲜味剂，则是 1912 年日本学者池田菊苗从海带水解液中提取谷氨酸成功，并发现它及其钠盐的增鲜作用后，才有专门鲜味剂的使用。

常用的呈鲜调料有味精、特鲜味精、各类天然动植物原料的浸出物，包括畜肉、禽肉、鱼类、贝类、蔬菜（番茄、辣椒、洋葱、大蒜、芹菜等）以及酵母、菇类的浸出物，还有植物水解蛋白（HVP）、动物水解蛋白（HAP）等。所有的呈鲜调料，都含有氨基酸、核苷酸等成分。例如，蚝油是一种复合鲜味剂，主要是牡蛎的浸出物，含有氨基酸、核苷酸等成分。

现在已发现的 40 多种鲜味物质中，常用的品种如下。

1. 鲜味氨基酸

天然 α-氨基酸中，L 型的谷氨酸和天冬氨酸的钠盐和酰胺都具有鲜味。现代产量最大的商品味精就是 L-谷氨酸的一钠盐，其结构式见图 8-30。

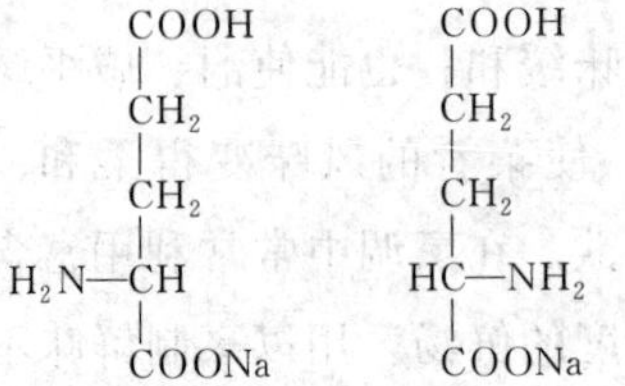

图 8-30 谷氨酸一钠结构式

L-谷氨酸的一钠盐的 D 型异构体无鲜味。早期是用面筋的酸性水解法生产，现代完全用发酵法，安全性更高。商品的谷氨酸一钠含有一分子结晶水，易溶于水而不溶于酒精，纯品为无色结晶，熔点 195℃。谷氨酸钠对人舌头上的味受体感知阈值很低，在常温下 0.03％。L-谷氨酸一钠俗称味精，简写为 MSG，具有强烈的肉类鲜味。

影响味精成鲜效果的因素如下。

（1）食盐　谷氨酸钠的鲜味只有在食盐存在时才得以呈现，并且对酸味和苦味有一定的抑制作用，如果用纯粹的谷氨酸去调味，反而有令人不快的腥气味。正因为如此，市售的味精商品，除了谷氨酸钠以外，总是要加入适量的食盐。

（2）pH 值　菜肴的表现酸碱度（pH 值）过大或过小，味精增鲜效果都不好，其增鲜作用的最适 pH 值在 6～7 之间。而在谷氨酸的等电点（pH3.2）时，增鲜效果最差，这个结果显然是由于谷氨酸不易离解成阴离子所致。另一方面，在碱性条件下，又因为生成谷氨酸二钠，它根本不起增鲜作用。

（3）温度　烹调温度在120℃以上时，会使谷氨酸分解而失去鲜味。所以用味精增鲜，只需要溶解，而无需长时间加热。

$$味精 \xrightarrow{120℃脱水} 无水谷氨酸钠 \xrightarrow{脱水} 焦性谷氨酸钠（无鲜味、无毒）$$

$$0.2\%味精+2\%食盐 \xrightarrow{115℃,3h} 焦性谷氨酸钠（0.014\%）$$

使用谷氨酸一钠时应该注意以下问题。

第一，注意菜肴的酸碱性。菜肴的 pH 值小于 5 时，酸味大，且谷氨酸钠溶解度低，鲜味下降；而 pH 值大于 8 时，又以二钠盐形式存在，碱性更高易消旋化，形成 D-谷氨酸钠，鲜味消失，所以味精的理想使用范围应在 pH6～8 之间。

第二，注意加热的温度和时间。谷氨酸在 150℃会失水，210℃发生吡咯烷酮化生成焦谷氨酸，270℃分解破坏，鲜味下降或消失。所以味精最好在成菜后放入，还应注意不要长时间强热加工食品。

第三，注意味精与食盐搭配。谷氨酸钠只有在有一定 NaCl 存在时，才有突出的鲜味。所以，味精要根据原料多少、食盐用量等来确定其用量。这与 Na^+ 与谷氨酸在水中呈阴离子时两者的相互作用有关，也与咸味与鲜味之间的相互作用有关。

第四，在发酵食品中，也不要在发酵前加味精，以防止发酵时被分解，造成浪费。

2. 鲜味核苷酸

核苷酸中能够呈鲜味的主要有 5′-肌苷酸（5′-IMP）、5′-鸟苷酸（5′-GMP）。鲜味核苷酸广泛存在于动物性食品中，特别是肌苷酸含量较高。植物中也有鸟苷酸等作为其鲜味成分。鲜味核苷酸与谷氨酸一钠在鲜味上有协同（相乘）作用。特鲜味精就是用少量的 5′-IMP 与普通味精的谷氨酸一钠混合使用，产生更鲜的效果。这类鲜味剂主要有三种，见图 8-31。

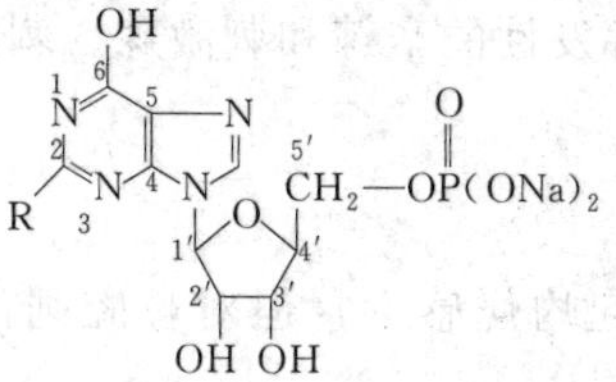

R＝H　5′-肌苷酸（5′-IMP）
R＝NH₂　5′-鸟苷酸（5′-GMP）
R＝OH　5′-黄苷酸（5′-XMP）

图 8-31　核苷酸

其中以肌苷酸鲜味最强，鸟苷酸次之。肌苷酸主要存在于香菇、酵母等菌类食物中，动物体中含量较少。鸟苷酸广泛存在于肉类中，瘦肉中的含量尤多。

在供食用的动物（畜、禽、鱼、贝）肉中，鲜味核苷酸主要是由肌肉中的 ATP 降解而产生的。用作鲜味剂的核苷酸，是从一些富含核苷酸动植物组织中萃取，或用核苷酸酶水解酵母核苷酸得到。核苷酸和谷氨酸钠的鲜味有协同效应，例如 5′-肌苷酸钠与谷氨酸钠按 1∶5 至 1∶20 的比例混合，可使谷氨酸钠的鲜味提高 6 倍。若以鸟苷酸代替肌苷酸，则效果更加显著。根据增鲜的协同效应研制的特鲜味精等商品，可使原来的味精呈鲜效果增加几倍乃至几十倍。

3. 琥珀酸

琥珀酸学名丁二酸（HOOC—CH_2—CH_2—COOH），其钠盐有鲜味，在兽、禽、乌贼等动物中均有存在，而以贝类中含量最多。它除了具有酸味感之外，还有明显的鲜味效应，特别是贝类食物的鲜味主要来自琥珀酸。另外酱油和酱类调味品的鲜味也与琥珀酸有密切关系。

琥珀酸的特点是在食盐存在的情况下，溶解度减小。这就是在烹制贝类的菜肴时，应先使贝类中的琥珀酸慢慢溶解进入汤汁，后期再加入食盐的道理。

七、辣味及辣味物质

辣味是口腔中味觉、触觉、痛觉、温度觉和鼻腔的嗅觉、三叉神经共同感受到的一种综合感受，它不但刺激舌和口腔的神经，同时也会机械刺激鼻腔，有时甚至对皮肤也产生灼烧感。辣味是烹饪调味中经常使用的一个味，尤其在中国川菜中显著。适当的辣味可以加强食品的感觉，掩盖异味，解腻增香，刺激唾液分泌和消化功能的提高，从而增进食欲。

烹调常用的辣味料都是来自于植物，如辣椒、胡椒、葱、姜、蒜、咖喱（用胡椒、姜黄、番椒、茴香、陈皮等的粉末制成的辣味料）、花椒等。人对不同的辣味料所感受的辣味程度强弱不等，现将这些辣味料的辣味强度大小排列如下：

热辣————————————————→刺鼻辣
　　　　辣椒、胡椒、花椒、生姜、蒜、葱、洋葱、芥末

（一）辣味的分类

辣味可以分为无挥发性的热辣、有挥发性的辛辣和刺激辣。刺激辣对身体各处的黏膜都有刺激，如手指、眼睛等。

1. 热辣（火辣）味

此类为无芳香的辣味，在口中能引起灼烧感觉，但对鼻腔则没有明显的刺激感。主要有辣椒、胡椒、花椒等。

2. 刺激辣味

此类是既能刺激舌和口腔黏膜，又能刺激鼻腔和眼睛，具有味感、嗅感和催泪性的物质。主要有蒜、葱、洋葱、芥末、萝卜、韭菜等。

3. 辛辣（芳香辣）味

辛辣味物质是一类除辣味外还伴随有较强烈的挥发性芳香味物质。主要为姜、

肉豆蔻、丁香等。

（二）辣味规律

辣味和物质的化学结构也有着一定的关系。它们的结构特点是具有酰胺基、异腈基、—CH ═CH—、—CHO、—CO—、—S—及—NCS 等基团。辣椒素、胡椒碱、花椒碱、生姜素、丁香、大蒜素、芥子油等都是双亲性分子，其极性头部是定味基，非极性尾部是助味基。辣味随分子尾链的增长而增强，在碳链长度 C_9 左右（这里按脂肪酸命名规则编号，实际链长为 C_8）达到极大值，然后迅速下降，此现象被称作 C_9 最辣规律。辣味分子尾链如果没有顺式双键或支链时，在碳链长度为 C_{12} 以上将丧失辣味。若在ω-位邻近有顺式双键，即使是链长超过 C_{12} 也还有辣味。顺式双键越多越辣。双键在 C_9 位上影响最大，而反式双键则影响不大。

一般脂肪醇、醛、酮、酸的烃链长度增长也有类似的辣味变化规律。

（三）辣味烹饪原料

1. 辣椒

它的主要辣味成分为辣椒素，如图 8-32 所示，是一类碳链长度不等（C_3～C_{11}）的不饱和单羧酸香草基酰胺，同时还含有少量含饱和直链羧酸的二氢辣椒素、降二氢辣椒素。不同辣椒的辣椒素含量差别很大，甜椒通常含量极低，红辣椒约含 0.06%，牛角红椒含 0.2%，印度萨姆椒为 0.3%，乌干达辣椒可高达 0.85%。

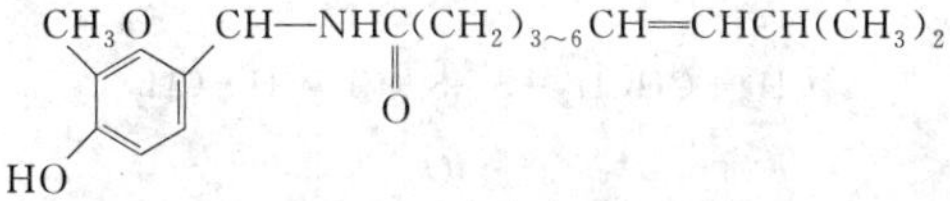

CH3O
CH—NHC(CH2)3~6CH═CHCH(CH3)2
O
HO

图 8-32　辣椒素

2. 胡椒

常见的有黑胡椒和白胡椒两种，都由果实加工而成。由尚未成熟的绿色果实可制黑胡椒；用色泽由绿变黄而未变红时收获的成熟果实可制取白胡椒。它们的辣味成分除少量辣椒素外主要是胡椒碱（图 8-33），它也是一种酰胺化合物。另外还有少量异胡椒碱。胡椒经光照或储存后辣味会降低。

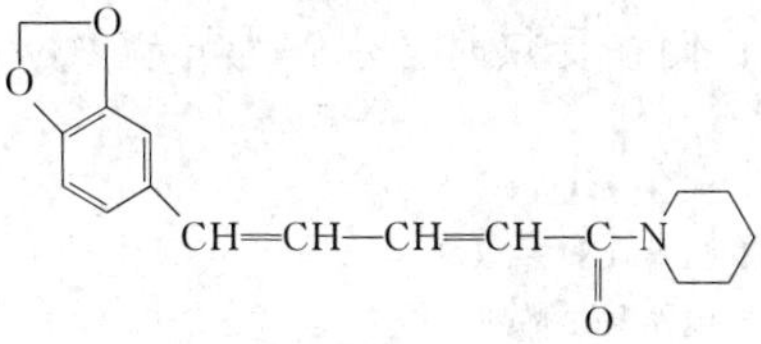

O
O
CH═CH—CH═CH—C—N
O

图 8-33　胡椒碱

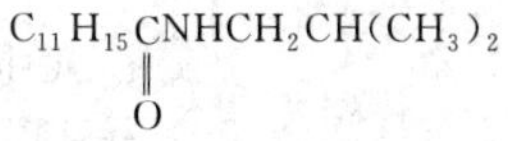

C11H15CNHCH2CH(CH3)2
O

图 8-34　花椒素

3. 花椒

花椒主要辣味成分为花椒素，见图 8-34，也是酰胺类化合物。除此外还有少量异硫氰酸烯丙酯等。它与胡椒、辣椒一样，除辣味成分外还含有一些挥发性香味成分。

4. 姜

姜的辛辣成分是姜酮和姜脑，见图 8-35。

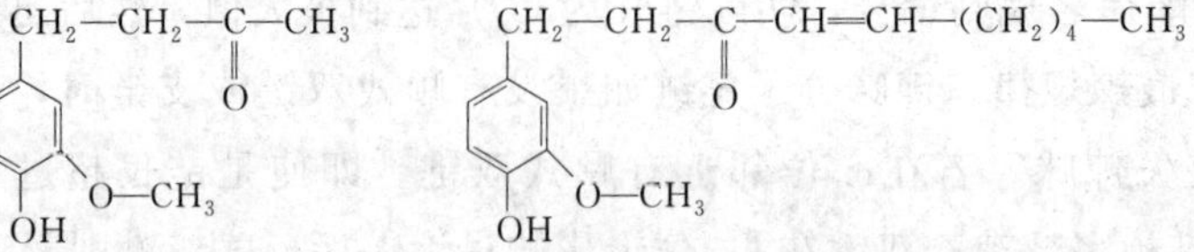

$$CH_2—CH_2—C—CH_3 \qquad\qquad CH_2—CH_2—C—CH=CH—(CH_2)_4—CH_3$$

姜酮 　　　　　　　　　　　　　　　　姜脑

图 8-35　姜酮和姜脑

5. 蒜、葱

蒜的主要辣味成分为蒜素、二烯丙基二硫化物、丙基烯丙基二硫化物三种，其中蒜素的生理活性最大。大葱、洋葱的主要辣味成分则是二丙基二硫化合物、甲基丙基二硫化合物等（图 8-36）。韭菜中也含有少量上述二硫化物。这些二硫化物在受热时都会分解生成相应的硫醇，所以蒜、葱等在煮熟后不仅辛辣味减弱，而且还产生甜味。

$$CH_2=CHCH_2—S—S—CH_2CH=CH_2$$
$$O$$
蒜素

$$CH_2=CHCH_2—S—S—CH_2CH=CH_2 \qquad\qquad CH_3—S—S—C_3H_7$$
二烯丙基二硫化物　　　　　　　　　　　甲基丙基二硫化物
$$CH_2=CHCH_2—S—S—C_3H_7 \qquad\qquad C_3H_7—S—S—C_3H_7$$
丙基烯丙基二硫化物　　　　　　　　　　二丙基二硫化物

图 8-36　蒜、葱主要辣味成分

6. 芥末、萝卜

芥末、萝卜中的主要辣味成分为异硫氰酸酯类化合物（图 8-37）。其中的异硫氰酸丙酯也叫芥子油，刺激性辣味较为强烈。它们在受热时会水解为异硫氰酸，辣味减弱。

$$CH_2=CHCH_2—NCS \qquad\qquad CH_3CH=CH—NCS$$
异硫氰酸烯丙酯　　　　　　　　　　　异硫氰酸丙烯酯
$$CH_3(CH_2)_3—NCS \qquad\qquad C_6H_5CH_2—NCS$$
异硫氰酸丁酯　　　　　　　　　　　　异硫氰酸苄酯

图 8-37　异硫氰酸酯类化合物

辣椒素、胡椒碱、花椒碱、大蒜素、芥子油等都是双亲性分子，即兼具亲水性和亲油性。其极性头部是定味基，非极性尾部是助味基。辣味随分子尾链的增长而增强，在碳链长度 C_9 左右（这里按脂肪酸命名规则编号，实际链长为 C_8）达到极大值，然后迅速下降，此现象被称作 C_9 最辣规律。一般脂肪醇、醛、酮、酸的烃链长度增长也有类似的辣味变化。

八、涩味

涩味通常是由于单宁或多酚与唾液中的蛋白缔合而产生沉淀或聚集体而引起的，同时能使口腔组织粗糙收缩。例如，柿子等未成熟水果含有较多鞣质会有涩味。极淡的涩味近似苦味，与其他味道掺杂可以产生独特的风味。例如，茶就有给人们美感的适度涩味。

引起涩味的化学成分主要有鞣质（单宁）、草酸、明矾、高价金属离子和不溶性无机盐。单宁是其中的重要代表物，单宁易于同蛋白质发生疏水结合；同时它还含有许多能转变为醌式结构的苯酚基团，也能与蛋白质发生交联反应。这种疏水作用和交联反应都可能是形成涩感的原因。柿子、茶叶、香蕉、石榴等果实中都含有涩味物质。茶叶、葡萄酒中的涩味人们能接受；但未成熟的柿子、香蕉的涩味，必须脱除。随着果实的成熟，单宁类物质会形成聚合物而失去水溶性，涩味也随之消失。柿子的涩味也可以用人工方法脱掉。单宁是多酚类物质，所以在加工过程中容易发生褐变。

大多数涩味物质都是可溶性的，如菠菜含草酸较多，可经沸水焯之，将其草酸去除一部分。水果等储存一定时间，通过后熟中的氧化作用，把可溶性的单宁氧化聚合为不溶性的单宁，涩味就会消失。

第三节 食品的香气及呈香物质

一、嗅感基础

（一）嗅感现象

嗅感是指挥发性物质刺激鼻黏膜，再传到大脑的中枢神经而产生的综合感觉。产生令人喜爱感觉的挥发性物质叫香气物质。食品的香气是食品风味的一个重要组成部分。食品的香气成了判别、评价食品的一个重要手段，也成了加工烹制食品的一个目的，更成为饮食品尝中不可缺少的内容。

嗅感物是指能在食物中产生嗅感并具有确定结构的化合物。在人的鼻腔前庭部分有一块嗅感上皮区域，也叫嗅黏膜。膜上密集排列着许多嗅细胞就是嗅感受器。它由嗅纤毛、嗅小胞、细胞树突和嗅细胞体等组成（图 8-38 和图 8-39）。人类鼻腔每侧约有 2000 万个嗅细胞，挥发性物质的小分子在空气中扩散进入鼻腔，人们从嗅到气味到产生感觉时间很短，仅需 $0.2\sim0.3s$。

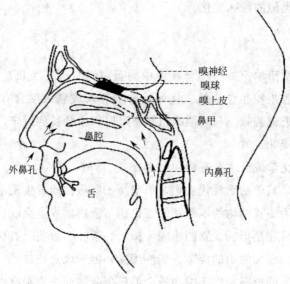

图 8-38　人鼻与口腔构造图

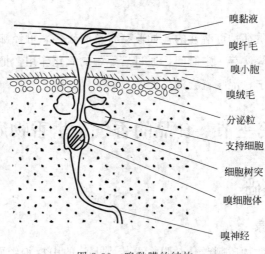

图 8-39　嗅黏膜的结构

　　因此，香味的形成需要两个基本条件：一是人的嗅觉器官（鼻腔上部的嗅上皮）；二是能达到嗅觉器官的挥发性香气成分，这些成分需具备容易挥发、既能溶解于水又能溶解于油脂的性质。香味物质种类极多，能够具香味的分子一般分子量都较小，并且还要具有一定的水溶性或亲水性。所以，从这两方面来看，香味分子的相对分子质量多在 20～300 之间，沸点在 −60～300℃ 之间。

人们的嗅觉是非常复杂的生理和心理现象，具有敏锐、易疲劳、适应性强与习惯等特点，嗅觉比味觉更复杂。不同的香气成分给人的感受各不相同，薄荷、菊花散发的香气使人思维活跃、思路清晰；玫瑰花的香气使人精神倍爽、心情舒畅；而紫罗兰和水仙花的香气能唤起美好的回忆。食品的香气给人愉快感受，能诱发食欲，增加人们对营养物质的消化吸收，唤起购买欲望。

人对嗅感物质的敏感性个性差异大，若某人的嗅觉受体越多，则对气味的识别越灵敏、越正确。若缺少某种嗅觉受体，则对某些气味感觉失灵。嗅感物质的阈值也随人的身体状况变化，身体状况好，嗅觉灵敏。

（二）香气值

判断一种呈香物质在食品香气中起作用的数值称为香气值（发香值），香气值 FU 是呈香物质的浓度和它的阈值之比，即：

$$香气值 = \frac{呈香物质的浓度}{香气阈值}$$

一般当香气值低于 1，人们嗅觉器官对这种呈香物质不会引起感觉。FU 越大，说明是该体系的特征嗅感成分。香气阈值是指刚刚能引起嗅觉的气味物质在空气中的浓度或挥发性物质在水中的浓度。香气阈值会受到其他物质的影响，可相互抵消也可相互加强，甚至会变调，所谓无香的成分（如蛋白质、淀粉、蔗糖、油脂等）也会使香的格调发生变化。表 8-8 列举了某些物质的香味阈值。

表 8-8　某些物质的香味阈值

物质	香气阈值(空气中浓度)/(mg/L)	物质	香气阈值(水溶液中浓度)/(μg/L)
甲醇	8	维生素 B_1 分解物	0.0004
乙酸乙酯	$4×10^{-2}$	2-甲基-3-异丁基吡嗪	0.002
异戊醇	$1×10^{-3}$	β-紫罗酮	0.007
氨	$2.3×10^{-2}$	甲硫醇	0.02
香兰素	$5×10^{-4}$	癸醛	0.1
丁香酚	$2.3×10^{-4}$	乙酸戊酯	5
柠檬醛	$3×10$	香叶烯	15
二甲硫醚	$2×10^{-6}$	酉酸	240
H_2S(煮蛋)	$1×10^{-7}$	乙醇	100000
粪臭素	$4×10^{-7}$		
甲硫醇	$4.3×10^{-8}$		

（三）嗅感产生的理论

食品的香气是通过嗅觉来实现的。挥发性香味物质的微粒悬于空气中，经过鼻孔，刺激即为嗅觉。

关于产生嗅觉的理论有多种，这些理论主要解释了闻香过程的第一个阶段，即香基与鼻黏膜之间所引起的变化，至于下一阶段的刺激传导和嗅觉等还没得到解释。这些嗅觉理论可以归纳为三个方面。

1. 气体的立体化学理论

为 Amoore 所发现，亦称"锁和锁匙学说"。Amoore 发现具有相同气味的分子，其外形上也有很大的共同性；而分子的几何形状改变较大时，嗅感也就发生变化。

① 决定物质气味的主要因素可能是整个分子的几何形状，而与分子结构或成分的细节无关。

② 有些原臭的气味取决于分子所带的电荷。

根据这种理论，把气味分成七种基本气味，分别是樟脑气味、麝香气味、花香气味、薄荷气味、醚类气味、辛辣气味和腐败气味。

2. 微粒理论

包括香化学理论、吸附理论、象形的嗅觉理论等。这三种理论都涉及香物质分子微粒在嗅觉器官中由于在短距离中经过物理作用或化学作用而产生嗅觉。

3. 振动理论

也称电波理论，当嗅感分子的固有振动频率与受体膜分子的振动频率相一致时，受体便获得气味信息。

（四）气味与分子结构

关于气味与分子的结构和性质现在总结出不少规律，但由于嗅觉理论多种多样，因此，这些规律也就局限于一定的范围和适用于某些对象。

能够具有气味的分子，一般是分子量较小的分子。分子量在 $20\sim300U$ 之间的分子，如果其沸点较低，则能成为气体，具有气味。一般沸点在 $-60\sim300℃$ 之内的物质，种类是很多的。其沸点高低与分子形状和大小、分子内的官能团和分子结构有关，从而影响气味。对于分子量小、分子中官能团所占的分量大的物质，其官能团往往决定气味；反之，分子量较大时，气味不仅与官能团，而且与分子整个形状、大小等有关。无机物中除 SO_2、NO_2、NH_3、H_2S 等气体具有强刺激外，大都无气味，所以下面仅介绍有机物分子与气味的关系。

1. 官能团和发香团

分子中的官能团对其理化性质起决定作用，对气味也具有重要作用。有机物是何种气味、气味强弱，与其分子中的一些官能团有关，这些官能团叫发香团。在食品中含有 N、S、P、F 等原子的官能团往往都有气味。实际上，各种官能团不但决定了化合物的类型，而且还都有一些各自官能团所决定的气味，如酯、醇、酸、醛、醚、芳香族化合物、硫醇等都分别具有特定的气味。

2. 分子结构与气味

气味不仅与分子中的某一局部结构有关，更与整个分子结构有关。分子中有不饱和键时，其反应性增大，气味也特别。例如丙醇的气味较温和，而丙烯醇则具有强刺激性。官能团在分子中的位置不同也影响气味。有环的分子，特别是有芳香环和杂环的化合物，气味强烈。分子的立体异构体也影响其气味，例如下列两种分子，一种具有绿叶青香，另一种具有大豆臭，见图8-40。

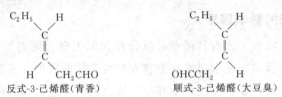

反式-3-己烯醛(青香)　　　　　顺式-3-己烯醛(大豆臭)

图 8-40　3-己烯醛几何异构体

3. 化合物种类与气味

（1）烃及其含氧衍生物　与烹饪食品关系较大的含氧衍生物有 C_{10} 以内的一元醇，特别是不饱和醇；C_{12} 以内的醛，饱和醛较香，不饱和醛及低级醛有臭味；C_{15} 以内的酮有多种气味；C_{16} 以下的羧酸一般有强烈刺激性气味。酯、内酯具有良好的气味；醚的气味，当为低分子时具有强刺激气味。芳香族化合物有的具有芳香，如苯丙烯醛具有肉桂香气；苯乙醇有蔷薇香气。萜类，特别是含醇基、酮基、醛基的萜类，是植物香气的主体成分。一般是 C_{15} 以内的萜，气味较强。

（2）含硫化合物　含硫化合物是一大类嗅感物质，且阈值很低，对食品储藏和加工后嗅感影响很大。大部分低级的硫醇和硫醚有难闻的臭气或令人不快的嗅感；大多数易挥发的二硫或三硫化合物能产生有刺激性的葱蒜气味；一般异硫氰酸酯类则具有催泪性刺激辛香气味；含硫的杂环化合物的嗅感十分复杂，而大多数噻唑类化合物具有较强烈的嗅感。

（3）含氮化合物　与食品有关的主要是胺类，如甲胺、二甲胺、三甲胺、乙胺、腐胺、尸胺等均有令人厌恶的臭气。

（4）杂环化合物

① 含氧杂环　呋喃类化合物多具有较强的香气。

② 含氮杂环　吲哚类多有臭味，而吡嗪类则是特征的焙烤香。吡咯类化合物也是羰氨反应产物之一。

③ 含硫杂环　噻吩、噻唑均是肉类香气成分。香菇精是一种多硫杂环化合物。风味化合物中的某些杂环见图8-41。

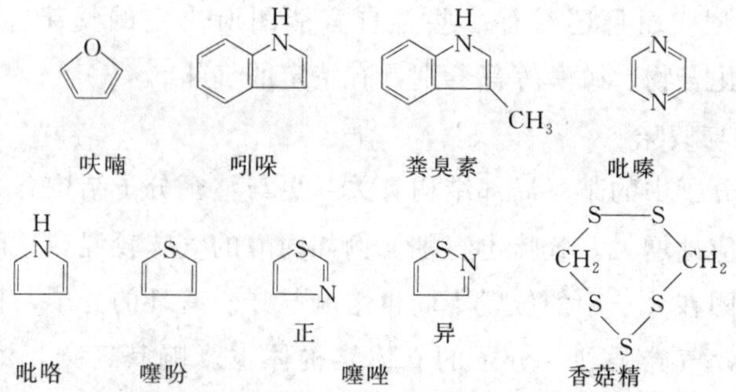

| 呋喃 | 吲哚 | 粪臭素 | 吡嗪 |

| 吡咯 | 噻吩 | 正 异 噻唑 | 香菇精 |

图 8-41　风味化合物中的某些杂环

（五）气味的影响因素

食品中的气味分子因有其他食品成分存在而表现为游离型和结合型两种状态。挥发性物质以气体状态或水溶解状态存在时可看作游离型。这种气味的影响主要受食品的组织结构所控制；其次水中其他可溶物的存在也影响其挥发。

气味成分以结合型方式存在时，主要是和食品中的化合物，如蛋白质、多糖和油脂相结合。结合力为离子键、氢键和疏水键。蛋白质与气味成分能以三种结合力结合，而多糖则是氢键，脂肪是以疏水键而结合气味成分。与水、油脂结合的气味物质能随水、油脂的挥发而一并挥发。外界环境中，大气压力、大气流速、温度等是影响气味的主要因素。气味成分的化学反应性高低也影响其气味。

（六）烹饪产品的香

为使菜肴"生香"，常用下面五种技法。

（1）借香　原料本身无香味，亦无异味，要烹制出香味，只有靠借香。如海参、鱿鱼、燕窝等诸多干货，在初加工时，历经油发、水煮、反复漂洗，虽本身营养丰富，但所具有的挥发性香味基质甚微，故均寡而无味。菜肴的香味便只有从其他原料或调味香料中去借。借的方法一般有两种：一是用具有挥发性的辛香料炝锅；二是与禽、肉类（或其鲜汤）共同加热。具体操作时，常将两种方法结合使用，可使香味更加浓郁。

（2）合香　原料本身虽有香味基质，但含量不足或单一，则可与其他原料或调料合烹，此为"合香"。例如，烹制动物性原料，常要加入适量的植物性原料。这样做，不仅在营养互补方面很有益处，而且还可以使各种香味基质在加热过程中融合、洋溢，散发出更丰富的复合香味。动物性原料中的肉鲜味挥发基质肌苷酸、谷氨酸等与植物性原料中的鲜味主体谷氨酸、5′-鸟苷酸等，在加热时一起迅速分解，在挥发中产生凝集，形成具有复合香味的聚合团——合香混合体。

（3）点香　某些原料在加热过程中，虽有香味产生，但不够"冲"；或根据菜肴的要求，还略有欠缺，此时可加入适当的原料或调味料补缀，谓之"点香"。烹制菜肴，在出勺之前往往要滴点香油，加些香菜、葱末、姜末、胡椒粉，或在菜肴装盘后撒椒盐、油烹姜丝等，即是运用这些具有挥发性香味原料或调味品，通过瞬时加热，使其香味基质迅速挥发、溢出，达到既调"香"，又调味的目的。

（4）裱香 有一些菜肴，需要特殊的浓烈香味覆盖其表，以特殊的风味引起食者的强烈食欲。这时常用裱香这一技法。熏肉、熏鸡、熏鱼等食品制作，运用不同的加热手段和熏料（也称裱香料）制作而成。常用的熏料有锯末（红松）、白糖、茶叶、大米、松柏枝、香樟树叶，在加热时产生大量的烟气。这些烟气中含有不同的香味挥发基质，如酚类、醇类、有机酸、羰基化合物等。它们不仅能为食品带来独特的风味，而且还具有抑菌、抗氧化作用，使食品得以久存。

（5）提香 通过一定的加热时间，使菜肴原料、调料中的含香基质充分溢出，可最大限度地利用香味素，产生最理想的香味效应，即谓之"提香"。

一般速成菜，由于原料和香辛调味的加热时间短，再加上原料托糊、上浆等原因，原料内部的香味素并未充分溢出。而烧、焖、扒、炖、熬等需较长时间加热的菜肴，则为充分利用香味素提供了条件。例如，肉类及部分香辛料，如花椒、大料、丁香、桂皮等调味料的加热时间，应控制在 3h 以内。因为在这个时间内，各种香味物质随着加热时间延长而溢出量增加，香味也更加浓郁，但超过 3h 以后，其呈味、呈香物质的挥发则趋于减弱。所以，菜肴的提香，应视原料和调味料的质与量来决定"提香"的时间。

二、香气的形成途径

烹饪食品气味的形成途径如表 8-9 所示。

表 8-9 烹饪食品气味的形成途径

类型	说明	举例
生物合成	直接由生物合成的香味成分	以萜烯类或脂类化合物为母体的香味物质，如薄荷、柑橘、田瓜、香蕉中的香味物质
直接酶作用	酶对香味物质前体作用形成香气成分	蒜酶对亚砜作用，形成洋葱香味
间接酶作用（氧化作用）	酶促生成氧化剂对香味前体氧化生成香味成分	羰基及酸类化合物生成，使香味增加，如红茶
高温分解作用	加热或烘烤处理使前体物质成为香味成分	由于生成吡嗪（如咖啡、巧克力）、呋喃（如面包）等，而使香味更加突出
微生物作用	微生物作用将香味前体转化成香气成分	酒、醋、酱油等的香气形成
外来赋香作用	外来增强剂或烟熏方法	由于加入增强剂或烟熏使香气成分渗入到食品中而呈香

（一）生物合成

各种烹饪原料在天然生长和收获后的鲜活状态下，在生命代谢中通过将蛋白质、氨基酸、糖、脂等物质转变为一些能挥发的成分，从而产生气味。这主要有植物性原料在生长、成熟过程中所产生的一些气味成分；动物性原料在后熟过程中产生的气味成分；微生物代谢对食品的发酵、腐败作用所产生的气味成分。

1. 植物的生长、成熟作用

植物在生长、成熟过程中产生的气味成分主要是其次生物质中的萜类，呼吸作用中产生的各种酸、醇、酯，以及蛋白质及氨基酸衍生出的低沸点挥发物。

分子量较低的萜类是易挥发成分，种类极多，特别在香料中含量较多。其产生过程见下式：

$$葡萄糖 \rightarrow 丙酮酸 \rightarrow 甲羟戊酸 \rightarrow 萜类$$

呼吸作用中酯的产生也对原料香气有很大贡献，特别是水果成熟过程中更为明显，其产生过程如图 8-42 所示。

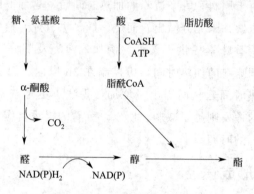

图 8-42　呼吸作用中酯的产生

植物中将氨基酸转氨、脱氨，也产生许多挥发性物质。特别是含硫氨基酸的降解，能产生很多种含硫气味成分。

2. 动物的生长、后熟作用

动物性食品原料的气味，在鲜活原料时并不太显著。而主要由其生长或后熟过程中，油脂的分解产物、雌雄个体性激素的分泌及氨基酸的分解等产生。

3. 微生物代谢作用

在微生物代谢作用下，食品会产生许多气味成分，发酵品的气味就是一例。它因不同的发酵过程，产生如醇、酸、酯的一系列产物。另外，发酵菌也能将氨基酸转变为各种产物，如酵母菌可将酪氨酸转变成风味成分，反应如图 8-43 所示。

食品腐败变质，也是微生物代谢的结果，此时糖和油脂水解、氧化、酸败；蛋白质水解，氨基酸分解。特别是氨基酸分解，产生许多恶臭气味物质，反应如图 8-44 所示，可看出是氨基酸脱羧造成的。

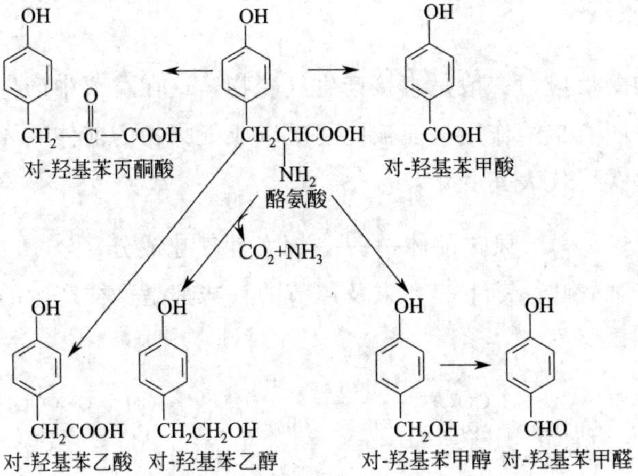

图 8-43　酪氨酸在微生物代谢下形成风味成分

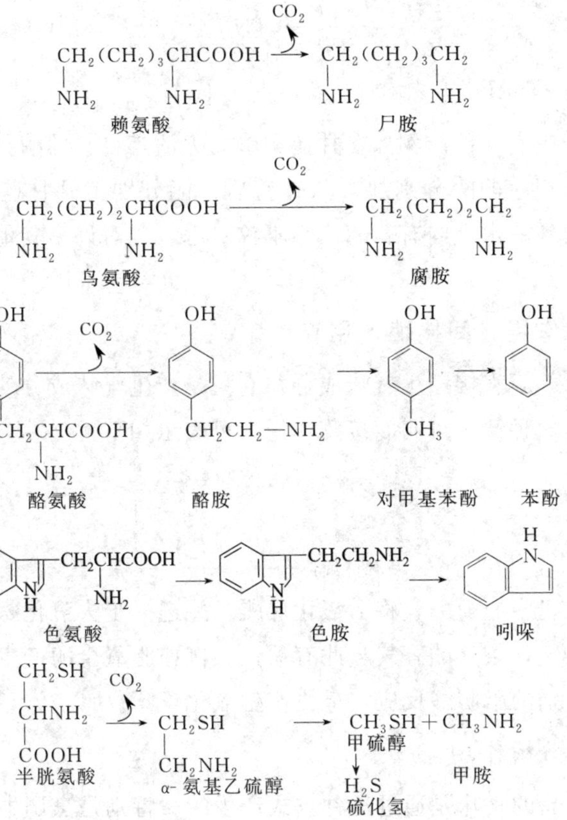

图 8-44　氨基酸脱羧

（二）直接酶作用

原料在烹制加工时，其自身的酶或外加入的酶能使原料中的一些物质转变为气味成分。这些酶是游离状态酶，当原料组织遭破坏后，其活力大增，能发生酶促反应。

产生气味的酶反应，一般是直接产生气味物，这在蔬菜中产生含硫化合物时最显著，这类反应叫直接酶作用。能被此酶反应成气味物的前体叫风味前体，此酶也叫风味酶。用下式可代表其变化：

$$风味前体 \xrightarrow{\text{风味酶}} 挥发性气味成分$$

葱、蒜的辛香气味，萝卜、芥末及芦笋的气味都是这样产生的。例如芦笋香气产生的过程为：

$$(CH_3)_2S^+ —CH_2CH_2COOH \xrightarrow{\text{酶（风味酶）}} (CH_3)_2S\uparrow + CH_2=CHCOOH\uparrow + H^+$$
$$S\text{-二甲基-}\beta\text{-硫代丙酸} \qquad 二甲硫醚 \quad 丙烯酸$$
$$(\text{风味前体}) \qquad\qquad (\text{气味成分})$$

又例如芥子气味的产生过程为：

$$C_3H_5N=C\begin{smallmatrix} S—C_6H_{11}O_5 \\ \\ OSO_3K \end{smallmatrix} \xrightarrow[H_2O]{\text{芥子苷酶}} C_3H_5N=C=S\uparrow + C_6H_{12}O_6 + KHSO_4$$
$$黑芥子苷(\text{风味前体}) \qquad\qquad 异硫氰酸烯丙酯$$
$$(\text{气味成分})$$

风味酶具反应专一性。例如在甘蓝中事先灭活其自身的酶，再从别的甘蓝、芥末、洋葱中提取相应的酶分别加入前甘蓝后，能分别得到甘蓝、芥末、洋葱的风味。烹饪中常用到蒜水，内有蒜酶，它不仅对蒜，也对许多其他原料有酶反应，能产生风味。

（三）氧化作用（间接酶作用）

酶反应有时并不直接产生气味成分，它只是产生气味成分的前体或为气味成分产生提供条件，这种情况可叫间接酶作用，可表示如下：

$$反应物 A \xrightarrow{\text{酶}} 产物 A$$
$$\downarrow{\text{酶}} \qquad\qquad \downarrow$$
$$风味前体 \longrightarrow 气味成分$$

例如酶促氧化中的酚酶，将酚氧化成醌，醌进一步去氧化氨基酸、脂肪酸、胡萝卜素等产生香气，茶叶的香气与此有关。又例如脂氧合酶产生的氢过氧化物自身进一步反应或与别的脂肪酸反应，最终产生氧化臭味。

（四）高温分解作用

多数烹饪食品的气味是通过这种方式产生的。特别是烹调中高温加热对事先配料的各种反应，是形成鲜香美味菜肴的关键。在加热过程中，多数食品会产生诱人的香气。这时主要是发生了羰氨反应、焦糖化反应、含硫氨基酸和维生素（如维生素 B_1、维生素 B_2）的热解反应。油脂的热解反应和氧化反应也能产生各种特有的香气。

食品非酶化学反应产生气味都是以分解反应为主。它们是热分解反应、氧化反应和光或辐射分解反应三大类。对于烹饪来讲，热分解反应是产生气味的主要方式。

1. 热分解

水解因加热更易进行，但是蛋白质、多糖的水解产物并不能直接挥发，所以它不是产生气味的主要方式。不过它为更进一步的分解创造了条件。例如发酵过的豆瓣，因事先的水解，加热时能产生特别显著的香气。对于分子量较小的酯、糖苷等进行水解能直接产生气味成分。油脂的水解也有明显气味生成。

（1）糖、氨基酸和油脂的直接分解　在温度较高，一般都在大于120℃以上，并且加热时间较长时，食品中的糖、氨基酸、油脂等都能直接裂解。在有氧气的情况下更易进行。这是烹调中采用爆、煸、烤所烹制的菜肴的香味特别浓烈的主要原因。

单糖、低聚糖及多糖都能在强热下裂解，不过，分子较小的单糖、低聚糖裂解的温度要低，产物更易挥发；多糖裂解产物还可能对人体有毒。温度超过500℃以上时会产生炭化及生成强致癌的多环芳烃，应避免这种情况的出现。糖热解的产物主要是各种呋喃衍生物，如5-甲基糠醛、羟甲基糠醛、乙酰呋喃等；另外小分子的醛、酮也起重要作用。焦糖化作用就是糖的热分解反应，所以它在食品中应用很广。焦糖香气甚至作为高温加热后食品的一个标志和特征。

氨基酸加热时的脱氨、脱羧及侧链基团的反应，生成的气味物更多，更具特征性。如半胱氨酸、丝氨酸、苏氨酸、赖氨酸等分解产物见表8-10。

表 8-10　几种氨基酸热分解的产物

氨基酸	分　解　产　物
半胱氨酸	H_2S、NH_3、乙醛、巯基乙胺、巯基乙醇、甲硫醇、2-甲基噻唑烷等
丝氨酸	乙胺、NH_3、乙醛、丙醛、甲基吡嗪、2,6-二甲基吡嗪等
苏氨酸	NH_3、乙醛、丙醛、吡嗪、2-甲基吡嗪、三甲基吡嗪、2,5-二甲基吡嗪等
赖氨酸	NH_3、戊二胺、吡啶、六氢吡啶、吡嗪、δ-氨基戊醛、内酰胺等

油脂热分解的气味一般不好闻，其成分主要是各种羰基化合物、环氧化物。

（2）糖、氨基酸、油脂的相互反应　食品中的糖、氨基酸等除自身要分解外，它们之间还要发生一些反应。它们各自的分解产物之间还易发生相互作用，产生更复杂的气味成分。

羰氨反应是各种糖、氨基酸等相互作用的重要反应，它不仅在生成色素方面发挥作用，同样在对食品气味物生成方面发挥重要作用。羰氨反应能产生各种杂环化合物，主要有吡啶类、呋喃类和吡嗪类；特别是在斯特勒克降解反应中，不仅产生吡嗪，还产生醛、酮、烯醇胺等产物；另外甲基还原酮和α-二羰基化合物的产生，为进一步分解产生醛、酮等创造了条件。

糖、氨基酸加热时，也很快容易生成一种具有特征香气的烷酸内酯产物，特别是短时间加热时，这种产物为气味的主体。

不同氨基酸与不同的糖反应，通过生成不同的内酯、吡嗪等杂环化合物，从而产生出不同的加热气味来。表 8-11 为一些糖与不同氨基酸共热时产生的气味特征。

表 8-11　氨基酸和糖共热时产生的气味

温度/℃	糖	甘氨酸	谷氨酸	赖氨酸	蛋氨酸	苯丙氨酸
100	葡萄糖	焦糖味(＋)	旧木料味(＋＋)	炒苷薯味(＋)	煮过头甘薯味(＋)	酸败后的焦糖味(－)
	果糖	焦糖味(－)	轻微旧木料味(＋)	烤奶油味(－)	切碎甘蓝味(－)	刺激臭(－－)
	麦芽糖	轻微焦糖味(－)	轻微旧木料味(＋)	烧湿木料味(－)	煮过头甘蓝味(－)	甜焦糖味(＋)
	蔗糖	轻微氨味(－)	焦糖味(＋＋)	腐烂马铃薯味(－)	燃烧木料味(－)	甜焦糖味(＋)
180	葡萄糖	燃烧糖果味(＋＋)	鸡舍味(－)	烧燃油炸马铃薯味(＋)	甘蓝味(－)	甜焦糖味(＋)
	果糖	牛肉汁味(＋)	鸡粪味(－)	油炸马铃薯味(＋)	豆汤味(＋)	脏犬味(－－)
	麦芽糖	牛肉汁味(＋)	炒火腿味(＋)	腐烂马铃薯味(－)	山崳菜味(－)	甜焦糖味(＋＋)
	蔗糖	牛肉汁味(＋)	烧肉味(＋)	水煮后的肉味(＋＋)	煮过头甘蓝味(－)	巧克力味(＋＋)

注：(＋＋) 表示良，(＋) 表示可，(－) 表示不愉快，(－－) 表示极不愉快。

各种成分的相互反应还因与各种分解反应产物的进一步偶联、交叉而变得更加复杂、多样，这叫二次反应。例如由糖或美拉德反应产生的羟甲基糠醛，与含硫氨基酸的分解产物之间又可发生许多反应，其中一些反应如图 8-45 所示。

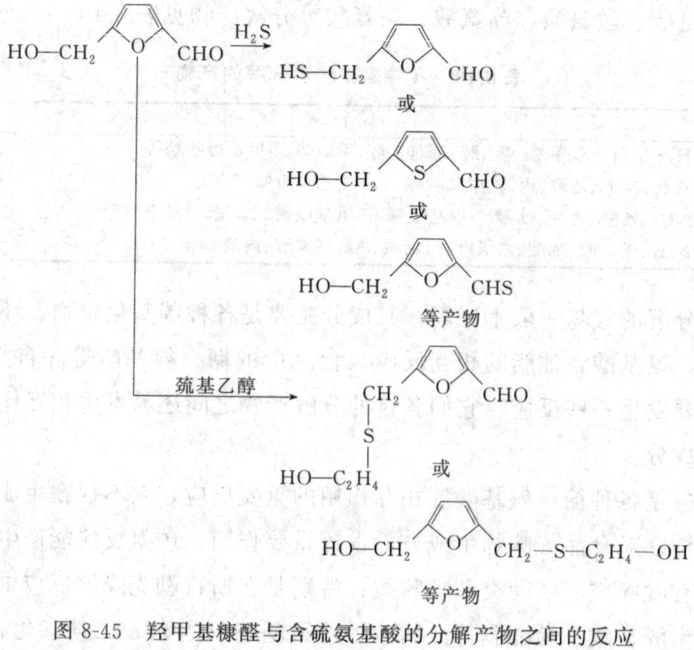

图 8-45　羟甲基糠醛与含硫氨基酸的分解产物之间的反应

2. 氧化及光解

食品气味的产生还与氧化、光解等反应有一定关系。加热时，氧化作用本身也变得强烈，产生热氧化的分解产物。氧化、光解主要是在加工、储存时对油脂的分解。油脂的自动氧化是产生酸败的主要原因。例如大豆的豆腥气味、鱼肉的腥气、奶油味、畜禽肉的臊味等，都与自动氧化产生的酸败产物有关。

许多食品，比如牛奶的"日光臭"就是氧化、光解的一种结果。其反应过程如下：

$$CH_3-S-CH_2-CH_2-\underset{\underset{NH_2}{|}}{CH}-COOH \xrightarrow[\text{光、O}_2]{\text{维生素 B}_2}$$

甲硫氨酸(蛋氨酸)

$$CH_3-S-CH_2-CH_2-CHO+CO_2+NH_3$$

β-甲硫基丙醛

又例如茶叶、香料等中的类胡萝卜素能被光氧化作用裂解，失去颜色，产生挥发性成分。其中有一种产物具有紫罗兰花的香气，叫紫罗酮（图8-46）。

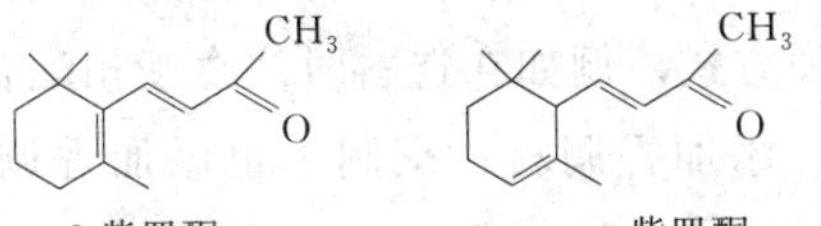

图 8-46　紫罗酮

另外，通过物理变化来得到或改变某种气味也是食品气味产生的一个方面。对于低温加热、短时加热的食品来说，物理变化的重要性更加突出。此时，加热只是为了使食品中原有的挥发成分改变其存在状态，从结合型变成游离型，并与水、油一并挥发出来。加热蔬菜时的香气就是这样产生的。

（五）微生物作用

发酵食品风味形成的途径是，微生物产生的酶（氧化还原酶、水解酶、异构化酶、裂解酶、转移酶、连接酶等），使原料成分生成小分子，这些分子经过不同时期的化学反应生成许多风味物质。发酵食品的后熟阶段对风味的形成有较大的贡献。

发酵食品的种类很多，酒类、酱油、醋、酸奶等都是发酵食品。它们的风味物质非常复杂。主要由下列途径形成。

① 原料本身含有的风味物质。

② 原料中所含的糖类、氨基酸及其他类无味物质，在微生物的作用下代谢而生成风味物质。

③ 在制作过程和熟化过程中产生的风味物质。由于酿造选择的原料、菌种不

同，发酵条件不同，产生的风味物质千差万别，形成各自独特的风味。

（六）外加赋香作用

外加赋香也可称之为烹调调香。虽然各种香气不可加和，但会产生遮掩作用和夺香作用，即某些香在混合香中会互相遮掩，常说"以香遮臭"即是。所谓夺香作用，即加入少量某种香后，使香气格调发生变化。在烹饪加工中，对无香味或香味不足的，常加一些香味较浓的原料以增强香味。例如芝麻油由于含有芝麻油酚，具有香气，常用来调香。

烹调中添加香调料、辅料也是为了让这些原料中的香气成分能转移到整个食品中去。在较长时间的水或油中加热，能将这些成分溶解于水或油中，让其他原料又吸附它们，最后使整个菜肴都有香气。显然，要能更好地做到这一点，原料之间的选配和时间的控制是关键；当然在一定封闭状况下让香气少扩散到空气中也很重要。对于有异味的原料，则要尽量让其异味扩散。例如烹制前必要的预加工就有这个目的。

烹饪中要除去令人不愉快的气味并让菜肴尽量产生人们喜爱的香气，就要充分利用以上气味产生的各种方式。例如在选料时注意互相配合，让原料在烹制前放置或预处理，烹制前码味、添加香调料；烹制中也添加香调料，控制加热温度和时间，用汤来煨制等，这些方法实际上就是在控制气味物质的状态、生成速度、扩散吸附、气味物质的前体物等。

三、香气的控制

（一）香气回收

天然水果原料富含许多特有的天然香气物质，在进行果汁浓缩汁生产过程中，因加热、浓缩等工艺过程，会大量损失香气物质。因此，在果汁浓缩之前，往往对香气物质进行回收，即先通过蒸馏、分馏等物理方法将果汁的挥发性香气物质收集起来，再进行浓缩。然后，视生产工艺的要求，可将这些回收的香气添加到果汁中，以减少香气物质在加工过程中的损失。

（二）酶的控制

酶对食品尤其是植物性食品香气的形成有十分重要的作用。在烹饪食品加工储藏过程中除了采取加热或冷冻方法来抑制酶的活性外，还可以利用酶的活性来控制香气的形式，如添加特定的产香酶或去臭酶。在蔬菜脱水干燥时，蔬菜中产生特定香味的酶会失去活性，即使将干制蔬菜复水也难再现原来的香味，若将黑芥子硫苷酸酶（产生香味的一种）添加到干制的卷心菜中，就能得到和新鲜卷心菜大致相同的香气；又如，为了提高某些乳制品的香气特征，有人利用特定的脂酶，使乳脂肪更多地分解出有特征香气的脂肪酸。有些食品往往含有少量不良气味成分而影响风味，如大豆制品中含有一些中长碳链的醛类而产生豆腥味，有人认为，利用醇脱氢酶和醇氢化酶来将这些醛类氧化，可除去豆腥味。

（三）微生物的控制

发酵香气主要来自微生物的代谢产物。通过选择和纯化菌种并严格控制工艺条件可以控制香气的产生。如发酵乳制品的微生物有 3 种类型：一是只产生乳酸的；二是产生柠檬酸和发酵香气的；三是产生乳酸和香气的。第三种类型的微生物在氧气充足时能将柠檬酸在代谢过程中产生的 α-乙酰乳酸转变为具有发酵乳制品特征香气的丁二酮，在缺氧时则生成没有香气的丁二醇。

（四）香气的稳定

为了减少香气物质由于蒸发原因造成的损失，可通过适当的方法来降低香气物质的挥发性，而达到稳定香气的作用，通常有两种方法。

（1）形成包合物　即在食品微粒表面形成一种水分子能通过而香气成分不能通过的半渗透性薄膜，这种包合物一般是在干燥食品时形成，加水后又能将香气成分释放出来。组成薄膜的物质有纤维素、淀粉、糊精、果胶、琼脂、CMC。

（2）物理吸附作用　对那些不能通过包合物稳定香气的食品，可以通过物理吸附作用使香气成分与食品成分结合。一般液态食品比固态食品有较大的吸附力，相对分子质量大的物质对香气的吸收性较强。如用糖吸附醇类、醛类和酮类化合物；用蛋白质来吸附醇类化合物。

（五）隐蔽或变调

由于希望加入某种呈香物质来直接消除异味很难取得效果，所以对异味进行隐蔽或变调就成为常用的方法。使用其他强烈气味来掩盖某种气味，称为隐蔽作用。使某种气味与其他气味混合后性质发生改变的现象，叫变调作用。

四、香气的增强

目前主要采用两种途径来增强食品香气，一是加入食用香精或回收的香气物质，以达到直接增加香气的目的。二是加入香味增强剂，提高或充实食品的香气，而且也能改善或掩盖一些不愉快的气味。目前应用较多的主要有麦芽酚、乙基麦芽酚、α-谷氨酸钠，5-磷酸肌苷等。

麦芽酚和乙基麦芽酚都是白色或微黄色结晶或粉末，易溶于热水和多种有机溶剂，具有焦糖香气，在酸性条件下增香和调香效果较好，在碱性条件下形成盐而香味减弱。

由于它们的结构中有酚羟基，遇 Fe^{3+} 呈紫色，应防止与铁器长期接触。它们广泛地应用于各种食品中，如糖果、饼干、面包、果酒、果汁、罐头、汽水、冰激凌等，可以明显增加香味，麦芽酚还能增加甜味，减少食品中糖的用量。

乙基麦芽酚的挥发性比麦芽酚强，香气更浓，增效作用更显著，约相当于麦芽酚的 6 倍。麦芽酚作为食品添加剂，用量为 $0.005\% \sim 0.030\%$；而乙基麦芽酚用量为 $0.4 \sim 100\text{mg/kg}$。

复习思考题

1. 解释下列名词：食品风味、味的对比现象、味的相乘现象、味的消杀现象、味的变调现象、阈值、复合味、嗅感、比甜度、食品固有色素、食品着色剂？

2. 对含有酚类物质的蔬菜、茶叶，应如何进行护绿处理？

3. 绿色蔬菜护色的措施有哪些？

4. 如何保持肉制品的血红素颜色？腌制肉的发色原理是什么？

5. 食品风味物质的特点有哪些？

6. 影响味感的主要因素有哪些？

7. 呈味物质的相互作用有哪些？试举例说明。

8. 甜味理论有哪些基本论述？

9. 影响相对甜度的因素有哪些？烹饪中常用的甜味剂有哪些？

10. 苦味理论有哪些？苦味物质的来源及重要的生理作用是什么？

11. 酸味物质和咸味物质的呈味机理各是什么？

12. 食品香气的形成有哪几种途径？

13. 分子结构与气味有何关系？

14. 风味物质分析的基本方法有哪些？

参 考 文 献

[1] 陈敏. 食品化学. 北京：中国林业出版社，2008.

[2] 俞一夫. 烹饪化学. 北京：中国轻工业出版社，2012.

[3] 黄刚平. 烹饪化学. 上海：复旦大学出版社，2011.

[4] 黄刚平. 烹饪化学. 北京：科学出版社，2009.

[5] 黄刚平. 烹饪基础化学. 北京：旅游教育出版社，2005.

[6] 冯凤琴，叶立扬. 食品化学. 北京：化学工业出版社，2005.

[7] 黄梅丽，王俊卿. 食品色香味化学. 北京：中国轻工业出版社，2008.

[8] 季鸿崑. 烹饪化学. 北京：中国轻工业出版社，2000.

[9] Rick Parker. 食品科学导论. 江波等译. 北京：中国轻工业出版社，2007.

[10] 李华. 浅谈化学学科与烹饪学科的关系. 新疆职业大学学报，2004.12（2）：61-62.

[11] 刘树兴，吴少雄. 食品化学. 北京：中国计量出版社，2008.

[12] 马永昆，刘晓庚. 食品化学. 南京：东南大学出版社，2007.

[13] 毛羽扬. 烹饪化学. 北京：中国轻工业出版社，2010.

[14] 宋焕禄. 食品风味化学. 北京：化学工业出版社，2008.

[15] 苏扬. 分子烹饪原理及常用方法探讨. 四川烹饪高等专科学校学报，2010.（3）：26-27.

[16] Owen R. Fennema. 食品化学. 王璋，许时婴，江波等译. 北京：中国轻工业出版社，2003.4.

[17] 严祥和. 烹饪化学. 杭州：浙江大学出版社，2009.

[18] 叶伯平，邸琳琳. 职业点菜师. 北京：中国轻工业出版社，2008.

[19] 张水华. 食品分析. 北京：中国林业出版社，2009.

[20] 赵新淮. 食品化学. 北京：化学工业出版社，2006.

[21] 周惠明. 谷物科学原理. 北京：中国轻工业出版社，2008.

[22] 贾利蓉，赵志峰. 保健食品营养. 成都：四川大学出版社，2006.

[23] 王光慈. 食品营养学. 北京：中国农业出版社.2001.

[24] 孙远明. 食品营养学. 北京：中国农业大学出版社.2002.

[25] 王放，王显伦. 食品营养保健原理及技术. 北京：中国轻工业出版社.1997.